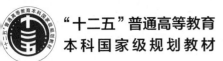

"十二五"普通高等教育
本科国家级规划教材

苗长云 主编

郭翠娟 副主编

21世纪高等院校信息与通信工程规划教材

21st Century University Planned Textbooks of Information and Communication Engineering

现代通信原理

Principles of
Modern Communications

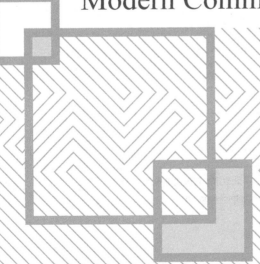

人民邮电出版社
北京

精品系列

图书在版编目（CIP）数据

现代通信原理 / 苗长云主编. — 北京：人民邮电
出版社，2012.7
21世纪高等院校信息与通信工程规划教材
ISBN 978-7-115-27349-9

Ⅰ. ①现… Ⅱ. ①苗… Ⅲ. ①通信原理－高等学校－
教材 Ⅳ. ①TN911

中国版本图书馆CIP数据核字（2012）第024756号

内 容 提 要

本书系统地介绍现代通信系统的组成、基本概念、基本原理、分析与设计方法，共 13 章，内容包括：绪论、确知信号分析、随机信号分析、信道、模拟调制系统、模拟信号数字化、数字信号的基带传输系统、数字调制系统、数字信号的最佳接收、信道复用和多址方式、同步原理、差错控制编码、通信网。本书力求系统性与实用性，内容叙述由浅入深、重点突出，每章后附习题。

本书可作为高等学校工科通信工程、电子信息工程、计算机科学与技术等信息类各专业的教材，也可作为电子与电气类科研人员和工程技术人员的参考书。

- ♦ 主　编　苗长云
- 副 主 编　郭翠娟
- 责任编辑　蒋　亮　贾　楠
- ♦ 人民邮电出版社出版发行　　北京市丰台区成寿寺路 11 号
- 邮编　100164　电子邮件　315@ptpress.com.cn
- 网址　http://www.ptpress.com.cn
- 北京天宇星印刷厂印刷
- ♦ 开本：787×1092　1/16
- 印张：22.25　　　　　2012 年 7 月第 1 版
- 字数：583 千字　　　　2024 年 9 月北京第 4 次印刷

ISBN 978-7-115-27349-9

定价：45.80 元

读者服务热线：(010)81055256　印装质量热线：(010)81055316
反盗版热线：(010)81055315

前　言

　　本书系工信部"十二五"规划教材。本书依据工科类通信教材出版编写大纲及作者多年来从事"通信原理"课程教学的实践经验编写而成。

　　本书重点讲述现代通信原理，包含现代通信系统的组成、基本概念、基本原理、分析与设计方法及应用。本书在内容上力求科学性、先进性、系统性与实用性；紧密结合通信技术的发展，尽可能多地融入通信领域的新技术、新方法；理论与实际相结合，在讲述理论的同时，介绍了部分常用的通信电路芯片、实用电路以及软件流程图，并通过"通信网"一章了解通信原理的应用，加深对通信原理的理解，从而达到提高解决通信工程实际问题能力的目的；考虑到部分专业在学习本课程之前没有开设"信号与系统"课程，因此本书包含了"确知信号分析"一章，可根据实际教学的需要进行选讲。本书在讲述上力求概念清楚、语句精练、重点突出、深入浅出、通俗易懂。

　　本书共分为13章：第1章主要介绍通信的基本概念、通信系统模型、通信系统的性能指标，信息论的基本概念；第2章介绍信号与系统的基本分析方法，信号的频谱、信号的能量及功率谱密度、卷积和相关函数等概念；第3章主要介绍本书其他章节所需的随机信号与噪声分析的数学知识；第4章讨论信道的模型、分类以及信道对信号传输的影响；第5章介绍模拟调制系统的原理；第6章详细讨论模拟信号的抽样、量化和编码方法；第7章对基带传输系统设计的各个方面做了基本介绍；第8章介绍基带的二进制数字调制、各种多进制调制及多种现代调制技术；第9章介绍几种常用的最佳接收准则及其最佳接收机的设计，并分析了它们的性能；第10章讲述多路复用、复接和多址接入技术，并且特别介绍主要的国际标准建议和一些实用体制；第11章着重分析载波同步、位同步、帧同步、网同步及调频系统同步的实现方法和噪声性能；第12章内容包括信道编码原理、线性分组码、循环码、卷积码、交织码和TCM码等；第13章介绍通信网的基本概念和部分应用的通信网。为了便于读者理解和复习，各章末还附有习题。

　　本书由苗长云担任主编，郭翠娟担任副主编。本书第1章由苗长云编写，第2章和第3章由厉彦峰编写，第4章由刘培编写，第5章由关连成编写，第6章由关连成、苗长云编写，第7章由窦晋江编写，第8章由窦晋江、郭翠娟编写，第9章由苗长云编写，第10章由郭翠娟编写，第11章由沈宝锁编写，第12章由郭翠娟、苗长云、丁丽娅编写，第13章由李莉编写。邢林海、王学静、丁丽娅、郭华、戈立军老师担任了本书的校对工作。

　　本书得到了天津市教委的大力支持，我们深表谢意！

　　限于编者的水平，书中难免有不妥或错误之处，恳请读者批评指正。

编　者

2011年10月

目 录

第1章 绪论

1.1 通信的概念及系统模型

1.1.1 通信的概念

在人类社会里，为满足生产和生活的需要，人们在进行思想感情的交流、知识的获取等方面都离不开消息的传递。古代的烽火台、金鼓、旌旗及当今的书信、电报、电话、可视电话、电视等都是传递消息的方式。广义地说，通信就是由一地向另一地传递消息。

随着人类社会文明、科学技术的进步与发展，通信所传递消息的形式越来越多，不仅有语言、符号、文字、音乐，还包括数据、图片、图像、文本等。实现这些消息的传递可采用各种各样的通信方式，在诸多通信方式中，利用"电"来传递消息的通信方式——电通信，几乎能使消息在任意通信距离上实现既迅速、有效，又准确、可靠的传递，缩短通信双方的时间和距离的差异，因而得到飞速的发展及广泛的应用。例如，电话、传真、可视电话、数据传输、电视、广播、雷达、遥测、遥控等通信都是按通信业务划分的"电"通信方式。本书所讲的通信即为"电"通信，简称通信。

1.1.2 通信系统模型

通信是由通信系统来实现的，点对点通信系统的模型如图 1.1 所示。其目的是把发送端的消息送到接收端。图 1.1 中，信息源的作用是把各种可能的消息转换成原始电信号。为了使这个原始电信号适合在信道中传输，在发送端要通过发送设备对其进行某种变换后才送入信道。信道是指信号的传输媒介。在接收端，接收设备的功能与发送设备的功能相反，它能从接收信号中恢复出相应的原始电信号，而信息宿（或受信者）是将复原的原始电信号转换成相应的消息。图 1.1 中的噪声源是信道中的噪声以及分散在通信系统其他各处噪声的集中表示。

图 1.1　通信系统的模型

图 1.1 所示的通信系统模型表明了通信系统的基本组成。根据研究的对象及涉及的问题不同，可选择不同形式的较具体的通信系统模型。本书就是围绕着与通信系统模型有关的通信原理及基

本理论进行讨论的。

1.1.3 模拟通信系统模型和数字通信系统模型

通信所传输的各种消息可分成两大类：一类消息的状态是可数的或离散的，这类消息是离散消息（或数字消息），如符号、文字、数据等；另一类消息的状态是连续变化的，这类消息就是连续消息（或模拟消息），如连续变化的语言、图像等。

为了传递消息需将各种消息转换成电信号，这种转换就是在消息与电信号的某一参量或几个参量间建立一一对应的关系。若消息为离散消息，它所对应的电信号参量是离散取值的，这样的信号为数字信号；若消息为连续消息，它所对应的电信号参量是连续取值的，这样的信号为模拟信号。按信道中传输信号的特征是模拟信号还是数字信号，可相应地把通信系统分为模拟通信系统和数字通信系统。

应该指出，也可以采用数字通信系统来传递模拟信号。它是在发送端先将模拟信号变换成数字信号（A/D 转换），经数字通信系统传输后，在接收端再进行相反的转换（D/A 转换），还原出模拟信号。

模拟通信系统的模型如图 1.2 所示。其中包含两种重要的变换：第一种是在发送端将连续消息变换成原始电信号，而在接收端作相反的变换，它是由信息源或信息宿完成的；第二种是在发送端将原始电信号转换成适合于信道传输的信号或在接收端进行相反变换，即调制或解调，它们由调制器或解调器完成。经第一种变换所得到的原始电信号具有较低的频谱分量，一般不宜直接作为远距离传输信号，因此在模拟通信系统中常常需要进行第二种变换。通常将在发送端调制前或接收端解调后的信号称为基带信号，因此原始电信号又称基带信号，而经过调制的信号称已调信号。调制的目的主要有 3 个方面：①将基带信号变换为适合于信道传输的频带信号，如在无线通信中，必须将基带信号载在高频上才能发射出去；②改善系统性能；③实现信道复用，提高信道利用率。

图 1.2　模拟通信系统模型

除了上述两个变换外，模拟通信系统中还包括滤波、放大、变频、二/四线转换（差接）等环节。本书重点介绍这两种变换及反变换，其他部分的重要环节也应重视。

从模拟通信系统的模型可看出，模拟通信研究的基本问题包括：①收发两端的换能过程及基带信号的特性；②调制与解调原理；③信道与噪声特性及其对信号传输的影响；④存在噪声时的系统性能等。

数字通信系统的模型如图 1.3 所示。在数字通信中，必须保证接收端数字信号与发送端数字信号有一致的节拍，否则就会使收发步调不一致，而造成数据混乱，使传输出错。这个节拍称之为同步。图 1.3 中应包含同步环节，但由于数字通信中有 3 种同步方式，且每种同步方式的位置不固定，故图中没有示出。

编码和译码组成一对环节，编码包括信源编码和信道编码。信源编码的主要任务是提高数字信号传输的有效性，即用适当的方法降低数字信号的码元速率以压缩频带。若从信息源传来的信号是模拟信号，则先要进行 A/D 转换，信源编码的输出就是信息码。此外，信源编码还包括数据扰乱、数据加密、语音、图像压缩编码等。信道编码的主要任务是提高数字信号传输的可靠性。

由于数字通信在信道传输过程中混入的噪声或干扰会造成数字信号传输的差错，需通过差错控制编码来实现差错控制，以提高系统的可靠性。

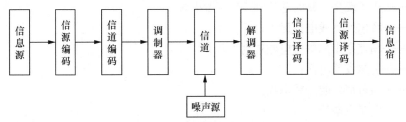

图 1.3　数字通信系统模型

调制器与解调器构成一对环节，其作用与模拟通信系统中的调制与解调作用相同，不同的是这里的调制器与解调器是数字的。在数字通信系统中，基带信号仍是调制前和解调后的信号，信道中传输的调制后的信号为已调信号。

上述所列数字通信的有些环节（如编码与译码、调制器与解调器）并不是必需的，它可根据不同的条件和要求决定是否采用。没有调制器与解调器环节，直接传输基带信号的数字通信系统称为数字基带传输系统。

从数字通信系统模型可看出，数字通信研究的基本问题包括：①收、发两端的换能过程，模拟信号数字化及数字式基带信号的特征；②数字调制与解调原理；③信道与噪声的特性及其对信号传输的影响；④抗干扰编码和译码，即差错控制编码；⑤通信保密；⑥同步。

目前，无论是模拟通信还是数字通信，都是已经获得广泛应用的通信方式。综合模拟通信和数字通信的各自特点，数字通信与模拟通信相比有以下优点。

① 数字传输的抗噪声（即抗干扰）能力强，数字信号传输中可通过中继再生消除噪声的累积。

② 数字通信可以通过差错控制编码技术，提高通信的可靠性。

③ 便于利用现代数字信号处理技术对数字信息进行处理。

④ 数字信息易于加密，且保密性强。

⑤ 数字通信可以传递各种消息（模拟的和离散的），使通信系统灵活性好、通用性强。

⑥ 数字通信采用数字集成电路，具有体积小、重量轻、可靠性高及调整调试方便的优点。

但是，数字通信与模拟通信相比较，其突出的缺点是其信号占有的频带宽。例如，一路模拟电话仅占 4kHz 带宽，而一路数字电话要占 20 ~ 64kHz 的带宽。然而，由于毫米波通信和光纤通信的出现，带宽问题得到解决，数字通信几乎成了唯一的选择。

本书以下各章将分别对上述两种通信系统中的基本问题进行较为详细的讨论。

1.2　通信的发展过程

按照通信交流方式与技术的不同可以将通信发展划分为 4 个历史阶段。第一阶段是语言通信，人们通过人力、马力、烽火台等原始通信手段传递消息；第二阶段是出现文字后的邮政通信；第三阶段是电通信时代，其主要代表性的通信方式是电话、电报和广播等；第四阶段是信息时代，它不仅要求对信息进行传递，还包括了对信息进行存储、处理和加工，其主要代表为计算机网络、信息高速公路等。

1809 年，左默灵成功地进行了电报通信实验以后，通信开始进入了电通信时代。从此，通信技术得到了飞速的发展，其发展的主要过程如下：

　　1809 年——左默灵成功地进行了电报通信实验；

　　1830 年——火车诞生，其时速达到 50 英里/小时；

　　1837 年——摩尔斯有线电报诞生；

　　1864 年——马克斯韦尔提出电磁辐射方程；

　　1876 年——贝尔发明电话；

　　1896 年——马可尼发明无线电报；

　　1906 年——发明真空管；

　　1918 年——调幅无线电广播，超外差接收机问世；

　　1925 年——开始采用三路明线载波电话，实现了多路通信；

　　1936 年——调频无线电广播开播；

　　1937 年——发明脉冲编码调制原理；

　　1938 年——电视广播开播；

　　1940—1945 年——第二次世界大战刺激了雷达和微波通信的发展；

　　1948 年——发明晶体管，香农提出了信息论，开始建立通信统计理论；

　　1950 年——时分多路通信应用于电话；

　　1954 年——第一台电子计算机诞生；

　　1956 年——铺设了越洋电缆；

　　1958 年——发射第一颗通信卫星；

　　1961 年——发明集成电路；

　　1962 年——发射第一颗同步通信卫星，脉冲编码调制进入实用阶段；

　　1960—1970 年——彩电问世，数字传输的理论及技术得到了迅速发展；

　　1970—1980 年——大规模集成电路、卫星通信、光纤通信、高速度大容量微型计算机、程控数字交换机等迅速发展；

　　1980 年—现在——超大规模集成电路、多媒体技术、综合业务数字通信网（ISDN）、计算机网络、移动通信、信息高速公路等的崛起。

　　由此可见，通信技术经历了一个由数字到模拟，又由模拟到数字的发展过程。最早出现的电报是一种简单的数字通信，随着真空管的出现，模拟通信得到发展。此后由于脉冲编码理论、信息论的提出，计算机的诞生、大规模集成电路的发明以及光纤通信技术的成熟，使数字通信进入全盛时期。目前，数字通信无疑是通信技术的发展方向。

　　从通信的整个发展过程可以看出，通信的发展与人类科学技术进步是密切相关的，就如高速火车的诞生促进了电报的诞生一样。另外，军事、经济及社会的发展对通信技术的需要都是通信技术飞速发展的动力。

1.3　通信系统的分类及通信方式

1.3.1　通信系统的分类

通信系统有多种分类方法，下面介绍几种常见的分类方法。

1. 按通信业务类型分类

根据通信业务类型的不同，通信系统可分为电报通信系统、电话通信系统、数据通信系统、图像通信系统等。由于电话通信网最为普及，因而除电话通信外的其他一些通信业务也常通过公共电话通信网进行传输，如电报通信和远距离计算机通信（数据通信）都可通过电话信道传输。现在建成的综合业务数字通信网（ISDN）适应于多种类型业务的信息传递。

2. 按调制方式分类

根据信道中传输的信号是否经过调制，可将通信系统分为基带传输通信系统和频带传输通信系统。基带传输通信系统是将未经调制的信号直接传输，如远距离音频电话、有线广播等；频带传输通信系统是将基带信号经调制后送入信道传输。常用的调制方式及用途如表 1.1 所示。

表 1.1　　　　　　　　　　　　常用的调制方式及用途

调　制　方　式		用　途　举　例
连续波调制	线性调制	振幅调制（AM）	广播
		单边带调制（SSB）	载波通信、短波无线电话通信
		抑制载波双边带调制（DSB）	立体声广播
		残留边带调制（VSB）	电视广播、传真
	非线性调制	频率调制（FM）	微波中继、卫星通信、广播
		相位调制（PM）	中间调制方式
	数字调制	幅移键控（ASK）	数据传输
		频移键控（FSK）	数据传输
		相移键控（PSK、DPSK 等）	数据传输、数字微波、空间通信
		其他高效数字调制（QAM、MSK 等）	数字微波、空间通信
脉冲调制	脉冲模拟调制	脉幅调制（PAM）	中间调制方式、遥测
		脉宽调制（PDM（PWM））	中间调制方式
		脉位调制（PPM）	遥测、光纤传输
	脉冲数字调制	脉码调制（PCM）	市话中继线、卫星、空间通信
		增量调制（DM（ΔM）、CVSD 等）	军用、民用数字电话
		差分脉码调制（DPCM）	电视电话、图像编码
		其他语音编码方式（ADPCM、LPC 等）	中速数字电话

3. 按信号特征分类

按照信道中传输的是模拟信号还是数字信号，可相应地把通信系统分为模拟通信系统和数字通信系统两类。

4. 按传输媒介分类

根据传输媒介的不同，通信系统分为有线通信系统和无线通信系统。有线通信系统是以传输缆线作为传输的媒介，包括电缆通信、光纤通信等；无线通信系统是无线电波在自由空间传播信息，包括微波通信、卫星通信等。

5. 按信号复用方式分类

按信号复用方式，通信系统又可分为频分复用（FDM）通信系统，时分复用（TDM）通信系统、码分复用（CDM）通信系统等。频分复用通信系统是用频谱搬移的方法使不同信号占据不同的频率范围；时分复用通信系统是用抽样或脉冲调制方法使不同信号占据不同的时间区间；码分复用通信系统则是用互相正交的码型来区分多路信号。

传统的模拟通信中大都采用频分复用，如广播通信。随着数字通信的发展，时分复用通信系统得到了广泛的应用。码分复用在现代通信系统中也获得广泛应用，如卫星通信系统、移动通信系统和光纤通信系统。

1.3.2 通信方式

通信系统中有多种通信方式，可按以下方法来划分。

1. 按传输的方向与时间关系划分通信方式

对于点对点的通信，按传输的方向与时间关系，通信方式可分单工通信、半双工通信及全双工通信 3 种。

单工通信是指消息只能单方向传输的工作方式，如图 1.4（a）所示。例如，广播、电视、遥测等都是单工通信方式。

半双工通信是指通信的双方都能收发信息，但不能同时进行收发信息的通信方式，如图 1.4（b）所示。例如，无线电对讲机和普通无线电收发报机等是半双工通信方式。

全双工通信是指通信的双方都可同时收发信息的通信方式，如图 1.4（c）所示。例如，普通电话、计算机通信网络等采用的就是全双工通信方式。

2. 按数字信号码元排列方法划分通信方式

在数字通信中按数字信号码元排列方法不同，可将通信方式划分为串序传输方式和并序传输方式。

串序传输方式是将数字信号码元序列按时间顺序一个接一个地在信道中传输，如图 1.5（a）所示，如计算机网络通信。

并序传输方式是将数字信号码元序列分割成两路或两路以上的数字信号码元序列，并同时在信道中传输，如图 1.5（b）所示，如计算机和打印机间的数据传输。

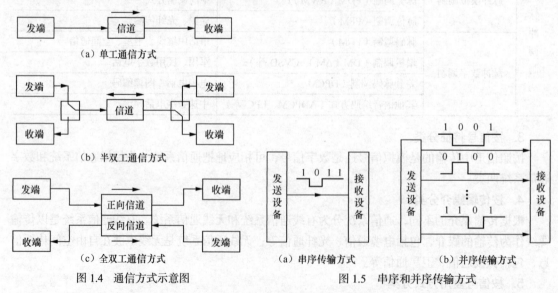

图 1.4 通信方式示意图　　图 1.5 串序和并序传输方式

串序传输方式只需一条通路，线路成本低，适合于长距离的通信；而并序传输方式需要多条通路，线路成本高，传输速度快，适合于短距离的通信。

3. 按照网络结构划分通信方式

通信系统按照网络结构可分为专线通信和网通信两类。点对点的通信是专线通信；多点间的通信属于网通信。网通信的基础仍是点对点的通信。

1.4　信息及其度量

通信系统中传输的具体对象是消息，而通信的目的在于传递信息。"消息"和"信息"是两个不同的概念，消息是需要带给接收者的信息。通信系统中的消息是多种多样的，且各种消息具有不同的特性。从其形式上可将之划分为两类，一类是离散消息，另一类是连续消息。离散消息在形式上是由多个符号根据消息的含义按一定顺序组成的符号序列，如字符、数据等，它还是一个随机序列，这是因为在接收者收到消息之前并无法预知发送方发送的是哪一个序列。连续消息是时间的确定函数，如语言、图像信息等。连续消息也是随机的，它是随机函数或随机过程。信息是消息中所包含的有意义的内容。不同形式的消息可以包含相同的信息，如分别用语言和文字发送的天气预报所含信息内容是相同的。

传输信息的多少是用"信息量"来衡量的。信息量与消息的种类、含义及重要程度无关，它仅与消息中包含的不确定性有关。也就是说消息中所含信息量与消息发生的概率密切相关。一件事情发生概率愈小，愈使人感到意外和惊奇，则此消息所含的信息量愈大。例如，一方告诉另一方一件非常不可能发生的事件消息包含的信息量比可能发生的事件消息包含的信息量大。如果消息发生的概率接近于零（不可能事件），则它的信息量趋向于无穷大；如果消息发生的概率为 1（必然事件），则此消息所含的信息量为零。消息所含的信息量可用消息发生概率的倒数的对数来表示。在信息论中，消息所含的信息量 I 与消息 x 出现的概率 $P(x)$ 的关系式为

$$I = \log_a \frac{1}{P(x)} = -\log_a P(x) \tag{1.4.1}$$

式中，对数的底 a 决定了信息量的单位。若对数的底为 2，则 I 的单位为比特（bit）；若对数的底为 e，则 I 的单位为奈特（nat）；若对数的底为 10，则 I 的单位为哈特莱。经常使用的信息量的单位是比特，以比特为单位时,式（1.4.1）可写为

$$I = \log_2 \frac{1}{P(x)} = -\log_2 P(x) \ \ (\text{bit}) \tag{1.4.2}$$

在通信系统中，当传送 M 个等概率的消息之一时，每个消息出现的概率为 $1/M$，任一消息所含的信息量为

$$I = -\log_2 \frac{1}{M} = \log_2 M \ \ (\text{bit}) \tag{1.4.3}$$

若 $M=2^K$，则式（1.4.3）为

$$I = \log_2 2^K = K \ \ (\text{bit}) \tag{1.4.4}$$

对于二进制数字通信系统（$M=2$），当二进制信号 0 和 1 的出现概率相等时，则每个二进制信号都有 1 bit 的信息量。

上述是等概率条件下的信息量，下面讨论非等概率条件下的信息量。设信息源中包含有 n 个消息符号，每个消息 x_i 出现的概率为 $P(x_i)$，则各消息出现的概率为

$$\begin{bmatrix} x_1, & x_2, & \cdots, & x_n \\ P(x_1), & P(x_2), & \cdots, & P(x_n) \end{bmatrix}, \quad 且有 \quad \sum_{i=1}^{\infty} P(x_i) = 1$$

则 x_1, x_2, $\cdots$, x_n 所包含的信息量分别为 $-\log_2 P(x_1)$、$-\log_2 P(x_2)$，$\cdots$，$-\log_2 P(x_n)$。于是，每个符号所包含的信息量的统计平均值，即平均信息量为

$$H(x) = P(x_1)\left[-\log_2 P(x_1)\right] + P(x_2)\left[-\log_2 P(x_2)\right] + \cdots + P(x_n)\left[-\log_2 P(x_n)\right]$$

$$= \sum_{i=1}^{n} P(x_i)\left[-\log_2 P(x_i)\right] \quad （比特/符号） \tag{1.4.5}$$

由于式（1.4.5）中 $H(x)$ 与热力学中熵的定义式相类似，故在信息论中又通常称它为信息源的熵，其单位为比特/符号。显然，当 $P(x_i) = \dfrac{1}{n}$（等概率条件时的概率值）时，式（1.4.5）即成为式（1.4.3）。

[例 1.4.1] 一信息源由 4 个符号 0、1、2、3 组成，它们出现的概率分别为 3/8、1/4、1/4、1/8，且每个符号的出现都是独立的。若消息序列长为 57 个符号，其中 0 出现 23 次，1 出现 14 次，2 出现 13 次，3 出现 7 次，试求消息序列所包含的信息量和平均信息量。

解：由于消息序列中出现符号 x_i 的信息量为 $-n_i \log_2 P(x_i)$（n_i 和 $P(x_i)$ 分别为消息序列中符号 x_i 出现的次数和概率），消息序列所包含的信息量为每个符号出现信息量的和，即

$$I = -\sum_{i=1}^{n} n_i \log_2 P(x_i) = -23\log_2\frac{3}{8} - 14\log_2\frac{1}{4} - 13\log_2\frac{1}{4} - 7\log_2\frac{1}{8}$$

$$= 32.55 + 28 + 26 + 21 = 108.55 \ (\text{bit})$$

消息序列的平均信息量

$$H(x) = \sum_{i=1}^{n} P(x_i)\left[-\log P(x_i)\right]$$

$$= -\frac{3}{8}\log_2\frac{3}{8} - \frac{1}{4}\log_2\frac{1}{4} - \frac{1}{4}\log_2\frac{1}{4} - \frac{1}{8}\log_2\frac{1}{8} = 1.906 \ （比特/符号）$$

上述介绍的离散消息的分析方法也可用于对连续消息进行分析。因为抽样定理告诉我们，对于一个频带有限的连续信号，可用每秒一定数目的离散抽样值代替。这就是说一个连续消息经抽样后成为离散消息，这样我们就可以利用分析离散消息的方法来处理连续消息。

另外，连续消息的信息量还可以用概率密度来描述。经证明，连续消息的平均信息量（见参考文献[1]）为

$$H_1(x) = -\int_{-\infty}^{\infty} f(x)\ln f(x)\mathrm{d}x \quad （\text{nat}） \tag{1.4.6}$$

式中，$f(x)$ 为连续消息出现的概率密度。为了积分方便，对数的底取 e，平均信息量 $H_1(x)$ 的单位为 nat。

1.5　通信系统的主要性能指标

设计和评价一个通信系统，往往要涉及许多性能指标，如系统的有效性、可靠性、适应性、经济性、标准性、使用维护方便性等。这些指标可从各个方面评价通信系统的性能，但从研究信息传输方面考虑，通信的有效性和可靠性是通信系统中最主要的性能指标。有效性主要是指消息

传输的"速度"问题，而可靠性主要是指消息传输的"质量"问题。由香农（Shannon）定理可知，系统的带宽能够决定信号的极限传输速度。信号在传输过程中的噪声干扰和信道特性不理想使信号产生畸变，造成接收信号与发送信号间出现差异，影响了通信质量。有效性和可靠性的要求是相互矛盾而又相互联系的。提高有效性会降低可靠性；反之亦然。因此在设计通信系统时，对二者应统筹考虑。

在模拟通信系统中，有效性是利用消息传输速度（即单位时间内传输的信息量）或者有效传输频带来衡量的。可靠性用接收端最终输出的信噪比（即输出信号平均功率与噪声平均功率的比值）来衡量，如通常电话要求信噪比为 20dB ~ 40dB，电视则要求 40dB 以上。输出信噪比越高，通信质量越好，它除了与信号功率和噪声功率的大小有关外，还与信号的调制方式有关。例如，调频信号的抗噪声性能（输出信噪比/输入信噪比）比调幅信号好，但调频信号所需传输频带要宽于调幅信号。

在数字通信系统中，常常用相同的时间间隔去表示一个 N 进制信号，每个间隔的信号都是一个码元，而这个间隔就是码元宽度。对于 N 进制通信系统的每个 N 进制信号都是一个 N 进制码元，每个码元都有 N 种可能的符号可采用。二进制通信系统中的每个二进制信号都是二进制码元 0 或 1。下面讨论数字通信系统的有效性和可靠性问题。

1. 数字通信系统的有效性

数字通信系统的有效性可用码元速率、信息速率及系统带宽利用率这 3 个性能指标来描述。

（1）码元速率 R_{B_N}

码元速率 R_{B_N} 又称码元传输速率或传码率。它被定义为每秒所传送的码元数目，单位为"波特（Baud）"，常用符号"B"表示。

（2）信息速率 R_b

信息速率 R_b 又称信息传输速率或传信率。它被定义为每秒所传输的信息量，单位为"比特/秒"，或记为 bit/s。由于每位二进制数都包含有 1bit 的信息量，因此信息速率为每秒传输的二进制码元数。对于二进制码元的传输，码元速率与信息速率相等，即 $R_{B_2} = R_b$；而对于 N 进制码元的传输来说，由于每一位 N 进制码元可用 $\log_2 N$（$N=2^K$，K 为每位 N 进制码元所用二进制码元表示的位数）个二进制码元表示，传输一个 N 进制码元相当于传输了 $\log_2 N$ 个二进制码元，因此信息速率与码元速率的关系为

$$R_b = R_{B_N} \log_2 N \text{(bit/s)} \tag{1.5.1}$$

对于不同进制通信系统来说，码元速率高的通信系统其信息速率不一定高。因此，在对它们的传输速度进行比较时，不能直接比较码元速率，需将码元速率换算成信息速率后再进行比较。

（3）系统的频带利用率

在比较两个通信系统的有效性时，仅从传输速率上看是不够的，还应考察系统所使用频带的大小。因为香农定理指出通信系统的频带会影响传输信息的能力。衡量系统效率的另一个指标是系统频带的利用率。通信系统的频带利用率被定义为每秒在单位频带上传输的信息量，单位为比特/（秒·赫兹），或记为 bit/（s·Hz）。不同的调制方式具有不同的频带利用率，如二进制振幅调制系统频带利用率为 1/2。系统的频带利用率越高，其有效性发挥的越好。

2. 数字通信系统的可靠性

由于在数字通信系统中（尤其是信道中）存在干扰，接收到的数字、码元可能会发生错误，而使通信的可靠性受到影响。数字通信系统的可靠性指标主要用误码率 P_e 和误信率 P_b 衡量。

（1）误码率 P_e

误码率是指通信过程中，系统传错码元的数目与所传输的总码元数目之比，也就是传错码元的概率，即

$$P_e = \frac{传错码元的数目}{传输的总码元数目}$$ （1.5.2）

（2）误信率 P_b

误信率又称误比特率，是指错误接收的信息量（传错的比特数）与传输的总信息量（传输的总比特数）之比，即

$$P_b = \frac{传错比特的数目}{传输的总比特数目}$$ （1.5.3）

显然，在二进制通信系统中有 $P_e = P_b$。

通信系统中存在误码是不可避免的。不同的应用场合对误码率的要求也不一样，如数字电话通信中误码率在 $1 \times 10^{-6} \sim 1 \times 10^{-3}$ 之间即可满足正常通话的要求；而计算机通信中对可靠性要求更高，误码率更小。为减小误码率，可采取减小干扰，改进调制方式和解调方法，以及采用差错控制措施等方案。

习 题 1

1.1　已知二进制离散信源（0，1），每一个符号波形等概率独立发送，求传送二进制波形之一的信息量。

1.2　设有 A、B、C、D 4 个消息分别以概率 1/4、1/8、1/8、1/2 传送，假设它们的出现是相互独立的，试求每个消息的信息量和信息源的熵。

1.3　一个离散信号源每毫秒发出 4 种符号中的一个，各相应独立符号出现的概率为 0.4、0.3、0.2、0.1，求该信号源的平均信息量与信息传输速率。

1.4　某离散信号源由 0、1、2、3、4 五个符号组成，它们出现的概率分别为 $\frac{1}{2}$、$\frac{1}{16}$、$\frac{1}{16}$、$\frac{1}{8}$ 和 $\frac{1}{4}$，且每个符号的出现都是独立的，求消息 02240104030211230103021120413223100400221003 14202003014 2002140201420 的信息量。

1.5　一个由 α、β、γ、λ 组成的信源，每传输一个字母用二进制脉冲编码，00 代替 α，01 代替 β，10 代替 γ，11 代替 λ，以至每个脉冲宽度为 5ms。试求下列两种情况时传输的平均信息速率：

（1）这些字母出现概率相同时；

（2）这些字母出现的概率分别为 $P_\alpha = \frac{1}{5}$，$P_\beta = \frac{1}{4}$，$P_\gamma = \frac{1}{4}$，$P_\lambda = \frac{3}{10}$ 时。

1.6　已知二进制离散信源（0，1），若"1"用持续 3 单位的电流脉冲表示，"0"用持续 1 单位的电流脉冲表示，且"0"出现的概率是"1"出现概率的 3 倍。试求：

（1）"0"和"1"的信息量；

（2）"0"和"1"的平均信息量。

1.7　设某信息源以每秒 2 000 个字符的速率发送消息，信息源由 A、B、C、D、E 五个信息

符号组成，发送 A 的概率为 1/2，发送其余符号的概率相同，且设每一符号出现是相互独立的。
试求：

（1）每一符号的平均信息量；

（2）信息源的平均信息速率；

（3）可能的最大信息速率。

1.8　黑白电视机的图像每秒传输 25 帧，每帧有 625 行，屏幕的宽度与高度之比为 4:3。设图像的每个像素的亮度有 10 个电平，各像素的亮度相互独立，且等概率出现，求电视图像给观众的平均信息速率。

1.9　某数字传输系统传送二进制码元的速率为 1 200B，试求该系统的信息速率。若该系统改成传送十六进制，码元速率为 2 400 B，此时该系统的信息速率又是多少？

1.10　已知某四进制数字信号传输系统的信息速率为 2 400 bit/s，接收端在半小时内共接收到216 个错误码元，求该系统的误码率 P_e。

1.11　设某数字传输系统的码元宽度为 $T_b = 2.5\mu s$，试求：

（1）数字信号为二进制时，码元速率和信息速率；

（2）数字信号为八进制时，码元速率和信息速率。

1.12　某电台在强干扰环境下，5min 内共收到正确信息量为 355Mbit，假定系统信息速率为1 200 kbit/s。

（1）试求系统误信率 P_b。

（2）假定信号为四进制信号，系统码元传输速率为 1 200 KB，则 P_b 是多少？

1.13　某一数字通信系统传输的是四进制码元，4 秒钟传输了 8 000 个码元。

（1）求系统的码元速率和信息速率。

（2）若另一通信系统传输的是十六进制码元，6 秒钟传输了 7 200 个码元，求它的码元速率和信息速率。

（3）请指出哪个系统传输速度快。

第2章
确知信号分析

2.1 引　言

通信的过程是信号和噪声通过通信系统的过程，因此，分析与研究通信过程离不开对信号、噪声和系统的分析。

对信号的分析经常采用时域分析法和频域分析法，而更普遍采用的是频域分析法。它的出发点在于，不管一个信号的形式如何，一般都能把它看成许多正弦基本信号的叠加，这给信号与信道的分析带来了极大的方便，它的基本理论就是傅里叶级数与傅里叶变换。

本章将概括性地介绍信号与系统的基本分析方法，重点介绍能量谱密度、功率谱密度以及相关函数等概念。

由于噪声是随机信号，因此对于噪声的分析，应采用统计分析的方法，这将在第3章讨论。

2.2　信号与系统的基本分析方法

一个周期性信号可以展开成三角傅里叶级数，即

$$f(t) = \frac{a_0}{2} + \sum_{n=1}^{\infty}(a_n\cos n\Omega t + b_n\sin n\Omega t) \tag{2.2.1}$$

或

$$f(t) = \frac{a_0}{2} + \sum_{n=1}^{\infty}A_n\cos(n\Omega t + \varphi_n) = \frac{A_0}{2} + \sum_{n=1}^{\infty}A_n\cos(n\Omega t + \varphi_n) \tag{2.2.2}$$

其中，系数为

$$A_0 = a_0 = \frac{2}{T}\int_{-T/2}^{T/2}f(t)\mathrm{d}t$$

$$a_n = \frac{2}{T}\int_{-T/2}^{T/2}f(t)\cos n\Omega t\mathrm{d}t$$

$$b_n = \frac{2}{T}\int_{-T/2}^{T/2}f(t)\sin n\Omega t\mathrm{d}t$$

$$A_n = \sqrt{a_n^2 + b_n^2},\ \varphi_n = -\arctan\frac{b_n}{a_n}$$

也可展开成指数傅里叶级数，即

$$f(t) = \sum_{n=-\infty}^{\infty} C_n e^{jn\Omega t} = \sum_{n=-\infty}^{\infty} C_n e^{j2\pi nt/T} \qquad (2.2.3)$$

式中，系数为

$$C_n = \frac{1}{T}\int_{-T/2}^{T/2} f(t)e^{-jn\Omega t}dt \quad n=0,\pm 1,\pm 2\cdots$$

式中，T 为周期；$\Omega = \dfrac{2\pi}{T}$ 为基波角频率。

还可利用欧拉公式将三角傅里叶级数式（2.2.2）转换成指数傅里叶级数，即

$$
\begin{aligned}
f(t) &= \frac{A_0}{2} + \sum_{n=1}^{\infty} A_n \cos(n\Omega t + \varphi_n) \\
&= \frac{A_0}{2} + \sum_{n=1}^{\infty} \frac{A_n}{2}\left[e^{j(n\Omega t+\varphi_n)} + e^{-j(n\Omega t+\varphi_n)}\right] \qquad (2.2.4) \\
&= \frac{1}{2}\sum_{n=-\infty}^{\infty} A_n e^{j(n\Omega t+\varphi_n)} = \frac{1}{2}\sum_{n=-\infty}^{\infty} \dot{A}_n e^{jn\Omega t}
\end{aligned}
$$

对照式（2.2.3），可得 $C_n = \dfrac{1}{2}\dot{A}_n = \dfrac{1}{2}A_n e^{j\varphi_n}$。其中 A_n 是 $n\Omega$ 的偶函数，φ_n 是 $n\Omega$ 的奇函数，它们分别表示组成 $f(t)$ 的第 n 次谐波分量的振幅与相位。

这表明三角傅里叶级数和指数傅里叶级数虽然形式不同，但可通过欧拉公式互相转换，实际上它们都属于同一性质的级数，即都是将一个信号表示为直流和各次谐波分量之和。

为了更直观地表示一个信号中包含有哪些频率分量及各分量所占的比重，可以画出振幅 $A_n(|C_n|)$ 及相位 φ_n 随频率 Ω 变化的曲线，从而得到一种谱线图，称其为频谱图，其中幅度与频率的关系图称为幅度频谱，相位与频谱的关系图称为相位频谱。

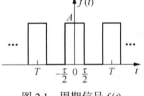

图 2.1　周期信号 $f(t)$

[例 2.2.1] 求图 2.1 所示周期信号 $f(t)$ 的指数傅里叶级数，并求当 $\tau = \dfrac{T}{2}$ 时的各项系数，画出双边频谱。

解：根据周期信号的指数傅里叶级数展开式有

$$
\begin{aligned}
C_n &= \frac{1}{T}\int_{-\frac{T}{2}}^{\frac{T}{2}} f(t)e^{-jn\Omega t}dt = \frac{1}{2}\int_{-\frac{\tau}{2}}^{\frac{\tau}{2}} A e^{-jn\Omega t}dt \\
&= \frac{A\tau}{T}\mathrm{Sa}\left(\frac{n\Omega\tau}{2}\right) = \frac{A\tau}{T}\mathrm{Sa}\left(\frac{n\pi\tau}{T}\right)
\end{aligned}
$$

$$f(t) = \sum_{n=-\infty}^{\infty} \frac{A\tau}{T}\mathrm{Sa}\left(\frac{n\pi\tau}{T}\right)e^{-jn\Omega t}$$

当 $\tau = \dfrac{T}{2}$ 时，有

$$C_n = \frac{A}{2}\mathrm{Sa}\left(\frac{n\pi}{2}\right)$$

这时有

$$C_0 = \frac{A}{2}, \quad C_1 = \frac{A}{2}\mathrm{Sa}\left(\frac{\pi}{2}\right) = \frac{A}{\pi} = C_{-1}, \quad C_2 = \frac{A}{2}\mathrm{Sa}\left(\frac{2\pi}{2}\right) = 0 = C_{-2}$$

$$C_3 = \frac{A}{2}\mathrm{Sa}\left(\frac{3\pi}{2}\right) = -\frac{A}{3\pi} = C_{-3}, \quad \cdots$$

$$f(t) = \frac{A}{2} + \frac{A}{\pi}\left[e^{j\Omega t} + e^{-j\Omega t}\right] - \frac{A}{3\pi}\left[e^{j3\Omega t} + e^{-j3\Omega t}\right] + \cdots$$

C_n 和 $|C_n|$ 与 ω 的关系如图 2.2 所示。

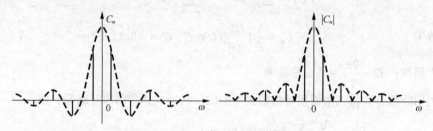

图 2.2   周期性脉冲序列的频谱与振幅谱

由上面分析可以得到下面几点结论。

① 周期性信号的频谱有如下 3 个特点：离散性、谐波性和收敛性。

② 信号 $f(t)$ 的三角傅里叶级数的系数 $\dot{A}_n$ 与变量 $n\Omega$（$n \geq 0$）之间的频谱图是单边频谱；而其指数傅里叶级数的系数 C_n 与变量 $n\Omega$（$-\infty < n < \infty$）之间的频谱图是双边频谱。由于 $-n\Omega$ 的指数分量与 $+n\Omega$ 的指数分量组合起来构成一个频率为 $n\Omega$ 的正弦分量，所以，从本质上来说，上述两种频谱图是一样的。

③ 在周期性信号的频谱图中，频谱是离散的，相邻谱线的间隔是 Ω，由于 $\Omega = 2\pi/T$，所以当周期信号 $f(t)$ 的周期 $T \to \infty$ 时，Ω 趋于无穷小量 $d\omega$，这时 $f(t)$ 就变成了一个非周期函数，变量 $n\Omega$ 成为连续变量 ω，离散谱也就变成连续谱了，这时定义一个函数，即

$$F(\omega) = \lim_{T \to \infty} TC_n = \lim_{T \to \infty} \int_{-T/2}^{T/2} f(t)\mathrm{e}^{-\mathrm{j}\omega t} \mathrm{d}t$$

得

$$F(\omega) = \int_{-\infty}^{\infty} f(t)\mathrm{e}^{-\mathrm{j}\omega t} \mathrm{d}t \tag{2.2.5}$$

因为 $TC_n = \dfrac{2\pi C_n}{\Delta\omega} \left(\Delta\omega = \Omega = \dfrac{2\pi}{T} \right)$，是单位频带的振幅，所以 $F(\omega)$ 反映的是频谱密度的概念，因此称 $F(\omega)$ 是非周期信号 $f(t)$ 的频谱密度函数。

很容易推出

$$f(t) = \frac{1}{2\pi} \int_{-\infty}^{\infty} F(\omega)\mathrm{e}^{\mathrm{j}\omega t} \mathrm{d}\omega \tag{2.2.6}$$

式（2.2.5）和式（2.2.6）分别称为傅里叶正变换和傅里叶反变换，简记为

$$\left. \begin{array}{l} F(\omega) = \mathscr{F}\left[f(t) \right] \\ f(t) = \mathscr{F}^{-1}\left[F(\omega) \right] \end{array} \right\} \tag{2.2.7}$$

$f(t)$ 和 $F(\omega)$ 的对应关系记为

$$f(t) \leftrightarrow F(\omega)$$

由式（2.2.5）可知，若积分 $\int_{-\infty}^{\infty} f(t)\mathrm{e}^{-\mathrm{j}\omega t} \mathrm{d}t$ 是一个有限值，则傅里叶变换存在。因此，傅里叶变换的充分条件为

$$\int_{-\infty}^{\infty} \left| f(t) \right| \mathrm{d}t < \infty \tag{2.2.8}$$

但这并不是必要条件，有些不满足绝对可积条件的信号（如 $\varepsilon(t)$）也存在傅里叶变换。

$f(t)$ 的傅氏变换 $F(\omega)$ 一般是 ω 的复函数，可记为

$$F(\omega) = \left| F(\omega) \right| \mathrm{e}^{\mathrm{j}\varphi(\omega)} \tag{2.2.9}$$

与周期信号的频谱对应，习惯上将 $|F(\omega)| - \omega$ 的关系曲线称为 $f(t)$ 的幅度频谱（$F(\omega)$ 并不是幅度！），而将 $\varphi(\omega) - \omega$ 的关系曲线称为相位频谱，它们都是 ω 的连续函数。

另外，对于幅度频谱，若将其画在区间 $(-\infty, \infty)$ 上则称为双边谱，负频率是正频率的镜像，没有物理意义。在实际中又常把频谱全部画于正频率轴上，称为单边谱，它的振幅谱比双边谱要增加一倍。

傅里叶变换的某些运算特性在分析信号时特别有用，灵活运用这些特性可较快地求出许多复杂信号的谱密度，或从谱密度中求出原信号，因此掌握这些特性是非常有益的。表 2.1 所示为一些常用傅里叶变换的性质，表 2.2 所示为各种时间函数及其傅里叶变换。

表 2.1 傅里叶变换的性质

序 号	运算名称	时间函数	频谱函数
1	线性	$a_1 f_1(t) + a_2 f_2(t)$	$a_1 F_1(t) + a_2 F_2(t)$
2	尺度	$f(at)$	$\dfrac{1}{|a|} F\left(\dfrac{\omega}{a}\right)$
3	时移	$f(t - t_0)$	$F(\omega) e^{-j\omega t_0}$
4	频移	$f(t) e^{j\omega_0 t}$	$F(\omega - \omega_0)$
5	时间微分	$\dfrac{\mathrm{d}f(t)}{\mathrm{d}t}$	$(j\omega) F(\omega)$
6	n 次时间微分	$\dfrac{\mathrm{d}^n f(t)}{\mathrm{d}t^n}$	$(j\omega)^n F(\omega)$
7	时间积分	$\displaystyle\int_{-\infty}^{t} f(\tau)\,\mathrm{d}\tau$	$\dfrac{1}{j\omega} F(\omega) + \pi F(0)\delta(\omega)$
8	频率微分	$(-jt) f(t)$	$\dfrac{\mathrm{d}F(\omega)}{\mathrm{d}\omega}$
9	n 次频率微分	$(-jt)^n f(t)$	$\dfrac{\mathrm{d}^n F(\omega)}{\mathrm{d}\omega^n}$
10	时间卷积	$f_1(t) * f_2(t)$	$F_1(\omega) F_2(\omega)$
11	频率卷积	$f_1(t) f_2(t)$	$\dfrac{1}{2\pi} [F_1(\omega) * F_2(\omega)]$
12	调制定理	$f(t) \cos\omega_0 t$	$\dfrac{1}{2} [F(\omega - \omega_0) + F(\omega + \omega_0)]$

表 2.2 各种时间函数及其傅里叶变换

	$f(t)$	$F(\omega)$
1	$e^{-\alpha t}\varepsilon(t)$	$\dfrac{1}{\alpha + j\omega}$
2	$t e^{-\alpha t}\varepsilon(t)$	$\dfrac{1}{(\alpha + j\omega)^2}$
3	$|t|$	$-\dfrac{2}{\omega^2}$
4	$\delta(t)$	1
5	1	$2\pi\delta(\omega)$

续表

	$f(t)$	$F(\omega)$
6	$\varepsilon(t)$	$\pi\delta(\omega)+\dfrac{1}{j\omega}$
7	$\cos\omega_0 t$	$\pi[\delta(\omega+\omega_0)+\delta(\omega-\omega_0)]$
8	$\sin\omega_0 t$	$j\pi[\delta(\omega+\omega_0)-\delta(\omega-\omega_0)]$
9	$\cos\omega_0 t \cdot \varepsilon(t)$	$\dfrac{\pi}{2}[\delta(\omega+\omega_0)+\delta(\omega-\omega_0)]+\dfrac{j\omega}{\omega_0^2-\omega^2}$
10	$\sin\omega_0 t \cdot \varepsilon(t)$	$\dfrac{\pi}{2j}[\delta(\omega-\omega_0)-\delta(\omega+\omega_0)]+\dfrac{\omega_0}{\omega_0^2-\omega^2}$
11	$D_\tau(t)$	$\tau Sa\left(\dfrac{\tau\omega}{2}\right)$
12	$\dfrac{\Omega}{2\pi}Sa\left(\dfrac{\Omega}{2}t\right)$	$D_\Omega(\omega)$
13	$e^{-\alpha|t|}$	$\dfrac{2\alpha}{\alpha^2+\omega^2}$
14	$e^{-t^2/2\sigma^2}$	$\sigma\sqrt{2\pi}e^{-\sigma^2\omega^2/2}\quad \sigma>0$
15	$\delta_T(t)$	$\dfrac{2\pi}{T}\displaystyle\sum_{n=-\infty}^{\infty}\delta(\omega-n\Omega)$

下面讨论周期信号的傅里叶变换。设 $f(t)$ 为周期信号，其周期为 T，将其展开成指数傅里叶级数，得

$$f(t)=\sum_{n=-\infty}^{\infty}C_n e^{jn\Omega t}$$

对周期信号 $f(t)$ 求傅里叶变换

$$\mathscr{F}[f(t)]=\mathscr{F}[\sum_{n=-\infty}^{\infty}C_n e^{jn\Omega t}]=\sum_{n=-\infty}^{\infty}C_n\cdot\mathscr{F}[e^{jn\Omega t}]$$

根据傅里叶变换的移频特性，可知

$$e^{jn\Omega t}\leftrightarrow 2\pi\delta(\omega-n\Omega)$$

所以

$$\mathscr{F}[f(t)]=2\pi\sum_{n=-\infty}^{\infty}C_n\delta(\omega-n\Omega) \tag{2.2.10}$$

式（2.2.10）表明，周期信号的频谱函数由无限多个冲激函数组成，各冲激函数位于周期信号 $f(t)$ 的各次谐波 $n\Omega$ 处，且冲激强度为 $|C_n|$ 的 2π 倍。从上面的分析还可看出，引入冲激函数之后，对周期信号也能进行傅里叶变换，从而对周期信号和非周期信号可以统一处理，这给信号与系统的频域分析带来很大方便。

［例 2.2.2］ 求周期单位冲激序列 $\delta_T(t)=\displaystyle\sum_{n=-\infty}^{\infty}\delta(t-nT)$ 的傅里叶变换（这里 $T=\dfrac{2\pi}{\Omega}$）。

解：因为 $\delta_T(t)$ 是周期函数，可以利用上面推导的结果求出其傅里叶变换，如图 2.3 所示。

$$C_n = \frac{1}{T}\int_{-T/2}^{T/2}\delta_T(t)\mathrm{e}^{-\mathrm{j}n\Omega t}\,\mathrm{d}t = \frac{1}{T}\int_{-T/2}^{T/2}\delta(t)\mathrm{e}^{-\mathrm{j}n\Omega t}\,\mathrm{d}t$$

$$= \frac{1}{T} = \frac{\Omega}{2\pi}$$

所以

$$\mathscr{F}\left[\delta_T(t)\right] = 2\pi\sum_{n=-\infty}^{\infty}C_n\delta(\omega-n\Omega) = \Omega\sum_{n=-\infty}^{\infty}\delta(\omega-n\Omega) = \Omega\delta_\Omega(\omega)$$

[例 2.2.3] 已知系统的频谱 $F(\omega)$ 如图 2.4（a）所示，试求信号 $f(t)$ 的表达式，并画出其波形。

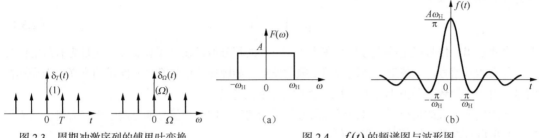

图 2.3 周期冲激序列的傅里叶变换　　　　图 2.4 $f(t)$ 的频谱图与波形图

解：门函数和抽样函数在通信中经常用到，而且通常与傅氏变换的对偶特性一起使用。

由于门函数与抽样函数有下列傅里叶变换关系（见表 2.2）：

$$D_\tau(t) \leftrightarrow \tau\mathrm{Sa}\left(\frac{\tau}{2}\omega\right)$$

根据对偶特性可得

$$\tau\mathrm{Sa}\left(\frac{\tau}{2}t\right) \leftrightarrow 2\pi D_\tau(\omega)$$

由图 2.4（a）可知

$$F(\omega) = AD_{2\omega_{\mathrm{H}}}(\omega)$$

$$f(t) = \frac{A\omega_H}{\pi}\mathrm{Sa}(\omega_{\mathrm{H}}t)$$

其波形图如图 2.4（b）所示。

[例 2.2.4] 已知 $f(t) \leftrightarrow F(\omega)$，利用频移特性求 $f(t)\cos\omega_0 t$ 和 $f(t)\sin\omega_0 t$ 的频率谱密度。

解：利用欧拉公式得

$$\begin{cases} f(t)\cos\omega_0 t = \dfrac{1}{2}f(t)(\mathrm{e}^{\mathrm{j}\omega_0 t} + \mathrm{e}^{-\mathrm{j}\omega_0 t}) \\[2mm] f(t)\sin\omega_0 t = \dfrac{1}{2\mathrm{j}}f(t)(\mathrm{e}^{\mathrm{j}\omega_0 t} - \mathrm{e}^{-\mathrm{j}\omega_0 t}) \end{cases}$$

根据频移特性得

$$\begin{cases} f(t)\cos\omega_0 t \leftrightarrow \dfrac{1}{2}[F(\omega+\omega_0) + F(\omega-\omega_0)] \\[2mm] f(t)\sin\omega_0 t \leftrightarrow \dfrac{1}{2\mathrm{j}}[F(\omega+\omega_0) - F(\omega-\omega_0)] \end{cases}$$

上述关系式又称调制定理，它在通信系统中也经常用到。

2.3 能量谱密度和功率谱密度

在通信系统性能分析中，常常需要用到信号（或噪声）的能量与功率、能量谱密度与功率谱密度等概念。

2.3.1 信号的能量和功率

信号的归一化能量定义为由电压（或电流）$f(t)$ 加于单位电阻（1Ω）上所消耗的能量。令能量为 E，则它定义为

$$E = \int_{-\infty}^{\infty} f^2(t)\mathrm{d}t \tag{2.3.1}$$

由此看出，信号能量的概念只有在式（2.3.1）的积分值存在时才有意义。能量为有限的信号通常称为能量信号。一般地，持续时间受限的波形，如脉冲式信号都具有能量的意义。但周期性信号，由于它导致积分值无穷大，其能量的概念是无意义的。

在能量无意义的情况下，可以考虑信号的平均功率。因为当信号能量趋于无穷大时，其平均功率是可以存在的，即下式的极限存在

$$S = \lim_{T \to \infty} \frac{1}{T} \int_{-T/2}^{T/2} f^2(t)\mathrm{d}t \tag{2.3.2}$$

式中：S 表示平均功率（简称功率）；T 为平均（或观察）的时间区间。这种能量为无穷大而功率为有限的信号就称为功率信号。它可以被理解成信号电压在单位电阻上（或信号电流通过单位电阻）所消耗的平均功率。

应当指出，因为能量信号的平均功率为零，故研究其功率无实际价值。同样，由于功率信号的能量必为无穷大，故研究其能量也无意义。另外，周期信号必然是功率信号，但功率信号并非一定是周期信号。

2.3.2 帕塞瓦尔（Parseval）定理

若 $f(t)$ 为能量信号，其傅里叶变换为 $F(\omega)$，则下列关系成立

$$\int_{-\infty}^{\infty} f^2(t)\mathrm{d}t = \frac{1}{2\pi} \int_{-\infty}^{\infty} |F(\omega)|^2 \,\mathrm{d}\omega \tag{2.3.3}$$

若 $f(t)$ 为周期信号，则有

$$\frac{1}{T} \int_{-T/2}^{T/2} f^2(t)\mathrm{d}t = \sum_{n=-\infty}^{\infty} |C_n|^2 \tag{2.3.4}$$

式中，T 为 $f(t)$ 的周期；C_n 为 $f(t)$ 的傅里叶级数复系数，即

$$C_n = \frac{1}{T} \int_{-T/2}^{T/2} f(t)\mathrm{e}^{-\mathrm{j}2\pi nt/T}\mathrm{d}t \tag{2.3.5}$$

式（2.3.3）和式（2.3.4）说明了这样一个重要概念：时域内能量信号的总能量等于频域内各个频率分量单独贡献出的能量的连续和；周期信号的总的平均功率等于各个频率分量单独贡献出的功率之和；而不同频率分量之间的乘积，对信号的总能量或总的平均功率都不会产生任何影响。

2.3.3　能量谱密度和功率谱密度

信号的能量和功率在频域上定义为

$$E = \frac{1}{2\pi} \int_{-\infty}^{\infty} G_{\mathrm{E}}(\omega) \mathrm{d}\omega = \int_{-\infty}^{\infty} G_{\mathrm{E}}(f) \mathrm{d}f \qquad (2.3.6)$$

$$S = \frac{1}{2\pi} \int_{-\infty}^{\infty} P_{\mathrm{S}}(\omega) \mathrm{d}\omega = \int_{-\infty}^{\infty} P_{\mathrm{S}}(f) \mathrm{d}f \qquad (2.3.7)$$

式中：$\omega = 2\pi f$；$G_{\mathrm{E}}(\omega)$ 为能量谱密度函数；$P_{\mathrm{S}}(\omega)$ 为功率谱密度函数。

能量谱密度 $G_{\mathrm{E}}(\omega)$ 表征着信号能量沿频率轴的分布情况，而功率谱密度 $P_{\mathrm{S}}(\omega)$ 表征着信号功率沿频率轴的分布情况。$G_{\mathrm{E}}(\omega)$ 或 $P_{\mathrm{S}}(\omega)$ 存在于每一个 f 值上，但在任一频率 f 上，该频率分量的能量值或功率值为无穷小。只有在一个任意小区间 $\mathrm{d}f$ 内才有值为 $G_{\mathrm{E}}(f)\mathrm{d}f$ 的能量或值为 $P_{\mathrm{S}}(f)\mathrm{d}f$ 的功率。若能量的单位为 J，功率的单位为 W，则能量谱密度的单位为 J/Hz，功率谱密度的单位为 W/Hz。

将式（2.3.3）与式（2.3.6）对照，可得

$$G_{\mathrm{E}}(\omega) = \left| F(\omega) \right|^2 \qquad (2.3.8)$$

将式（2.3.4）与式（2.3.7）对照，可得

$$P_{\mathrm{S}}(\omega) = 2\pi \sum_{n=-\infty}^{\infty} \left| C_n \right|^2 \delta(\omega - n\omega_0) \qquad (2.3.9)$$

下面来讨论非周期功率信号的功率谱密度。取图 2.5 所示的功率信号 $f(t)$ 的截短函数 $f_T(t)$（其中 T 为截短周期），则

$$f_T(t) = \begin{cases} f(t), & |t| < T/2 \\ 0, & \text{其他} \end{cases}$$

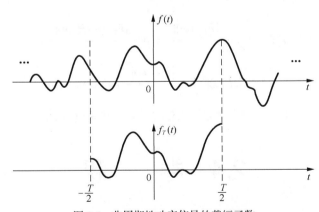

图 2.5　非周期性功率信号的截短函数

只要 T 为有限值，$f_T(t)$ 就具有有限的能量。

设

$$f_T(t) \leftrightarrow F_T(\omega)$$

$f_T(t)$ 的能量 E_T 即为

$$E_T = \int_{-\infty}^{\infty} f_T^2(t) \mathrm{d}t = \frac{1}{2\pi} \int_{-\infty}^{\infty} \left| F_T(\omega) \right|^2 \mathrm{d}\omega$$

由于有

$$\int_{-\infty}^{\infty} f_T^2(t)\mathrm{d}t = \int_{-T/2}^{T/2} f^2(t)\mathrm{d}t$$

所以，该功率信号的平均功率 S 为

$$S = \lim_{T\to\infty}\frac{1}{T}\int_{-T/2}^{T/2} f^2(t)\mathrm{d}t = \frac{1}{2\pi}\int_{-\infty}^{\infty}\lim_{T\to\infty}\frac{|F_T(\omega)|^2}{T}\mathrm{d}\omega$$

将上式与式（2.3.7）比较，有

$$P_S(\omega) = \lim_{T\to\infty}\frac{|F_T(\omega)|^2}{T} \tag{2.3.10}$$

这就是非周期功率信号 $f(t)$ 的功率谱密度表达式。

2.3.4 能量信号和功率信号通过线性系统

设系统的传递函数为 $H(\omega)$ 。

（1）输入信号 $f_i(t)$ 为能量信号时，设 $f_i(t)\leftrightarrow F_i(\omega)$ ， $f_o(t)\leftrightarrow F_o(\omega)$ ，则
$$F_o(\omega) = F_i(\omega)H(\omega)$$

于是

$$G_{E,o}(\omega) = |F_o(\omega)|^2 = |F_i(\omega)H(\omega)|^2 = G_{E,i}(\omega)|H(\omega)|^2 \tag{2.3.11}$$

由此可见，线性系统的输出能量谱密度是输入信号的能量谱密度与 $|H(\omega)|^2$ 的乘积。

（2）输入信号 $f_i(t)$ 为功率信号时，设其截短函数为 $f_{T,i}(t)$ ，输出信号的截短函数为 $f_{T,o}(t)$ ，且有 $f_{T,i}(t)\leftrightarrow F_{T,i}(\omega)$ ， $f_{T,o}(t)\leftrightarrow F_{T,o}(\omega)$ ，则
$$F_{T,o}(\omega) = F_{T,i}(\omega)H(\omega)$$

于是

$$P_o(\omega) = \lim_{T\to\infty}\frac{|F_{T,o}(\omega)|^2}{T} = \lim_{T\to\infty}\frac{|F_{T,i}(\omega)H(\omega)|^2}{T}$$

$$= |H(\omega)|^2 \lim_{T\to\infty}\frac{|F_{T,i}(\omega)|^2}{T} = |H(\omega)|^2 P_i(\omega) \tag{2.3.12}$$

由此可知，线性系统的输出功率谱密度是输入信号的功率谱密度与 $|H(\omega)|^2$ 的乘积。

2.4 卷 积

2.4.1 卷积的定义

函数 $f_1(t)$ 和 $f_2(t)$ 的卷积运算定义为

$$f(t) = f_1(t) * f_2(t) = \int_{-\infty}^{\infty} f_1(\tau)f_2(t-\tau)\mathrm{d}\tau \tag{2.4.1}$$

下面利用图解法来说明卷积的意义。设 $f_1(t)$ 和 $f_2(t)$ 分别为图 2.6 中所示的矩形脉冲和三角脉冲。图解过程可以归纳为如下步骤：

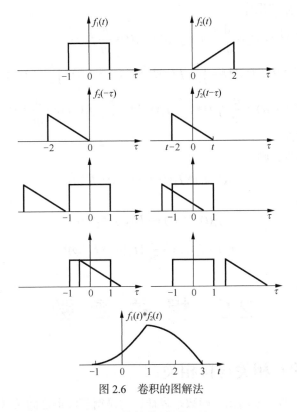

图 2.6　卷积的图解法

（1）折叠——将 $f_2(\tau)$ 绕纵轴折叠，得其镜像波形，即 $f_2(-\tau)$；

（2）移位——把 $f_2(-\tau)$ 沿 τ 轴移动 t_1 个单位得 $f_2(t_1-\tau)$；

（3）相乘——将移动后的函数 $f_2(t_1-\tau)$ 与 $f_1(\tau)$ 相乘；

（4）积分——将乘积进行积分，也就是求乘积曲线下的面积，即为 t_1 时刻的卷积值

$$\int_{-\infty}^{\infty} f_1(\tau)f_2(t_1-\tau)\mathrm{d}\tau = \left[f_1(t)*f_2(t)\right]_{t=t_1}$$

连续将此图形移动不同的 t 值重复上述步骤，并求出在每个 t 值下的面积即得 $f_1(t)*f_2(t)$。

由此可知，所谓卷积就是一个函数与另一个函数折叠后之积曲线下的面积，因而卷积又称为折积积分。当学过“相关”的概念后，还能进一步理解卷积的意义，即卷积关系表明了一函数与另一折叠函数的相关程度。

2.4.2　卷积的性质

性质 1　卷积的运算律

交换律：$f_1(t)*f_2(t) = f_2(t)*f_1(t)$

结合律：$f_1(t)*[f_2(t)*f_3(t)] = [f_1(t)*f_2(t)]*f_3(t)$

分配律：$f_1(t)*[f_2(t)+f_3(t)] = f_1(t)*f_2(t) + f_1(t)*f_3(t)$

性质 2　$f(t)$ 与奇异信号的卷积

（1）$f(t)*\delta(t) = f(t)$

（2）$f(t)*\varepsilon(t) = \int_{-\infty}^{t} f(\tau)\mathrm{d}\tau$

性质 3 卷积的微分和积分

（1）微分：$\dfrac{\mathrm{d}}{\mathrm{d}t}[f_1(t)*f_2(t)] = \dfrac{\mathrm{d}}{\mathrm{d}t}f_1(t)*f_2(t) = f_1(t)*\dfrac{\mathrm{d}}{\mathrm{d}t}f_2(t)$

（2）积分：$\displaystyle\int_{-\infty}^{t}[f_1(\tau)*f_2(\tau)]\mathrm{d}\tau = \int_{-\infty}^{t}f_1(\tau)\mathrm{d}\tau*f_2(t) = f_1(t)*\int_{-\infty}^{t}f_2(\tau)\mathrm{d}\tau$

（3）微积分：$f_1(t)*f_2(t) = \dfrac{\mathrm{d}}{\mathrm{d}t}f_1(t)*\displaystyle\int_{-\infty}^{t}f_2(\tau)\mathrm{d}\tau = \int_{-\infty}^{t}f_1(\tau)\mathrm{d}\tau*\dfrac{\mathrm{d}}{\mathrm{d}t}f_2(t)$

性质 4 卷积的延时

若 $f_1(t)*f_2(t) = f(t)$，则

$$f_1(t-t_1)*f_2(t-t_2) = f(t-t_1-t_2)$$

性质 5 卷积定理

$$f_1(t)*f_2(t) \leftrightarrow F_1(\omega)\cdot F_2(\omega)$$

$$f_1(t)\cdot f_2(t) \leftrightarrow \dfrac{1}{2\pi}[F_1(\omega)*F_2(\omega)]$$

2.5 相 关 函 数

2.5.1 波形的互相关与自相关

波形间的相关程度通常采用相关函数来表征，它是衡量波形之间关联或相似程度的一个函数。相关函数表示了两个信号之间或同一个信号相隔时间 τ 的相互关系。

（1）设 $f_1(t)$ 和 $f_2(t)$ 是能量信号，则它们的互相关函数被定义为

$$R_{12}(\tau) = \int_{-\infty}^{\infty}f_1(t)f_2(t+\tau)\mathrm{d}t \qquad (2.5.1)$$

（2）设 $f_1(t)$ 和 $f_2(t)$ 是周期性功率信号，且周期均为 T，则它们的互相关函数被定义为

$$R_{12}(\tau) = \frac{1}{T}\int_{-T/2}^{T/2}f_1(t)f_2(t+\tau)\mathrm{d}t \qquad (2.5.2)$$

（3）设 $f_1(t)$ 和 $f_2(t)$ 是非周期功率信号，则它们的互相关函数被定义为

$$R_{12}(\tau) = \lim_{T\to\infty}\frac{1}{T}\int_{-T/2}^{T/2}f_1(t)f_2(t+\tau)\mathrm{d}t \qquad (2.5.3)$$

如果 $R_{12}(\tau) = 0$，则信号 $f_1(t)$ 和 $f_2(t)$ 是不相关的。

当 $f_1(t) = f_2(t)$，即为同一信号时，其相关函数称为"自相关函数"用 $R(\tau)$ 表示。

对于能量信号，有

$$R(\tau) = \int_{-\infty}^{\infty}f(t)f(t+\tau)\mathrm{d}t \qquad (2.5.4)$$

对于功率信号，有

$$R(\tau) = \lim_{T\to\infty}\frac{1}{T}\int_{-T/2}^{T/2}f(t)f(t+\tau)\mathrm{d}t \qquad (2.5.5)$$

对于周期信号，有

$$R(\tau) = \frac{1}{T}\int_{-T/2}^{T/2}f(t)f(t+\tau)\mathrm{d}t = \sum_{n=-\infty}^{\infty}|C_n|^2\,\mathrm{e}^{\mathrm{j}2\pi n\tau/T} \qquad (2.5.6)$$

下面简单介绍互相关函数与自相关函数的若干性质。

1. 互相关函数

（1）$R_{12}(\tau) = R_{21}(-\tau)$　　　　　　　　　　　　　　　　　　　　　　（2.5.7）

证明：以能量信号为例，有

$$R_{12}(\tau) = \int_{-\infty}^{\infty} f_1(t) f_2(t+\tau) \mathrm{d}t$$

令 $t' = t + \tau$，则 $t = t' - \tau$，$\mathrm{d}t = \mathrm{d}t'$，所以有

$$R_{12}(\tau) = \int_{-\infty}^{\infty} f_1(t'-\tau) f_2(t') \mathrm{d}t' = R_{21}(-\tau)$$

（2）对于能量信号有　　　　$R_{12}(0) = R_{21}(0) = \int_{-\infty}^{\infty} f_1(t) f_2(t) \mathrm{d}t$　　　　（2.5.8）

对于功率信号有　　　　$R_{12}(0) = R_{21}(0) = \lim_{T \to \infty} \frac{1}{T} \int_{-T/2}^{T/2} f_1(t) f_2(t) \mathrm{d}t$　　　　（2.5.9）

因为 $\tau = 0$ 表示 $f_1(t)$ 和 $f_2(t)$ 之间无时差，所以 $R_{12}(0)$ 衡量着 $f_1(t)$ 和 $f_2(t)$ 在无时差时的相关性，显然，$R_{12}(0)$ 愈大，说明 $f_1(t)$ 和 $f_2(t)$ 的相关性愈大，也就是说它们之间愈相似。因此通常称 $R_{12}(0)$ 为相关系数。

（3）实际中，相关系数又常用归一化相关系数来表示。设 $f_1(t)$ 和 $f_2(t)$ 的归一化相关系数为 ρ_{12}，则 ρ_{12} 被定义为

$$\rho_{12} = \frac{\int_{-\infty}^{\infty} f_1(t) f_2(t) \mathrm{d}t}{\left[\int_{-\infty}^{\infty} f_1^2(t) \mathrm{d}t \int_{-\infty}^{\infty} f_2^2(t) \mathrm{d}t \right]^{1/2}}$$　　　　（2.5.10）

或

$$\rho_{12} = \frac{\lim_{T \to \infty} \frac{1}{T} \int_{-T/2}^{T/2} f_1(t) f_2(t) \mathrm{d}t}{\left[\lim_{T \to \infty} \frac{1}{T} \int_{-T/2}^{T/2} f_1^2(t) \mathrm{d}t \lim_{T \to \infty} \frac{1}{T} \int_{-T/2}^{T/2} f_2^2(t) \mathrm{d}t \right]^{1/2}}$$　　　　（2.5.11）

由施瓦兹（Schwarz）不等式，可得

$$|\rho_{12}| \leqslant 1$$　　　　　　　　　　　　　　　　　　　　　　（2.5.12）

2. 自相关函数

（1）$R(0) = \int_{-\infty}^{\infty} f^2(t) \mathrm{d}t = E$　　　　　　　　　　　　　　　　　　（2.5.13）

或　　　　　　$R(0) = \lim_{T \to \infty} \frac{1}{T} \int_{-T/2}^{T/2} f^2(t) \mathrm{d}t = S$　　　　　　　　　　（2.5.14）

（2）$R(0) \geqslant R(\tau)$　　　　　　　　　　　　　　　　　　　　　　　（2.5.15）

这是因为 $R(0)$ 表明信号最相关，而对于其他任意 τ，$R(\tau)$ 的值不可能超过这个最相关的值。

（3）自相关函数是一个偶函数，即有

$$R(\tau) = R(-\tau)$$　　　　　　　　　　　　　　　　　　　　　（2.5.16）

3. 相关函数与卷积的关系

设 $f_1(t)$ 和 $f_2(t)$ 是能量信号，则它们的卷积为

$$f_1(t) * f_2(t) = \int_{-\infty}^{\infty} f_1(\tau) f_2(t-\tau) \mathrm{d}\tau$$　　　　　　　　　（2.5.17）

而自相关函数为

$$R_{12}(\tau) = \int_{-\infty}^{\infty} f_1(t) f_2(t+\tau) \mathrm{d}t$$

为便于比较，把上式中的 τ 换成 t，而把积分变量 t 换成 x，则有

$$R_{12}(t) = \int_{-\infty}^{\infty} f_1(x) f_2(x+t) \mathrm{d}x$$

令 $x = -\tau$，上式变成

$$R_{12}(t) = \int_{-\infty}^{\infty} f_1(-\tau) f_2(t-\tau) \mathrm{d}\tau = f_1(-t) * f_2(t)$$

这个关系表明，$f_1(t)$ 和 $f_2(t)$ 的相关运算结果恰好等于 $f_1(t)$ 的折叠信号 $f_1(-t)$ 与 $f_2(t)$ 卷积的结果。因此，相关函数的计算可以通过卷积的一些运算方法来解决，尤其是当 $f_1(t)$ 是偶函数时，有

$$R_{12}(t) = f_1(t) * f_2(t)$$

当 $f_1(t)$ 和 $f_2(t)$ 均为偶函数时，有

$$R_{12}(t) = R_{21}(t) = f_1(t) * f_2(t)$$

此时，相关函数的运算与卷积运算完全相同，而且与 $f_1(t)$ 及 $f_2(t)$ 的前后次序无关。

2.5.2 相关函数与谱密度

相关函数的物理概念虽然建立在信号的时间波形之间，但并不意味着相关函数与信号的频谱没有联系。相关函数与能量谱密度或功率谱密度之间有着确定的关系。

假设 $f_1(t)$ 和 $f_2(t)$ 是能量信号，且有

$$f_1(t) \leftrightarrow F_1(\omega), \qquad f_2(t) \leftrightarrow F_2(\omega)$$

利用式（2.5.1）可得

$$
\begin{aligned}
R_{12}(\tau) &= \int_{-\infty}^{\infty} f_1(t) f_2(t+\tau) \mathrm{d}t \\
&= \int_{-\infty}^{\infty} f_1(t) \left[\frac{1}{2\pi} \int_{-\infty}^{\infty} F_2(\omega) \mathrm{e}^{\mathrm{j}\omega(t+\tau)} \mathrm{d}\omega \right] \mathrm{d}t \\
&= \frac{1}{2\pi} \int_{-\infty}^{\infty} F_2(\omega) \left[\int_{-\infty}^{\infty} f_1(t) \mathrm{e}^{\mathrm{j}\omega t} \mathrm{d}t \right] \mathrm{e}^{\mathrm{j}\omega\tau} \mathrm{d}\omega \\
&= \frac{1}{2\pi} \int_{-\infty}^{\infty} F_2(\omega) F_1(-\omega) \mathrm{e}^{\mathrm{j}\omega\tau} \mathrm{d}\omega
\end{aligned}
$$

所以，有
$$R_{12}(\tau) \leftrightarrow F_2(\omega) F_1(-\omega) \tag{2.5.18}$$

将上面的结果推论到自相关函数 $R(\tau)$，则有

$$R(\tau) \leftrightarrow F(\omega) F(-\omega) = |F(\omega)|^2 \tag{2.5.19}$$

由此得到结论，能量信号的互相关函数与 $F_2(\omega) F_1(-\omega)$（通常称为互能量谱密度）互为傅里叶变换关系；而能量信号的自相关函数与信号的能量谱密度也互为傅里叶变换关系。

对于功率信号，可以得到与上面相似的结论。

1. 周期信号

根据式（2.5.6）有

$$R(\tau) = \sum_{n=-\infty}^{\infty} |C_n|^2 \, \mathrm{e}^{\mathrm{j}2\pi n\tau/T}$$

对上式进行傅里叶变换，则有

$$\mathscr{F}\left[R(\tau)\right] = \int_{-\infty}^{\infty} \left[\sum_{n=-\infty}^{\infty} |C_n|^2 \, \mathrm{e}^{\mathrm{j}2\pi n\tau/T}\right] \mathrm{e}^{-\mathrm{j}\omega\tau} \mathrm{d}\tau$$

$$= \sum_{n=-\infty}^{\infty} |C_n|^2 \int_{-\infty}^{\infty} \mathrm{e}^{-\mathrm{j}(\omega-2\pi n/T)\tau} \mathrm{d}\tau$$

于是，可求得

$$\mathscr{F}\left[R(\tau)\right] = 2\pi \sum_{n=-\infty}^{\infty} |C_n|^2 \, \delta(\omega - n\omega_0) \qquad (2.5.20)$$

由此可见，周期信号的自相关函数与其功率谱密度之间互为傅里叶变换，即 $R(\tau) \leftrightarrow P_s(\omega)$。

2. 非周期信号

设非周期信号 $f(t)$ 的截短函数为 $f_T(t)$，且有 $f_T(t) \leftrightarrow F_T(\omega)$。由于 $f_T(t)$ 是一个能量信号，所以由式（2.5.19）可求得

$$R_T(\tau) \leftrightarrow |F_T(\omega)|^2 \qquad (2.5.21)$$

于是，功率信号 $f(t)$ 的自相关函数 $R(\tau)$ 为

$$R(\tau) = \lim_{T\to\infty} \frac{1}{T} \int_{-T/2}^{T/2} f(t)f(t+\tau)\mathrm{d}t$$

$$= \lim_{T\to\infty} \frac{1}{T} \int_{-\infty}^{\infty} f_T(t)f_T(t+\tau)\mathrm{d}t$$

$$= \lim_{T\to\infty} \frac{R_T(\tau)}{T}$$

考虑式（2.5.20），由上式得出

$$R(\tau) \leftrightarrow \lim_{T\to\infty} \frac{|F_T(\omega)|^2}{T} \qquad (2.5.22)$$

由式（2.5.22）和式（2.5.19）可知，对于功率信号，它的自相关函数与功率谱密度互为傅里叶变换关系。

综上所述，一个信号的自相关函数与其谱密度之间有确定的傅里叶变换关系。只要变换是存在的，则傅里叶变换的所有运算性质将同样适用于在自相关函数与谱密度之间的运算。

习　题　2

2.1　绘出下列时间函数的波形图。

（1）$\delta(t) + \delta(t-T) + \delta(t-2T)$ 　　　　　　（3）$t \cdot \varepsilon(t-1)$

（2）$[1+\cos(\pi t)][\varepsilon(t)-\varepsilon(t-2)]$ 　　　　　（4）$(t-2)[\varepsilon(t-2)-\varepsilon(t-3)]$

2.2　利用单位冲激函数的运算特性，求下列积分值。

（1）$\displaystyle\int_{-\infty}^{\infty} \delta(t-t_0)\varepsilon(t-2t_0)\mathrm{d}t$ 　　　　　（2）$\displaystyle\int_{-\infty}^{\infty} (t+\sin t)\delta\left(t-\frac{\pi}{4}\right)\mathrm{d}t$

（3）$\displaystyle\int_{-\infty}^{\infty} \mathrm{e}^{-\mathrm{j}\omega t}[\delta(t)-\delta(t-t_0)]\mathrm{d}t$ 　　　　（4）$\displaystyle\int_{-\infty}^{\infty} (t^{-t}+t)\delta(t+2)\mathrm{d}t$

（5）$\int_{-\infty}^{\infty}\delta(t-t_0)\varepsilon\left(t-\dfrac{t_0}{2}\right)\mathrm{d}t$ （6）$\int_{-\infty}^{\infty}\mathrm{e}^{-t}\left[\delta(t)+\delta'(t)\right]\mathrm{d}t$

2.3 周期矩形信号 $f(t)$ 如题图 2.1 所示。若振幅为 10V，$f=5\mathrm{kHz},\tau=20\mu\mathrm{s}$，求直流分量的大小及基波、二次和三次谐波的有效值。

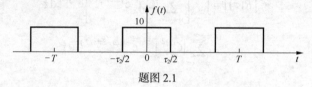

题图 2.1

2.4 判断下列信号是否是能量信号、功率信号或者都不是。

（1）$f(t)=\mathrm{e}^{-at}\varepsilon(t),a>0$ （2）$f(t)=t\varepsilon(t)$

2.5 求 $f(t)=\mathrm{e}^{-at}\varepsilon(t)$ 的能量谱密度、能量和自相关函数。

2.6 升余弦脉冲信号的表示式为

$$f(t)=\frac{E}{2}(1+\cos\pi t),\quad(0\leqslant|t|\leqslant1)$$

试求其频谱。

2.7 已知阶跃函数和正弦函数、余弦函数的傅里叶变换如下：

$$\mathscr{F}\left[\varepsilon(t)\right]=\pi\delta(\omega)+\frac{1}{\mathrm{j}\omega}$$

$$\mathscr{F}\left[\cos(\omega_0t)\right]=\pi[\delta(\omega+\omega_0)+\delta(\omega-\omega_0)]$$

$$\mathscr{F}\left[\sin(\omega_0t)\right]=\mathrm{j}\pi[\delta(\omega+\omega_0)-\delta(\omega-\omega_0)]$$

求单边正弦函数和单边余弦函数的傅里叶变换。

2.8 设有两矩形脉冲 $f_1(t)$、$f_2(t)$，如题图 2.2 所示。

（1）求 $f(t)=f_1(t)*f_2(t)$。

（2）计算 $f(t)=f_1(t)*f_2(t)$ 的频谱函数。

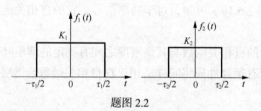

题图 2.2

2.9 利用卷积定理求脉冲信号 $f(t)=\begin{cases}A\cos\dfrac{\pi t}{\tau},&|t|\leqslant\dfrac{\tau}{2}\\[2mm]0,&|t|>\dfrac{\tau}{2}\end{cases}$ 的频谱并画出波形。

2.10 系统如题图 2.3 所示，已知 $f(t)$ 的频谱 $F(\omega)$，$H_2(\omega)=D_6(\omega)=\mathrm{Sa}(3\omega)$，试求 $x(t),y(t)$ 的频谱，并绘出图形。

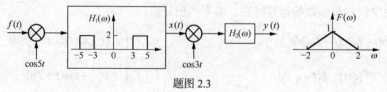

题图 2.3

2.11 试确定下列信号的平均功率和功率谱密度。

（1）$A\cos(2000\pi t) + B\sin(200\pi t)$

（2）$[A + \sin(200\pi t)]\cos(2000\pi t)$

（3）$A\cos(200\pi t)\cos(2000\pi t)$

2.12 理想低通滤波器频率特性为

$$H(\omega) = [\varepsilon(\omega + 2\omega_c) - \varepsilon(\omega - 2\omega_c)]e^{-j\omega t_0} \quad 且 \quad (\omega_0 >> \omega_c)$$

试求滤波器的冲激响应。

2.13 理想低通滤波器 $H(\omega)$ 为

$$H(\omega) = \begin{cases} e^{j\frac{\pi}{2}}, & -6\text{rad/s} < \omega < 0 \\ e^{-j\frac{\pi}{2}}, & 0 < \omega < -6\text{rad/s} \\ 0, & 其他 \end{cases}$$

如输入 $f(t) = \dfrac{\sin(3t)}{t}\cos(5t)$，求该系统的输出 $y(t)$。

2.14 周期信号为 $f(t) = A\cos\omega_1 t$，试求它的自相关函数和功率谱密度。

2.15 已知信号如题图 2.4 所示，频谱函数为 $F(\omega)$，不求 $F(\omega)$，求下列各值。

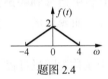

题图 2.4

（1）$F(0)$

（2）$\displaystyle\int_{-\infty}^{\infty} F(\omega)\mathrm{d}\omega$

（3）$\displaystyle\int_{-\infty}^{\infty} |F(\omega)|^2\, \mathrm{d}\omega$

第3章
随机信号分析

3.1 引　言

信息与不确定性有关。如果一个待接收的信号或消息事先已经确知，它就不可能载有任何信息。因此，载有信息的信号必须是不可预测的，或者说带有某种随机性，即它们的某个或几个参数不能预知或不能完全预知，把这种具有随机性的信号称为随机信号，如电话信号、电报信号等。噪声也是不可预测的，但随机信号和噪声的不可预测性的意义完全不同，随机信号的不可预测性是它携带信息的能力，而噪声的不可预测性则是有害的，它将使有用信号受到污染。

从统计学的观点看，随机信号和噪声统称为随机过程。因而，统计学中有关随机过程的理论可以运用到随机信号和噪声的分析中来。

本章主要介绍随机过程的基本概念，几种常见随机过程及随机过程通过线性系统的分析方法。

3.2　概率论的基本概念

1. 随机变量

随机事件是指在随机实验 E 中，每种可能结果的集合。

随机变量是指对于一个样本空间 $S = \{e\}$，若每一个 $e \in S$，都有一个实数 $\xi(e)$ 与之对应，则这个定义在 S 上的单值实值函数 $\xi(e)$ 称为随机变量。

2. 随机变量的统计特性

（1）离散型随机变量

设 $\{x_i\}$ 为离散型随机变量 ξ 的所有可能值；而 $P(x_i)$ 是 ξ 取 x_i 的概率，即

$$P\{\xi = x_i\} = P(x_i)，\quad i = 1，2，3，\cdots \tag{3.2.1}$$

则 $\{P(x_i)\}$，$i = 1$，2，3，$\cdots$ 称为随机变量 ξ 的概率分布。

离散型随机变量的概率分布一般用分布律来表示，即

$$\begin{pmatrix} x_1 & x_2 & \cdots & x_n & \cdots \\ p(x_1) & p(x_2) & \cdots & p(x_n) & \cdots \end{pmatrix}$$

由分布律能一目了然地看出随机变量 ξ 的取值范围及取这些值的概率。

离散型随机变量的分布函数为

$$F(x) = P\{\xi \leqslant x\} = \sum_{x_i \leqslant x} P\{\xi = x_i\} = \sum_{x_i \leqslant x} P(x_i) \tag{3.2.2}$$

（2）连续型随机变量

分布函数的定义为

$$F(x) = P\{\xi \leqslant x\} = \int_{-\infty}^{x} f(u)\mathrm{d}u , \quad -\infty < x < \infty \tag{3.2.3}$$

分布函数表示了随机变量小于或等于数值 x 这一事件的概率。

概率密度函数为

$$f(x) = F'(x) \tag{3.2.4}$$

3. 随机变量的数字特征

（1）均值（数学期望）E

均值是用来描述随机变量 ξ 的统计平均值。

对于离散型随机变量 ξ，若它的取值为 x_1，x_2，$\cdots$，x_n 时，其概率分别为 P_1，P_2，$\cdots$，P_n，则该离散型随机变量 ξ 的均值为

$$E[\xi] = \sum_{i=1}^{n} x_i P_i \tag{3.2.5}$$

对于连续型随机变量，若其概率密度函数为 $f(t)$，则它的均值为

$$E[\xi] = \int_{-\infty}^{\infty} x f(x)\mathrm{d}x \tag{3.2.6}$$

（2）方差 $D[\xi]$

方差：用来表示随机变量与其均值之间的偏离程度。

离散信号的方差：

$$D[\xi] = E[\xi - E(\xi)]^2 = \sum_{i=1}^{n}[x_i - E(\xi)]^2 p_i \tag{3.2.7}$$

连续信号的方差：

$$D[\xi] = E[\xi - E(\xi)]^2 = \int_{-\infty}^{\infty}[x - E(\xi)]^2 f(x)\mathrm{d}x \tag{3.2.8}$$

（3）协方差

设 ξ_1，ξ_2 是两个随机变量，则 ξ_1 与 ξ_2 的协方差定义为

$$\begin{aligned} B(\xi_1, \xi_2) &= E\{[\xi_1 - E(\xi_1)][\xi_2 - E(\xi_2)]\} \\ &= E[\xi_1 \cdot \xi_2] - E[\xi_1] \cdot E[\xi_2] \end{aligned} \tag{3.2.9}$$

（4）相关函数

$$R(\xi_1, \xi_2) = E[\xi_1 \cdot \xi_2] \tag{3.2.10}$$

3.3　随机过程的基本概念

3.3.1　随机过程

通信过程中的随机信号和噪声均可归纳为依赖于时间 t 的随机过程。这种过程的基本特征如下：它是时间 t 的函数，但在任意一个时刻上的取值却是不确定的，是一个随机变量；或者，它可看成是一个由全部可能的实现构成的总体，每个实现都是一个确定的时间函数，而随机性就体

现在出现哪一个实现是不确定的。下面给出一个例子来说明随机过程。

设有 n 台性能完全相同的接收机，在相同的工作环境和测试条件下记录各台接收机的输出噪声波形。测试结果表明，尽管设备和测试条件相同，但记录的 n 条曲线中找不到两个完全相同的波形，而且即使 n 足够大，也找不到两个完全相同的波形。这就是说，接收机输出的噪声电压随时间的变化是不可预知的，因而它是一个随机过程。这里的一次记录就是一个实现，无数个记录构成的总体就是一个随机过程。

由此可以将随机过程这样定义：设 E 是随机试验，每一次试验都得到一个时间波形（称为样本函数或实现），记作 $x_i(t)$，所有可能出现的结果的总体 $\{x_1(t), x_2(t), \cdots, x_n(t), \cdots\}$ 就构成一个随机过程，记作 $\xi(t)$。简而言之，无穷多个样本函数的总体叫做随机过程，如图 3.1 所示。

显然，上面的例子中接收机的输出噪声波形也可用图 3.1 表示。把对接收机输出噪声波形的观测看做是进行一次随机试验，每次试验之后，$\xi(t)$ 取图 3.1 所示的样本空间中的某一样本函数，至于是空间中哪一个样本，在进行观测前是无法预知的，这正是随机过程随机性的具体表现。

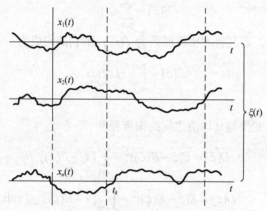

图 3.1 无穷多个样本函数构成的随机过程

3.3.2 随机过程的统计特性

随机过程的统计特性是通过它的概率分布和数字特征来表述的。

设 $\xi(t)$ 表示一个随机过程，在任意给定的时刻 t_1 上的取值 $\xi(t_1)$ 是一个随机变量。而随机变量的统计特性可以用分布函数或概率密度函数来描述。我们把随机变量 $\xi(t_1)$ 小于或等于某一数值 x_1 的概率 $P\{\xi(t_1) \leqslant x_1\}$，简记为 $F_1(x_1, t_1)$，即

$$F_1(x_1, t_1) = P\{\xi(t_1) \leqslant x_1\} \tag{3.3.1}$$

称为随机过程 $\xi(t)$ 的一维分布函数。如果存在

$$\frac{\partial F_1(x_1, t_1)}{\partial x_1} = f_1(x_1, t_1) \tag{3.3.2}$$

则称 $f_1(x_1, t_1)$ 为 $\xi(t)$ 的一维概率密度函数。显然，随机过程的一维分布函数或一维概率密度函数仅仅描述了随机过程在各个孤立时刻的统计特性，而没有说明随机过程在不同时刻取值之间的内在联系，为此需要在足够多的时间上考虑随机过程的多维分布函数。

任意给定 t_1，t_2，$\cdots$，t_n，则 $\xi(t)$ 的 n 维分布函数被定义为

$$F_n(x_1,\ x_2,\cdots,\ x_n;\ t_1,\ t_2,\cdots,t_n) = P\{\xi(t_1) \leqslant x_1,\ \xi(t_2) \leqslant x_2,\ \cdots,\ \xi(t_n) \leqslant x_n\} \quad (3.3.3)$$

如果存在

$$\frac{\partial^n F_n(x_1,\ x_2,\cdots,\ x_n;\ t_1,\ t_2,\cdots,t_n)}{\partial x_1 \partial x_2 \cdots \partial x_n} = f_n(x_1,\ x_2,\cdots,\ x_n;\ t_1,\ t_2,\cdots,\ t_n) \quad (3.3.4)$$

则称 $f_n(x_1,\ x_2,\cdots,\ x_n;\ t_1,\ t_2,\cdots,\ t_n)$ 为 $\xi(t)$ 的 n 维概率密度函数。显然，n 越大，用 n 维分布函数或 n 维概率密度函数去描述 $\xi(t)$ 的统计特性就越充分，但问题的复杂性也随之增加。

3.3.3　随机过程的数字特征

分布函数或概率密度函数虽然能够较全面地描述随机过程的统计特性，但在实际工作中，有时不易或不需要求出分布函数和概率密度函数，而用随机过程的数字特征来描述随机过程的统计特性，则更为简单和直观。

1．数学期望

设随机过程 $\xi(t)$ 在任意给定时刻 t_1 的取值 $\xi(t_1)$ 是一个随机变量，其概率密度函数为 $f_1(x_1,\ t_1)$，则 $\xi(t_1)$ 的数学期望为

$$E[\xi(t_1)] = \int_{-\infty}^{\infty} x_1 f_1(x_1,\ t_1)\mathrm{d}x_1 \quad (3.3.5)$$

因为这里 t_1 是任取的，所以可以把 t_1 直接写为 t，x_1 也可改为 x，这时式（3.3.5）就变为随机过程在任意时刻的数学期望（也称均值），记作 $a(t)$，则有

$$a(t) = E[\xi(t)] = \int_{-\infty}^{\infty} x f_1(x,\ t)\mathrm{d}x \quad (3.3.6)$$

式（3.3.6）说明：$a(t)$ 是时间 t 的函数，它表示随机过程的 n 个样本函数曲线的摆动中心。

2．方差

随机过程的方差定义为

$$
\begin{aligned}
\sigma^2(t) = D[\xi(t)] &= E\{[\xi(t) - a(t)]^2\} \\
&= E[\xi^2(t)] - [a(t)]^2 \\
&= \int_{-\infty}^{\infty} x^2 f_1(x,\ t)\mathrm{d}x - [a(t)]^2
\end{aligned}
\quad (3.3.7)
$$

可见，方差等于方均值与数学期望平方之差。它表示随机过程在时刻 t 对于均值 $a(t)$ 的偏离程度。

均值和方差都只与随机过程的一维概率密度函数有关，因而它们描述了随机过程在各个孤立时刻的特征。为了描述随机过程在两个不同时刻状态之间的联系，还需利用二维概率密度函数来引入新的数字特征。

3．协方差和相关函数

衡量随机过程在任意两个时刻获得的随机变量之间的关联程度时，常用协方差函数 $B(t_1,\ t_2)$ 和相关函数 $R(t_1,\ t_2)$ 来表示。协方差函数定义为

$$
\begin{aligned}
B(t_1,\ t_2) &= E\{[\xi(t_1) - a(t_1)][\xi(t_2) - a(t_2)]\} \\
&= E[\xi(t_1)\xi(t_2)] - a(t_1)a(t_2) \\
&= \int_{-\infty}^{\infty}\int_{-\infty}^{\infty} [x_1 - a(t_1)][x_2 - a(t_2)] f_2(x_1,\ x_2;\ t_1,\ t_2)\mathrm{d}x_1\mathrm{d}x_2
\end{aligned}
\quad (3.3.8)
$$

式中，t_1 与 t_2 是任取的两个时刻；$a(t_1)$ 与 $a(t_2)$ 为在 t_1 及 t_2 时刻得到的数学期望；$f_2(x_1，x_2；t_1，t_2)$ 为二维概率密度函数。

相关函数定义为

$$R(t_1，t_2) = E[\xi(t_1)\xi(t_2)]$$
$$= \int_{-\infty}^{\infty}\int_{-\infty}^{\infty} x_1 x_2 f_2(x_1，x_2；t_1，t_2)\mathrm{d}x_1\mathrm{d}x_2 \qquad（3.3.9）$$

若令 $t_2 = t_1 + \tau$（τ 可为负），则 $R(t_1，t_2)$ 可表示为 $R(t_1，t_1+\tau)$。这说明，相关函数依赖于起始时刻 t_1 和 t_2 与 t_1 之间的时间间隔 τ，即相关函数是 t_1 和 τ 的函数。

由式（3.3.8）及式（3.3.9）可得到 $B(t_1，t_2)$ 和 $R(t_1，t_2)$ 之间的关系式为

$$B(t_1，t_2) = R(t_1，t_2) - a(t_1)a(t_2) \qquad（3.3.10）$$

若 $a(t_1)=0$ 或 $a(t_2)=0$，则 $B(t_1，t_2)=R(t_1，t_2)$。由于 $B(t_1，t_2)$ 和 $R(t_1，t_2)$ 是衡量同一过程的相关程度的，因此，它们又常分别称为自协方差函数和自相关函数。

协方差函数和相关函数也可引入两个或更多个随机过程中去，从而得到互协方差和互相关函数。设 $\xi(t)$ 和 $\eta(t)$ 分别表示两个随机过程，则互协方差函数定义为

$$B_{\xi\eta}(t_1，t_2) = E\{[\xi(t_1)-a_\xi(t_1)][\eta(t_2)-a_\eta(t_2)]\} \qquad（3.3.11）$$

互相关函数定义为

$$R_{\xi\eta}(t_1，t_2) = E[\xi(t_1)\eta(t_2)] \qquad（3.3.12）$$

3.4　平稳随机过程

本节将着重讨论在通信系统中占重要地位的一种特殊类型的随机过程——平稳随机过程。

3.4.1　平稳随机过程的定义

平稳随机过程是指它的任何 n 维分布函数或概率密度函数与时间起点无关。也就是说，如果对于任意的 n 和 τ，随机过程 $\xi(t)$ 的 n 维概率密度函数满足

$$f_n(x_1，x_2，\cdots，x_n；t_1，t_2，\cdots，t_n)$$
$$= f_n(x_1，x_2，\cdots，x_n；t_1+\tau，t_2+\tau，\cdots，t_n+\tau) \qquad（3.4.1）$$

则称 $\xi(t)$ 是平稳随机过程。由此可见，平稳随机过程的统计特性将不随时间的推移而不同。它的一维分布与 t 无关，二维分布只与时间间隔 τ 有关，即有

$$f_1(x_1，t_1) = f_1(x_1) \qquad（3.4.2）$$
$$f_2(x_1，x_2；t_1，t_2) = f(x_1，x_2；\tau) \qquad（3.4.3）$$

式（3.4.2）和式（3.4.3）可由式（3.4.1）分别令 $n=1$ 和 $n=2$，并取 $\tau=-t_1$ 得出。

于是，平稳随机过程 $\xi(t)$ 的均值

$$a(t) = E[\xi(t)] = \int_{-\infty}^{\infty} x_1 f_1(x_1)\mathrm{d}x_1 = a \qquad（3.4.4）$$

为一常数，这表示平稳随机过程的各样本函数围绕着一水平线起伏。同样，可以证明平稳随机过程的方差 $\sigma^2(t)=\sigma^2$ 为常数，这说明 $\xi(t)$ 的起伏偏离数学期望的程度也是常数。

而平稳随机过程 $\xi(t)$ 的自相关函数

$$R(t_1,\ t_2) = E[\xi(t_1)\xi(t_1+\tau)] = \int_{-\infty}^{\infty}\int_{-\infty}^{\infty} x_1 x_2 f_2(x_1,\ x_2;\ \tau)\mathrm{d}x_1\mathrm{d}x_2 = R(\tau) \tag{3.4.5}$$

仅是时间间隔 $\tau = t_2 - t_1$ 的函数，而不再是 t_1 和 t_2 的二维函数。

以上表明，平稳随机过程 $\xi(t)$ 具有"平稳"的数字特征：它的均值与时间无关；它的自相关函数只与时间间隔 τ 有关，而与时间起点 t_1 无关，即

$$R(t_1,\ t_1+\tau) = R(\tau) \tag{3.4.6}$$

注意到式（3.4.1）定义的平稳随机过程对于一切 n 都成立，这在实际应用上很复杂。但仅仅由一个随机过程的均值是常数，自相关函数是 τ 的函数还不能充分说明它符合平稳条件，为此引入另一种平稳随机过程的定义。

若一个随机过程的数学期望及方差为常数，而自相关函数仅是 τ 的函数，则称这个随机过程为宽平稳随机过程或广义平稳随机过程。相应地，称按式（3.4.1）定义的随机过程为严平稳随机过程或狭义平稳随机过程。

通信系统中所遇到的信号及噪声，大多数可视为平稳的随机过程。以后讨论的随机过程除特殊说明外，均假定是广义平稳随机过程，简称平稳过程。

3.4.2　平稳随机过程的各态历经性

平稳随机过程一般具有一个非常有用的特性，称为"各态历经性"。这种平稳随机过程的数字特征（均为统计平均）完全可由随机过程中的任意一个实现的数字特征（均为时间平均）来替代，即随机过程的数学期望（统计平均值）可以由任意一个实现的时间平均值来代替；随机过程的方差和自相关函数，也可以由时间平均值来代替。这就是说，假设 $x(t)$ 是平稳随机过程 $\xi(t)$ 的任意一个实现，并令

$$\left.\begin{array}{l}\displaystyle\lim_{T\to\infty}\frac{1}{T}\int_{-\frac{T}{2}}^{\frac{T}{2}} x(t)\mathrm{d}t = \overline{a}\\[3mm]\displaystyle\lim_{T\to\infty}\frac{1}{T}\int_{-\frac{T}{2}}^{\frac{T}{2}} [x(t)-\overline{a}]^2\mathrm{d}t = \overline{\sigma^2}\\[3mm]\displaystyle\lim_{T\to\infty}\frac{1}{T}\int_{-\frac{T}{2}}^{\frac{T}{2}} x(t)x(t+\tau)\mathrm{d}t = \overline{R(\tau)}\end{array}\right\} \tag{3.4.7}$$

那么，平稳随机过程往往有下列式子成立，即

$$\left.\begin{array}{l}a = \overline{a}\\ \sigma^2 = \overline{\sigma^2}\\ R(\tau) = \overline{R(\tau)}\end{array}\right\} \tag{3.4.8}$$

满足式（3.4.8）的随机过程，就称为具有"各态历经性"的平稳随机过程。"各态历经性"的含义是：随机过程的任意一个实现，都经历了随机过程的所有可能状态。由式（3.4.8）可知，各态历经性的随机过程的统计特性可以用时间平均来代替，对于这种随机过程不用考察无限多个实现，而只考察一个实现就可获得随机过程的数字特性，因此可使问题大为简化。

但应注意：具有各态历经性的随机过程必定是平稳随机过程，但平稳随机过程不一定具有各态历经性。在通信系统中所遇到的随机信号和噪声，一般均能满足各态历经性条件。

3.5　平稳随机过程的自相关函数和功率谱密度

对于平稳随机过程而言，它的自相关函数是特别重要的一个函数。其一，平稳随机过程的数字特征可通过自相关函数来描述；其二，自相关函数与平稳随机过程的频谱特性有着内在的联系。因此，有必要了解平稳随机过程自相关函数的性质。

3.5.1　自相关函数的性质

设 $\xi(t)$ 为平稳随机过程，则它的自相关函数

$$R(\tau) = E[\xi(t)\xi(t+\tau)] \tag{3.5.1}$$

具有下列主要性质。

① $R(0) = E[\xi^2(t)] = S$　[$\xi(t)$ 的平均功率]　　　　　　　　　　　　　(3.5.2)

这是因为平稳随机过程的总能量往往是无穷的，而其平均功率却是有限的。

② $R(\infty) = E^2[\xi(t)]$　[$\xi(t)$ 的直流功率]　　　　　　　　　　　　　(3.5.3)

这是因为 $\lim\limits_{\tau \to \infty} R(\tau) = \lim\limits_{\tau \to \infty} E[\xi(t)\xi(t+\tau)] = E[\xi(t)] \cdot E[\xi(t+\tau)] = E^2[\xi(t)]$ 利用了当 $\tau \to \infty$ 时，$\xi(t)$ 与 $\xi(t+\tau)$ 不存在依赖关系，即统计独立，且认为 $\xi(t)$ 中不含周期分量。

③ $R(\tau) = R(-\tau)$　[τ 的偶函数]　　　　　　　　　　　　　　　　(3.5.4)

④ $|R(\tau)| \leqslant R(0)$　[$R(\tau)$ 的上界]　　　　　　　　　　　　　　　(3.5.5)

这可由非负式 $E[\xi(t) \pm \xi(t+\tau)]^2 \geqslant 0$ 推演而得。

⑤ $R(0) - R(\infty) = \sigma^2$　[方差，$\xi(t)$ 的交流功率]　　　　　　　　　(3.5.6)

当均值为 0 时，有 $R(0) = \sigma^2$。该式可由式（3.3.9）得到。

由上述性质可知，用自相关函数几乎可表述 $\xi(t)$ 所有的数字特征，因而以上性质有明显的实用意义。

3.5.2　平稳随机过程的功率谱密度及其与自相关函数的关系

下面来讨论 $\xi(t)$ 的频谱特性，并分析其与自相关函数之间的关系。

随机过程的任意一个实现是一个确定的功率信号。对于任意的确定功率信号 $f(t)$，其功率谱密度为

$$P_f(\omega) = \lim_{T \to \infty} \frac{|F_T(\omega)|^2}{T} \tag{3.5.7}$$

式中，$F_T(\omega)$ 是 $f(t)$ 的截短函数 $f_T(t)$ 所对应的频谱函数，即 $f_T(t) \leftrightarrow F_T(\omega)$。可以把 $f(t)$ 看做平稳随机过程 $\xi(t)$ 中的任意一个实现，因而每一实现的功率谱密度也可用式（3.5.7）来表示。由于 $\xi(t)$ 是无穷多个实现的集合，哪一个实现出现是不能预知的，因此，某一实现的功率谱密度不能作为随机过程的功率谱密度。它的功率谱密度应看做是每一个可能实现的功率谱的统计平均，即

$$P_\xi(\omega) = E[P_f(\omega)] = \lim_{T \to \infty} \frac{E[|F_T(\omega)|^2]}{T} \tag{3.5.8}$$

$\xi(t)$ 的平均功率 S 即可表示为

$$S = \frac{1}{2\pi} \int_{-\infty}^{\infty} P_{\xi}(\omega) \mathrm{d}\omega = \frac{1}{2\pi} \int_{-\infty}^{\infty} \lim_{T \to \infty} \frac{E[|F_T(\omega)|^2]}{T} \mathrm{d}\omega \qquad (3.5.9)$$

确定信号的自相关函数与其谱密度之间存在着傅里叶变换关系。那么，对于平稳随机过程，其自相关函数是否与功率谱密度也存在这种变换关系呢？

为了寻求随机过程的功率谱密度与其自相关函数之间的关系，下面考察式（3.5.8）。因为

$$
\begin{aligned}
\frac{E[|F_T(\omega)|^2]}{T} &= E\left(\frac{1}{T} \int_{-T/2}^{T/2} \xi_T(t) \mathrm{e}^{-\mathrm{j}\omega t} \mathrm{d}t \int_{-T/2}^{T/2} \xi_T(t') \mathrm{e}^{-\mathrm{j}\omega t'} \mathrm{d}t' \right) \\
&= E\left(\frac{1}{T} \int_{-T/2}^{T/2} \xi(t) \mathrm{e}^{-\mathrm{j}\omega t} \mathrm{d}t \int_{-T/2}^{T/2} \xi(t') \mathrm{e}^{-\mathrm{j}\omega t'} \mathrm{d}t' \right) \\
&= \frac{1}{T} \int_{-T/2}^{T/2} \int_{-T/2}^{T/2} R(t-t') \mathrm{e}^{-\mathrm{j}\omega(t-t')} \mathrm{d}t' \mathrm{d}t
\end{aligned}
$$

令 $\tau = t - t'$，则 $t = \tau + t'$，$\mathrm{d}t = \mathrm{d}\tau$，又由 $-\dfrac{T}{2} < t < \dfrac{T}{2}$，得 $-\dfrac{T}{2} < \tau + t' < \dfrac{T}{2}$。这时，上式可变为

$$
\begin{aligned}
\frac{E[|F_T(\omega)|^2]}{T} &= \frac{1}{T} \int_{-T}^{0} R(\tau) \mathrm{e}^{-\mathrm{j}\omega\tau} \int_{-\tau-\frac{T}{2}}^{\frac{T}{2}} \mathrm{d}t' \mathrm{d}\tau + \frac{1}{T} \int_{0}^{T} R(\tau) \mathrm{e}^{-\mathrm{j}\omega\tau} \int_{\frac{T}{2}-\tau}^{\frac{T}{2}} \mathrm{d}t' \mathrm{d}\tau \\
&= \frac{1}{T} \int_{-T}^{0} R(\tau) \mathrm{e}^{-\mathrm{j}\omega\tau} (T+\tau) \mathrm{d}\tau + \frac{1}{T} \int_{0}^{T} R(\tau) \mathrm{e}^{-\mathrm{j}\omega\tau} (T-\tau) \mathrm{d}\tau \\
&= \int_{-T}^{T} R(\tau) \mathrm{e}^{-\mathrm{j}\omega\tau} \left(1 - \frac{|\tau|}{T} \right) \mathrm{d}\tau
\end{aligned}
$$

那么 $P_{\xi}(\omega) = \displaystyle\lim_{T \to \infty} \frac{E[|F_T(\omega)|^2]}{T} = \lim_{T \to \infty} \int_{-T}^{T} \left(1 - \frac{|\tau|}{T} \right) R(\tau) \mathrm{e}^{-\mathrm{j}\omega\tau} \mathrm{d}\tau = \int_{-\infty}^{\infty} R(\tau) \mathrm{e}^{-\mathrm{j}\omega\tau} \mathrm{d}\tau$

可见

$$R(\tau) \leftrightarrow P_{\xi}(\omega) \qquad (3.5.10)$$

这说明 $\xi(t)$ 的自相关函数与其功率谱密度之间互为傅里叶变换关系。

根据上述关系式及自相关函数 $R(\tau)$ 的性质，推出功率谱密度 $P_{\xi}(\omega)$ 有如下性质：

① 非负性，即 $P_{\xi}(\omega) \geqslant 0$ (3.5.11)

② 偶函数，即 $P_{\xi}(-\omega) = P_{\xi}(\omega)$ (3.5.12)

[例 3.5.1] 某随机相位余弦波 $\xi(t) = A\cos(\omega_c t + \theta)$，其中 A 和 ω_c 均为常数，θ 是在 $(0, 2\pi)$ 内均匀分布的随机变量。

（1）求 $\xi(t)$ 的自相关函数与功率谱密度。

（2）讨论 $\xi(t)$ 是否具有各态历经性。

解　（1）先考察 $\xi(t)$ 是否广义平稳。

$\xi(t)$ 的数学期望为

$$
\begin{aligned}
a(t) = E[\xi(t)] &= \int_{0}^{2\pi} A\cos(\omega_c t + \theta) \frac{1}{2\pi} \mathrm{d}\theta \\
&= \frac{A}{2\pi} \int_{0}^{2\pi} (\cos\omega_c t \, \cos\theta - \sin\omega_c t \, \sin\theta) \mathrm{d}\theta \\
&= \frac{A}{2\pi} \left[\cos\omega_c t \int_{0}^{2\pi} \cos\theta \, \mathrm{d}\theta - \sin\omega_c t \int_{0}^{2\pi} \sin\theta \, \mathrm{d}\theta \right] = 0 \ \text{（常数）}
\end{aligned}
$$

$\xi(t)$ 的自相关函数为

$$
\begin{aligned}
R(t_1,\ t_2) &= E[\xi(t_1)\xi(t_2)] \\
&= E[A\cos(\omega_c t_1+\theta)\cdot A\cos(\omega_c t_2+\theta)] \\
&= \frac{A^2}{2}E\{\cos\omega_c(t_2-t_1)+\cos[\omega_c(t_2+t_1)+2\theta]\} \\
&= \frac{A^2}{2}\cos\omega_c(t_2-t_1)+\frac{A^2}{2}\int_0^{2\pi}\cos[\omega_c(t_2+t_1)+2\theta]\frac{1}{2\pi}d\theta \\
&= \frac{A^2}{2}\cos\omega_c(t_2-t_1)
\end{aligned}
$$

令 $t_2-t_1=\tau$，得 $R(t_1,\ t_2)=\dfrac{A^2}{2}\cos\omega_c\tau=R(\tau)$。可见 $\xi(t)$ 的数学期望为常数，而自相关函数只与时间间隔 τ 有关，所以 $\xi(t)$ 为广义平稳随机过程。

根据平稳随机过程的自相关函数与功率谱密度是互为博里叶变换的关系，即 $R(\tau)\leftrightarrow P_\xi(\omega)$，又因为

$$\cos\omega_c\tau\leftrightarrow\pi[\delta(\omega-\omega_c)+\delta(\omega+\omega_c)]$$

所以，功率谱密度为

$$P_\xi(\omega)=\frac{\pi A^2}{2}[\delta(\omega-\omega_c)+\delta(\omega+\omega_c)]$$

平均功率为

$$S=R(0)=\frac{1}{2\pi}\int_{-\infty}^{\infty}P_\xi(\omega)d\omega=\frac{A^2}{2}$$

（2）现在来求 $\xi(t)$ 的时间平均。根据式（3.4.7）可得

$$\overline{a}=\lim_{T\to\infty}\frac{1}{T}\int_{-\frac{T}{2}}^{\frac{T}{2}}A\cos(\omega_c t+\theta)dt=0$$

$$
\begin{aligned}
\overline{R(\tau)} &= \lim_{T\to\infty}\frac{1}{T}\int_{-\frac{T}{2}}^{\frac{T}{2}}A\cos(\omega_c t+\theta)\cdot A\cos[\omega_c(t+\tau)+\theta]dt \\
&= \lim_{T\to\infty}\frac{A^2}{2T}\left\{\int_{-\frac{T}{2}}^{\frac{T}{2}}\cos\omega_c\tau dt+\int_{-\frac{T}{2}}^{\frac{T}{2}}\cos(2\omega_c t+\omega_c\tau+2\theta)dt\right\} \\
&= \frac{A^2}{2}\cos\omega_c\tau
\end{aligned}
$$

比较统计平均与时间平均，得 $a=\overline{a}$，$R(\tau)=\overline{R(\tau)}$，因此，随机相位余弦波具有各态历经性。

3.6 高斯过程

高斯过程也称正态随机过程，是通信领域中最重要的过程之一。在实践中观察到的大多数噪声都是高斯过程，如通信信道中的噪声通常是一种高斯过程。因此，在信道的建模中常用到高斯模型。

3.6.1 高斯过程的定义

若随机过程 $\xi(t)$ 的任意 n 维 ($n = 1,2,\cdots$) 分布都是正态分布，则称它为高斯随机过程或正态过程。其 n 维正态概率密度函数表示为

$$f_n(x_1, x_2, \cdots, x_n; t_1, t_2, \cdots, t_n) = \frac{1}{(\sqrt{2\pi})^n \sigma_1 \sigma_2 \cdots \sigma_n |B|^{1/2}}$$

$$\cdot \exp\left[\frac{-1}{2|B|} \sum_{j=1}^{n} \sum_{k=1}^{n} |B|_{jk} \left(\frac{x_j - a_j}{\sigma_j} \right) \left(\frac{x_k - a_k}{\sigma_k} \right) \right] \quad (3.6.1)$$

式中，$a_k = E[\xi(t_k)]$；$\sigma_k^2 = E[\xi(t_k) - a_k]^2$；

$|B|$——归一化协方差矩阵的行列式，即

$$|B| = \begin{vmatrix} 1 & b_{12} & \cdots & b_{1n} \\ b_{21} & 1 & \cdots & b_{2n} \\ \vdots & \vdots & & \vdots \\ b_{n1} & b_{n2} & \cdots & 1 \end{vmatrix}$$

$|B|_{jk}$——行列式 $|B|$ 中元素 b_{jk} 的代数余因子；

b_{jk}——归一化协方差函数，有

$$b_{jk} = \frac{E\{[\xi(t_j) - a_j][\xi(t_k) - a_k]\}}{\sigma_j \sigma_k} \quad (3.6.2)$$

3.6.2 高斯过程的性质

1. 高斯过程的性质

（1）由式（3.6.1）可以看出，高斯过程的 n 维分布完全由 n 个随机变量的数学期望、方差和两两之间的归一化协方差函数所决定。因此，对于高斯过程，只要研究它的数字特征就可以。

（2）如果高斯过程是广义平稳的，则它的均值与时间无关，协方差函数只与时间间隔有关，而与时间起点无关，由性质①知，它的 n 维分布与时间起点无关。所以，广义平稳的高斯过程也是狭义平稳的。

（3）如果高斯过程在不同时刻的取值是不相关的，即对所有 $j \neq k$ 有 $b_{jk} = 0$，这时式（3.6.1）可变为

$$f_n(x_1, x_2, \cdots, x_n; t_1, t_2, \cdots, t_n) = \frac{1}{(\sqrt{2\pi})^n \prod_{j=1}^{n} \sigma_j} \cdot \exp\left[-\sum_{j=1}^{n} \frac{(x_j - a_j)^2}{2\sigma_j^2} \right]$$

$$= \prod_{j=1}^{n} \frac{1}{\sqrt{2\pi}\sigma_j} \exp\left[-\frac{(x_j - a_j)^2}{2\sigma_j^2} \right] \quad (3.6.3)$$

$$= f(x_1, t_1) \cdot f(x_2, t_2) \cdot \cdots \cdot f(x_n, t_n)$$

这就是说，如果高斯过程在不同时刻的取值是不相关的，那么这些取值也是统计独立的。

（4）高斯过程经过线性变换（或经过线性系统）后的过程仍是高斯过程。

2. 一维高斯随机变量

高斯过程在任意一个时刻上的样值是一个一维高斯随机变量，其一维概率密度函数可表示为

$$f(x) = \frac{1}{\sqrt{2\pi}\sigma} \exp\left(-\frac{(x-a)^2}{2\sigma^2}\right) \qquad (3.6.4)$$

式中，a 为高斯随机变量的数学期望，σ^2 为方差。$f(x)$ 的曲线如图 3.2 所示。

由式（3.6.4）和图 3.2 可知 $f(x)$ 具有如下特性。

（1）$f(x)$ 对称于 $x=a$ 这条直线。

（2）$f(x)$ 在 $(-\infty, a)$ 内单调上升，在 (a, ∞) 内单调下降，

且在点 a 处达到最大值 $\left(\dfrac{1}{\sqrt{2\pi}\sigma}\right)$，在 $x \to -\infty$ 或 $x \to +\infty$ 时，

$f(x) \to 0$。 （3.6.5）

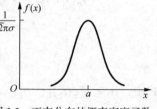

图 3.2　正态分布的概率密度函数

（3）
$$\int_{-\infty}^{\infty} f(x)\mathrm{d}x = 1 \qquad (3.6.6)$$

且有
$$\int_{-\infty}^{a} f(x)\mathrm{d}x = \int_{a}^{\infty} f(x)\mathrm{d}x = \frac{1}{2} \qquad (3.6.7)$$

（4）a 表示分布中心，σ 表示集中程度。对不同的 a（固定 σ），表现为 $f(x)$ 的图形左右平移；对不同的 σ（固定 a），$f(x)$ 的图形将随着 σ 的减小而变高和变窄。

（5）当 $a=0$，$\sigma=1$ 时，称 $f(x)$ 为标准正态分布的密度函数，这时有

$$f(x) = \frac{1}{\sqrt{2\pi}} \exp\left(-\frac{x^2}{2}\right) \qquad (3.6.8)$$

当需要求高斯随机变量 ξ 小于等于任意取值 x 的概率 $P\{\xi \leqslant x\}$ 时，还要用到正态分布函数。正态分布函数是概率密度函数的积分，即

$$F(x) = P(\xi \leqslant x) = \int_{-\infty}^{x} \frac{1}{\sqrt{2\pi}\sigma} \exp\left[-\frac{(z-a)^2}{2\sigma^2}\right]\mathrm{d}z \qquad (3.6.9)$$

这个积分无法用闭合形式计算，要设法把这个积分式和可以在数学手册上查出积分值的特殊函数联系起来，一般常用以下几种特殊函数。

- 误差函数和互补误差函数

误差函数的定义式为

$$\mathrm{erf}(x) = \frac{2}{\sqrt{\pi}} \int_{0}^{x} \mathrm{e}^{-t^2} \mathrm{d}t \qquad (3.6.10)$$

它是自变量的递增函数，$\mathrm{erf}(0) = 0$，$\mathrm{erf}(\infty) = 1$，且 $\mathrm{erf}(-x) = -\mathrm{erf}(x)$。称 $1 - \mathrm{erf}(x)$ 为互补误差函数，记为 $\mathrm{erfc}(x)$，即

$$\mathrm{erfc}(x) = 1 - \mathrm{erf}(x) = \frac{2}{\sqrt{\pi}} \int_{x}^{\infty} \mathrm{e}^{-t^2} \mathrm{d}t \qquad (3.6.11)$$

它是自变量的递减函数，$\mathrm{erfc}(0) = 1$，$\mathrm{erfc}(\infty) = 0$，且 $\mathrm{erfc}(-x) = 2 - \mathrm{erfc}(x)$。当 $x \gg 1$ 时（实际应用中只要 $x > 2$）即可近似有

$$\mathrm{erfc}(x) \approx \frac{1}{\sqrt{\pi}x} \mathrm{e}^{-x^2} \qquad (3.6.12)$$

- 概率积分函数和 Q 函数

概率积分函数定义为

$$\Phi(x) = \frac{1}{\sqrt{2\pi}} \int_{-\infty}^{x} \exp\left(-\frac{t^2}{2}\right) dt \qquad (3.6.13)$$

这是另一个在数学手册上有数值和曲线的特殊函数，有 $\Phi(\infty) = 1$。

Q 函数是一种经常用于表示高斯尾部曲线下的面积的函数，其定义为

$$Q(x) = 1 - \Phi(x) = \frac{1}{\sqrt{2\pi}} \int_{x}^{\infty} \exp\left(-\frac{t^2}{2}\right) dt, \quad x \geq 0 \qquad (3.6.14)$$

比较式（3.6.11）与式（3.6.13）和式（3.6.14），可得

$$Q(x) = \frac{1}{2} \operatorname{erfc}\left(\frac{x}{\sqrt{2}}\right) \qquad (3.6.15)$$

$$\Phi(x) = 1 - \frac{1}{2} \operatorname{erfc}\left(\frac{x}{\sqrt{2}}\right) \qquad (3.6.16)$$

$$\operatorname{erfc}(x) = 2Q(\sqrt{2}x) = 2[1 - \Phi(\sqrt{2}x)] \qquad (3.6.17)$$

把以上特殊函数与式（3.6.9）进行联系，以表示正态分布函数 $F(x)$。

若对式（3.6.9）进行变量代换，令新积分变量 $t = (z-a)/\sigma$，就有 $\mathrm{d}z = \sigma \mathrm{d}t$，再与式（3.6.13）联系，则有

$$F(x) = \Phi\left(\frac{x-a}{\sigma}\right) \qquad (3.6.18)$$

若对式（3.6.9）进行变量代换，令新积分变量 $t = (z-a)/\sqrt{2}\sigma$，就有 $\mathrm{d}z = \sqrt{2}\sigma \mathrm{d}t$，再利用式（3.6.7），得到

$$F(x) = \begin{cases} \dfrac{1}{2} + \dfrac{1}{2} \operatorname{erf}\left(\dfrac{x-a}{\sqrt{2}\sigma}\right), & \text{当} x \geq a \text{ 时} \\[3mm] 1 - \dfrac{1}{2} \operatorname{erfc}\left(\dfrac{x-a}{\sqrt{2}\sigma}\right), & \text{当} x \leq a \text{ 时} \end{cases} \qquad (3.6.19)$$

在分析通信系统的抗噪声性能时常用误差函数或互补误差函数来表示 $F(x)$。

3.6.3　高斯白噪声

信号在信道中传输时，常会遇到这样一类噪声，它的功率谱密度均匀分布在整个频率范围内，即

$$\begin{cases} P_\xi(\omega) = \dfrac{n_0}{2} & \text{双边带功率谱} \\[3mm] P_\xi(\omega) = n_0 & \text{单边带功率谱} \end{cases} \qquad (3.6.20)$$

这种噪声被称为白噪声，它是一个理想的宽带随机过程。式（3.6.20）中的 n_0 为一常数，单位是 W/Hz。显然，白噪声的自相关函数为

$$R(\tau) = \frac{n_0}{2} \delta(\tau) \qquad (3.6.21)$$

这说明，白噪声只有在 $\tau = 0$ 时才相关，而它在任意两个时刻上的随机变量都是互不相关的。图 3.3 所示为白噪声的双边带功率谱密度及其自相关函数的图形。

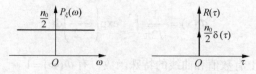

图 3.3　白噪声的双边带功率谱密度和自相关函数

如果白噪声又是高斯分布的，就称为高斯白噪声。由式（3.6.21）可以看出，高斯白噪声在任意两个不同时刻上的取值之间，不仅是互不相关的，而且还是统计独立的。

应当指出，我们定义的这种理想化的白噪声在实际中是不存在的。但是，如果噪声的功率谱密度均匀分布的频率范围远远大于通信系统的工作频带，那么就可以把它视为白噪声。

3.7　窄带随机过程

3.7.1　窄带随机过程的概念

在通信过程中，许多实际的信号和噪声都满足"窄带"的假设，即其频谱均被限制在"载波"或某中心频率附近一个窄频带上，而这个中心频率距零频率又相当远。例如，无线广播系统中的中频信号及噪声。如果这时的信号或噪声是一个随机过程，则称它为窄带随机过程。其频谱如图 3.4（a）所示。为了表述窄带随机过程，下面分析窄带信号的表达式。

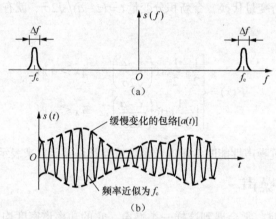

图 3.4　窄带随机过程的频谱和波形

如果在示波器上观察这个过程的一个实现的波形，则它像一个包络和相位缓慢变化的正弦波，如图 3.4（b）所示。因此，窄带随机过程可用下式表示，即

$$\xi(t) = a_\xi(t)\cos[\omega_c t + \varphi_\xi(t)], \quad a_\xi(t) \geqslant 0 \tag{3.7.1}$$

式中，$a_\xi(t)$ 及 $\varphi_\xi(t)$ 是窄带随机过程 $\xi(t)$ 的包络函数及随机相位函数；ω_c 是正弦波的中心角频率。显然，这里的 $a_\xi(t)$ 及 $\varphi_\xi(t)$ 变化一定比载波 $\cos\omega_c t$ 的变化要缓慢得多。

窄带随机过程也可用下式表示，即

$$\xi(t) = \xi_c(t)\cos\omega_c t - \xi_s(t)\sin\omega_c t \tag{3.7.2}$$

式中

$$\xi_c(t) = a_\xi(t)\cos\varphi_\xi(t) \qquad (3.7.3)$$

$$\xi_s(t) = a_\xi(t)\sin\varphi_\xi(t) \qquad (3.7.4)$$

$\xi_c(t)$ 及 $\xi_s(t)$ 通常分别称为 $\xi(t)$ 的同相分量及正交分量，它们也是随机过程，显然它们的变化相对于载波 $\cos\omega_c t$ 的变化要缓慢得多。

3.7.2　同相分量和正交分量的统计特性

设窄带过程 $\xi(t)$ 是平稳高斯窄带过程，且均值为零，方差为 σ_ξ^2。下面将证明它的同相分量 $\xi_c(t)$ 和正交分量 $\xi_s(t)$ 也是零均值的平稳高斯过程，而且与 $\xi(t)$ 具有相同的方差。

1.　数学期望

对式（3.7.2）求数学期望，有

$$E[\xi(t)] = E[\xi_c(t)]\cos\omega_c t - E[\xi_s(t)]\sin\omega_c t \qquad (3.7.5)$$

因为已设 $\xi(t)$ 是平稳的且均值为零，那么对于任意的时间 t，都有 $E[\xi(t)] = 0$，所以由式（3.7.5）可得

$$\begin{cases} E[\xi_c(t)] = 0 \\ E[\xi_s(t)] = 0 \end{cases} \qquad (3.7.6)$$

2.　自相关函数

下面来看 $\xi(t)$ 的自相关函数，即

$$\begin{aligned} R_\xi(t, t+\tau) &= E[\xi(t)\xi(t+\tau)] \\ &= E\{[\xi_c(t)\cos\omega_c t - \xi_s(t)\sin\omega_c t] \\ &\quad \bullet [\xi_c(t+\tau)\cos\omega_c(t+\tau) - \xi_s(t+\tau)\sin\omega_c(t+\tau)]\} \\ &= R_c(t, t+\tau)\cos\omega_c t\cos\omega_c(t+\tau) - R_{cs}(t, t+\tau)\cos\omega_c t\sin\omega_c(t+\tau) \\ &\quad - R_{sc}(t, t+\tau)\sin\omega_c t\cos\omega_c(t+\tau) + R_s(t, t+\tau)\sin\omega_c t\sin\omega_c(t+\tau) \end{aligned} \qquad (3.7.7)$$

式中

$$R_c(t, t+\tau) = E[\xi_c(t)\xi_c(t+\tau)]$$
$$R_{cs}(t, t+\tau) = E[\xi_c(t)\xi_s(t+\tau)]$$
$$R_{sc}(t, t+\tau) = E[\xi_s(t)\xi_c(t+\tau)]$$
$$R_s(t, t+\tau) = E[\xi_s(t)\xi_s(t+\tau)]$$

因为 $\xi(t)$ 是平稳的，故有

$$R_\xi(t, t+\tau) = R(\tau)$$

这就要求式（3.7.7）的右边也应该与 t 无关，而仅与时间间隔 τ 有关。若取使 $\sin\omega_c t = 0$ 的所有 t 值，则式（3.7.7）应变为

$$R_\xi(\tau) = R_c(t, t+\tau)\cos\omega_c\tau - R_{cs}(t, t+\tau)\sin\omega_c\tau \qquad (3.7.8)$$

这时，显然应有

$$R_c(t, t+\tau) = R_c(\tau)$$
$$R_{cs}(t, t+\tau) = R_{cs}(\tau)$$

所以，式（3.7.8）变为

$$R_\xi(\tau) = R_c(\tau)\cos\omega_c\tau - R_{cs}(\tau)\sin\omega_c\tau \qquad (3.7.9)$$

再取使 $\cos\omega_c t = 0$ 的所有 t 值，同理有

$$R_\xi(\tau) = R_s(\tau)\cos\omega_c\tau + R_{sc}(\tau)\sin\omega_c\tau \qquad (3.7.10)$$

$$R_{s}(t, t+\tau) = R_{s}(\tau)$$
$$R_{sc}(t, t+\tau) = R_{sc}(\tau)$$

由以上的数学期望和自相关函数分析可知，如果窄带过程 $\xi(t)$ 是平稳的，则 $\xi_{c}(t)$ 及 $\xi_{s}(t)$ 也必将是平稳的。

进一步分析，式（3.7.9）和式（3.7.10）应同时成立，故有

$$R_{c}(\tau) = R_{s}(\tau) \tag{3.7.11}$$
$$R_{cs}(\tau) = -R_{sc}(\tau) \tag{3.7.12}$$

可见，同相分量 $\xi_{c}(t)$ 和正交分量 $\xi_{s}(t)$ 具有相同的自相关函数，而且根据互相关函数的性质，应有

$$R_{cs}(\tau) = R_{sc}(-\tau)$$

将上式代入式（3.7.12），可得

$$R_{sc}(\tau) = -R_{sc}(-\tau) \tag{3.7.13}$$

同理可推得

$$R_{cs}(\tau) = -R_{cs}(-\tau) \tag{3.7.14}$$

式（3.7.13）和式（3.7.14）说明 $\xi_{c}(t)$、$\xi_{s}(t)$ 的互相关函数 $R_{cs}(\tau)$、$R_{sc}(\tau)$ 都是 τ 的奇函数，在 $\tau = 0$ 时

$$R_{cs}(0) = R_{sc}(0) = 0 \tag{3.7.15}$$

于是，由式（3.7.9）及式（3.7.10）得到

$$R_{\xi}(0) = R_{c}(0) = R_{s}(0) \tag{3.7.16}$$

即

$$\sigma_{\xi}^{2} = \sigma_{c}^{2} = \sigma_{s}^{2} \tag{3.7.17}$$

这表明 $\xi(t)$、$\xi_{c}(t)$ 和 $\xi_{s}(t)$ 具有相同的平均功率和方差（因为均值为 0）。

另外，因为 $\xi(t)$ 是平稳的，所以 $\xi(t)$ 在任意时刻的取值都是服从高斯分布的随机变量，故在式（3.7.2）中有

$$\xi(t_{1}) = \xi_{c}(t_{1}), \quad 取 \ t = t_{1} = 0 \ 时$$
$$\xi(t_{2}) = \xi_{s}(t_{2}), \quad 取 \ t = t_{2} = \frac{3\pi}{2\omega_{c}} \ 时$$

所以 $\xi_{c}(t_{1})$ 和 $\xi_{s}(t_{2})$ 也是高斯随机变量，从而 $\xi_{c}(t)$ 和 $\xi_{s}(t)$ 也是高斯随机过程。又根据式（3.7.15）可知，$\xi_{c}(t)$、$\xi_{s}(t)$ 在同一时刻的取值是互不相关的随机变量，即是统计独立的。

综上所述，得到一个重要结论：一个均值为零的窄带平稳高斯过程 $\xi(t)$，它的同相分量 $\xi_{c}(t)$ 和正交分量 $\xi_{s}(t)$ 也是平稳高斯过程，而且均值都为零，方差也相同。此外，在同一时刻上得到的 ξ_{c} 和 ξ_{s} 是互不相关的或统计独立的。

3.7.3 包络和相位的统计特性

由上面的分析可知，ξ_{c} 和 ξ_{s} 的联合概率密度函数为

$$f(\xi_{c}, \xi_{s}) = f(\xi_{c}) \cdot f(\xi_{s}) = \frac{1}{2\pi\sigma_{\xi}^{2}} \exp\left[-\frac{\xi_{c}^{2} + \xi_{s}^{2}}{2\sigma_{\xi}^{2}}\right] \tag{3.7.18}$$

设 a_{ξ}、φ_{ξ} 的联合概率密度函数为 $f(a_{\xi}, \varphi_{\xi})$，则利用概率论知识，有

$$f(a_\xi, \varphi_\xi) = f(\xi_c, \xi_s)\left| \frac{\partial(\xi_c, \xi_s)}{\partial(a_\xi, \varphi_\xi)} \right| \qquad (3.7.19)$$

根据式（3.7.3）和式（3.7.4）随机变量之间的关系，得到

$$\left| \frac{\partial(\xi_c, \xi_s)}{\partial(a_\xi, \varphi_\xi)} \right| = \begin{vmatrix} \dfrac{\partial \xi_c}{\partial a_\xi} & \dfrac{\partial \xi_s}{\partial a_\xi} \\[2mm] \dfrac{\partial \xi_c}{\partial \varphi_\xi} & \dfrac{\partial \xi_s}{\partial \varphi_\xi} \end{vmatrix} = \begin{vmatrix} \cos \varphi_\xi & \sin \varphi_\xi \\ -a_\xi \sin \varphi_\xi & a_\xi \cos \varphi_\xi \end{vmatrix} = a_\xi$$

于是　　　　　$$f(a_\xi, \varphi_\xi) = a_\xi f(\xi_c, \xi_s) = \frac{a_\xi}{2\pi\sigma_\xi^2} \exp\left[-\frac{(a_\xi \cos \varphi_\xi)^2 + (a_\xi \sin \varphi_\xi)^2}{2\sigma_\xi^2} \right]$$

$$= \frac{a_\xi}{2\pi\sigma_\xi^2} \exp\left[-\frac{a_\xi^2}{2\sigma_\xi^2} \right] \qquad (3.7.20)$$

注意，这里 $a_\xi \geqslant 0$ ，而 φ_ξ 在 $(0, 2\pi)$ 内取值。

再利用概率论中边际分布知识将 $f(a_\xi, \varphi_\xi)$ 对 φ_ξ 积分，可求得包络 a_ξ 的一维概率密度函数为

$$f(a_\xi) = \int_{-\infty}^{\infty} f(a_\xi, \varphi_\xi)\mathrm{d}\varphi_\xi = \int_0^{2\pi} \frac{a_\xi}{2\pi\sigma_\xi^2} \exp\left[-\frac{a_\xi^2}{2\sigma_\xi^2} \right]\mathrm{d}\varphi_\xi$$

$$= \frac{a_\xi}{\sigma_\xi^2} \exp\left[-\frac{a_\xi^2}{2\sigma_\xi^2} \right], \qquad a_\xi \geqslant 0 \qquad (3.7.21)$$

可见，a_ξ 服从瑞利分布。

同理，$f(a_\xi, \varphi_\xi)$ 对 a_ξ 积分可求得相位 φ_ξ 的一维概率密度函数为

$$f(\varphi_\xi) = \int_0^{\infty} f(a_\xi, \varphi_\xi)\mathrm{d}a_\xi = \frac{1}{2\pi}\left[\int_0^{\infty} \frac{a_\xi}{\sigma_\xi^2} \exp\left(-\frac{a_\xi^2}{2\sigma_\xi^2} \right)\mathrm{d}a_\xi \right] = \frac{1}{2\pi}, \quad 0 \leqslant \varphi_\xi \leqslant 2\pi \quad (3.7.22)$$

可见，φ_ξ 服从均匀分布。

综上所述，又得到一个重要结论：一个均值为零，方差为 σ_ξ^2 的窄带平稳高斯过程 $\xi(t)$ ，其包络 $a_\xi(t)$ 的一维分布是瑞利分布，相位 $\varphi_\xi(t)$ 的一维分布是均匀分布，并且就一维分布而言，$a_\xi(t)$ 与 $\varphi_\xi(t)$ 是统计独立的，即有下式成立

$$f(a_\xi, \varphi_\xi) = f(a_\xi) \bullet f(\varphi_\xi) \qquad (3.7.23)$$

3.8　正弦波加窄带随机过程

信号经过信道传输后总会受到噪声的干扰，为了减少噪声的影响，通常在接收机前端设置一个带通滤波器，以滤除信号频带以外的噪声。因此，带通滤波器的输出是信号与窄带噪声的混合波形。最常见的是正弦波加窄带高斯噪声的合成波，这是通信系统中常会遇到的一种情况，所以有必要了解合成信号的包络和相位的统计特性。

设合成信号为

$$r(t) = A\cos(\omega_c t + \theta) + n(t) \qquad (3.8.1)$$

式中，$n(t) = n_c(t)\cos\omega_c t - n_s(t)\sin\omega_c t$ 为窄带高斯噪声，其均值为零，方差为 σ_n^2；正弦信号的 A、ω_c 为常数，θ 是在 $(0, 2\pi)$ 上均匀分布的随机变量。于是有

$$
\begin{aligned}
r(t) &= [A\cos\theta + n_c(t)]\cos\omega_c t - [A\sin\theta + n_s(t)]\sin\omega_c t \\
&= z_c(t)\cos\omega_c t - z_s(t)\sin\omega_c t \\
&= z(t)\cos[\omega_c t + \varphi(t)]
\end{aligned} \tag{3.8.2}
$$

式中

$$
z_c(t) = A\cos\theta + n_c(t) \tag{3.8.3}
$$

$$
z_s(t) = A\sin\theta + n_s(t) \tag{3.8.4}
$$

合成信号 $r(t)$ 的包络和相位为

$$
z(t) = \sqrt{z_c^2(t) + z_s^2(t)}, \qquad z \geqslant 0 \tag{3.8.5}
$$

$$
\varphi(t) = \arctan\frac{z_s(t)}{z_c(t)}, \qquad 0 \leqslant \varphi \leqslant 2\pi \tag{3.8.6}
$$

利用 3.7 节的结果，如果 θ 值已给定，则 z_c、z_s 是相互独立的高斯随机变量，且有

$$
E[z_c(t)] = A\cos\theta
$$

$$
E[z_s(t)] = A\sin\theta
$$

$$
\sigma_c^2 = \sigma_s^2 = \sigma_n^2
$$

所以，在给定相位 θ 的条件下的 z_c 和 z_s 的联合概率密度函数为

$$
f(z_c, z_s/\theta) = \frac{1}{2\pi\sigma_n^2}\exp\left\{-\frac{1}{2\sigma_n^2}[(z_c - A\cos\theta)^2 + (z_s - A\sin\theta)^2]\right\}
$$

利用 3.7 节相似的方法，根据式（3.8.3）、式（3.8.4）可以求得在给定相位 θ 的条件下的 z 和 φ 的联合概率密度函数为

$$
\begin{aligned}
f(z, \varphi/\theta) &= f(z_c, z_s/\theta)\left|\frac{\partial(\xi_c, \xi_s)}{\partial(a_\xi, \varphi_\xi)}\right| = z \cdot f(z_c, z_s/\theta) \\
&= \frac{z}{2\pi\sigma_n^2}\exp\left\{-\frac{1}{2\sigma_n^2}[z^2 + A^2 - 2Az\cos(\theta - \varphi)]\right\}
\end{aligned}
$$

求条件边际分布，有

$$
\begin{aligned}
f(z/\theta) &= \int_0^{2\pi} f(z, \varphi/\theta)\mathrm{d}\varphi \\
&= \frac{z}{2\pi\sigma_n^2}\int_0^{2\pi}\exp\left\{-\frac{1}{2\sigma_n^2}[z^2 + A^2 - 2Az\cos(\theta - \varphi)]\right\}\mathrm{d}\varphi \\
&= \frac{z}{2\pi\sigma_n^2}\exp\left(-\frac{z^2 + A^2}{2\sigma_n^2}\right)\int_0^{2\pi}\exp\left[\frac{Az}{\sigma_n^2}\cos(\theta - \varphi)\right]\mathrm{d}\varphi
\end{aligned}
$$

由于

$$
\frac{1}{2\pi}\int_0^{2\pi}\exp[x\cos\theta]\mathrm{d}\theta = \mathbf{I}_0(x) \tag{3.8.7}
$$

故有

$$
\frac{1}{2\pi}\int_0^{2\pi}\exp\left[\frac{Az}{\sigma_n^2}\cos(\theta - \varphi)\right]\mathrm{d}\theta = \mathbf{I}_0\left(\frac{Az}{\sigma_n^2}\right)
$$

式中，$I_0(x)$ 为零阶修正贝塞尔函数。当 $x \geqslant 0$ 时，$I_0(x)$ 是单调上升函数，且有 $I_0(0) = 1$。因此

$$f(z/\theta) = \frac{z}{\sigma_n^2} \exp\left[-\frac{1}{2\sigma_n^2}(z^2 + A^2)\right] I_0\left(\frac{Az}{\sigma_n^2}\right)$$

由上式可见，$f(z/\theta)$ 与 θ 无关，故正弦波加窄带高斯过程的包络概率密度函数为

$$f(z) = \frac{z}{\sigma_n^2} \exp\left[-\frac{1}{2\sigma_n^2}(z^2 + A^2)\right] I_0\left(\frac{Az}{\sigma_n^2}\right), \qquad z \geqslant 0 \qquad (3.8.8)$$

这个概率密度函数称为广义瑞利分布，也称莱斯（Rice）密度函数。

式（3.8.8）存在以下两种极限情况：

（1）当信号很小，$A \to 0$，即信号功率与噪声功率之比 $\dfrac{A^2}{2\sigma_n^2} = r \to 0$ 时，$I_0\left(\dfrac{Az}{\sigma_n^2}\right) \approx 1$，这时合成波 $r(t)$ 中只存在窄带高斯噪声，式（3.8.8）近似为式（3.7.21），即由莱斯分布退化为瑞利分布；

（2）当信噪比 r 很大时，有 $I_0(x) \approx \dfrac{e^x}{\sqrt{2\pi x}}$，这时在 $z \approx A$ 附近，$f(z)$ 近似于高斯分布，即

$$f(z) \approx \frac{1}{\sqrt{2\pi}\sigma_n} \exp\left(-\frac{(z-A)^2}{2\sigma_n^2}\right)$$

由此可见，信号加噪声的合成波包络分布与信噪比有关。小信噪比时，它接近于瑞利分布；大信噪比时，它接近于高斯分布；在一般情况下它是莱斯分布。图 3.5（a）所示为不同的 r 值时 $f(z)$ 的曲线。

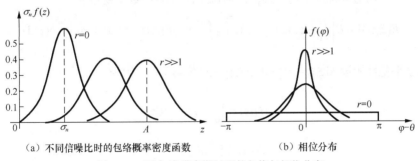

（a）不同信噪比时的包络概率密度函数　　　　　（b）相位分布

图 3.5　正弦加窄带高斯过程的包络与相位分布

关于信号加噪声的合成波相位分布 $f(\varphi)$，由于比较复杂，这里就不再演算了，不难推想，$f(\varphi)$ 也与信噪比有关。小信噪比时，$f(\varphi)$ 接近于均匀分布，它反映这时窄带高斯噪声为主的情况；大信噪比时，$f(\varphi)$ 主要集中在有用信号相位附近。图 3.5（b）所示为不同的 r 值时 $f(\varphi)$ 的曲线。

3.9　随机过程通过线性系统

通信系统中的信号或噪声一般都是随机的，随机过程通过系统（或网络）后，输出的将是什么样的过程呢？

这里只考虑平稳随机过程通过线性时不变系统的情况。随机过程通过线性系统的分析，完全是建立在确知信号通过线性系统的原理基础之上的。线性系统的输出响应 $f_o(t)$ 等于输入信号 $f_i(t)$ 与系统单位冲激响应 $h(t)$ 的卷积，即

$$f_o(t) = f_i(t) * h(t) = \int_{-\infty}^{\infty} f_i(\tau)h(t-\tau)\mathrm{d}\tau \tag{3.9.1}$$

若 $f_o(t) \leftrightarrow F_o(\omega)$，$f_i(t) \leftrightarrow F_i(\omega)$，$h(t) = H(\omega)$，则有

$$F_o(\omega) = H(\omega)F_i(\omega) \tag{3.9.2}$$

若线性系统是物理可实现的，则

$$f_o(t) = \int_{-\infty}^{t} f_i(\tau)h(t-\tau)\mathrm{d}\tau \tag{3.9.3}$$

或

$$f_o(t) = \int_{0}^{\infty} h(\tau)f_i(t-\tau)\mathrm{d}\tau \tag{3.9.4}$$

如果把 $f_i(t)$ 看作是输入随机过程的一个实现，则 $f_o(t)$ 可看作是输出随机过程的一个实现。显然，输入过程 $\xi_i(t)$ 的每一个实现与输出过程 $\xi_o(t)$ 的相应实现之间都满足式（3.9.4）的关系。这样，就整个过程而言，便有

$$\xi_o(t) = \int_{0}^{\infty} h(\tau)\xi_i(t-\tau)\mathrm{d}\tau \tag{3.9.5}$$

假定输入 $\xi_i(t)$ 是平稳随机过程，下面来分析系统的输出过程 $\xi_o(t)$ 的统计特性。首先确定输出过程的数学期望、自相关函数及功率谱密度，然后讨论输出过程的概率分布问题。

1. 输出过程 $\xi_o(t)$ 的数学期望

对式（3.9.5）两边取统计平均，则输出随机过程 $\xi_o(t)$ 的数学期望为

$$E[\xi_o(t)] = E\left[\int_{0}^{\infty} h(\tau)\xi_i(t-\tau)\mathrm{d}\tau\right] = \int_{0}^{\infty} h(\tau)E[\xi_i(t-\tau)]\mathrm{d}\tau = a\cdot\int_{0}^{\infty} h(\tau)\mathrm{d}\tau$$

式中，利用了平稳性假设 $E[\xi_i(t-\tau)] = E[\xi_i(t)] = a$（常数）。又因为

$$H(\omega) = \int_{0}^{\infty} h(t)\mathrm{e}^{-\mathrm{j}\omega t}\mathrm{d}t$$

求得

$$H(0) = \int_{0}^{\infty} h(t)\mathrm{d}t$$

所以

$$E[\xi_o(t)] = a\cdot H(0) \tag{3.9.6}$$

由此可见，输出过程的数学期望等于输入过程的数学期望与 $H(0)$ 的乘积，且 $E[\xi_o(t)]$ 与 t 无关。

2. 输出过程 $\xi_o(t)$ 的自相关函数

根据自相关函数的定义，输出过程 $\xi_o(t)$ 的自相关函数为

$$R_o(t_1, t_1+\tau) = E[\xi_o(t_1)\xi_o(t_1+\tau)]$$

$$= E\left[\int_{0}^{\infty} h(\alpha)\xi_i(t_1-\alpha)\mathrm{d}\alpha \int_{0}^{\infty} h(\beta)\xi_i(t_1+\tau-\beta)\mathrm{d}\beta\right]$$

$$= \int_{0}^{\infty}\int_{0}^{\infty} h(\alpha)h(\beta)E[\xi_i(t_1-\alpha)\xi_i(t_1+\tau-\beta)]\mathrm{d}\alpha\,\mathrm{d}\beta$$

根据平稳性

$$E[\xi_i(t_1-\alpha)\xi_i(t_1+\tau-\beta)] = R_i(\tau+\alpha-\beta)$$

有

$$R_o(t_1, t_1 + \tau) = \int_0^\infty \int_0^\infty h(\alpha)h(\beta)R_i(\tau + \alpha - \beta)]\mathrm{d}\alpha\,\mathrm{d}\beta = R_o(\tau) \tag{3.9.7}$$

可见，$\xi_o(t)$ 的自相关函数只依赖时间间隔 τ 而与时间起点 t_1 无关。由以上输出过程的数学期望和自相关函数证明，若线性系统的输入过程是平稳的，那么输出过程也是平稳的。

3. 输出过程 $\xi_o(t)$ 的功率谱密度

对式（3.9.7）进行傅里叶变换，输出过程 $\xi_o(t)$ 的功率谱密度为

$$P_o(\omega) = \int_{-\infty}^\infty R_o(\tau)\mathrm{e}^{-\mathrm{j}\omega\tau}\mathrm{d}\tau$$

$$= \int_{-\infty}^\infty \int_0^\infty \int_0^\infty [h(\alpha)h(\beta)R_i(\tau + \alpha - \beta)\mathrm{d}\alpha\,\mathrm{d}\beta]\mathrm{e}^{-\mathrm{j}\omega\tau}\mathrm{d}\tau$$

令 $\tau' = \tau + \alpha - \beta$，则有

$$P_o(\omega) = \int_0^\infty h(\alpha)\mathrm{e}^{\mathrm{j}\omega\alpha}\mathrm{d}\alpha\int_0^\infty h(\beta)\mathrm{e}^{-\mathrm{j}\omega\beta}\mathrm{d}\beta\int_\infty^\infty R_i(\tau')\mathrm{e}^{-\mathrm{j}\omega\tau'}\mathrm{d}\tau'$$

即

$$P_o(\omega) = H(-\omega)\bullet H(\omega)\bullet P_i(\omega) = |H(\omega)|^2 P_i(\omega) \tag{3.9.8}$$

可见，系统输出功率谱密度是输入功率谱密度 $P_i(\omega)$ 与 $|H(\omega)|^2$ 的乘积。这是十分有用的一个重要公式。当想得到输出过程的自相关函数 $R_o(\tau)$ 时，比较简单的方法是先计算出输出功率谱密度 $P_o(\omega)$，然后求其反变换，这比直接计算 $R_o(\tau)$ 要简便得多。

[例 3.9.1]　试求功率谱密度为 $n_0/2$ 的白噪声通过理想低通滤波器后的功率谱密度、自相关函数和噪声平均功率。理想低通的传输特性为

$$H(\omega) = \begin{cases} K_0\mathrm{e}^{-\mathrm{j}\omega t_d}, & |\omega| \leqslant \omega_H \\ 0, & \text{其他} \end{cases}$$

解：由上式得 $|H(\omega)|^2 = K_0^2$，$|\omega| \leqslant \omega_H$。输出功率谱密度为

$$P_o(\omega) = |H(\omega)|^2 P_i(\omega) = K_0^2\bullet\frac{n_0}{2}, \qquad |\omega| \leqslant \omega_H$$

可见，输出噪声的功率谱密度在 $|\omega| \leqslant \omega_H$ 内是均匀的，在此范围外则为零，通常把这样的噪声称为带限白噪声。其自相关函数为

$$R_o(\tau) = \frac{1}{2\pi}\int_{-\infty}^\infty P_o(\omega)\mathrm{e}^{\mathrm{j}\omega\tau}\mathrm{d}\omega$$

$$= \frac{1}{2\pi}\int_{-\omega_H}^{\omega_H} K_0^2\frac{n_0}{2}\mathrm{e}^{\mathrm{j}\omega\tau}\mathrm{d}\omega$$

$$= K_0^2 n_0 f_H \mathrm{Sa}(\omega_H\tau)$$

式中，$\omega_H = 2\pi f_H$。由此可见，带限白噪声只有在 $\tau = k/2f_H$（$k = 1, 2, 3, \cdots$）上得到的随机变量才不相关。如果对带限白噪声按抽样定理抽样，则各抽样值是互不相关的随机变量。这是一个很重要的概念。

带限白噪声的自相关函数 $R_o(\tau)$ 在 $\tau = 0$ 处有最大值，这就是带限白噪声的平均功率，即

$$S = R_o(0) = K_0^2 n_0 f_H$$

4. 输出过程 $\xi_o(t)$ 的概率分布

从原理上看，在已知输入过程分布的情况下，通过式（3.9.5），即

$$\xi_o(t) = \int_0^\infty h(\tau)\xi_i(t - \tau)\mathrm{d}\tau$$

可以确定输出过程的分布。如果线性系统的输入过程是高斯型的,则系统的输出过程也是高斯型的。

按积分的定义,上式可表示为一个和式的极限,即

$$\xi_o(t) = \lim_{\Delta\tau_k \to 0} \sum_{k=0}^{\infty} \xi_i(t-\tau_k)h(\tau_k)\Delta\tau_k$$

由于$\xi_i(t)$已假设是高斯型的,所以,在任意一个时刻的每项$\xi_i(t-\tau_k)h(\tau_k)\Delta\tau_k$都是一个高斯随机变量。因此,输出过程在任意一个时刻得到的每一个随机变量,都是无限多个高斯随机变量之和。由概率论得知,这个"和"的随机变量也是高斯随机变量。这就证明,高斯过程经过线性系统后其输出过程仍为高斯过程。更一般地说,高斯过程经线性变换后的过程仍为高斯过程。但要注意,由于线性系统的介入,与输入高斯过程相比,输出过程的数字特征已经改变了。

习 题 3

3.1 设随机过程$\xi(t)$可表示成$\xi(t) = 2\cos(2\pi t+\theta)$,式中$\theta$是一个离散随机变量,且$P(\theta=0)=1/2$,$P(\theta=\pi/2)=1/2$,试求$E_\xi(1)$及$R_\xi(0, 1)$。

3.2 设$z(t) = x_1\cos\omega_0 t - x_2\sin\omega_0 t$是一随机过程,若$x_1$和$x_2$是彼此独立且具有均值为0,方差为$\sigma^2$的正态随机变量,试求:

(1)$E[z(t)]$、$E[z^2(t)]$;

(2)$z(t)$的一维分布密度函数$f(z)$;

(3)$B(t_1, t_2)$与$R(t_1, t_2)$。

3.3 求乘积$z(t)=x(t)y(t)$的自相关函数。已知$x(t)$与$y(t)$是统计独立的平稳随机过程,且它们的自相关函数分别为$R_x(\tau)$、$R_y(\tau)$。

3.4 若随机过程$z(t) = m(t)\cos(\omega_0 t+\theta)$,其中,$m(t)$是广义平稳随机过程,且自相关函数$R_m(\tau)$为

$$R_m(\tau) = \begin{cases} 1+\tau, & -1<\tau<0 \\ 1-\tau, & 0\leqslant\tau\leqslant1 \\ 0, & 其他 \end{cases}$$

θ是服从均匀分布的随机变量,它与$m(t)$彼此统计独立。

(1)证明$z(t)$是广义平稳的。

(2)绘出自相关函数$R_z(\tau)$的波形。

(3)求功率谱密度$P_z(\omega)$及功率。

3.5 已知噪声$n(t)$的自相关函数$R_n(\tau) = \dfrac{a}{2}\mathrm{e}^{-a|\tau|}$,$a$为常数。

(1)求$P_n(\omega)$及S。

(2)绘出$R_n(\tau)$及$P_n(\omega)$的图形。

3.6 $\xi(t)$是一个平稳随机过程,它的自相关函数是周期为2s的周期函数。在区间(-1, 1)s上,该自相关函数$R(\tau)=1-|\tau|$。试求$\xi(t)$的功率谱密度$P_\xi(\omega)$,并用图形表示。

3.7 将一个均值为零、功率谱密度为$n_0/2$的高斯白噪声加到一个中心频率为ω_c、带宽为B的理想带通滤波器上。如题图3.1所示。

（1）求滤波器输出噪声的自相关函数。

（2）写出输出噪声的一维概率密度函数。

3.8　设 RC 低通滤波器如题图 3.2 所示，求当输入均值为零、功率谱密度为 $n_0/2$ 的高斯白噪声时，求输出过程的功率谱密度和自相关函数。

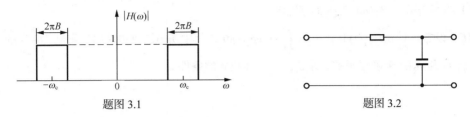

题图 3.1　　　　　　　　　　　　　　　题图 3.2

3.9　将均值为零、功率谱密度为 $n_0/2$ 的高斯白噪声加到如题图 3.3 所示的低通滤波器输入端。

（1）求输出噪声 $n_0(t)$ 的自相关函数。

（2）求输出噪声 $n_0(t)$ 的方差。

3.10　题图 3.4 所示为单个输入、两个输出的线性过滤器，若输入过程 $\eta(t)$ 是平稳的，求 $\xi_1(t)$ 与 $\xi_2(t)$ 的互功率谱密度的表达式。

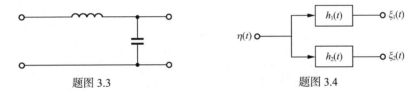

题图 3.3　　　　　　　　　　　　　　　题图 3.4

3.11　若 $\xi(t)$ 是平稳随机过程，自相关函数为 $R_\xi(\tau)$，试求它通过题图 3.5 所示系统后的自相关函数及功率谱密度。

3.12　若通过题图 3.2 所示的随机过程是均值为零、功率谱密度为 $n_0/2$ 的高斯白噪声，试求输出过程的一维概率密度函数。

3.13　一噪声的功率谱密度如题图 3.6 所示，求证其自相关函数为 $k\mathrm{Sa}(\Omega\tau/2)\cos\omega_0\tau$。

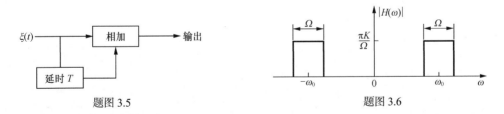

题图 3.5　　　　　　　　　　　　　　　题图 3.6

3.14　一正弦波加窄带高斯平稳过程为

$$z(t) = A\cos(\omega_c t + \theta) + n(t)$$

（1）求 $z(t)$ 通过能够理想地提取包络的平方律检波器后的一维分布密度函数；

（2）若 $A=0$，重做（1）。

3.15　设有一个随机二进制矩形脉冲波形，它的每个脉冲的持续时间为 T_b，脉冲幅度取 ±1 的概率相等，现假设任意间隔 T_b 内波形取值与任何别的间隔内取值统计无关，且过程具有广义平稳性，试证明：

（1）自相关函数

$$R_\xi(\tau) = \begin{cases} 1 - \dfrac{|\tau|}{T_b}, & |\tau| \leqslant T_b \\ 0, & |\tau| > T_b \end{cases}$$

（2）功率谱密度 $P_\xi(\omega) = T_b[\mathrm{Sa}(\pi f T_b)]^2$

3.16 设 $\xi_1 = \displaystyle\int_0^T n(t)\varphi_1(t)\mathrm{d}t$，$\xi_2 = \displaystyle\int_0^T n(t)\varphi_2(t)\mathrm{d}t$，其中 $n(t)$ 是双边功率谱密度为 $\dfrac{N_0}{2}$ 的高斯白噪声，$\varphi_1(t)$ 和 $\varphi_2(t)$ 未确定函数，求 ξ_1，ξ_2 统计独立的条件。

第4章
信道

4.1 引　　言

　　信号的传输离不开信道，而信道的噪声是不可避免的，因而信道和噪声是通信中所要研究的重要内容。

　　本章在介绍信道定义和信道模型的基础上，着重分析信道特性及其对信号传输的影响，并介绍信道的噪声和信道容量。

4.2　信道定义及其数学模型

4.2.1　信道的定义

　　信道是信号的传输媒质。直观地说，信道可以分为两类：有线信道和无线信道。有线信道包括明线、对称电缆、同轴电缆、光缆等；无线信道包括地波传播、短波电离层反射、超短波或微波视距中继、人造卫星中继，以及各种散射信道等。

　　从研究消息传输的角度来看，我们主要关心信号的发射、传输、接收和噪声问题。因此，信道的范围可以扩大，除传输媒质外，还可以包括有关的变换装置（如发送设备、接收设备、馈线与天线、调制器、解调器等）。这种扩大范围的信道称为广义信道，而仅含传输媒质的信道称为狭义信道。在讨论通信的一般原理时，我们采用广义信道，简称信道。不过，狭义信道是广义信道中十分重要的组成部分，通信效果的好坏，在很大程度上依赖于狭义信道的特性，因此，在研究各种通信系统信道的一般特性时，"传输媒质"仍是讨论的重点。

　　广义信道是从信号传输的角度出发，针对所研究的问题来划分信道的。按照它所包含的功能划分，可以分为调制信道与编码信道。

　　在模拟通信系统中主要研究调制与解调的基本原理，它的传输信道可以用调制信道来定义。调制信道的范围从调制器的输出端至解调器的输入端，如图 4.1 所示。从调制解调的角度来看，调制器的作用是产生已调信号，解调器的作用是由已调信号恢复成调制信号。调制信道中包含的所有部件和传输媒质，仅仅实现了把已调信号由调制器输出端传送到解调器输入端的作用。因此可以把它看作是传输已调信号的一个整体，称为调制信道。可见，通过定义调制信道，方便了对调制解调问题的研究。

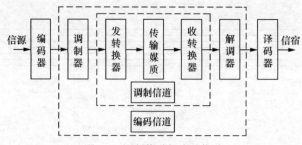

图 4.1　调制信道与编码信道

在数字通信系统中，如果只需要研究编码和解码的问题，为了突出研究重点，同样可以定义一个编码信道。编码信道的范围是编码器输出端至解码器输入端，如图 4.1 所示。从编码和解码角度来看，编码器是把信源所产生的消息信号转换为数字信号；解码器则是把数字信号恢复成原来的消息信号；而编码器输出端至解码器输入端之间的所有部件仅仅起到了传输数字信号的作用，所以可以把它看作是传输数字信号的一个整体，称为编码信道。

4.2.2　信道的数学模型

为了研究信道的一般特性及其对信号传输的影响，我们引入调制信道与编码信道的数学模型。

1. 调制信道模型

在具有调制与解调过程的任何一种通信方式中，调制器输出的已调信号直接送入调制信道。在研究调制与解调的性能时，只需关心已调信号通过调制信道后的最终结果，而不必关心信号在调制信道中做了什么样的变换，也不必关心选用的是哪一种传输媒质，即只需关心调制信道其输出信号与输入信号之间的关系。

调制信道具有以下共性：

① 有一对（或多对）输入端和一对（或多对）输出端；

② 绝大多数的信道是线性的，即满足叠加原理；

③ 信道具有固定的或随时间变化的衰减（或增益）频率特性和相移（或延时）频率特性；

④ 即使没有信号输入，在信道的输出端仍有一定的功率输出（噪声）。

为此，我们可以把调制信道用一个二对端或多对端的时变线性网络来表示，称为调制信道模型，分别如图 4.2（a）、（b）所示。

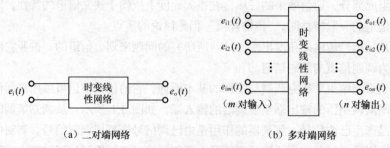

（a）二对端网络　　　　　　　　　（b）多对端网络

图 4.2　调制信道模型

对于二对端的信道模型，其输出与输入的关系可以表示为

$$e_{\text{o}}(t) = f[e_{\text{i}}(t)] + n(t) \qquad (4.2.1)$$

式中，$e_{\text{i}}(t)$ 表示输入的已调信号；$e_{\text{o}}(t)$ 表示信道的输出信号；$n(t)$ 表示加性干扰（或称加性噪声），并且 $n(t)$ 独立于 $e_{\text{i}}(t)$。

$f[e_{\text{i}}(t)]$ 表示已调信号通过网络时，输出信号相对于输入信号所发生的某种（时变）线性变换，假定可以用 $k(t)e_{\text{i}}(t)$ 来表示，其中，$k(t)$ 由网络特性来决定，$k(t)\,e_{\text{i}}(t)$ 反映出网络特性对 $e_{\text{i}}(t)$ 的作用。同样，$k(t)$ 也可以看作是对 $e_{\text{i}}(t)$ 的一种干扰，称为乘性干扰。于是，式（4.2.1）可表示为

$$e_{\text{o}}(t) = k(t)e_{\text{i}}(t) + n(t) \qquad (4.2.2)$$

可见，信道对信号的影响主要有两点，一是乘性干扰 $k(t)$，二是加性干扰 $n(t)$。通过对这两种干扰的分析，我们就能够确定信道对信号的影响程度。

一般情况下，乘性干扰 $k(t)$ 是一个较为复杂的时间函数，它可能包括各种线性畸变和非线性畸变。如果信道的迟延特性和损耗特性随时间作随机变化，它们的 $k(t)$ 是随机快变化的，且 $k(t)$ 往往只能用随机过程来表述，这类信道称为随参信道，如短波电离层反射、超短波流星余迹散射、多径效应和选择性衰落等。如果信道的 $k(t)$ 基本不随时间变化，即信道对信号的影响是固定的或变化极为缓慢的，则这类信道称为恒参信道，如架空明线、同轴电缆、中长波和地面波传播均属于恒参信道。因此，在分析乘性干扰 $k(t)$ 时，又可以把信道大致分为两大类：恒参信道和随参信道。

2. 无失真传输的数学模型

如果信号通过调制信道传输时，其输出波形发生畸变，称为失真；反之，若信号通过调制信道只引起时间延迟及幅度增减，而形状不变，则称无失真，如图 4.3 所示。

由图 4.3 可以得到，若要求已调信号 $f_{\text{i}}(t)$ 在信道中无失真地传输，则在时域上信道输出信号 $f_{\text{o}}(t)$ 与 $f_{\text{i}}(t)$ 之间应满足

$$f_{\text{o}}(t) = Kf_{\text{i}}(t - t_{\text{d}}) \qquad (4.2.3)$$

式中，幅度衰减因子 K 及延迟时间 t_{d} 均为常数。这样，虽然输出信号 $f_{\text{o}}(t)$ 在幅度上是输入信号 $f_{\text{i}}(t)$ 的 K 倍，并且在时间上滞后了 t_{d}，但是波形没有发生畸变，因而式（4.2.3）被称为无失真传输的数学模型。这个数学模型是信道无失真传输在时域中的条件，对其两端求傅里叶变换，有

$$F_{\text{o}}(\omega) = KF_{\text{i}}(\omega)\mathrm{e}^{-\mathrm{j}\omega t_{\text{d}}}$$

由于

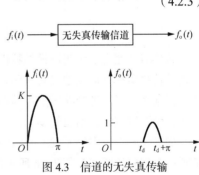

图 4.3　信道的无失真传输

$$F_{\text{o}}(\omega) = H(\omega)F_{\text{i}}(\omega)$$

不难得到信道无失真传输在频域的条件，即传输函数为

$$H(\mathrm{j}\omega) = |H(\omega)|\mathrm{e}^{\mathrm{j}\varphi(\omega)} = K\mathrm{e}^{-\mathrm{j}\omega t_{\text{d}}} \qquad (4.2.4)$$

所以信道无失真传输在频域中的幅频、相频条件为

$$\left. \begin{array}{l} H(\omega) = K \\ \varphi(\omega) = -\omega t_{\text{d}} \end{array} \right\} \qquad (4.2.5)$$

式（4.2.5）表明：要使信号通过信道进行无失真传输，应使信道传输函数的模值为一常数，如图 4.4（a）所示；而相频特性为过原点的一条直线，如图 4.4（b）所示。

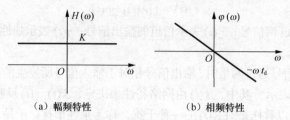

(a) 幅频特性　　　　　　　　　　(b) 相频特性

图 4.4　信道无失真传输的幅频特性和相频特性

3. 编码信道模型

编码信道包括调制信道、调制器和解调器。前述调制信道对信号的影响只是幅度的增减和时间的延迟，因此，有时把调制信道看作一种模拟信道。而编码信道对所传输信号的影响则是一种数字序列的变换，即经编码信道输出的数字序列不同于编码器输出的数字序列，所以应把编码信道看作数字信道。

因为编码信道包含调制信道，所以它要受调制信道的影响。从编码和解码的角度来看，这个影响反映在解调器的输出数字序列中，即输出数字信号将以某种概率发生差错。显然，调制信道越差，即特性越不理想和加性噪声越严重，则发生错误的概率将会越大，因此，编码信道模型常常用数字的转移概率来描述。在最常见的二进制数字传输系统中，一种简单的编码信道模型如图 4.5 所示。

所谓的"简单"，是指假设解调器每个输出码元差错的发生是相互独立的。换句话说，这种信道是无记忆的，即一个码元的差错与其前后码元是否发生差错无关。在这个模型里，$P(0/0)$、$P(1/0)$、$P(0/1)$ 及 $P(1/1)$ 称为信道转移概率，其中，$P(0/0)$ 表示发送端发"0"码而接收端判为"0"码的概率，$P(1/0)$ 表示发送端发"0"码而接收端错判为"1"码的概率，同理可以定义 $P(0/1)$ 和 $P(1/1)$。由此我们知道 $P(0/0)$ 与 $P(1/1)$ 是正确转移的概率，而 $P(1/0)$ 与 $P(0/1)$ 是错误转移概率。根据概率的性质可知

$$P(0/0) = 1 - P(1/0)$$
$$P(1/1) = 1 - P(0/1)$$

转移概率完全由编码信道的特性决定，一个特定的编码信道就有相应的转移概率关系。编码信道的转移概率一般是通过对实际信道做大量的统计分析得到的。

根据无记忆二进制编码信道模型，容易推出无记忆多进制编码信道的模型。图 4.6 所示为一个无记忆四进制编码信道的模型。

如果编码信道中码元发生差错的事件是非独立事件，则称此信道为有记忆信道。那么，编码信道的模型要比图 4.5 或图 4.6 所示的模型复杂得多，信道转移概率表示式也会变得复杂，这里不再进一步讨论。

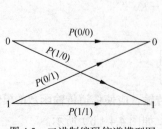

图 4.5　二进制编码信道模型图

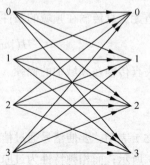

图 4.6　四进制编码信道模型

4.3 恒参信道及其对信号传输的影响

4.3.1 恒参信道

恒参信道是指参数不随时间变化而变化的信道。它主要包括架空明线、电缆、中长波地波传播、超短波及微波视距传播、人造卫星中继、光纤以及光波视距传播等传输媒质构成的信道。下面通过介绍几种有代表性的恒参信道，来分析它们的一般特性及其对信号传输的影响。

1. 3 种有线电信道

（1）明线

明线是指平行而相互绝缘的架空裸线线路。与电缆相比，它的优点是传输损耗低，但它易受气候和天气的影响，并且对外界噪声干扰较敏感。

（2）对称电缆

对称电缆也称为双绞线电缆，双绞线是由两根铜线或铝线各自封装在彩色塑料皮内，相互扭绞而成的传输媒质，一层保护套套在多对双绞线的外面就构成了同轴电缆。双绞线分为屏蔽型（STP）和非屏蔽型（UTP）两类，其结构如图 4.7 所示。每一对钱都呈扭绞状，这样可以减小各线对之间的相互干扰，因此电缆的传输损耗比明线大得多。但其传输特性比较稳定，目前电缆已经逐渐代替了明线。在低频传输时，其抗干扰能力与同轴电缆相当，在 10～100kHz 时，其抗干扰能力低于同轴电缆。

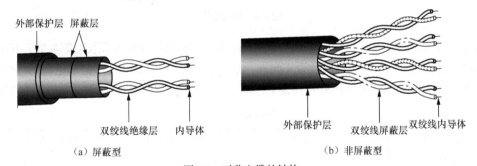

| （a）屏蔽型 | （b）非屏蔽型 |

图 4.7 对称电缆的结构

（3）同轴电缆

同轴电缆是一种应用非常广泛的传输媒质，其结构如图 4.8 所示。同轴电缆由同轴的两个导体（内导体和外导体）、绝缘层和外保护层组成，外导体是一个圆柱形的空管（在可弯曲的同轴电缆中，可以由金属丝编织而成），内导体是金属线（芯线）。它们之间填充的绝缘层介质可以是塑料，也可以是空气。在采用空气绝缘的情况下，内导体依靠有一定间距的绝缘子来定位。

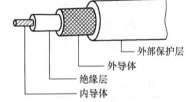

图 4.8 单根同轴电缆的基本结构

同轴电缆根据其频率特性，可分为两类：视频（基带）电缆和射频（宽带）电缆。基带同轴电缆的最大传输距离一般不超过几千米，可用于数字数据信号的直接传输；而宽带同轴电缆的最大传输距离可达几十千米，用于传输高频信号，采用频分复用技术可以传送多路信号。

几根同轴线管往往套在一个大的保护套内，如图 4.9 所示。其中，还装入一些二芯扭绞线对或四线线组，作为传输控制信号之用。同轴线的外导体是接地的，由于它起屏蔽作用，故其抗干扰性能强，外界噪声很少进入其内部，维护使用也方便，但价格较对称电缆高。

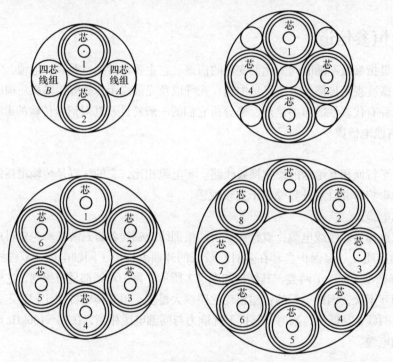

图 4.9 同轴电缆

表 4.1 所示为以上 3 种有线信道的工作频率范围、通话路数及增音段长度等参数。其中，小同轴电缆的标准尺寸：外导体的内径为 4.4mm，内导体的外径为 1.2mm。中同轴电缆的标准尺寸：外导体的内径为 9.5mm，内导体的外径为 2.6mm。这两种同轴电缆的特性阻抗都近似为 75Ω。

表 4.1   有线信道的参数

线 路 类 型	通 话 路 数	频率范围（kHz）	增音段长度（km）
架空明线	1+3	0.3～27	300
架空明线	1+3+12	0.3～150	0～120
对称电缆	24	12～108	35
对称电缆	60	12～252	12～18
小同轴电缆	300	60～1 300	8
小同轴电缆	960	60～4 100	4
中同轴电缆	1 800	300～9 000	6
中同轴电缆	2 700	300～12 000	4.5
中同轴电缆	10 800	300～60 000	1.5

2. 光纤信道

在小信号情况下光纤信道为恒参信道。但现代光纤通信的特点是充分利用光纤的非线性，没有非线性就没有现代光纤通信，这时光纤信道就是非线性信道。

以光纤为传输媒质、光波为载波的光纤信道，可以提供极大的传输容量。光纤作为一种新的传输媒质具有线径细、重量轻的特点。由于不受外界电磁干扰和噪声的影响，能在长距离、高速率传输中保持低误码率，光纤的误码率可达 1×10^{-10}（双绞线的误码率在 $1 \times 10^{-6} \sim 1 \times 10^{-5}$，基带同轴电缆的误码率为 1×10^{-7}，宽带同轴电缆的误码率为 1×10^{-9}），再加上光纤可弯曲半径小、不怕腐蚀、安全保密性好、节省有色金属等优点，所以光纤是目前最有发展前景的一种传输媒质。

光纤信道的简化方框图如图 4.10 所示。它主要由光源、光调制器、光纤线路及光检测器等几个基本部分构成。光源是光载波的发生器，目前，广泛应用半导体发光二极管（LED）或激光二极管（LD）做光源。光调制器是把电信号加载到光源的发射光束上，光调制可分为直接调制和间接调制两大类，直接调制方法仅适用于半导体光源（LD 和 LED），间接调制既适应于半导体激光器也适应于其他类型的激光器。光纤线路可能是一根或多根

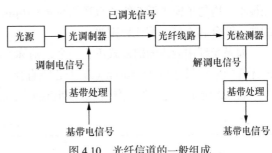

图 4.10　光纤信道的一般组成

光纤。在接收端是一个直接检波式的光检测器，常用 PIN 光电二极管或雪崩光电二极管（APD 管）来检测光强度。在远距离通信系统中，为了补偿光纤的损耗并消除信号失真与噪声的影响，在光纤线路中还可能设有中继器。中继器由光检测器、电信号放大器、判决再生电路、驱动器和光源组成，其作用是将光信号变成电信号，经放大和再生，然后再变换成光信号送入下一段光纤中。在数字光纤信道中，为了减小失真以及防止噪声的积累，每隔一定距离就需加一级再生中继器。

目前，由于技术上的原因，光外差式接收及相干检测还不能使用，故在实际系统中，仅限于采用光强度调制和平方律检测。同时，又因光纤信道中某些元件的线性度较差，所以，广泛采用数字调制方式，即用光载波脉冲的有和无来代表二进制数字。因此，光纤信道是一个典型的数字信道。

实用的光纤通常由纤芯和包层两部分组成，外面还要用另一种介质材料做涂覆层。纤芯和包层是两种折射率不同的玻璃，设纤芯折射率为 n_1，包层的折射率为 n_2，$n_1 > n_2$。按照几何光学全反射原理，射线在纤芯和包层的交界面产生全反射，并满足把光闭锁在纤芯内部向前传播的必要条件，即使经过弯曲的路由光线也不射出光纤之外，如图 4.11 所示。

按照光纤折射率剖面分类，一般分为阶跃光纤、渐变光纤和其他型光纤，如图 4.12 所示。

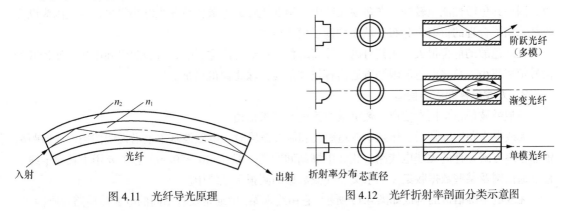

图 4.11　光纤导光原理　　　　　图 4.12　光纤折射率剖面分类示意图

① 阶跃光纤。其折射率在芯线和包层的交界面上呈现阶梯形的突变。目前单模光纤多属于此

类，最早的多模光纤也属于此类。

② 渐变光纤。在包层中折射指数为 n_2，它是均匀的，而在芯线中折射率则是沿半径方向逐渐减少的，近似为抛物线型。目前多模光纤均为此类。

③ 其他型光纤。有纤芯成三角形的三角光纤，还有双包层型、四包层型光纤（其包层折射率各层不同）。这几种光纤均为新型单模光纤，但现在已不强调其折射率剖面图，只强调其性能。

当光纤中只能传输一种光波的模式时，称为单模光纤。由于光波波长极短，故单模光纤的芯径极小。均匀单模光纤芯线的直径约在 4～10μm。单模光纤传光特性较好，但因截面尺寸小，在制造、耦合和连接上都比较困难。

如果光纤中能传输的模式不止一个，则称为多模光纤。多模光纤的截面尺寸较大，非均匀多模光纤的典型尺寸是 $2r$=50μm（$2r$ 为芯线直径），在制造、耦合和连接上都比单模光纤容易。

表 4.2 所示为光纤按照传输模式和折射率剖面的综合分类及其应用。

表 4.2   光纤分类表

多模光纤	阶跃光纤	适用于短距离、小容量通信
	渐变光纤	适用于中距离、中容量通信
单模光纤		适用于长距离、大容量通信

光纤信道是远距离传送光波的一种手段，可达几百千米或几千千米。在这样长的距离上传送光信号，对光纤提出了较高的要求。这些要求中最主要的是低损耗和低色散。

低损耗是光纤能实现远距离传输的前提。目前，高纯度的石英玻璃光纤，在长波段（即波长 λ=1.35μm 与 λ = 1.5μm 附近），其损耗一般可低至 0.2dB/km 以下。

色散是光纤的另一个重要指标。色散是指信号的群速度随频率或模式不同而引起信号失真的现象。光纤的色散有如下 3 种。

① 材料色散。它是由材料的折射指数随频率变化引起的色散。

② 模式色散。在多模光纤中，由于一个信号同时激发不同的模式，即使是同一频率，各模式的群速度也不相同，这样引起的色散称为模式色散。

③ 波导色散。对同一模式，不同的频谱分量有不同的群速度，由此引起的色散，称为波导色散。

多模光纤中，材料色散和模式色散是主要的，波导色散可以忽略。

单模光纤中，材料色散是主要的，波导色散也起一定的作用，但在单模光纤中不存在模式色散，因而其色散性能也较好。在多模光纤中，渐变光纤的色散比阶跃光纤小得多，这是因为渐变光纤采用了合理的折射率分布，从而均衡了模式色散。

光纤色散的危害很大，尤其对码速较高的数字传输有严重影响，可引起码间串扰，使传输的信号带宽减小。总之，色散限制着通信容量和信号传输距离的增加。

3. 无线电视距中继信道

模拟微波信道是恒参信道，数字微波信道是变参信道。

无线电视距中继是指工作频率在超短波和微波波段时，电磁波基本上沿视线传播，通信距离依靠中继方式延伸的无线电线路。相邻中继站间距离一般在 40～50km。它主要用于长途干线、移动通信网及某些数据收集（如水文、气象数据的测报）系统中。

无线电中继信道的构成如图 4.13 所示。它由终端站、中继站及各站间的电波传播路径所构成。由于这种系统具有传输容量大、发射功率小、通信稳定可靠，以及与同轴电缆相比，可以节省有色金属等优点，因此，被广泛用来传输多路电话及电视。

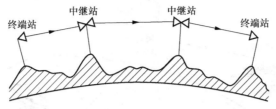

图 4.13　无线电中继信道的构成

4. 卫星中继信道

人造卫星中继信道可视为无线电中继信道的一种特殊形式。目前，绝大多数通信卫星是同步通信卫星。这种卫星的运行轨道是在赤道平面内的圆形轨道，距地面高度为 35 860km，它运行的方向与地球自转的方向相同，绕地球运行一周的时间，即公转周期恰好是 24 小时，和地球自转周期相同，从地球上看去，如同静止一般，故又称为静止卫星。使用静止卫星作为中继站组成的通信系统称为静止卫星通信系统或同步卫星通信系统。

静止卫星与地球相对位置的示意图如图 4.14 所示。从卫星向地球引两条切线，切线夹角为 17.34°，两切线间弧线距离为 18 101km，可见在这个卫星电波波束覆盖区内的地球站（指设在包括地面、海洋、和大气在内的地球表面上的无线电通信站）均可通过该卫星来实现通信，即可以实现地球上 18 000km 范围内的多点之间的连接。若以 120° 的等间隔在静止轨道上配置 3 颗卫星，则地球表面除了两极区未被卫星波束覆盖外，其他区域均在覆盖范围之内，而且其中部分区域为两个静止卫星波束的重叠地区，因此借助于在重叠区内地球站的中继（称之为双跳），可以实现不同卫星覆盖区内地球站之间的通信。由此可见，采用 3 个适当配置的同步卫星中继站就可以实现全球通信。图 4.15 所示为卫星中继信道的概貌。由于这种信道具有通信距离远、覆盖面积大、传播稳定可靠、传输容量大、通信线路灵活、机动性好等突出的优点，从而获得了迅速的发展，成为强有力的现代化通信手段之一。卫星中继信道的应用范围极广，不仅用于传输语音、电报、数据等，而且由于卫星所具有的广播特性，它也特别适用于广播电视节目的传送。

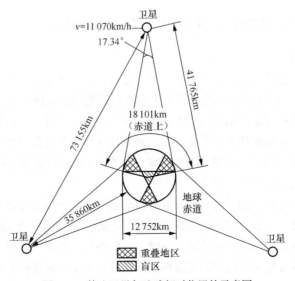

图 4.14　静止卫星与地球相对位置的示意图

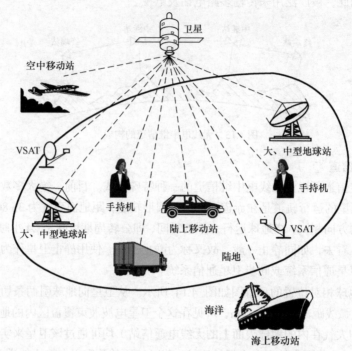

图 4.15　卫星中继信道的概貌

除静止卫星外，在较低轨道上运行的卫星及不在赤道平面上的卫星也可以用于中继通信。在几百千米高度的低轨道上运行的卫星，由于要求地球站的发射功率较小，特别适用于移动通信和个人通信系统中。

以上介绍了几种有代表性的恒参信道的例子。恒参信道的特性与时间无关，是一个非时变线性网络，该网络的传输特性可用幅度—频率特性及相位—频率特性表示。下面讨论恒参信道的特性及其对信号传输的影响。

4.3.2　恒参信道特性及其对信号传输的影响

1. 幅度—频率失真

幅度—频率失真是指已调信号中各频率分量在通过信道时产生的衰减（或增益），所造成的输出信号的失真（畸变）。4.3.1 小节所述理想无失真传输信道的幅频特性如图 4.16 虚线所示，它是一条水平线。但是，这种理想的幅度—频率特性在实际中是不存在的。首先信道不可能具有无限宽的传输频带，它的低端和高端都要受到限制，通常称这种频率的限制为下截频和上截频；其次即使是在有效的传输频带内，不同频率处的衰减（或增益）也不可能完全相同。图 4.16 中实线所示是一个典型的音频信道的幅度—频率特性曲线。

由图 4.16 可见，这种信道的不均匀衰减会使传输信号的各个频率分量由于受到不同程度的衰减，从而引起传输信号的失真。若此时传输数字信号，还会引起相邻码元波形在时间上的重叠，造成码间串扰。在设计总的电话信道传输特性时，一般都要求把幅度—频率失真控制在一个允许的范围内。这就要求改善电话信道中的滤波性能，或者通过信道的均衡来加以改善，所谓信道均衡就是通过一个线性补偿网络，使幅频特性曲线趋于平坦。

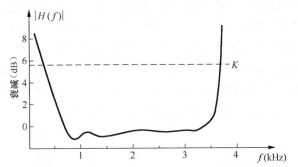

图 4.16　理想无失真传输信道与音频信道的幅度—频率特性曲线

2. 相位—频率失真

为了实现无失真的信号传输，除了要求满足幅频特性为常数外，还要求信道的相位和频率呈线性关系。但是，实际信道的相频特性并不是线性的，因而使信号通过信道时会产生相位失真。相位失真对模拟语音信号的影响并不明显，因为人耳对相位失真不太灵敏；但是它对数字信号传输会产生很大的影响，尤其当传输速率较高时，相位失真会使脉冲波形产生拖尾引起一定程度的码间串扰，危害通信质量。

信道的相位—频率特性常用群迟延—频率特性来表示。所谓群迟延—频率特性是指相位—频率特性对频率的导数。若相位—频率特性用 $\varphi(\omega)$ 来表示，则群迟延—频率特性 $\tau(\omega)$ 为

$$\tau(\omega) = \frac{\mathrm{d}\varphi(\omega)}{\mathrm{d}\omega} \tag{4.3.1}$$

可以看出，如果 $\varphi(\omega)-\omega$ 呈线性关系，那么 $\tau(\omega)-\omega$ 曲线将是一条水平直线，如图 4.17 所示。此时信号的不同频率成分将有相同的群迟延，因而信号经过传输后不会发生失真。但由于实际信道的相移特性不是线性的，例如图 4.18 给出了一个典型的电话信道的群迟延—频率特性曲线。当非单一频率的信号通过该信道时，信号频谱中的不同频率分量将有不同的群迟延，就会引起信号的失真。在图 4.19（a）中，原发送信号是由基波和三次谐波组成，其幅度比为 2:1。若它们经过不同的迟延，基波相移 π，三次谐波相移 2π 后，到达接收端，基波和三次谐波在时间轴上的相对位置就不同于发送端，即波形产生了失真，如图 4.19（b）所示。

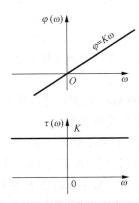

图 4.17　理想的相位—频率特性及群迟延—频率特性

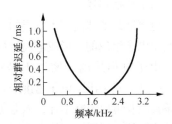

图 4.18　群迟延—频率特性一例

群迟延失真和幅频失真一样，也是一种线性失真，故采取均衡措施也可以得到补偿。

通过如上分析我们知道，恒参信道通常用它的幅度—频率特性和相位—频率特性来表述。损

害信号传输特性的重要因素就是这两个特性的不理想。此外，还存在其他一些因素使信道的输出与输入产生差异（也可称失真或畸变）。如非线性失真、频率偏移及相位抖动等。非线性失真主要是由信道中元器件的振幅特性的非线性引起的，它造成谐波失真及若干寄生频率等；频率偏移通常是由信道中接收端本地载频与发送端调制载频之间有偏差而产生的；相位抖动也是由于调制和解调载频不稳定产生的，其现象相当于给发送信号附加上一个小指数的调频。这几种非线性失真一经产生便不容易消除。因此，在系统设计时要特别给予重视。

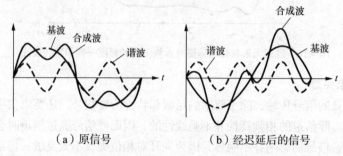

（a）原信号　　　　　　　　　（b）经迟延后的信号

图 4.19　群迟延产生失真的例子

4.4　随参信道及其对信号传输的影响

4.4.1　随参信道

随参信道是指参数随时间变化而变化的信道。它主要包括短波电离层反射、超短波流星余迹散射、超短波及微波对流层散射、超短波电离层散射、超短波超视距绕射等传输媒质分别构成的调制信道。为了分析它们的一般特性及其对信号传输的影响，下面先介绍两种典型的随参信道的例子。

1. 短波电离层反射信道

所谓短波是指波长为 $10\sim100\text{m}$（相应的频率段为 $3\sim30\text{MHz}$）的电磁波。它既可以沿地表面传播（称为地波传播），也可以由电离层反射传播（称为天波传播）。地波传播一般是近距离的，限于几十千米范围；而天波传播借助于电离层的一次反射或多次反射可传输几千千米，乃至上万千米的距离。下面简要介绍这种信道的传播路径、工作频率、多径传播以及特性。

（1）传播路径

电离层是地球高空大气层的一部分，距离地面高 $60\sim600\text{km}$。电离层是由分子、原子、离子及自由电子组成的。形成电离层的主要原因是太阳辐射的紫外线和 X 射线。

由于电离层电子密度不是均匀分布的，因此，按电子密度随高度的变化大致可分为 D、E、F_1、F_2 四层。电子密度与日照密切相关——日落以后，D 层密度迅速下降，两三个小时后，无偏离吸收可以忽略不计，F_1 层几乎只出现在夏季的白天，故经常存在的是 E 层和 F_2 层。电离层是半导体电媒质，可将电离层分成许多薄片层，每一薄片层的电子密度是均匀的，但彼此之间并不相等。根据电动力学可求得自由电子密度为 N_e 的各向同性均匀媒质的相对介电常数为

$$\varepsilon_r = 1 - 80.8\frac{N_e}{f^2}$$

其折射率为

$$n = \sqrt{\varepsilon_\mathrm{r}} < 1$$

式中，各层的电子密度 N_e 以每立方米内的电子数计；f 为电磁波的频率，以 Hz 计。

　　当电磁波入射到空气—电离层界面时，由于电离层折射率小于空气折射率，折射角大于入射角，射线要向下偏折。当电磁波进入到电离层后，由于电子密度 N_e 在某一高度范围内随高度的增加而增加，故相对介电常数 ε_r 及媒质的折射率 n 都随高度的增加而减小。电磁波将连续下折，直至到达某一高度处电磁波开始折回地面。可见，电离层对电磁波的反射实质上是电磁波在电离层中连续折射的结果。短波电磁波从电离层反射的传播路径如图 4.20 所示。一般来说，D、E 层是吸收层。因为 D、E 层电子密度小，短波电磁波不会反射，但会受到吸收损耗。而 F_2 层是反射层，主要高度为 $250 \sim 300\mathrm{km}$，一次反射的最大距离约为 $4\,000\mathrm{km}$。如果通过两次反射，那么通信距离可达 $8\,000\mathrm{km}$。

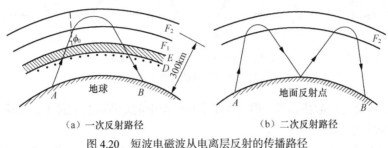

（a）一次反射路径　　　　　　　　　（b）二次反射路径

图 4.20　短波电磁波从电离层反射的传播路径

（2）工作频率

在短波通信中，选用工作频率时要考虑以下两个条件：

① 工作频率应小于最高可用频率 $f_{\max}$；

② 使电磁波在 D、E 层的吸收较小。

　　当电磁波进入到电离层的入射角为 φ_0 时，电离层能把电磁波"反射"回来的最高可用频率还取决于的最大电子密度 $N_{\mathrm{e}\max}$，其值为

$$f_{\max} = \sqrt{80.8 N_{\mathrm{e}\max}}\, \sec \varphi_0$$

　　当垂直入射（$\varphi_0 = 0°$）时，能从电离层反射的最高频率称为临界频率，记为 f_0，即

$$f_0 = \sqrt{80.8 N_{\mathrm{e}\max}}$$

可见，

$$f_{\max} = f_0 \sec \varphi_0$$

　　电波入射角 φ_0 一定时，频率越高，电波反射后所到达的距离越远。当工作频率高于最高可用频率时，由于电离层不存在比 $N_{\mathrm{e}\max}$ 更大的电子密度，因此，电波不能被电离层"反射"回来，而是穿透电离层到达外空间。这正是超短波和微波不能以天波传播的原因。

　　从电离层观测站预报的电离层图上可得到临界频率和 $4\,000\mathrm{km}$ 的最高可用频率，由这些数据便可推算出任意跳距的最高可用频率。

　　电离层对电磁波的吸收损耗与层中电子密度成比例。由于电离层的电子密度随昼夜、季节以及太阳黑子活动年份剧烈地变化，使得最高可用频率和吸收损耗也相应变化。因此，工作频率需要经常更换。在夜间工作频率必须降低，这是因为 F_2 层的电子密度减小，若仍采用白天的工作频

率，则电磁波将会穿透 F_2 层。而且夜间 D 层消失，E 层吸收大大减小，也允许工作频率降低。同样的电离层状况，通信距离近的，最高可用频率低；通信距离远的，最高可用频率高。为了通信可靠，必须在不同时刻使用不同的频率。但为了避免换频的次数太多，通常一日之内使用 2 个（日频和夜频）或 3 个频率。

（3）多径传播

在短波电离层反射信道中，引起多径传播的主要原因如下：

① 电磁波经电离层的一次反射和多次反射，如图 4.21（a）所示为一次反射和两次反射；

② 电磁波束中各射线的入射角不同，所以几个反射层的高度也不相同，如图 4.21（b）所示；

③ 电离层的不均匀性引起漫射现象，如图 4.21（c）所示；

④ 地球磁场引起的电磁波束分裂成寻常波与非寻常波，如图 4.21（d）所示。

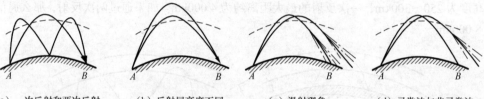

| （a）一次反射和两次反射 | （b）反射层高度不同 | （c）漫射现象 | （d）寻常波与非寻常波 |

图 4.21　多经传播的几种主要形式

上述 4 种情况都会引起快衰落，但由于第①种情况下的路程时延差最大，可达几毫秒，因此它还会产生多径时延失真。

快衰落是由于多经传播时到达接收点的各路径的时延随机变化，致使合成信号幅度和相位都发生随机起伏而产生的，若起伏的周期很短，则其信号电平变化很快。这种衰落在移动通信信道中表现得更为明显。快衰落信号的振幅在工程设计时，按瑞利分布考虑。信号的快衰落现象严重地影响了电磁波传播的稳定性和系统的可靠性，需要采取分集接收的办法来加以克服。

（4）特性

短波电离层反射信道是远距离传输的重要信道之一，它具有以下特性：

① 传输损耗较小，因此能以较小功率进行远距离通信；

② 天波通信，特别是短波通信，建立迅速，机动性好，设备简单；

③ 传播距离远，可传输几千千米，甚至几万千米；

④ 受地形限制较小；

⑤ 不易受到人为破坏，这一点在军事通信上有重要意义；

⑥ 传输频带宽度是有限的，由于波段范围较窄，短波电台特别拥挤，电台间的干扰很大，尤其在夜间；

⑦ 传输可靠性差，电离层中的异常变化（如电离层骚动、电离层暴变等）会引起较长时间的通信中断，传播可靠性一般只能达到 90%；

⑧ 通信频率必须选择在最佳频率附近，因此需要经常更换工作频率，因而使用较复杂；

⑨ 存在快衰落与多径时延失真，必须采用相应的抗多径措施；

⑩ 干扰电平高。

2. 对流层散射信道

对流层散射信道是一种超视距的传播信道，其一跳的传播距离为 100～500 km，可工作在超短波和微波波段。设计良好的对流层散射线路可提供 12～240 个频分复用（FDM）的话路，而传播可靠性可达 99.9%。

对流层是大气层的最底层，通常指从地面算起至高达 10～12km 的区域，在太阳辐射下，受热的地面通过大气的垂直对流作用，对流层升温。一般情况下，对流层的温度、压强、湿度不断变化，在涡旋气团内部及其周围的介电常数有随机的小范围起伏，形成不均匀介质团。当超短波、短波投射到这些不均匀体时，就在其中产生感应电流，成为二次辐射源，将入射的电磁能量向四面八方再辐射。电磁波的这种无规则、无方向的辐射，即为散射，相应的介质团称为散射体，如图 4.22 所示即为对流层散射传播路径的示意图。对于任意固定的接收点来说，其接收场强就是收、发天线波束相交的公共体积中的所有散射体的总和。

散射具有强方向性，当入射线与散射线的夹角为 θ 时，接收到的能量大致与 $\sin^5(\theta/2)$ 成反比。这意味着主要能量集中于小 θ 角方向，即集中于前方，故又称"前向散射"。通过上述分析，可以看出对流层散射信道具有下列特点。

（1）衰落

散射信号电平是不断随时间变化的，这些变化分为慢衰落（长期变化）和快衰落（短期变化）。慢衰落取决于气象条件，而快衰落则由多径传播引起。

① 慢衰落。在一年之内，夏季的信号比冬季强（约 10dB）；在一天之内，中午的信号比早晚弱（约 5dB）。慢衰落用小时中值（有的取 5 分钟中值，但分钟中值与小时中值接近）相对于月中值的起伏来表示。

② 快衰落。散射体积内各不均匀气团散射的电磁波是经过不同路径到达接收点的，即有多条路径。这种多径传播的影响之一是形成了接收信号的快衰落，即信号振幅和相位的快速随机变化。理论与实测均表明，散射接收信号振幅服从瑞利分布，相位服从均匀分布。克服快衰落影响的有效办法是分集接收。

（2）传播损耗

由于散射波相当微弱，即传输损耗很大（包括自由空间传输损耗、散射损耗、大气吸收损耗及来自天线方面的损耗，一般超过 20dB）。因此，对流层散射（见图 4.22）通信要采用大功率发射机、高灵敏度接收机和高增益天线。

（3）信道的允许频带

散射信道是典型的多径信道。多径传播不仅引起信号电平的快衰落，而且还会导致波形失真。如图 4.23 所示，某时刻发出的窄脉冲经过不同长度的路程到达接收点。由于经过的路程不同，因而到达接收点的时刻也不同，结果脉冲被展宽了。这种现象称为信号的时间扩散，简称多径时散。

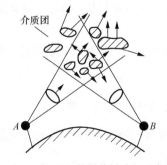

图 4.22 对流层散射传播路径示意图

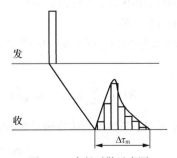

图 4.23 多径时散示意图

大家知道，脉冲信号通过带限系统后，波形也被展宽，而且系统频带越窄，波形展宽越多。从这一角度来看，散射信道好像是一个带限滤波器，其允许频带定义为

$$B_{c} = \frac{1}{\tau_{m}}$$

式中，τ_{m} 为最大多径时延差。

当信号带宽小于信道的允许频带时，波形不会产生严重失真；否则，信号将产生严重失真。

（4）天线与媒质间的耦合损耗

天线与媒质间的耦合损耗又称"天线增益亏损"，这是由散射的性质造成的。随着天线增益的提高，散射体积减小，因而接收电平不能像自由空间传播那样按比例增加。天线在自由空间的理论增益与在对流层散射线路上测得的实际增益之差称为天线与媒质间的耦合损耗。

（5）特性

通过上述分析，可以看出对流层散射传播具有下列特性：

① 容量大；

② 主要用于 30～100 kHz 以上频段；

③ 可靠性高；

④ 保密性好；

⑤ 单跳跨距达 100～500 km，一般用于无法建立微波中继站的地区，如用于海岛之间或跨越湖泊、沙漠、雪山等地区。

以上介绍了两种比较典型的随参信道的特性。随参信道的特性比恒参信道要复杂得多，对信号的影响也要严重得多，根本原因是它包含一个复杂的传输媒质。虽然随参信道中包含着除媒质外的其他转换器，并且也应该把它们的特性作为随参信道特性的组成部分。但是，从对信号传输的影响来看，传输媒质的影响是主要的，而转换器特性的影响是次要的，甚至可以忽略不计。因此，在讨论随参信道所具有的一般特性以及它对信号传输的影响时，仅以传输媒质为主。

4.4.2 随参信道特性及其对信号传输的影响

通过对短波电离层反射信道和对流层散射信道的分析可知，随参信道的传输媒质具以下有 3 个特点：

① 对信号的衰耗随时间而变化；

② 传输的时延随时间而变化；

③ 多径传播。

所谓多径传播是指由发射点发出的电磁波可能经过多条路径到达接收点，由于每条路径对信号的衰减和时延都随电离层或对流层的机理变化而变化，所以接收信号将是衰减和时延随时间变化的各路径信号的合成。

设发射波为幅度恒定、频率单一的载波 $A\cos\omega_0 t$，则经过 n 条路径传播后的接收信号 $R(t)$ 可表示为

$$R(t) = \sum_{i=1}^{n} \mu_i(t)\cos\omega_0\left[t - \tau_i(t)\right] = \sum_{i=1}^{n} \mu_i(t)\cos\left[\omega_0 t + \varphi_i(t)\right] \quad （4.4.1）$$

式中，$\mu_i(t)$ 表示第 i 条路径的接收信号振幅；$\tau_i(t)$ 表示第 i 条路径的传输时延，它是时间的函数

$$\varphi_i(t) = -\omega_0\tau_i(t)$$

通常，$\mu_i(t)$ 和 $\varphi_i(t)$ 随时间的变化与发射载频的周期相比，要缓慢得多，即 $\mu_i(t)$ 和 $\varphi_i(t)$ 可以认为是缓慢变化的随机过程。因此，式（4.4.1）可以写成

$$R(t) = \sum_{i=1}^{n} \mu_i(t)\cos\varphi_i(t)\cos\omega_0 t - \sum_{i=1}^{n} \mu_i(t)\sin\varphi_i(t)\sin\omega_0 t \qquad (4.4.2)$$

设

$$X_c(t) = \sum_{i=1}^{n} \mu_i(t)\cos\varphi_i(t) \qquad (4.4.3)$$

$$X_s(t) = \sum_{i=1}^{n} \mu_i(t)\sin\varphi_i(t) \qquad (4.4.4)$$

则式（4.4.2）就变成

$$R(t) = X_c(t)\cos\omega_0(t) - X_s(t)\sin\omega_0 t = V(t)\cos\left[\omega_0 t + \varphi(t)\right] \qquad (4.4.5)$$

式中，$V(t)$ 表示合成波 $R(t)$ 的包络，其一维分布为瑞利分布；$\varphi(t)$ 表示合成波 $R(t)$ 的相位，其一维分布为均匀分布，即有

$$\begin{cases} V(t) = \sqrt{X_c^2(t) + X_s^2(t)} \\ \varphi(t) = \arctan\dfrac{X_s(t)}{X_c(t)} \end{cases} \qquad (4.4.6)$$

因为 $\mu_i(t)$ 和 $\varphi_i(t)$ 是缓慢变化的，则 $X_c(t)$、$X_s(t)$ 及包络 $V(t)$、相位 $\varphi(t)$ 也是缓慢变化的。于是，$R(t)$ 可视为一个窄带过程。

从式（4.4.5）看到多径传播对信号传播的影响有以下 3 个方面。

① 产生瑞利型衰落。从波形上看，载波信号 $A\cos\omega_0 t$ 变成了包络和相位受到调制的窄带信号，如图 4.24（a）所示，通常把这样的信号称为衰落信号。

② 引起频率弥散。从频谱上看，多径传输引起了频率弥散，即由单个频率变成了一个窄带频谱，如图 4.24（b）所示。

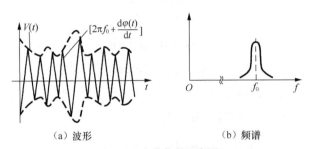

（a）波形　　　　　　　　　　（b）频谱

图 4.24　衰落信号示意图

③ 造成频率选择性衰落。所谓频率选择性衰落是指信号频谱中某些分量的一种衰落现象，发生在传输信号频谱大于多径传播媒质的相关带宽。

现在来考察式（4.4.5）中的 $V(t)$ 及 $\varphi(t)$ 的统计特性。由式（4.4.6）看到，$V(t)$ 及 $\varphi(t)$ 与 $X_c(t)$ 及 $X_s(t)$ 由式（4.4.3）和式（4.4.4）决定。从这两个式子可以看出，在任意一个时刻 t_1 上，$X_c(t_1)$ 及 $X_s(t_1)$ 是 n 个随机变量之和。当 n 充分大时（多径传播时通常满足这一条件），在"和"中的每一个随机变量可以认为是独立地出现，并且具有均匀的特性。因此，根据概率论中的中心极限定理，可以确认 $X_c(t_1)$ 及 $X_s(t_1)$ 是高斯随机变量，从而认为 $X_c(t)$ 及 $X_s(t)$ 是平稳的高斯过程（因为与选取什么样的 t_1 无关）。这样，可知 $R(t)$ 是一个窄带高斯过程，而且 $V(t)$ 的一维分布服从瑞利分布，而 $\varphi(t)$ 的一维分布服从均匀分布。实践也表明，把衰落信号看成窄带高斯过程是足够准确

的。当然，也有特殊情况。例如，当短波电离层反射中出现一条固定镜面反射信号时，$R(t)$ 的包络 $V(t)$ 将趋于广义瑞利分布，而 $\varphi(t)$ 也将偏离均匀分布。

信号的包络服从瑞利分布律的衰落，通常称之为瑞利型衰落。设瑞利型衰落信号的包络值记为 V，则随机变量 V 的一维概率密度函数 $f(V)$ 可表示成

$$f(V) = \frac{V}{\sigma^2} \exp\left(-\frac{V^2}{2\sigma^2}\right), \quad (V \geqslant 0, \ \sigma > 0) \tag{4.4.7}$$

多径传播不仅会造成上述的衰落及频率弥散，同时还可能发生频率选择性衰落。所谓频率选择性衰落，是信号频谱中某些分量的一种衰落现象，这是多径传播的又一个重要特征。下面通过一个例子来建立这个概念。

设多径传播的路径只有两条，且到达接收点的两路信号具有相同的强度和一个相对时延差。那么，若令发射信号为 $f(t)$，则到达接收点的两条路径信号可分别表示成 $V_0 f(t-t_0)$ 及 $V_0 f(t-t_0-\tau)$。其中，t_0 是固定的时延，τ 是两条路径信号的相对时延差，V_0 为某一确定值。不难看出，上述的传播过程可用图 4.25 所示的模型来表示。

图 4.25　两径传播模型

现在来求上面模型的传输特性。设 $f(t)$ 的频谱密度函数为 $F(\omega)$，即有

$$f(t) \leftrightarrow F(\omega)$$

则

$$V_0 f(t-t_0) \Leftrightarrow V_0 F(\omega) e^{-j\omega t_0}$$

$$V_0 f(t-t_0-\tau) \Leftrightarrow V_0 F(\omega) e^{-j\omega(t_0+\tau)}$$

$$V_0 f(t-t_0) + V_0 f(t-t_0-\tau) \Leftrightarrow V_0 F(\omega) e^{-j\omega t_0} \left(1 + e^{-j\omega\tau}\right)$$

于是，当两径传播时，模型的传输特性 $H(\omega)$ 为

$$H(\omega) = \frac{V_0 F(\omega) e^{-j\omega t_0} \left(1 + e^{-j\omega\tau}\right)}{F(\omega)} = V_0 e^{-j\omega t_0} \left(1 + e^{-j\omega\tau}\right)$$

由此可见，所求的传输特性除常数因子 V_0 外，是由一个模值为 1、固定时延为 t_0 的网络与另一个特性为 $(1+e^{-j\omega\tau})$ 的网络级联所组成。而后一个网络的模特性（幅度—频率特性）为

$$\left|1 + e^{-j\omega t_0}\right| = \left|1 + \cos\omega\tau - j\sin\omega\tau\right| = \left|2\cos^2\frac{\omega\tau}{2} j2\sin\frac{\omega\tau}{2}\cos\frac{\omega\tau}{2}\right| = 2\left|\cos\frac{\omega\tau}{2}\right|$$

图 4.26 表示了上述关系。由此可见，两径传播的模特性将依赖于 $|\cos\omega\tau/2|$。这就是说，对不同的频率，两径传播的结果将有不同的衰减。例如，当 $\omega = 2n\pi/\tau$ 时（n 为整数），出现传输极点；当 $\omega = (2n+1)\pi/\tau$ 时（n 为整数），出现传输零点。另外，相对时延差 τ 一般是随时间变化的，故传输特性出现的零点与极点在频率轴上的位置也是随机时间而变的。显然，当一个传

输波形的频谱约宽于 $1/\tau(t)$ 时[$\tau(t)$ 表示有时变的相对时延]，传输波形的频谱将发生畸变。这种畸变就是所谓的频率选择性衰落（简称选择性衰落）所引起的。

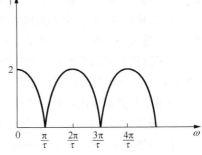

图 4.26　$(1+\mathrm{e}^{-\mathrm{j}\omega\tau})$ 网络的模特性

上述概念可以推广到多径传播中去，虽然这时的传输特性要复杂得多，但是出现的频率选择性衰落的基本规律将是相同的，即频率选择性将同样依赖于相对时延差。多径传播时的相对时延差（简称多径时延差）通常用最大多径时延差来表征，并用它来估算传输零点和极点在频率轴上的位置。设最大多径时延差为 τ_m，则定义

$$\Delta f = \frac{1}{\tau_m} \qquad\qquad (4.4.8)$$

即为相邻传输零点的频率间隔。这个频率间隔通常称为多径传输媒质的相关带宽。如果传输信号的频谱宽于 Δf，则该信号将产生明显的频率选择性衰落。由此看出，为了不引起明显的选择性衰落，传输信号的频带必须小于多径传输媒质的相关带宽 Δf。

一般来说，数字信号传输时希望有较高的传输速率，而较高的传输速率对应有较宽的信号频带。因此，数字信号在多径媒质中传输时，容易因存在选择性衰落现象而引起严重的码间串扰。为了减小码间串扰的影响，通常要限制数字信号的传输速率。

随参信道的一般衰落特性和频率选择性衰落特性，是严重影响信号传输的重要特性。至于前面所说的慢衰落特性，因它的变化速度十分慢，通常可以通过调整设备参量（如调整发射功率）来弥补。

4.4.3　随参信道特性的改善——分集接收

随参信道的衰落，严重影响了通信系统的性能。通常可采用多种措施来抗快衰落，例如，各种抗衰落的调制解调技术、接收技术及扩谱技术等。其中，明显有效且被广泛应用的措施之一，就是分集接收技术。按广义信道的含义，分集接收可看作是随参信道中的一个组成部分或一种改造形式，改造后的随参信道的衰落特性将得到改善。

我们知道，快衰落信道中接收的信号是到达接收机的各径分量的合成［见式（4.4.1）］。如果在接收端同时获得几个不同路径的信号，把这些信号适当合并，构成总的接收信号，这样就能大大减小衰落的影响。这就是分集接收的基本思想。分集就是把代表同一消息的信号分散传输，以求在接收端获得若干衰落样式不相关的复制品，然后用适当的方法加以集中合并，从而达到以强补弱的效果。获取不相关衰落信号的方法是将分散得到几个合成信号集中（合并）。只要被分集的几个信号之间是统计独立的，经适当的合并后就能大大改善系统的性能。

一般情况下，互相独立或基本独立的一些接收信号，可以利用不同路径或不同频率、不同角度、不同极化等接收手段来获取。分集方式主要有如下几种。

① 空间分集。在接收端架设几副天线，各天线的位置间要求有足够的间距（一般在 100 个信号波长以上，最好是 150λ），以保证各天线上获得的信号基本互相独立。

② 频率分集。用多个不同载频传送同一个消息，如果各载频的频差大于 4MHz 可以认为衰落不相关。频率相隔比较大[例如，频差选成多径时延差的倒数，参见式（4.4.8）]，则各载频信号也基本互不相关。

③ 角度分集。这是利用天线波束指向的不同来使信号不相关的原理构成的一种分集方法。例如，在抛物面天线上设置若干个照射器，产生相关性很小的几个波束。

④ 极化分集。这是分别接收水平极化和垂直极化波而构成的一种分集方法。一般来说，这两种波相关性极小（在短波电离层反射信道中），加以组合也可以起到分集作用。

除了这里提到的几种分集方法外，还有其他的分集方法。需要指出的是，分集方法都不是互相排斥的，在实际使用时可再加组合，如由二重空间分集和二重频率分集组成四重分集系统等。

分集接收技术在接收分散的几个信号后要将其合并，合并的方法主要有如下 3 种。

① 最佳选择式。从几个分散信号中设法选择其中信噪比最大的一个作为接收信号。

② 等增益相加式。将几个分散信号以相同的支路增益进行直接相加，相加后的信号作为接收信号。

③ 最大比值相加式。控制各支路增益，使它们分别与本支路的信噪比成正比，然后再相加获得接收信号。

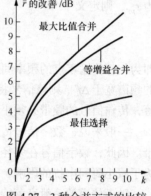

图 4.27　3 种合并方式的比较

以上 3 种合并方式改善总接收信噪比的效果不同，如图 4.27 所示。图中，k 为分集的重数，$\bar{r}$ 为合并后输出信噪比的平均值。由图可见，最大比值合并方式性能最好，等增益相加方式次之，最佳选择方式最差。

从总的分集效果来说，分集接收除了能提高接收信号的电平外（例如，二重空间分集在不增加发射机功率情况下，可使接收信号电平增加一倍左右），主要是改善了衰落特性，使信道的衰落平滑了、减小了。例如，无分集时若误码率为 1×10^{-2}，则在用四重分集时，误码率可降低至 1×10^{-7} 左右。由此可见，采用分集接收方法对随参信道信号进行接收是十分有效的。

4.5　信道的加性噪声

调制信道对信号的影响除乘性干扰外，还有加性干扰（即加性噪声）。乘性干扰的影响我们已经进行了较详细地分析，下面讨论另外一种影响信道的噪声——加性噪声。

加性噪声独立于有用信号，但它始终干扰有用信号，引起有用信号的幅度失真（幅度抖动）和相位失真（相位抖动），对通信造成不可避免的危害。

信道中加性噪声（简称噪声）的来源，一般有 3 个方面：人为噪声、自然噪声和内部噪声。人为噪声来源是人类活动造成的其他信号源，如邻台干扰、工业干扰等；自然噪声的来源是自然界存在的各种电磁波源，如雷电、磁暴、太阳黑子、宇宙噪声等；内部噪声的来源是系统设备本身产生的各种噪声，如在电阻一类的导体中自由电子的热运动（常称为热噪声）、真空管中电子的起伏发射、半导体中载流子的起伏变化（常称为散弹噪声）和电源哼声等。

某些类型的噪声是确知的，如电源哼声、自激振荡、各种内部的谐波干扰等。虽然消除这些噪声不一定很容易，但至少在原理上可消除或基本消除。另一些噪声则往往不能准确预测其波形。这种不能预测的噪声统称为随机噪声。常见的随机噪声可以分为单频噪声、脉冲噪声和起伏噪声 3 类。

单频噪声的主要特点是占有极窄的频带，但在频率轴上的位置可以实测。它是一种连续波的干扰，可以看作是一个已调正弦波，但幅度、频率或相位是事先不能预知的，如外台信号。单频噪声并不是在所有通信系统中都存在，而且也比较容易防止。

脉冲噪声的主要特点是其突发的脉冲幅度大，但持续时间短，且相邻突发脉冲之间往往有较长的安静时段。它是一种在时间上无规则的突发的短促噪声，如工业上的点火辐射、闪电及偶然的碰撞、电气开关通断等产生的噪声。从频谱上看，脉冲噪声通常有较宽的频谱（从甚低频到高频），但频率越高，其频谱强度就越小；脉冲噪声由于具有较长的安静期，故对模拟语音信号的影响不大，但是在数字通信中，它的影响是不容忽视的。一旦出现突发脉冲，由于它的幅度大，将会导致一连串的误码，对数字通信造成严重的危害，我们通常可以采用纠错编码技术来减轻这种危害。

起伏噪声的特点是无论在时域内还是在频域内，它们总是普遍存在和不可避免的，且始终存在，如热噪声、散弹噪声及宇宙噪声。从通信系统来看，起伏噪声是最基本的噪声来源。但从调制信道的角度来看，到达或集中于解调器输入端的噪声并不是上述起伏噪声的本身，而是它的某种变换形式——通常是一种带通型噪声。这是因为在到达解调器之前，起伏噪声通常要经过接收转换器（见图 4.1），而接收转换器主要作用之一是滤出有用信号和部分地滤除噪声，因此，它可等效成一个带通滤波器。它的输出噪声是带通型噪声。由于这种噪声通常满足"窄带"的定义，故常称它为窄带噪声。又考虑到带通滤波器常常是一种线性网络，其输入端的噪声是高斯白噪声。因此，它的输出窄带噪声应是窄带高斯噪声。也就是说，当我们研究调制与解调的问题时，调制信道的加性噪声可直接表述为窄带高斯噪声。一般来说，起伏噪声是影响通信质量的主要因素之一。在研究噪声对通信系统的影响时，应以起伏噪声为重点。下面主要介绍散弹噪声、热噪声和宇宙噪声这 3 种起伏噪声。

1. 散弹噪声

散弹噪声又称散粒噪声，是由真空电子管和半导体器件中电子发射的不均匀性引起的，它是一个随机过程。在温度限定条件下，二极管的散弹噪声电流的功率谱密度，在非常宽的频率范围内（通常认为不超过 100MHz）认为是一个恒值，有

$$S_1(\omega) = qI_0 \quad (\text{W/Hz}) \tag{4.5.1}$$

其中，I_0 是平均电流值，q 为电子的电荷，即 $q = 1.6 \times 10^{-19}$(C)

2. 热噪声

热噪声是在电阻一类导体中，由自由电子的布朗运动引起的噪声。电子的热运动是无规则的，且互不依赖，因此每一个自由电子的随机热运动所产生的小电流方向也是随机的，而且互相独立。电子热运动产生的起伏电流也和散弹噪声一样服从高斯分布。有分析和测量表明在直流到 1×10^{13}Hz 频率范围内，电阻热噪声的噪声电压的功率谱密度近似为一个恒定值，有

$$S_v(\omega) = 2kTR \quad (\text{W/Hz}) \tag{4.5.2}$$

其中，k 为波尔兹曼常数（$k = 1.38 \times 10^{-23}$J/K），T 为电阻的绝对温度(°K)，R 为电阻值(Ω)。

3. 宇宙噪声

宇宙噪声是指天体辐射波对接收机形成的噪声。它在整个空间的分布是不均匀的，最强的来自银河系的中部，其强度与季节、频率等因素有关。实测表明，20～300MHz 的频率范围内，它的强度与频率的三次方成反比。因而，当工作频率低于 300MHz 时就要考虑到它的影响。实践证明宇宙噪声也是服从高斯分布的，在一般的工作频率范围内，它也具有平坦的功率谱密度。

有必要指出，通信系统模型中的噪声源是分散在通信系统各处的噪声的集中表示。因此，我们应该把加性噪声的主要代表——起伏噪声同样理解成散弹噪声、热噪声、宇宙噪声等的集中表

示，而不再详加区分。为了使今后分析问题更加简明，一律把起伏噪声定义为高斯白噪声。

4.6　信道的容量

信源输出的信息总是要通过信道传送给接收端的收信者,因此需要度量信道传输信息的能力。信道容量就是单位时间内该信道所能传输的最大信息量。显然,如果实际传输的信息量小于信道容量,就会使信道出现空闲,造成浪费,使信道的有效性变坏;反之,如果实际传输的信息量大于信道容量,就会使信道溢出,造成信息失真或丢失,使通信的可靠性变坏。可见,信道容量是信道的一个重要指标。

从信息论的观点来看,各种信道可以概括为两大类,即离散信道和连续信道。所谓离散信道就是输入与输出信号都是取值离散的时间函数;而连续信道是指输入和输出信号都是取值连续的。下面将分别讨论这两种信道的信道容量。

4.6.1　离散信道的信道容量

离散信道模型如图 4.28 所示。图 4.28(a)是无噪声信道, $P(x_i)$ 表示发送符号 x_i 的概率, $P(y_i)$ 表示收到符号 y_i 的概率, $P(y_i/x_i)$ 是转移概率。这里 $i=1$, 2 , $\cdots$, n 。由于信道无噪声,故它的输入与输出一一对应,即 $P(x_i)$ 与 $P(y_i)$ 相同。图 4.28 (b)是有噪声信道。 $P(x_i)$ 是发送符号 x_i 的概率, $i=1$, 2 , $\cdots$, n ; $P(y_j)$ 是收到符号 y_j 的概率, $j=1$, 2 , $\cdots$, m ; $P(y_j/x_i)$ 或 $P(x_i/y_j)$ 是转移概率。在这种信道中,输出与输入之间成为随机对应的关系,可以用信道的条件概率来合理地描述信道干扰和信道的统计特性。

于是,在有噪声的信道中,不难得到发送符号为 x_i 而收到的符号为 y_i 时所获得的信息量。它等于未发送符号前对 x_i 的不确定程度减去收到符号 y_i 后对 x_i 的不确定程度,即

$$发送 x_i 收到 y_i 时所获得的信息量 = -\log_2 P(x_i) + \log_2 P(x_i/y_i) \qquad (4.6.1)$$

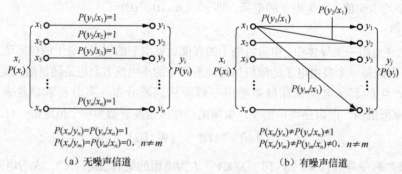

（a）无噪声信道　　　　　　　（b）有噪声信道

图 4.28　离散信道模型

式中, $P(x_i)$ 为未发送符号前出现 x_i 的概率; $P(x_i/y_i)$ 为收到 y_i 而发送为 x_i 的条件概率。

对各 x_i 和 y_i 取统计平均,即对所有发送为 x_i 而收到为 y_i 的信息量取平均,则收到

$$平均信息量/符号 = -\sum_{i=1}^{n} P(x_i)\log_2 P(x_i) - [-\sum_{j=1}^{m} P(y_j)\sum_{i=1}^{n} P(x_i/y_j)\log_2 P(x_i/y_j)]$$

$$= H(x) - H(x/y) \qquad (4.6.2)$$

式中, $H(x)$ 为发送的每个符号的平均信息量; $H(x/y)$ 为发送符号在有噪声的信道中传输平均丢

失的信息量，或当输出符号已知时输入符号的平均信息量。

为了表明信道传输的能力，引用信息传输速率的概念。所谓信息传输速率，是指信道在单位时间内所传输的平均信息量，并用 R 表示，即

$$R = H_t(x) - H_t(x/y) \tag{4.6.3}$$

式中，$H_t(x)$ 为单位时间内信息源发出的平均信息量，或称信息源的信息速率；$H_t(x/y)$ 为单位时间内对发送 x 而收到 y 的条件平均信息量。

设单位时间传送的符号数为 r，则

$$H_t(x) = rH(x) \tag{4.6.4}$$

$$H_t(x/y) = rH(x/y) \tag{4.6.5}$$

于是得到

$$R = r[H(x) - H(x/y)] \tag{4.6.6}$$

该式表示有噪声时信道中信息传输速率等于每秒钟内信息源发送的信息量与信道不确定性而引起丢失的那部分信息量之差。

显然，在无噪声时，信道不存在不确定性，即 $H(x/y) = 0$。这时，信道传输信息的速率等于信息源的信息速率，即

$$R = rH(x) \tag{4.6.7}$$

如果噪声很大时，$H(x/y) \to H(x)$，则信道传输信息的速率为 $R \to 0$。

信道容量是指信道的极限传输能力。我们把信道无差错信息的最大信息速率 R 称为信道容量，记之为 C，即

$$C = \max_{\{P(x)\}} R = \max_{\{P(x)\}} \left[H_t(x) - H_t(x/y) \right] \tag{4.6.8}$$

式中，max 表示对所有可能的输入概率分布来说的最大值。

4.6.2　连续信道的信道容量

在连续信道中，假设信道的带宽为 $B(\text{Hz})$，信道输出的信号平均功率为 $S(\text{W})$ 及输出加性高斯白噪声平均功率为 $N(\text{W})$，该信道的信道容量为

$$C = B \log_2 \left(1 + \frac{S}{N} \right) \quad (\text{bit}/\text{s}) \tag{4.6.9}$$

式（4.6.9）就是著名的香农（Shannon）公式。它表明了当信号与作用在信道上的起伏噪声的平均功率给定时，在具有一定频带宽度 B 的信道上，理论上单位时间内可能传输的信息量的极限数值。

由于噪声功率 N 与信道带宽 B 有关，故若噪声单边功率频谱密度为 n_0，则噪声功率 N 等于 $n_0 B$。因此，香农公式的另一形式为

$$C = B \log_2 \left(1 + \frac{S}{n_0 B} \right) \quad (\text{bit}/\text{s}) \tag{4.6.10}$$

由式（4.6.10）可见，一个连续信道的信道容量受"三要素"——B、n_0、S 的限制。只要这三要素确定，则信道容量也就随之确定。

现在来讨论信道容量 C 与"三要素"之间的关系：

① 若提高信噪比 S/N，则信道容量 C 也提高；

② 若 $n_0 \to 0$，则 $C \to \infty$，这意味着无干扰信道容量为无穷大；

③ 若增加信道带宽 B，则信道容量 C 也增加，但不能无限制的增加，即当 $B \to \infty$ 时，$C \to 1.44 \dfrac{S}{n_0}$；

④ C 一定时，B 与 S/N 可进行互换；

⑤ 若信源的信息速率 R 小于或等于信道容量 C，则理论上可实现无误差（任意小的差错率）传输。若 $R > C$，则不可能实现无误差传输。

通常，把实现了极限信息速率传输（即达到信道容量值）且能做到任意小差错率的通信系统，称为理想通信系统。但是，香农定理只证明了理想系统的"存在性"，却没有指出这种通信系统的实现方法。因此，理想系统通常只能作为实际系统的理论界限。另外，上述讨论都是在信道噪声为高斯白噪声的前提下进行的，对于其他类型的噪声，需要对香农公式加以修正。

[**例 4.6.1**] 应用上述概念来计算传输电视图像信号时所需的带宽。

每帧电视图像可以大致认为由 3×10^5 个小像素组成。对于一般要求的对比度，每一像素大约取 10 个可辨别的亮度电平（例如，对应黑色、深灰色、浅灰色、白色等）。现假设对于任何像素，10 个亮度电平是等概率出现的，每秒发送 30 帧图像；还已知，为了满意地重现图像，要求信噪比 S/N 为 1 000（即 30dB）。在这种条件下，我们来计算传输上述信号所需的带宽。

首先计算每一像素所含的信息量。因为每一像素能以等概率取 10 个亮度电平，所以每个像素的信息量为 $\log_2 10 = 3.32\text{bit}$。每帧图像的信息量为 $3 \times 10^5 \times 3.32 = 9.96 \times 10^5 \text{bit}$；又因为每秒有 30 帧，所以每秒内传送的信息量为 $9.96 \times 10^5 \times 30 = 29.9 \times 10^6 \text{bit}$。显然，这就是需要传送的信息速率。为了传输这个信号，信道容量 C 至少必须等于 $29.9 \times 10^6 \text{bit/s}$，因为已知 $S/N = 1000$，因此，将 C、S/N 代入公式(4.6.10)，可得所需信道的传输带宽 B 为

$$B = \frac{C}{\log_2(1+S/N)} \approx \frac{29.9 \times 10^6}{\log_2 1000} = 3.02 \times 10^6 \,(\text{Hz})$$

可见，所求带宽 B 约为 3MHz。

习 题 4

4.1 恒参信道的幅频特性和相频特性分别为

$$\begin{cases} |H(\omega)| = K_0 \\ \varphi(\omega) = -\omega t_d \end{cases}$$

其中，K_0、t_d 都是常数。试确定信号 $f(t)$ 通过该信道后的输出信号的时域表示式，并讨论之。

4.2 假定某恒参信道的传输特性具有幅频特性，但无相位失真，它的传递函数可写成

$$H(\omega) = K[1 + a\cos T_0]\mathrm{e}^{-\mathrm{j}\omega t_d}$$

其中，K、a、T_0 和 t_d 均为常数。试求脉冲信号通过该信道后的输出波形（用 $S(t)$ 来表示）。

4.3 一信号波形 $s(t) = A\cos\Omega t \cos\omega_0 t$，通过衰减为固定常数值、存在相移的网络，试证明：若 $\omega_0 \gg \Omega$，且 $\omega_0 \pm \Omega$ 附近的相频特性可近似为线性，则该网络对 $s(t)$ 的延迟等于它的包络的迟延（这一原理常用于测量群迟延特性）。

4.4 设某恒参信道的传输特性为

$$H(\omega) = [1 + \cos \omega T_0] e^{-j\omega t_d}$$

其中，t_d 为常数。试确定信号 $f(t)$ 通过该信道后的输出信号表示式，并讨论之。

4.5 如题图 4.1 所示的传号和空号之间的数字信号通过一随参信道，已知接收是通过该信道两条路径的信号之和。设两径的传输衰减相等（均为 d_0），且时延差 $\tau = T/4$。试画出接收信号的波形示意图。

4.6 设某一恒参信道可用题图 4.2 所示的线性二端网络来等效。求它的传输函数 $H(\omega)$，并说明信号通过该信道时会产生哪些失真。

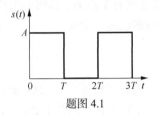

题图 4.1

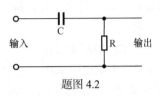

题图 4.2

4.7 将均值为零，功率谱密度为 $n_0/2$ 的高斯白噪声加入如题图 4.3 所示的低通滤波器的输入端，求输出噪声的功率谱密度及其自相关函数。

4.8 假设某随参信道的两径时延差 τ 为 1ms，试求该信道在哪些频率上传输损耗最大？选用哪些频率传输信号最有利？

4.9 设某随参信道的最大多径时延差等于 3ms，为了避免发生选择性衰落，试估算在该信道上传输的数字信号的码元脉冲宽度。

4.10 有两个恒参信道，其等效模型分别如题图 4.4（a）、（b）所示，试求这两个信道的群迟延特性，画出它们的群迟延曲线，并说明信号通过它们时有无群迟延失真。

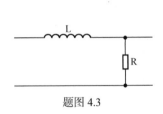

题图 4.3

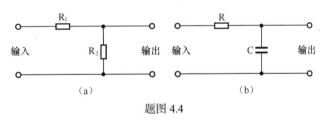

（a）　　　　　　　　　　（b）

题图 4.4

4.11 二进制无记忆编码信道模型如题图 4.5 所示，如果信息传输速率 1 000B，且 $p(x_1) = p(x_2) = 1/2$，求信道传输信息的速率。

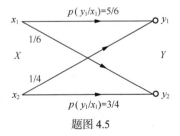

题图 4.5

4.12 设高斯信道的带宽为 4kHz，信号与噪声的功率比为 63，试确定利用这种信道的理想通信系统的传信率和差错率。

4.13 某一待传输的图片约含 2.25×10^6 个像素。为了很好地重现图片，需要 12 个亮度电平。假设所有这些亮度电平等概率出现，试计算用 3 min 传送一张图片时所需的信道带宽（设信道中信噪功率比为 20dB）。

4.14 已知彩色电视图像由 5×10^5 个像素组成，设每个像素有 64 种彩色度，每种彩色度有 16 个亮度等级。假设所有彩色度和亮度等级的组合机会均等，并统计独立。

（1）试计算每秒传送 100 个画面所需的容量。

（2）如果接收机信噪比为 30dB，为了传送彩色图像所需信道带宽为多少？（注：$\log_2 x = 3.32 \lg x$）

4.15 计算机终端通过电话信道传输数据，电话信道带宽为 3.2kHz，信道输出的信噪比 $S/N = 30$dB，该终端输出 256 个符号，且各符号相互独立，等概率出现。试求：

（1）信道容量；

（2）无误码传输的最高符号速率。

4.16 假设在一个信道中采用二进制方式传送数据，码元传输速率为 2 000B，信道带宽为 4 000Hz，为了保证错误概率 $p_b \leqslant C$，要求信道输出信噪比 $S/N \geqslant 31$（约合 15dB），试估计该系统的潜力。（系统潜力即为实际系统传输信息的速率与该系统信道容量的比值，比值越小，潜力越大。）

4.17 已知某信道无差错传输的最大信息速率为 $R_{\max}$，信道的带宽为 $B = R_{\max}/2$，设信道中噪声为高斯白噪声，单边功率谱密度为 n_o(W/Hz)，试求此时系统中信号的平均功率。

4.18 已知电话信道的带宽为 3.4kHz，试求：

（1）接收端信噪比为 30dB 时的信道容量；

（2）若要求信道能传输 4800bit/s 的数据，则接收端要求最小信噪比为多少？

第5章
模拟调制系统

5.1 引　言

所谓调制，就是在发送端将所要传送的基带信号"附加"在高频振荡上，也就是使高频振荡的某一个或几个参数随基带信号的规律而变化。这里，原始基带信号称为调制信号；高频振荡波就是携带信号的"运载工具"，称为载波；经过调制的高频振荡信号称为已调波信号。在接收端，则需要把载波所携带的信号取出来，而得到原基带信号。这个过程实际上是调制的逆过程，称为解调。

调制可分为两大类，一类是用正弦高频信号作为载波的正弦波调制，另一类是用脉冲串构成一组数字信号作为载波的脉冲调制。通常，正弦波调制又分为模拟调制和数字调制两种。所谓模拟调制，就是调制信号为连续型的模拟信号；数字调制是调制信号为脉冲型的数字信号。脉冲调制也分脉冲模拟调制和脉冲数字调制。

高频正弦波有 3 个参数：振幅、频率和相位，根据调制信号所控制参数的不同，模拟连续波调制可分为调幅、调频和调相。本章主要讨论正弦信号作载波的模拟调制。

根据频谱特性的不同，通常可把调幅分为标准调幅（AM）、抑制载波双边带调幅（DSB）、单边带调幅（SSB）、残留边带调幅（VSB）等。而调频和调相都是使载波的相位发生变化，因此两者又统称为角度调制。

5.2　幅度调制与解调

5.2.1　标准调幅

1. AM 信号的波形及频谱

幅度调制是用调制信号去控制高频载波振荡电压的幅度，使其随调制信号呈线性变化的过程。

在 AM 调制中，调制信号 $m(t)$ 含直流分量，它可表示为直流分量 m_0 与交流分量 $m'(t)$ 之和，即

$$m(t) = m_0 + m'(t) \tag{5.2.1}$$

载波为

$$s(t) = A_c \cos(\omega_c t + \varphi_0) \tag{5.2.2}$$

式中，A_c 为载波的幅度；ω_c 为载波角频率；φ_0 为载波的初始相位。

根据定义，标准调幅波的时域表示式为

$$s_{AM}(t) = [m_0 + m'(t)]\cos(\omega_c t + \varphi_0)$$
$$= m_0 \cos(\omega_c t + \varphi_0) + m'(t)\cos(\omega_c t + \varphi_0) \qquad (5.2.3)$$

所对应的频域表示式为

$$S_{AM}(\omega) = \pi m_0[\delta(\omega - \omega_c) + \delta(\omega + \omega_c)]$$
$$+ \frac{1}{2}[M'(\omega - \omega_c) + M'(\omega + \omega_c)] \qquad (设\ \varphi_0 = 0) \qquad (5.2.4)$$

式中，$m'(t) \leftrightarrow M'(\omega)$。其波形和频谱如图 5.1 所示。

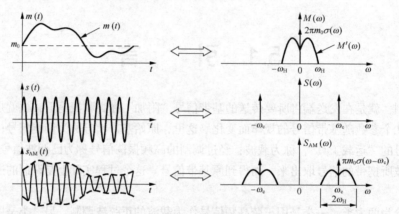

图 5.1　AM 信号的波形和频谱图

从图 5.1 所示的频谱图可以看出，AM 信号的频谱 $S_{AM}(\omega)$ 由载频分量和上下两个边带组成。其中，边带的频谱结构与原调制信号的频谱结构相同。所以，AM 信号所占的频带带宽 B_{AM} 是调制信号最高频率 F_H 的 2 倍，即 $B_{AM}=2F_H$。

2. AM 信号的产生

因为 $s_{AM}(t) = [m_0 + m'(t)]\cos(\omega_c t + \varphi_0)$，所以，AM 信号也可以看成将交变调制信号 $m'(t)$ 与直流信号 m_0 相加然后再与 $\cos(\omega_c t + \varphi_0)$ 进行乘法运算而获得。故标准调幅波 AM 信号产生的数学模型如图 5.2 所示。

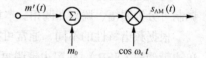

图 5.2　AM 信号产生的数学模型

5.2.2　抑制载波双边带调制

AM 调制最突出的优点是能采用包络解调，因此 AM 调制的接收机非常简单，在公共电台广播中常常采用 AM 调制。但是 AM 调制的效率很低，因为 AM 信号中存在有不携带信息的载波分量。为了提高调制效率，可将不携带信息的载波分量抑制掉，而仅传输携带信息的两个边带，这就是抑制载波双边带（DSB）调制。

1. DSB 信号的波形与频谱

如果输入的基带信号没有直流分量，即令式（5.2.3）中 $m_0=0$，便得到 DSB 信号的时域表达式

$$s_{DSB}(t) = m(t)\cos\omega_c t \qquad (5.2.5)$$

所对应的频域表示式为

$$S_{DSB}(\omega) = \frac{1}{2}[M(\omega - \omega_c) + M(\omega + \omega_c)] \qquad (5.2.6)$$

其波形和频谱图如图 5.3 所示。

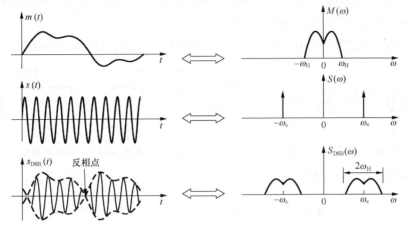

图 5.3　DSB 信号的波形和频谱图

DSB 信号的特点：时域波形有反相点；频域无载频分量，只有上下两个边带。

不难推知，DSB 信号所占据的频带宽度与标准调幅波完全相同，也为最高调制频率的 2 倍，即 $B_{DSB}=2f_{Hmax}$。

2. DSB 信号的产生

根据式（5.2.5）可以得到 DSB 信号产生的数学模型，如图 5.4 所示。

由式（5.2.5）可知，DSB 信号的产生实际是完成一次乘法运算，因此一般的乘法器就能用来产生 DSB 信号。常用的模拟乘法器集成电路有 MC1496、MC1596 等，图 5.5 所示为使用 MC1496 芯片产生 DSB 信号的电路图。

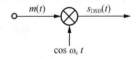

图 5.4　DSB 信号产生的数学模型

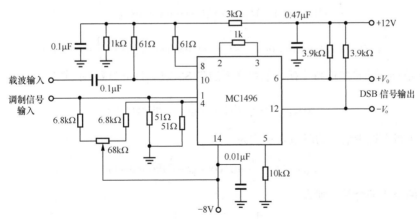

图 5.5　MC1496 芯片产生 DSB 信号的电路图

5.2.3　单边带调制

从信息传输的角度来考虑，两个边带对信道带宽是一种浪费，因此只传输一个边带就够了。这种只传送一个边带的调制方式称为单边带（SSB）调制。

单边带调制按所选取边带的不同，可以分为上边带调制和下边带调制两种。单边带信号产生的数学模型如图 5.6 所示。

1. SSB 信号的时域与频域表示式

SSB 信号的时域表示式一般需要借助希尔伯特（Hilbert）变换来表述。现以形成下边带的单边带调制为例，来说明单边带信号的产生过程。

由图 5.6 可见，下边带的 SSB 信号可以由一个 DSB 信号通过图 5.7（b）所示的低通滤波器获得。

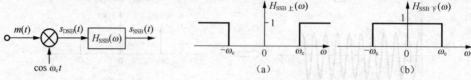

图 5.6　SSB 信号产生的数学模型　　　　图 5.7　形成 SSB 信号的滤波特性

若令此单边带信号的频谱为

$$S_{\text{SSB}}(\omega) = \frac{1}{2}\big[M(\omega - \omega_{\text{c}}) + M(\omega + \omega_{\text{c}})\big] H_{\text{SSB}}(\omega) \tag{5.2.7}$$

式中

$$H_{\text{SSB}}(\omega) = \frac{1}{2}\big[\text{sgn}(\omega + \omega_{\text{c}}) - \text{sgn}(\omega - \omega_{\text{c}})\big] \tag{5.2.8}$$

$$\text{sgn}(\omega) = \begin{cases} +1, & \omega \geqslant 0 \\ -1, & \omega < 0 \end{cases}$$

这就是图 5.7（b）所示的滤波器特性。

将式（5.2.8）代入式（5.2.7），可得

$$S_{\text{SSB}}(\omega) = \frac{1}{4}[M(\omega + \omega_{\text{c}}) + M(\omega - \omega_{\text{c}})] + \\ \frac{1}{4}[M(\omega + \omega_{\text{c}})\text{sgn}(\omega + \omega_{\text{c}}) - M(\omega - \omega_{\text{c}})\text{sgn}(\omega - \omega_{\text{c}})] \tag{5.2.9}$$

由于

$$\frac{1}{4}[M(\omega + \omega_{\text{c}}) + M(\omega - \omega_{\text{c}})] \leftrightarrow \frac{1}{2}m(t)\cos \omega_{\text{c}}t \tag{5.2.10}$$

所以

$$\frac{1}{4}[M(\omega + \omega_{\text{c}})\text{sgn}(\omega + \omega_{\text{c}}) - M(\omega - \omega_{\text{c}})\text{sgn}(\omega - \omega_{\text{c}})] \leftrightarrow \frac{1}{2}\hat{m}(t)\sin \omega_{\text{c}}t \tag{5.2.11}$$

式中，$\hat{m}(t)$ 是 $m(t)$ 的希尔伯特变换。故可得下边带 SSB 信号的时域表示式为

$$s_{\text{SSB}下}(t) = \frac{1}{2}m(t)\cos \omega_{\text{c}}t + \frac{1}{2}\hat{m}(t)\sin \omega_{\text{c}}t \tag{5.2.12}$$

同理，可得上边带信号的时域表示式为

$$s_{\text{SSB}上}(t) = \frac{1}{2}m(t)\cos \omega_{\text{c}}t - \frac{1}{2}\hat{m}(t)\sin \omega_{\text{c}}t \tag{5.2.13}$$

将以上两个式子合并，则为

$$s_{\text{SSB}}(t) = \frac{1}{2}m(t)\cos \omega_{\text{c}}t \mp \frac{1}{2}\hat{m}(t)\sin \omega_{\text{c}}t \tag{5.2.14}$$

式中，"–"号表示上边带，"+"号表示下边带。

单边带信号的频谱如图 5.8 所示。

2. SSB 信号的产生

单边带信号的产生方法很多，其中最基本的方法有滤波法和相移法，下面分别介绍。

（1）滤波法

滤波法产生单边带信号的框图前面已介绍过了。从图 5.7 可以看出，框图并不复杂，频率较

低时滤波器的锐截止特性易实现，频率较高时的 SSB 要想通过一个边带而滤除另一个边带，就对滤波器提出了严格的要求。可采用多次调制，使载波频率逐步提高到所需要的数值。

（2）相移法

根据式（5.2.14），可以画出产生单边带信号的方框图，如图 5.9 所示。

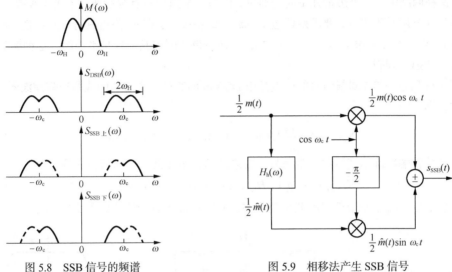

图 5.8 SSB 信号的频谱   图 5.9 相移法产生 SSB 信号

相移法的优点：可将两个相距很近的边带分开；不需多次调制，省掉了复杂的滤波器；由于不采用边带滤波器，所以在进行载频选择时受到的限制较小，因此可以在较高的频率上形成。

SSB 信号相移法的缺点：将 $m(t)$ 信号中所有频率分量都能准确地移相 90°，制作这样的宽带移相器是相当困难的。采用相移滤波合成法可以比较好地解决这个问题。

相移法 SSB 调制目前已有专用的集成电路芯片，如美国 Maxim 公司的 MAX2452，其内部电路功能如图 5.10 所示。由图中可知，载频振荡信号一路除以 2 以后直接送乘法器，另一路除以 2 并移相 90° 以后送另一个乘法器。MAX2452 的 I、Q 端为调制信号输入端。如果将音频基带调制信号一路直接送入 I 端，另一路经 RC 移相网络移相 90° 以后送入 Q 端，则为相移法产生 SSB 信号的情况；如果将音频基带调制信号先经过一次相乘滤波后，分别送入 I、Q 端，则为相移滤波合成法产生 SSB 信号的情况。

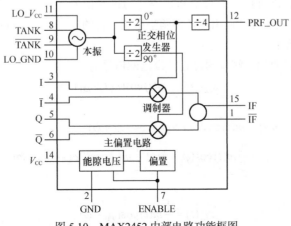

图 5.10 MAX2452 内部电路功能框图

5.2.4 残留边带调制

由以上分析可知，双边带信号浪费边带，而产生单边带信号所需要的具有锐截止特性的滤波器不容易实现，这样就产生了残留边带调制。这种调制方法是介于 SSB 和 DSB 之间的一个折中方案。在这种调制中，一个边带几乎完全通过，而另一个边带只有少量通过（或叫残留）。为了保证残留边带在解调时不失真，要求残留边带滤波器的特性为：在|ωc|附近具有滚降特性，且要求这段特性对|ωc|点具有互补滚降特性（奇对称），而在边带范围内其他处是平坦的。这种调制方法叫残留边带（VSB）调制。

如图 5.11 所示，VSB 调制信号的产生是由 DSB 波形通过一个合适的残留边带滤波器 $H_{VSB}(\omega)$ 来完成的，即

$$S_{VSB}(\omega) = \frac{1}{2}\left[M(\omega+\omega_c)+M(\omega-\omega_c)\right]H_{VSB}(\omega)$$ (5.2.15)

为了在接收端准确地恢复原基带信号，要求残留边带滤波器传输特性必须满足

$$H_{VSB}(\omega+\omega_c)+H_{VSB}(\omega-\omega_c)=c, \qquad |\omega|<\omega_H$$ (5.2.16)

式中，c 为常数，ω_H 是基带信号的截止角频率。残留边带滤波器特性如图 5.12 所示。

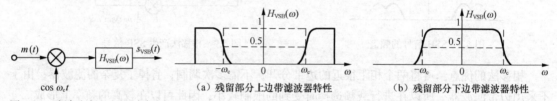

图 5.11 滤波法产生 VSB 方框图　　　　　图 5.12 残留边带滤波器特性

（a）残留部分上边带滤波器特性　　（b）残留部分下边带滤波器特性

5.2.5 调幅系统的解调

根据输入的调幅信号的不同特点，解调电路可分为两大类，即非相干解调和相干解调。

非相干解调就是在接收端解调信号时不需要本地载波，而是利用已调信号中的包络信息来恢复原始信号。因此，非相干解调一般只适用标准调幅（AM）波的解调。AM 信号非相干解调方法通常有 3 种：一是平方律检波，二是整流检波，三是包络检波。这 3 种方法已在高频电路中做过详细讨论，在此不再叙述。

相干解调的特点是必须有一个频率和相位都与接收信号载波相同的本地载波。相干解调适用于各种调幅系统，它的一般数学模型如图 5.13 所示。

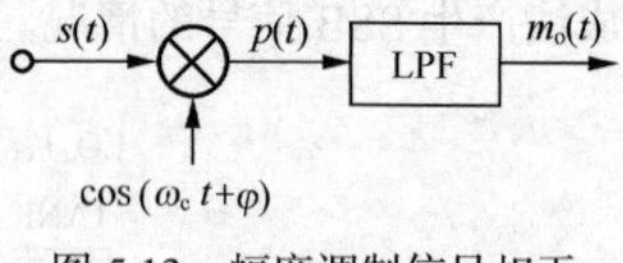

图 5.13 幅度调制信号相干
解调的数学模型

下面以 DSB 为例说明相干解调的过程。设已调信号为

$$s_{DSB}(t) = m(t)\cos(\omega_c t + \varphi_0)$$

乘法器输出

$$p(t) = m(t)\cos(\omega_c t + \varphi_0)\cos(\omega_c t + \varphi)$$
$$= \frac{1}{2}m(t)\cos(\varphi_0-\varphi) + \frac{1}{2}m(t)\cos(2\omega_c t+\varphi_0+\varphi)$$ (5.2.17)

通过 LPF 后

$$m_o(t) = \frac{1}{2}m(t)\cos(\varphi_0-\varphi)$$ (5.2.18)

当 $\varphi = \varphi_0 =$ 常数时得

$$m_o(t) = \frac{1}{2} m(t) \qquad (5.2.19)$$

由上面推导可知，只有当本地载波与接收的已调信号同频同相时，信号才能正确地恢复，否则就会产生失真。

AM、SSB 均可采用相干解调方法，其原理完全与 DSB 的相同。

VSB 信号解调方法有相干解调和非相干解调两种。在电视信号发送中使用了 VSB 调制，并与大载波一起进行发送，这就使得在接收机中可以使用简单的包络检波器来进行解调。

5.3　线性调制系统的抗噪声性能

5.3.1　通信系统抗噪声性能的分析模型

有加性噪声时的解调系统的数学模型如图 5.14 所示。本节将着重讨论在噪声干扰的背景下，各种调幅系统的抗噪声性能。

图 5.14　有加性噪声时的解调系统的数学模型

调制系统的抗噪声性能主要由解调器的抗噪声性能来衡量。讨论它们的抗噪声性能通常采用信噪比增益 G 来表示，即

$$G = \frac{输出信噪比}{输入信噪比} = \frac{S_o / N_o}{S_i / N_i}$$

式中，S_i、S_o 分别表示解调器输入端和输出端有用信号的平均功率；N_i、N_o 分别表示解调器输入端和输出端的噪声功率。

G 越大，表明解调器的抗噪声性能越好。对于不同类型的调制系统，通常在解调器的输入端信号规律相同的情况下，用输出端信噪比的高低来衡量。

$s_m(t)$ 表示模型输入端的已调波信号，$n(t)$ 表示加性白噪声。$s_m(t)$ 及 $n(t)$ 首先经过一带通滤波器，滤出有用信号，滤除带外噪声，这样使噪声 $n(t)$ 由白噪声变为窄带噪声 $n_i(t)$，然后经解调器解调。于是解调器输入端的噪声带宽就与已调信号的带宽相同。

对于不同的调幅系统，将有不同形式的信号 $s_m(t)$，但解调器输入端的噪声形式却都是相同的。由式（3.7.2）可知，高斯窄带噪声表示为

$$n_i(t) = n_c(t)\cos\omega_c t - n_s(t)\sin\omega_c t \qquad (5.3.1)$$

或者写成

$$n_i(t) = V(t)\cos\left[\omega_c t + \theta(t)\right] \qquad (5.3.2)$$

如果解调器输入噪声 $n_i(t)$ 带宽为 B，其噪声双边功率谱密度为 $n_0 / 2$，则解调器输入端的噪声功率为

$$N_i = \overline{n_i^2(t)} = \overline{n_c^2(t)} = \overline{n_s^2(t)} = \frac{n_0}{2} \times B \times 2 = n_0 B \qquad (5.3.3)$$

若将经解调器解调后得到的有用基带信号记为 $m_o(t)$，解调器输出噪声记为 $n_o(t)$，则解调器输出信号平均功率 S_o 与输出噪声 N_o 之比可表示为

$$\frac{S_o}{N_o} = \frac{\overline{m_o^2(t)}}{\overline{n_o^2(t)}} \tag{5.3.4}$$

解调器的信噪比增益为

$$G = \frac{S_o/N_o}{S_i/N_i} \tag{5.3.5}$$

5.3.2 线性调制系统相干解调器的抗噪声性能

线性调制系统相干解调的数字模型如图 5.15 所示。此方框图适用于线性调制系统。下面分别讨论不同调制系统的抗噪声性能。

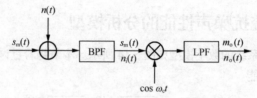

图 5.15　线性调制系统相干解调的数字模型

1. DSB 调制系统的性能

DSB 信号的时域表达式为

$$s_{\text{DSB}}(t) = m(t)\cos\omega_c t \tag{5.3.6}$$

则其平均功率为

$$S_i = \overline{s_{\text{DSB}}^2(t)} = \overline{[m(t)\cos\omega_c t]^2} = \frac{1}{2}\overline{m^2(t)} \tag{5.3.7}$$

因此解调器的输入信噪比为

$$\left(\frac{S_i}{N_i}\right)_{\text{DSB}} = \frac{\overline{m^2(t)}}{2n_0 B} \tag{5.3.8}$$

解调器输出端的信号为

$$m_o(t) = \frac{1}{2}m(t) \tag{5.3.9}$$

于是，输出端的信号平均功率为

$$S_o = \overline{m_o^2(t)} = \overline{\left[\frac{1}{2}m(t)\right]^2} = \frac{1}{4}\overline{m^2(t)} \tag{5.3.10}$$

为了计算解调器输出端的噪声功率，我们先求相干解调的乘法器输出的噪声，即

$$n_i(t)\cos\omega_c t = [n_c(t)\cos\omega_c t - n_s(t)\sin\omega_c t]\cos\omega_c t$$

$$= \frac{1}{2}n_c(t) + \frac{1}{2}[n_c(t)\cos 2\omega_c t - n_s(t)\sin 2\omega_c t]$$

经低通滤波器滤除高频分量后，解调器输出端噪声为

$$n_o(t) = \frac{1}{2}n_c(t) \tag{5.3.11}$$

则解调器的输出噪声平均功率为

$$N_{\mathrm{o}} = \overline{n_{\mathrm{o}}^2(t)} = \frac{1}{4}\overline{n_{\mathrm{c}}^2(t)} = \frac{1}{4}\overline{n_{\mathrm{i}}^2(t)} = \frac{1}{4}N_{\mathrm{i}} = \frac{1}{4}n_0 B \qquad (5.3.12)$$

解调器的输出信噪比为

$$\left(\frac{S_{\mathrm{o}}}{N_{\mathrm{o}}}\right)_{\mathrm{DSB}} = \frac{\dfrac{1}{4}\overline{m^2(t)}}{\dfrac{1}{4}N_{\mathrm{i}}} = \frac{\overline{m^2(t)}}{N_{\mathrm{i}}} \qquad (5.3.13)$$

解调器的信噪比增益为

$$G_{\mathrm{DSB}} = \frac{(S_{\mathrm{o}}/N_{\mathrm{o}})_{\mathrm{DSB}}}{(S_{\mathrm{i}}/N_{\mathrm{i}})_{\mathrm{DSB}}} = 2 \qquad (5.3.14)$$

由此可见，对 DSB 调制系统来说，解调器输出端的信噪比是输入端信噪比的 2 倍。DSB 调制系统信噪比改善的原因可以解释如下：由于高斯窄带噪声不但含有与 DSB 信号相同的同相分量，而且还有正交分量，经相干解调后，正交分量被抑制了，使得解调器输出端噪声功率降低了一半，因而产生了两倍的增益。

2. SSB 调制系统的性能

由于单边带信号的带宽是双边带信号带宽的一半，所以相干解调器之前带通滤波器的带宽也应是解调双边带时带宽的一半。

SSB 信号的时域表达式为

$$s_{\mathrm{SSB}}(t) = \frac{1}{2}m(t)\cos\omega_{\mathrm{c}}t \mp \frac{1}{2}\hat{m}(t)\sin\omega_{\mathrm{c}}t$$

先以 SSB 信号的上边带为例，计算它在解调器输入端和输出端的平均信号功率。首先计算单边带解调器的输入信号功率 S_{i}

$$\begin{aligned} S_{\mathrm{i}} &= \overline{s_{\mathrm{SSB}\pm}^2(t)} = \overline{\left[\frac{1}{2}m(t)\cos\omega_{\mathrm{c}}t - \frac{1}{2}\hat{m}(t)\sin\omega_{\mathrm{c}}t\right]^2} \\ &= \frac{1}{8}\overline{m^2(t)} + \frac{1}{8}\overline{\hat{m}^2(t)} \end{aligned} \qquad (5.3.15)$$

由于 $\hat{m}(t)$ 是 $m(t)$ 的希尔伯特变换，所以两者具有相同的平均功率，故上式变为

$$S_{\mathrm{i}} = \frac{1}{8}\overline{m^2(t)} + \frac{1}{8}\overline{\hat{m}^2(t)} = \frac{1}{4}\overline{m^2(t)} \qquad (5.3.16)$$

因此解调器的输入信噪比为

$$\left(\frac{S_{\mathrm{i}}}{N_{\mathrm{i}}}\right)_{\mathrm{SSB}} = \frac{\dfrac{1}{4}\overline{m^2(t)}}{n_0 B} = \frac{\overline{m^2(t)}}{4n_0 B} \qquad (5.3.17)$$

单边带信号经解调器的乘法器后输出为

$$\begin{aligned} s_{\mathrm{SSB}\pm}(t)\cos\omega_{\mathrm{c}}t &= \left[\frac{1}{2}m(t)\cos\omega_{\mathrm{c}}t - \frac{1}{2}\hat{m}(t)\sin\omega_{\mathrm{c}}t\right]\cos\omega_{\mathrm{c}}t \\ &= \frac{1}{4}m(t) + \frac{1}{4}m(t)\cos 2\omega_{\mathrm{c}}t + \frac{1}{4}\hat{m}(t)\sin 2\omega_{\mathrm{c}}t \end{aligned}$$

经低通滤波器，后两项被滤除，解调器的最终输出为

$$m_{\mathrm{o}}(t) = \frac{1}{4}m(t)$$

所以，解调器输出的基带信号平均功率为

$$S_o = \overline{m_o^2(t)} = \overline{[\frac{1}{4}m(t)]^2} = \frac{1}{16}\overline{m^2(t)} \quad (5.3.18)$$

单边带解调器输出端的噪声功率计算方法与双边带的计算方法相同，其表达式也为

$$N_o = \frac{1}{4}N_i = \frac{1}{4}n_0 B \quad (5.3.19)$$

不过，式中的 B 是单边带的带通滤波器的带宽。因此解调器的输出信噪比为

$$\left(\frac{S_o}{N_o}\right)_{SSB} = \frac{\frac{1}{16}\overline{m^2(t)}}{\frac{1}{4}n_0 B} = \frac{\overline{m^2(t)}}{4n_0 B} \quad (5.3.20)$$

由此可得到解调器的信噪比增益为

$$G_{SSB} = \frac{(S_o/N_o)_{SSB}}{(S_i/N_i)_{SSB}} = 1 \quad (5.3.21)$$

可见，单边带信号通过相干解调后，信噪比并没有改善。原因是信号和噪声都有同相分量和正交分量，相干解调后，正交分量都被抑制掉，所以它们的平均功率也同时减少一半，结果导致了输出信噪比不变。

从上述两种调制系统信噪比增益来看，双边带系统信噪比是单边带系统的两倍，因而会误认为双边带性能优于单边带，其实，双边带系统的输入信号功率为单边带的两倍，故在同样的输入信号功率的条件下，单边带调制的输入信噪比是双边带调制的两倍，结果输出端信噪比是一样的。这就是说，从抗噪声的角度看，单边带的解调性能和双边带的解调性能是相同的。

3. AM 调制系统的性能

AM 调制系统若采用相干解调，解调器的方框图与图 5.15 相同。已调信号和高斯白噪声经过带通滤波器加到解调器的输入端，于是可以求出信号功率和噪声功率。

AM 信号的时域表示式为

$$s_{AM}(t) = [m_0 + m'(t)]\cos\omega_c t \quad (5.3.22)$$

则其平均功率为

$$S_i = \overline{s_{AM}^2(t)} = \frac{1}{2}\overline{m'^2(t)} + \frac{1}{2}m_0^2 \quad (5.3.23)$$

因此解调器的输入信噪比为

$$\left(\frac{S_i}{N_i}\right)_{AM} = \frac{\frac{1}{2}\left[\overline{m'^2(t)} + m_0^2\right]}{n_0 B} \quad (5.3.24)$$

解调器输出端有用信号平均功率和噪声功率的分析方法与 DSB、SSB 调制系统的相同，其表示式分别为

$$S_o = \overline{m_0^2(t)} = \frac{1}{4}\overline{m'^2(t)} \quad (5.3.25)$$

$$N_o = \overline{n_o^2(t)} = \frac{1}{4}n_0 B \quad (5.3.26)$$

因此解调器的输出信噪比为

$$\left(\frac{S_\mathrm{o}}{N_\mathrm{o}}\right)_{\mathrm{AM}} = \frac{\dfrac{1}{4}\overline{m'^2(t)}}{\dfrac{1}{4}n_0 B} = \frac{\overline{m'^2(t)}}{n_0 B} \tag{5.3.27}$$

进而可得到解调器的信噪比增益为

$$G_{\mathrm{AM}} = \frac{\left(S_\mathrm{o}/N_\mathrm{o}\right)_{\mathrm{AM}}}{\left(S_\mathrm{i}/N_\mathrm{i}\right)_{\mathrm{AM}}} = \frac{2 \times \overline{m'^2(t)}}{\overline{m'^2(t)} + m_0^{\,2}} \tag{5.3.28}$$

由上述可知，对 AM 调制系统来说，为了不产生过调幅而要求 $|m'(t)|_{\max} \leqslant m_0$，所以 AM 调制系统的信噪比增益 $G_{\mathrm{AM}} \leqslant 1$。当调制信号为单一频率的正弦波，且在满调幅时，可求得 $G_{\mathrm{AM}} = 2/3$。由于 AM 系统中存在着不含信息的载波分量 m_0，所以，在输入信号功率相同的情况下，AM 调制系统解调器输出端信噪比最多只有 DSB、SSB 系统的一半。

4. VSB 调制系统的性能

VSB 调制系统的抗噪声性能的分析与 DSB、SSB 的分析相似。但由于采用的残留边带滤波器的频率特性不同，所以抗噪声性能的计算是比较复杂的。在 VSB 的残留边带滤波器滚降范围不大的情况下，可以近似地认为与 SSB 调制系统的抗噪声性能相同。

5.3.3　线性调制系统非相干解调器的抗噪声性能

标准调幅（AM）信号最常用的解调方法是包络检波器，属于非相干解调器的一种。有噪声时包络检波器的数学模型如图 5.16 所示。

图 5.16　有噪声时的包络检波器的数学模型

信号和高斯白噪声通过带通滤波器，加到包络检波器输入端，即

$$s_\mathrm{i}(t) = \left[m_0 + m'(t)\right]\cos\omega_\mathrm{c}t \tag{5.3.29}$$

$$n_\mathrm{i}(t) = n_\mathrm{c}(t)\cos\omega_\mathrm{c}t - n_\mathrm{s}(t)\sin\omega_\mathrm{c}t \tag{5.3.30}$$

检波器输入端的信号平均功率和噪声功率是

$$S_\mathrm{i} = \frac{1}{2}\overline{m'^2(t)} + \frac{1}{2}m_0^{\,2} \tag{5.3.31}$$

$$N_\mathrm{i} = \overline{n_\mathrm{i}^2(t)} = n_0 B \tag{5.3.32}$$

因此解调器的输入信噪比为

$$\left(\frac{S_\mathrm{i}}{N_\mathrm{i}}\right)_{\mathrm{AM}} = \frac{\dfrac{1}{2}\left[\overline{m'^2(t)} + m_0^{\,2}\right]}{n_0 B} \tag{5.3.33}$$

现在讨论包络检波器输出端的信号功率和噪声功率。由于采用包络检波器作为解调器，所以要先求出解调器之前的信号和噪声的合成包络。

$$\begin{aligned}
s_\mathrm{i}(t) + n_\mathrm{i}(t) &= \left[m_0 + m'(t)\right]\cos\omega_\mathrm{c}t + n_\mathrm{c}(t)\cos\omega_\mathrm{c}t - n_\mathrm{s}(t)\sin\omega_\mathrm{c}t \\
&= \left[m_0 + m'(t) + n_\mathrm{c}(t)\right]\cos\omega_\mathrm{c}t - n_\mathrm{s}(t)\sin\omega_\mathrm{c}t \\
&= E(t)\left[\cos\omega_\mathrm{c}t + \psi(t)\right]
\end{aligned}$$

其中

$$E(t) = \sqrt{[m_0 + m'(t) + n_c(t)]^2 + n_s^2(t)} \qquad (5.3.34)$$

$$\varphi(t) = \text{arctg}\left[\frac{n_s(t)}{m_0 + m'(t) + n_c(t)}\right] \qquad (5.3.35)$$

显然，$E(t)$ 便是所求的合成包络，而 $\varphi(t)$ 则是相位。当包络检波器的传输系数 $K_d \approx 1$ 时，则检波器的输出就是 $E(t)$。

现在分以下两种情况进行讨论。

（1）大信噪比情况

所谓大信噪比是指满足下列条件，即

$$|m_0 + m'(t)| >> \sqrt{n_c^2(t) + n_s^2(t)}$$

于是，式（5.3.34）可变为

$$\begin{aligned} E(t) &= \sqrt{[m_0 + m'(t)]^2 + 2[m_0 + m'(t)]n_c(t) + n_c^2(t) + n_s^2(t)} \\ &\approx \sqrt{[m_0 + m'(t)]^2 + 2[m_0 + m'(t)]n_c(t)} \qquad (5.3.36) \\ &= [m_0 + m'(t)]\left[1 + \frac{2n_c(t)}{m_0 + m'(t)}\right]^{\frac{1}{2}} \end{aligned}$$

利用近似公式

$$(1+x)^{1/2} \approx 1 + \frac{x}{2} \qquad |x| << 1$$

式（5.3.36）可进一步化简得

$$E(t) \approx [m_0 + m'(t)]\left[1 + \frac{n_c(t)}{m_0 + m'(t)}\right] = m_0 + m'(t) + n_c(t) \qquad (5.3.37)$$

滤除直流成分 m_0 后，包络检波器则输出有用信号 $m'(t)$ 和噪声 $n_c(t)$，故输出的信号平均功率和噪声平均功率分别为

$$S_o = \overline{m'^2(t)} \qquad (5.3.38)$$

$$N_o = \overline{n_c^2(t)} = \overline{n_i^2(t)} = n_0 B \qquad (5.3.39)$$

因此检波器的输出信噪比为

$$\left(\frac{S_o}{N_o}\right)_{AM} = \frac{\overline{m'^2(t)}}{n_0 B} \qquad (5.3.40)$$

由此可得到包络检波器的信噪比增益为

$$G_{AM} = \frac{(S_o/N_o)_{AM}}{(S_i/N_i)_{AM}} = \frac{2\overline{m'^2(t)}}{m_0^2 + \overline{m'^2(t)}} \qquad (5.3.41)$$

将式（5.3.41）与式（5.3.28）进行比较，可以看出，两者的 G_{AM} 表示式形式完全一样。这说明：标准调幅系统采用包络检波，在大信噪比情况下，与相干解调时的性能几乎一样。

（2）小信噪比情况

所谓小信噪比是指满足下列条件，即

$$|m_0 + m'(t)| << \sqrt{n_c^2(t) + n_s^2(t)}$$

式（5.3.34）可变为

$$
\begin{aligned}
E(t) &\approx \sqrt{n_c^2(t) + n_s^2(t) + 2[m_0 + m'(t)]n_c(t)} \\
&= \sqrt{\left[n_c^2(t) + n_s^2(t)\right]\left\{1 + \frac{2n_c(t)[m_0 + m'(t)]}{n_c^2(t) + n_s^2(t)}\right\}} \\
&= R(t)\sqrt{1 + \frac{2[m_0 + m'(t)]}{R(t)}\cos\theta(t)}
\end{aligned}
\tag{5.3.42}
$$

其中，$R(t)$ 及 $\theta(t)$ 分别代表噪声 $n_i(t)$ 的包络及相位，有

$$R(t) = \sqrt{n_c^2(t) + n_s^2(t)}, \quad \theta(t) = \mathrm{arctg}\frac{n_s(t)}{n_c(t)}, \quad \cos\theta(t) = \frac{n_c(t)}{R(t)}$$

由于 $R(t) >> |m_0 + m'(t)|$，所以仍利用近似公式 $(1+x)^{1/2} \approx 1 + \frac{x}{2}$（$|x| << 1$），进一步把式（5.3.42）化简为

$$
\begin{aligned}
E(t) &\approx R(t)\left[1 + \frac{m_0 + m'(t)}{R(t)}\cos\theta(t)\right] \\
&= R(t) + [m_0 + m'(t)]\cos\theta(t)
\end{aligned}
\tag{5.3.43}
$$

式（5.3.43）表明，在小信噪比情况下，检波器输出端没有单独的信号项，只有受到 $\cos\theta(t)$ 调制的 $m(t)\cos\theta(t)$ 的项。由于 $\cos\theta(t)$ 是一个依赖于噪声变化的随机函数，故实际上它就是一个随机噪声，因而不能通过包络检波器来恢复信号。我们把在小信噪比情况下包络检波器无法提取信息的现象称为门限效应，通常用门限值表示。当输入信噪比低于这个值时，检波器噪声性能急剧下降，无法再进行解调。需要指出，门限效应是所有非相干解调都存在的一种性质，而在相干解调器中不存在这种效应。所以在噪声条件恶劣的情况下常采用相干解调。

5.4 角度调制

角度调制属非线性调制。所谓非线性是指已调信号频谱的结构与调制信号频谱相比，两者之间呈现出非线性变换关系。相应的线性调制是指已调信号频谱是调制信号频谱在频率轴上的线性搬移而言的，其频谱结构未发生变化。

由于频率调制和相位调制都属于角度调制，但模拟相位调制应用较少，所以本节着重讨论频率调制与解调。

5.4.1 角度调制的基本概念

按照角度调制的定义，角调波的一般表示式可以写为

$$s_m(t) = A\cos\theta(t) \tag{5.4.1}$$

式中，A 为振幅，$\theta(t)$ 为瞬时相角。而瞬时频率 $\omega(t)$ 和瞬时相角 $\theta(t)$ 有如下关系

$$\omega(t) = \frac{\mathrm{d}\theta(t)}{\mathrm{d}t} \tag{5.4.2}$$

$$\theta(t) = \int \omega(t)\mathrm{d}t \tag{5.4.3}$$

1. 频率调制

按照调频的定义，频率调制（FM）就是载波的振幅保持不变，而瞬时频率与调制信号 $m(t)$ 呈线性关系，即

$$\omega_{\mathrm{FM}}(t) = \omega_{\mathrm{c}} + K_{\mathrm{F}}m(t) \tag{5.4.4}$$

式中，ω_{c} 为未调载波频率，K_{F} 为调频灵敏度（rad/s·V）。

FM 的瞬时相角为

$$\theta_{\mathrm{FM}}(t) = \int_{-\infty}^{t} \omega_{\mathrm{FM}}(\tau)\mathrm{d}\tau = \omega_{\mathrm{c}}t + K_{\mathrm{F}}\int_{-\infty}^{t} m(\tau)\mathrm{d}\tau \tag{5.4.5}$$

式（5.4.5）说明 FM 的瞬时相角与调制信号的积分呈线性关系。将式（5.4.5）代入式（5.4.1）可得 FM 波的时域表示式为

$$s_{\mathrm{FM}}(t) = A\cos\left[\omega_{\mathrm{c}}t + K_{\mathrm{F}}\int_{-\infty}^{t} m(\tau)\mathrm{d}\tau\right] \tag{5.4.6}$$

由式（5.4.4）可知，FM 波的最大角频偏为

$$\Delta\omega_{\mathrm{FM}} = K_{\mathrm{F}}\left|m(t)\right|_{\max} \tag{5.4.7}$$

由式（5.4.5）可知，FM 波的最大相偏为

$$\Delta\theta_{\mathrm{FM}}(t) = \left|K_{\mathrm{F}}\int_{-\infty}^{t} m(\tau)\mathrm{d}\tau\right|_{\max} \tag{5.4.8}$$

若调制信号为单一频率的正弦波，即

$$m(t) = A_{\mathrm{m}}\cos\omega_{\mathrm{m}}t$$

则 FM 波的表示式为

$$\begin{aligned}
s_{\mathrm{FM}}(t) &= A\cos\left[\omega_{\mathrm{c}}t + K_{\mathrm{F}}\int_{-\infty}^{t} A_{\mathrm{m}}\cos\omega_{\mathrm{m}}\tau\mathrm{d}\tau\right] \\
&= A\cos\left[\omega_{\mathrm{c}}t + \theta_0 + \frac{A_{\mathrm{m}}K_{\mathrm{F}}}{\omega_{\mathrm{m}}}\sin\omega_{\mathrm{m}}t\right] \\
&= A\cos\left[\omega_{\mathrm{c}}t + \theta_0 + m_f\sin\omega_{\mathrm{m}}t\right]
\end{aligned} \tag{5.4.9}$$

式中，$A_{\mathrm{m}}K_{\mathrm{F}}$ 为最大角频偏，记为 $\Delta\omega$；m_f 叫做调频指数，它表示为

$$m_f = \frac{K_{\mathrm{F}}A_{\mathrm{m}}}{\omega_{\mathrm{m}}} = \frac{\Delta\omega}{\omega_{\mathrm{m}}} = \frac{\Delta f}{f_{\mathrm{m}}} \tag{5.4.10}$$

2. 相位调制

按照调相定义，相位调制（PM）就是载波的振幅保持不变，而瞬时相角与调制信号 $m(t)$ 呈线性关系，即

$$\theta_{\mathrm{PM}}(t) = \omega_{\mathrm{c}}t + K_{\mathrm{P}}m(t) \tag{5.4.11}$$

于是，PM 波的时域表示式为

$$s_{\mathrm{PM}}(t) = A\cos\left[\omega_{\mathrm{c}}t + K_{\mathrm{P}}m(t)\right] \tag{5.4.12}$$

由式（5.4.11）还可得到 PM 波的瞬时频率为

$$\omega_{\mathrm{PM}}(t) = \frac{\mathrm{d}\theta_{\mathrm{PM}}(t)}{\mathrm{d}t} = \omega_{\mathrm{c}} + K_{\mathrm{P}}\frac{\mathrm{d}m(t)}{\mathrm{d}t} \tag{5.4.13}$$

式（5.4.13）说明 PM 波的瞬时频率 $\omega_{\mathrm{PM}}(t)$ 与调制信号 $m(t)$ 的微分呈线性关系。

调频波与调相波之间的关系：若把调制信号 $m(t)$ 先积分，然后再进行调相，得到的是调频波。同样，若把 $m(t)$ 先微分，然后再去调频，得到的却是调相波。由此可见，调频和调相并无本质上的区别。鉴于在实际应用中多采用 FM 波，下面将集中讨论频率调制。

5.4.2　窄带调频

如果调频波的最大相位偏移满足如下条件

$$\Delta\theta_{\mathrm{FM}}(t) = \left| K_{\mathrm{F}}\int_{-\infty}^{t}m(\tau)\mathrm{d}\tau \right|_{\max} << \frac{\pi}{6} \tag{5.4.14}$$

称为窄带调频（NBFM）。在这种情况下，调频波的频谱只占比较窄的频带宽度。

由上面分析可知，调频波的时域表示式为

$$s_{\mathrm{FM}}(t) = A\cos\left[\omega_{\mathrm{c}}t + K_{\mathrm{F}}\int_{-\infty}^{t}m(\tau)\mathrm{d}\tau\right]$$

运用三角公式 $\cos(\alpha+\beta) = \cos\alpha\cos\beta - \sin\alpha\sin\beta$，则上式变为

$$s_{\mathrm{FM}}(t) = A\cos\omega_{\mathrm{c}}t \cdot \cos\left[K_{\mathrm{F}}\int_{-\infty}^{t}m(\tau)\mathrm{d}\tau\right] - A\sin\omega_{\mathrm{c}}t \cdot \sin\left[K_{\mathrm{F}}\int_{-\infty}^{t}m(\tau)\mathrm{d}\tau\right] \tag{5.4.15}$$

由于 $K_{\mathrm{F}}\left|\int_{-\infty}^{t}m(\tau)\mathrm{d}\tau\right|_{\max}$ 较小，运用公式 $\cos x \approx 1$ 和 $\sin x \approx x$，所以式（5.4.15）可简化为

$$s_{\mathrm{FM}}(t) \approx A\cos\omega_{\mathrm{c}}t - AK_{\mathrm{F}}\sin\omega_{\mathrm{c}}t \cdot \int_{-\infty}^{t}m(\tau)\mathrm{d}\tau \tag{5.4.16}$$

根据式（5.4.16）可以画出实现 NBFM 的数学模型，如图 5.17 所示。所对应的频谱为

$$S_{\mathrm{NBFM}}(\omega) = \pi A\left[\delta(\omega-\omega_{\mathrm{c}}) + \delta(\omega+\omega_{\mathrm{c}})\right] - \frac{AK_{\mathrm{F}}}{2}\left[\frac{M(\omega+\omega_{\mathrm{c}})}{\omega+\omega_{\mathrm{c}}} - \frac{M(\omega-\omega_{\mathrm{c}})}{\omega-\omega_{\mathrm{c}}}\right] \tag{5.4.17}$$

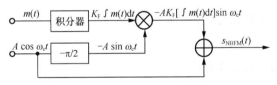

图 5.17　实现 NBFM 的数学模型

将式（5.4.17）与式（5.2.4）进行比较，可看出 NBFM 与 AM 的频谱相类似，都包含有载波和两个边带，且已调信号的带宽都为调制信号的两倍。两者的不同点是：NBFM 信号边带分量受到 $\dfrac{1}{\omega+\omega_{\mathrm{c}}}$ 和 $\dfrac{1}{\omega-\omega_{\mathrm{c}}}$ 的衰减，而 AM 信号只是将 $M(\omega)$ 在频率轴上进行线性搬移；NBFM 信号的两个边带的相位相差 180°，而在 AM 频谱中不存在相位反转；AM 调制只有幅度变化，却无角度变化，而可以认为 NBFM 只有角度变化，并无幅度变化。正因为有这几点区别才形成了两种性质完全不同的已调波。

若调制信号为单一频率，即 $m(t) = A_m\cos\omega_m t$，且 $\theta_0 = 0$，则可求得 NBFM 的频谱为

$$S_{NBFM}(\omega) = \pi A \left[\delta(\omega - \omega_c) + \delta(\omega + \omega_c) \right] +$$
$$\frac{\pi A m_f}{2} \left[\delta(\omega - \omega_m - \omega_c) - \delta(\omega + \omega_m - \omega_c) \right] + \quad (5.4.18)$$
$$\frac{\pi A m_f}{2} \left[\delta(\omega + \omega_m + \omega_c) - \delta(\omega - \omega_m + \omega_c) \right]$$

NBFM 在无线电通信系统中主要用于业务通信、军用通信、业余通信等。一般取最大频偏为 1.5～15kHz，取波道宽度为 3～30kHz。另一个重要用途是在数字通信中的频移键控。

5.4.3 宽带调频

如果调频波的最大相位偏移不满足式（5.4.14），则调频信号就不能像窄带调频那样简化为式（5.4.16）的形式，此时调制信号对载波进行频率调制将产生较大的频偏，使已调信号在传输时占用较宽的频带，所以称为宽带调频（WBFM）。

一般信号的宽带调频时域表示式非常复杂。为使分析简便，我们只研究单音宽带调频的情况，在此基础上再推广到调制信号为一般的情况。

1. 单频调制时 WBFM 的频域分析

由式（5.4.9）可知，在单频调制时调频波的表示式为

$$s_{FM}(t) = A \cos(\omega_c t + m_f \sin \omega_m t) \quad (5.4.19)$$

运用三角公式 $\cos(\alpha + \beta) = \cos\alpha \cos\beta - \sin\alpha \sin\beta$，则式（5.4.19）变为

$$s_{FM}(t) = A[\cos\omega_c t \cdot \cos(m_f \sin\omega_m t) - \sin\omega_c t \cdot \sin(m_f \sin\omega_m t)] \quad (5.4.20)$$

将上式中的两个因子展成级数形式

$$\cos(m_f \sin\omega_m t) = J_0(m_f) + 2\sum_{n=1}^{\infty} J_{2n}(m_f)\cos 2n\omega_m t \quad (5.4.21)$$

$$\sin(m_f \sin\omega_m t) = 2\sum_{n=0}^{\infty} J_{2n-1}(m_f)\sin(2n-1)\omega_m t \quad (5.4.22)$$

式中，$J_n(m_f)$ 称为 n 阶第一类贝塞尔函数，它是调频指数 m_f 的函数。贝塞尔函数曲线如图 5.18 所示。

利用三角函数积化和差公式及贝塞尔函数性质有

$$J_n(m_f) = (-1)^n J_{-n}(m_f) \quad (5.4.23)$$

则可得到调频信号的三角级数形式为

$$s_{FM}(t) = A\{J_0(m_f)\cos\omega_c t - J_1(m_f)[\cos(\omega_c - \omega_m)t - \cos(\omega_c + \omega_m)t]\} +$$
$$A\{J_2(m_f)[\cos(\omega_c - 2\omega_m)t - \cos(\omega_c + 2\omega_m)t]\} +$$
$$A\{-J_3(m_f)[\cos(\omega_c - 3\omega_m)t - \cos(\omega_c + 3\omega_m)t]\} +$$
$$\cdots$$
$$= A\sum_{n=-\infty}^{\infty} J_n(m_f)\cos(\omega_c - n\omega_m)t \quad (5.4.24)$$

对式（5.4.24）进行傅里叶变换，即可得到 WBFM 的频谱表示式

$$S_{FM}(\omega) = \pi A \sum_{n=-\infty}^{\infty} J_n(m_f)[\delta(\omega - \omega_c + n\omega_m) + \delta(\omega + \omega_c - n\omega_m)] \quad (5.4.25)$$

由式（5.4.25）和图 5.19 可以看出，在单频调制下，宽带调频的频谱是由载频分量和无穷多

个边频分量组成。这些边频分量对称地分布在载频的两侧，相邻频率之间的间隔为 ω_m。对称的边频分量幅度相等，但 n 为偶数时的上下边频幅度的符号相同，而 n 为奇数时，其上下边频的符号相反。由此可见这是一种非线性调制。

2. 单频调制时的频带宽度

由于调频信号的频谱包含无穷多个边频分量，因此从理论上讲，调频信号所占的频带宽度为无限宽。但是，当 n 增大时，其边频幅度逐渐减小，高次边频分量可忽略不计，以致滤除这些边频分量对调频波不会产生显著的影响。因此，调频信号的频带宽度实际上可以认为是有限的。由贝塞尔函数曲线可看出，当 $m_f \gg 1$ 时，$n > m_f$ 项的贝塞尔函数值趋于 0。至于有效带宽计算到哪一次边频为止，这取决于工程上容许的精度。通常规定：凡是幅度小于未调制载波幅度的 1%（或 10%）的边频分量均可忽略不计，保留下来的频谱分量就确定了调频波的有效频带宽度。

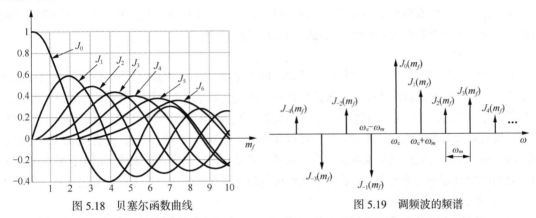

图 5.18　贝塞尔函数曲线　　　　　　　图 5.19　调频波的频谱

在 m_f 确定的情况下，如果将小于未调制载波幅度 10% 的边频分量略去不计（此时 $n > m_f + 1$ 阶的边频分量的幅度都小于未调制载波幅度的 10%），则有效的上、下边频分量总数为 $2(m_f + 1)$ 个。由此可知调频波的有效频带宽度为

$$B_{\mathrm{FM}} \approx 2(m_f + 1)f_{\mathrm{m}} = 2(\Delta f + f_{\mathrm{m}}) \tag{5.4.26}$$

这个关系式称为卡森（Carson）公式。

$$\text{若 } m_f \ll 1，\text{则 } B_{\mathrm{FM}} \approx 2f_{\mathrm{m}}（\text{NBFM}） \tag{5.4.27}$$

$$\text{若 } m_f \gg 1，\text{则 } B_{\mathrm{FM}} \approx 2\Delta f（\text{WBFM}） \tag{5.4.28}$$

在传输高质量的调频波或调制信号是高频信号时，上述条件得出的带宽可能不够。这时，可以增加有效边频的数目。

可把单频调制信号的分析方法推广到多频调制的分析中，由于具体推导过于复杂，仅将结论叙述如下：

● 多频调制的宽带调频信号包括载波、各种频率的各次边频及各种交叉组合谐波，它们分布于载波的两侧，形成一个无限宽的频谱。

● 高次边频及高次交叉组合谐波幅度可以忽略。

宽带调频主要应用于调频广播、电视伴音和高质量的通信系统，如微波通信或卫星通信等。

5.4.4　调频信号的功率分布

由巴塞伐尔定理可知，调频信号的平均功率等于它所包含的各分量的平均功率之和，即

$$S_{FM} = \overline{s_{FM}^2(t)} = \frac{A^2}{2} \sum_{n=-\infty}^{\infty} J_n^2(m_f) \qquad (5.4.29)$$

根据贝塞尔函数性质 $\sum_{n=-\infty}^{\infty} J_n^2(m_f) = 1$，则很容易求出调频信号的功率，即

$$S_{FM} = \frac{A^2}{2} \qquad (5.4.30)$$

式（5.4.30）说明已调频信号的总功率等于未调制载波的功率，其总功率与调制信号及调制指数无关。但是当 m_f 改变时，载波及各次边频功率的分配情况随 m_f 而改变。

5.4.5 调频信号的产生与解调

1. 调频信号的产生

调频信号的产生有两种基本方法：一种为直接调频法，又称参数变值法；另一种称为间接调频法，又称为阿姆斯特朗（Armstrong）法。下面将分别介绍。

（1）直接调频法

直接调频法是用调制信号直接控制振荡器的电抗元件参数，使输出信号的瞬时频率随调制信号呈线性变化。如果载波由 LC 自激振荡器产生，则振荡频率主要由谐振回路的电感元件和电容元件所决定。因此，只要能用调制信号去控制回路的电感或电容，就能达到控制振荡频率的目的。变容二极管或反向偏置的半导体 PN 结，可以作为电压控制可变电容元件。具有铁氧体磁心的电感线圈，可以作为电流控制可变电感元件。由晶体管或其他放大器件组成的所谓电抗管电路，可以等效为可控电容和可控电感。若将以上元件或电路并联在振荡回路上（或直接代替某一个回路元件），即可实现直接调频。

直接调频法的优点是可以得到很大的频偏。主要的缺点是受控振荡器的频率稳定度不会太高，因此往往需要采用自动频率控制（AFC）系统来稳定中心频率。

（2）间接调频法

间接调频法是首先产生窄带调频波，再通过倍频器和混频器将最大频偏提高到较大的值，从而产生宽带调频信号。间接法产生 WBFM 的数学模型如图 5.20 所示。

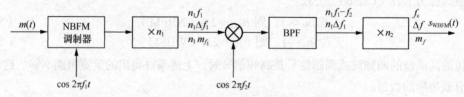

图 5.20 间接法产生 WBFM 的数学模型

设 NBFM 产生的载波为 f_1，产生的最大频偏为 Δf_1，调频指数为 m_{f_1}，若要获得 WBFM 的载波频率为 f_c，最大频偏为 Δf，调频指数为 m_f，可根据图 5.20 列出它们的关系式，即

$$f_c = n_2(n_1 f_1 - f_2), \quad \Delta f = n_1 n_2 \Delta f_1, \quad m_f = n_1 n_2 m_{f_1}$$

间接法的优点是调频波的中心频率稳定度高。缺点是需要多次倍频和混频，因此电路较复杂。

2. 调频信号的解调

（1）NBFM 的解调

窄带调频波和调幅信号一样，可以采用相干解调和非相干解调两种方法来恢复原调制信号，

而窄带调频信号多采用相干解调。其相干解调的原理图如图 5.21 所示。

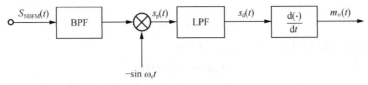

图 5.21　NBFM 信号的相干解调

设输入的窄带调频信号为

$$s_{FM}(t) = A\cos\omega_c t - AK_F\sin\omega_c t\int_{-\infty}^{t}m(\tau)d\tau \qquad (5.4.31)$$

经过乘法器之后

$$s_p(t) = \left[A\cos\omega_c t - AK_F\sin\omega_c t\int_{-\infty}^{t}m(\tau)d\tau\right](-\sin\omega_c t)$$

$$= -\frac{A}{2}\sin 2\omega_c t + \frac{A}{2}K_F\left(1-\cos 2\omega_c t\right)\int_{-\infty}^{t}m(\tau)d\tau$$

经 LPF 滤除高频分量之后

$$s_d(t) = \frac{A}{2}K_F\int_{-\infty}^{t}m(\tau)d\tau$$

经过微分之后，得输出信号

$$m_o(t) = \frac{ds_d(t)}{dt} = \frac{1}{2}AK_F m(t) \qquad (5.4.32)$$

可见，相干解调可以恢复原调制信号。这里需要注意，本地参考载波的频率和相位必须与调制载波完全同步，否则就会产生解调失真。

（2）WBFM 的解调

宽带调频信号的解调主要采用非相干解调，非相干解调的电路类型很多。例如，相位鉴频器、比例鉴频器、斜率鉴频器、晶体鉴频器等，这些电路的工作原理在高频电子线路课程中已作了详细介绍，这里不再赘述。非相干解调有一个共同特点，都是将幅度恒定的调频波变换为调幅调频波，这时调幅调频波的幅度与频率均随调制信号变化，因此就可以用包络检波器将调幅调频波的包络变化提取出来，达到恢复出原调制信号的目的。所以这一类鉴频器又称为调频—调幅变换式鉴频器。

鉴频器的数学模型可等效为一个带微分器的包络检波器，如图 5.22 所示。

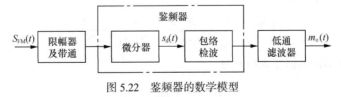

图 5.22　鉴频器的数学模型

设输入调频波为

$$s_{FM}(t) = A\cos\left[\omega_c t + K_F\int_{-\infty}^{t}m(\tau)d\tau\right] \qquad (5.4.33)$$

经过微分电路后，有

$$\frac{d[s_{FM}(t)]}{dt} = -A[\omega_c + K_F m(t)]\sin\left[\omega_c t + K_F\int_{-\infty}^{t}m(\tau)d\tau\right] \qquad (5.4.34)$$

可见，调频信号经微分后变成了调幅调频波，且幅度和频率都携带原调制信号的信息。其幅度变化为

$$A(t) = A[\omega_c + K_F m(t)] \tag{5.4.35}$$

经过包络检波器并滤除直流分量以后，输出为

$$m_o(t) = AK_F m(t) \tag{5.4.36}$$

得到的输出信号 $m_o(t)$ 正比于原调制信号 $m(t)$，从而完成了调频波的解调任务。

5.5 频率调制系统的抗噪声性能

前面在讨论窄带调频系统中已经指出，窄带调频信号的解调可以采用相干解调和非相干解调，而宽带调频只能采用非相干解调。下面首先讨论窄带调频采用相干解调时的抗噪声性能，而窄带调频非相干解调的性能和宽带调频一起讨论。

5.5.1 NBFM 的抗噪声性能

当接收端考虑噪声影响时，窄带调频信号的相干解调模型如图 5.23 所示。

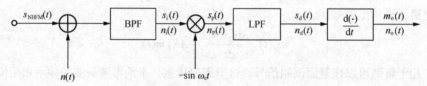

图 5.23 有噪声时 NBFM 信号的相干解调模型

由于调频波是一个等幅波，所以接收机解调器输入端的信号功率为

$$S_i = \frac{A^2}{2} \tag{5.5.1}$$

对于 NBFM 信号，其带宽为 $B=2f_m$。设噪声功率谱为 $n_0/2$，则通过同样带宽的带通滤波器后，解调器输入端的噪声功率为

$$N_i = \frac{1}{\pi}\int_{\omega_c-\omega_m}^{\omega_c+\omega_m} \frac{n_0}{2}\mathrm{d}\omega = \frac{n_0\omega_m}{\pi} = n_0 B \tag{5.5.2}$$

因此解调器的输入信噪比为

$$\left(\frac{S_i}{N_i}\right)_{\mathrm{NBFM}} = \frac{A^2/2}{n_0\omega_m/\pi} = \frac{\pi A^2}{2n_0\omega_m} = \frac{A^2}{2n_0 B} \tag{5.5.3}$$

由图 5.23 可求出输出信号的功率为

$$S_o = \frac{1}{4}A^2 K_F^2 \overline{m^2(t)} \tag{5.5.4}$$

我们已知，平稳随机过程通过乘法器后其功率谱为

$$P_{np}(\omega) = \frac{1}{4}[P_{ni}(\omega+\omega_c) + P_{ni}(\omega-\omega_c)] \tag{5.5.5}$$

把微分器看成一个滤波网络，网络的传递函数为 $H(\omega) = \mathrm{j}\omega$。由于输出功率密度是输入功率谱密度和 $|H(\omega)|^2$ 的乘积，所以 $P_{np}(\omega)$ 的信号通过低通滤波器和微分器后，其功率谱为

$$P_{\text{nd}}(\omega) = |H(\omega)|^2 P_{\text{np}} = \frac{1}{4}[P_{\text{ni}}(\omega + \omega_{\text{c}}) + P_{\text{ni}}(\omega - \omega_{\text{c}})]\omega^2 \qquad |\omega| < \omega_m \qquad (5.5.6)$$

由此可见，输出端的噪声功率谱密度在频带内不再是均匀的，而是呈抛物线形状。

假定输入为白噪声，则可求得输出噪声功率为

$$N_{\text{o}} = \frac{1}{2\pi}\int_{-\omega_m}^{\omega_m} P_{\text{nd}}(\omega)\text{d}\omega = \frac{n_0}{12\pi}\omega_m^3 \qquad (5.5.7)$$

因此解调器的输出信噪比为

$$\left(\frac{S_{\text{o}}}{N_{\text{o}}}\right)_{\text{NBFM}} = \frac{\dfrac{1}{4}A^2 K_{\text{F}}^2 \overline{m^2(t)}}{\dfrac{n_0}{12\pi}\omega_m^3} = \frac{3\pi A^2 K_{\text{F}}^2 \overline{m^2(t)}}{n_0 \omega_m^3} \qquad (5.5.8)$$

最后可得到解调器的信噪比增益为

$$G_{\text{NBFM}} = \frac{(S_{\text{o}}/N_{\text{o}})_{\text{NBFM}}}{(S_{\text{i}}/N_{\text{i}})_{\text{NBFM}}} = \frac{3K_{\text{F}}^2 \overline{m^2(t)}}{2\pi^2 f_m^2} = \frac{6K_{\text{F}}^2 \overline{m^2(t)}}{\omega_m^2} \qquad (5.5.9)$$

当单音调制时，$\Delta\omega = K_{\text{F}}|m(t)|_{\max}$，$m_f = \dfrac{\Delta\omega}{\omega_m} = \dfrac{\Delta f}{f_m}$，则式（5.5.9）可变为

$$G_{\text{NBFM}} = 6\left(\frac{\Delta\omega}{\omega_m}\right)^2 \frac{\overline{m^2(t)}}{|m(t)|_{\max}^2} \qquad (5.5.10)$$

又因为在单音调制时 $\overline{m^2(t)} = A^2/2$，$|m(t)|_{\max}^2 = A^2$，所以，式（5.5.10）可简化为

$$G_{\text{NBFM}} = 3m_f^2 \qquad (5.5.11)$$

当 m_f=0.5 时，G_{NBFM}=0.75，说明相干解调窄带调频波其噪声性能并未得到改善。

5.5.2　WBFM 的抗噪声性能

宽带调频一般是用非相干解调，通常最常用的是鉴频器。含有噪声的 WBFM 非相干解调器数学模型如图 5.24 所示。

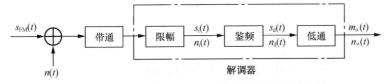

图 5.24　有噪声时的 WBFM 相干解调数学模型

由于调频是非线性过程，因而在计算信号功率和噪声功率时，应考虑信号与噪声之间的相互影响。但为了简化计算，可以假定输入信噪比足够大。在这个条件下，上述互相影响可以忽略，即在计算输出信号功率时可以假定噪声为零，而在计算输出噪声功率时可以假定调制信号为零。

因为宽带调频信号也是等幅波，故其输入信号功率为

$$S_{\text{i}} = \frac{A^2}{2} \qquad (5.5.12)$$

又因为宽带调频波的带宽 $B \approx 2\Delta f$。设白噪声的功率谱密度为 $n_0/2$，则通过同样带宽的带通滤波器后，解调器输入端的噪声功率为

$$N_{\mathrm{i}} = \frac{1}{\pi}\int_{\omega_{\mathrm{c}}-\Delta\omega}^{\omega_{\mathrm{c}}+\Delta\omega}\frac{n_0}{2}\mathrm{d}\omega = \frac{n_0\Delta\omega}{\pi} = n_0 B \tag{5.5.13}$$

因此解调器的输入信噪比为

$$\left(\frac{S_{\mathrm{i}}}{N_{\mathrm{i}}}\right)_{\mathrm{WBFM}} = \frac{A^2/2}{n_0\Delta\omega/\pi} = \frac{\pi A^2}{2n_0\Delta\omega} = \frac{A^2}{2n_0 B} \tag{5.5.14}$$

为了计算输出信号功率，令 $n(t)=0$，此时鉴频器输出电压与输入调频波的瞬时频率偏移成正比。假设鉴频器的灵敏度为 K_{D}，K_{D} 的单位是 V/Hz，则输出信号为

$$m_{\mathrm{o}}(t) = K_{\mathrm{D}}K_{\mathrm{F}}m(t) \tag{5.5.15}$$

由此可得输出的信号功率为

$$S_{\mathrm{o}} = \overline{m_{\mathrm{o}}^2(t)} = K_{\mathrm{D}}^2 K_{\mathrm{F}}^2 \overline{m^2(t)} \tag{5.5.16}$$

为了计算输出噪声功率，令 $m(t)=0$。此时鉴频器的总输入为未调制的载波信号加带通噪声，即

$$A\cos(\omega_{\mathrm{c}}t+\theta_0) + n_{\mathrm{i}}(t) = [A + n_{\mathrm{c}}(t)]\cos(\omega_{\mathrm{c}}t+\theta_0) - n_{\mathrm{s}}(t)\sin(\omega_{\mathrm{c}}t+\theta_0)$$
$$= A(t)\cos[\omega_{\mathrm{c}}t+\varphi(t)] \tag{5.5.17}$$

为简化计算，令 $\theta_0 = 0$，则包络变化为

$$A(t) = \{[A + n_{\mathrm{c}}(t)]^2 + n_{\mathrm{s}}^2(t)\}^{1/2} \tag{5.5.18}$$

相位变化为

$$\varphi(t) = \mathrm{arctg}\left[\frac{n_{\mathrm{s}}(t)}{A + n_{\mathrm{c}}(t)}\right] \tag{5.5.19}$$

鉴频器的输出决定于频偏，即 $\varphi(t)$ 的变化率。而频偏对于包络变化是不重要的，因为解调器本身含有一个限幅器，包络的变化将被消除。所以在大信噪比情况下，即 $A(t)>>|n_{\mathrm{s}}(t)|$，$A(t)>>|n_{\mathrm{c}}(t)|$，式（5.5.19）可近似为

$$\varphi(t) \approx \frac{n_{\mathrm{s}}(t)}{A} \tag{5.5.20}$$

由前面分析可知，鉴频器由一个微分器和一个包络检波器组成，微分器的输出为

$$n_{\mathrm{d}}(t) = K_{\mathrm{D}}\frac{\mathrm{d}\varphi(t)}{\mathrm{d}t} = \frac{K_{\mathrm{D}}}{A}\frac{\mathrm{d}n_{\mathrm{s}}(t)}{\mathrm{d}t} \tag{5.5.21}$$

为了计算输出的平均噪声功率，需要求出 $\dfrac{\mathrm{d}n_{\mathrm{s}}(t)}{\mathrm{d}t}$ 的功率谱密度。我们知道，若已知 $n_{\mathrm{s}}(t)$ 的功率谱密度为 $P_{\mathrm{ns}}(\omega)$，则 $\dfrac{\mathrm{d}n_{\mathrm{s}}(t)}{\mathrm{d}t}$ 的功率谱密度等于 $\omega^2 P_{\mathrm{ns}}(\omega)$。

由前面所学到的知识可知，窄带高斯噪声的功率谱密度为

$$P_{\mathrm{ns}}(\omega) = \begin{cases} P_{\mathrm{ni}}(\omega+\omega_{\mathrm{c}}) + P_{\mathrm{ni}}(\omega-\omega_{\mathrm{c}}), & |\omega| \leqslant \Delta\omega \\ 0, & |\omega| > \Delta\omega \end{cases} \tag{5.5.22}$$

上述功率谱的情况如图 5.25 所示。由图可知，窄带高斯噪声的功率谱密度在 $2\Delta\omega$ 带宽内为

$$P_{\mathrm{ns}}(\omega) = n_0 \qquad |\omega| \leqslant \Delta\omega \tag{5.5.23}$$

由以上分析可知，鉴频器输出端的噪声功率谱密度为

$$P_{\mathrm{nd}}(\omega) = \begin{cases} \dfrac{K_{\mathrm{D}}^2}{A^2}\omega^2 n_0, & |\omega| \leqslant \Delta\omega \\ 0, & |\omega| > \Delta\omega \end{cases} \tag{5.5.24}$$

由式（5.5.24）可知，鉴频器输出端的噪声功率谱密度与 ω^2 成正比，噪声功率谱图如图 5.26 所示，呈抛物线形状。这是调频的一个重要特性，以后将利用这个特性来改善信噪比。

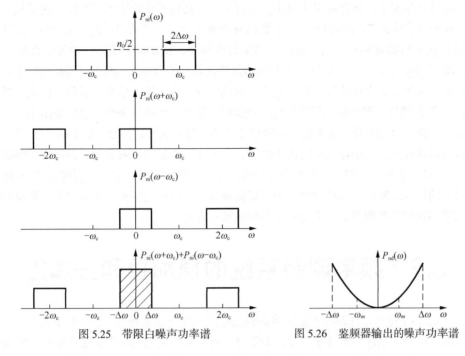

图 5.25　带限白噪声功率谱　　　　图 5.26　鉴频器输出的噪声功率谱

通过截止频率为 f_m 的低通滤波器，最后输出的噪声功率为

$$N_o = \overline{n_0^2(t)} = \frac{1}{2\pi}\int_{-\omega_m}^{\omega_m} P_{nd}(\omega)\mathrm{d}\omega = \frac{K_D^2 n_0 \omega_m^3}{3\pi A^2} \qquad (5.5.25)$$

因此解调器的输出信噪比为

$$\left(\frac{S_o}{N_o}\right)_{\mathrm{WBFM}} = \frac{3\pi A^2 K_F^2 \overline{m^2(t)}}{n_0 \omega_m^3} \qquad (5.5.26)$$

最后可得到解调器的信噪比增益为

$$G_{\mathrm{WBFM}} = \frac{(S_o/N_o)_{\mathrm{WBFM}}}{(S_i/N_i)_{\mathrm{WBFM}}} = \frac{6\Delta\omega K_F^2 \overline{m^2(t)}}{\omega_m^2} \qquad (5.5.27)$$

考虑到 $\Delta\omega=K_F|m(t)|_{\max}$，于是有

$$G_{\mathrm{WBFM}} = 6\left(\frac{\Delta\omega}{\omega_m}\right)^3 \frac{\overline{m^2(t)}}{|m(t)|_{\max}^2} \qquad (5.5.28)$$

当单音调制时，$m_f = \frac{\Delta\omega}{\omega_m} = \frac{\Delta f}{f_m}$，$\frac{\overline{m^2(t)}}{|m(t)|_{\max}^2} = \frac{1}{2}$，于是，式（5.5.28）可简化为

$$G_{\mathrm{WBFM}} = 3m_f^3 \qquad (5.5.29)$$

由此可见，宽带调频系统的信噪比增益 G_{WBFM} 与最大频偏 $\Delta\omega$ 的三次方成正比，这说明 $\Delta\omega$ 越大，宽带调频系统的抗噪声性能就越好。当然这是以增加带宽为代价的。

由式（5.5.14）可知，输入信噪比与 $\Delta\omega$ 的一次方成反比，即 $\Delta\omega$ 增加，输入信噪比减小。考虑到 $\Delta\omega=K_F|m(t)|_{\max}$，并结合式（5.5.26）可知，输出信噪比与 $\Delta\omega$ 的平方成正比。这就是说输出

信噪比提高的速度要比输入信噪比降低的速度快，因此，通过增加带宽有可能提高抗噪声性能。不过，当输入信噪比降低到某一数值，上述大输入信噪比的假设条件不再满足时，上述分析就不再成立。在这种情况下，增加频偏不仅不会有好处，反而使系统的输出信噪比迅速恶化，性能严重变坏，这种现象称为"门限效应"，这个数值称为宽带调频系统的门限值。实践和理论计算均表明，应用普通鉴频器解调调频信号时，其门限效应与输入信噪比有关，一般发生在输入信噪比 $S_i/N_i = 10\text{dB}$ 左右处。该值是大信噪比条件和小信噪比条件的分界线，即当解调器实际输入信噪比大于该值时，称为大信噪比条件，这时输出信噪比的分贝值与输入信噪比的分贝值成线性关系，且 m_f 越大，性能越好。但当输入信噪比低于该值时，称为小信噪比条件，这时输出信噪比将随输入信噪比的下降而急剧下降。在大输入信噪比条件下，有可能听到接收机输出端"沙沙"的噪声，这是正常的起伏噪声；在小输入信噪比条件下，有可能会在输出端听到另一种声音"喀嚓"声或"劈啪"声。进一步分析可知，这是由于输出端产生一些随机尖脉冲之故。同时发现 m_f 越大，出现门限效应的输入信噪比门限值越高。为了降低接收调频波的门限值，可采用带有负反馈的 FM 解调器或采用锁相环解调器，它们均有良好的抗噪声性能。

5.6 频率调制系统的预加重和去加重

由式（5.5.24）可知，解调器中鉴频器的输出噪声功率谱呈抛物线形状，频率愈高，噪声功率谱密度愈大。但是，实际中的许多信号，如语言、音乐等，它们的功率谱密度随频率的增加而减小，就是说这一类信号的大部分能量集中在低频范围内。这就造成高频端的信噪比可能降到不能容许的程度。

为了解决这一问题，在调频系统中普遍采用了一种叫做预加重和去加重措施，其原理是利用信号特性和噪声特性的差别有效地对信号进行处理，即在噪声引入之前采用预加重网络，人为地加重发送端输入信号 $m(t)$ 的高频分量。在接收端则要进行相反的处理，即采用去加重网络把高频分量去加重，以便恢复出原来的信号功率分布，从而有效地改善了调频系统的输出信噪比。带有加重网络的调频系统数学模型如图 5.27 所示。

图 5.27 带有加重网络的调频系统数学模型

图 5.27 中 $H_p(\omega)$ 表示预加重网络的传递函数；$H_d(\omega)$ 表示去加重网络的传递函数；K 为增益常数，其作用在下面讨论。显然，如果 $H_p(\omega)$ 和 $H_d(\omega)$ 如果满足如下关系

$$H_d(\omega) = \frac{1}{H_p(\omega)} \tag{5.6.1}$$

则信号通过系统以后不仅不会产生频率失真，也不会产生幅度失真。

在调频系统加入预加重和去加重后，解调输出信噪比必然有所改善。通常用信噪比改善系数来衡量这种改善程度。信噪比改善系数 R_{FM} 定义为：未采用预加重、去加重技术的输出信噪比与采用预加重、去加重技术以后的输出信噪比的比值。由于采取预加重和去加重以后输出信号不受影响，所以输出信号功率也不变化。

由式（5.5.24）可知，解调器输出噪声功率谱密度为

$$P_{\mathrm{nd}}(\omega) = \frac{K_{\mathrm{D}}^2}{A^2}\omega^2 n_0$$

所以

$$R_{\mathrm{FM}} = \frac{\dfrac{1}{\pi}\displaystyle\int_0^{\omega_m} P_{\mathrm{nd}}(\omega)\mathrm{d}\omega}{\dfrac{1}{\pi}\displaystyle\int_0^{\omega_m} P_{\mathrm{nd}}(\omega)\big|H_{\mathrm{d}}(\omega)\big|^2\mathrm{d}\omega} = \frac{\omega_m^3}{3\displaystyle\int_0^{\omega_m}\omega^2\big|H_{\mathrm{d}}(\omega)\big|^2\mathrm{d}\omega} \qquad (5.6.2)$$

式中，ω_m 为信号的最高频率。

下面以常用的 RC 低通滤波器作为去加重网络进行讨论，RC 低通滤波器及其幅频特性如图 5.28 所示。它的传递函数为

$$H_{\mathrm{d}}(\omega) = \frac{1}{1+j\,\omega/\omega_1} \Rightarrow \big|H_{\mathrm{d}}(\omega)\big| = \frac{1}{\sqrt{1+(\omega/\omega_1)^2}} \qquad (5.6.3)$$

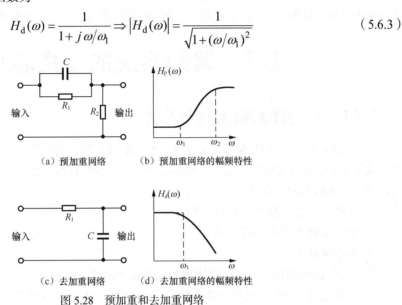

（a）预加重网络　　　（b）预加重网络的幅频特性

（c）去加重网络　　　（d）去加重网络的幅频特性

图 5.28　预加重和去加重网络

式中，$\omega_1 = \dfrac{1}{R_1 C}$。这样就得到

$$R_{\mathrm{FM}} = \frac{\omega_m^3}{3\displaystyle\int_0^{\omega_m}\omega^2\dfrac{1}{1+(\omega/\omega_1)^2}\mathrm{d}\omega} = \frac{1}{3}\frac{(\omega_m/\omega_1)^3}{(\omega_m/\omega_1) - \mathrm{arctg}\,(\omega_m/\omega_1)} \qquad (5.6.4)$$

去加重后的噪声功率谱如图 5.29 所示。例如，调频广播中 f_m=15kHz，$H_{\mathrm{d}}(\omega)$ 的 3dB 带宽 f_1=2.1kHz，则可算出信噪比改善系数为 13dB，R_{FM} 随 ω_m/ω_1 的变化曲线如图 5.30 所示。此图说明了去加重后的信噪比改善。

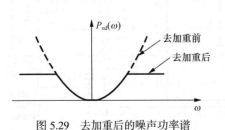

图 5.29　去加重后的噪声功率谱

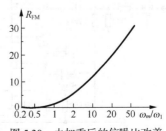

图 5.30　去加重后的信噪比改善

如前所述，采用预加重网络的作用是为了提升高频分量，但在采用预加重网络后，高频分量

的幅度就要提高。这将导致调频信号频偏的增加，使信号带宽增加。为了保持在采用预加重网络情况下调频波频偏不变，需要在预加重后加入信号衰减因子 K，而 K 的大小应根据预加重前后信号功率相等为条件来确定。对于如图 5.28（a）所示的 RC 预加重网络，在考虑衰减因子 K 后，可以求得实际的信噪比改善系数 R_{FM} 为

$$R_{\mathrm{FM}} = \frac{1}{3} \frac{K^2 (\omega_m/\omega_1)^3}{(\omega_m/\omega_1) - \mathrm{arctg}(\omega_m/\omega_1)} \qquad (5.6.5)$$

这样必然会使信噪比的改善有所下降。例如，当 $f_m = 15\mathrm{kHz}$，$f_1 = 2.1\mathrm{kHz}$ 时，$K = -7\mathrm{dB}$。因此，信噪比实际改善值不是 13dB，而是 6dB。

需要指出的是，预加重和去加重技术不但在调频系统中得到了普遍应用，而且也普遍用于唱片录音技术中以降低针尖摩擦噪声。实际上一切调制系统都可用加重技术来改善接收机的输出信噪比。

5.7 调频系统的专用芯片

5.7.1 低功耗调频调制器芯片

MC2831A 和 MC2833 是用于无线电话和调频通信设备的单片调频单元，两种芯片的功能相近。这里主要介绍 MC2833，它主要包括音频放大器和压控振荡器，并有两只辅助晶体管用做信号的放大，此电路的特点是：

① 工作电源电压范围宽（2.8～9.0V）；

② 低的漏极电流（I_{cc}=2.9mA）；

③ 外围元件少；

④ 可实现 600MHz 以下直接射频输出，输出功率为-30dBm；

⑤ 若使用片上的晶体管进行功率放大，可获得+10dBm 功率输出。

图 5.31 所示是用 MC2833 构成的一种实际调频电路，它的载波频率为 49.7MHz。

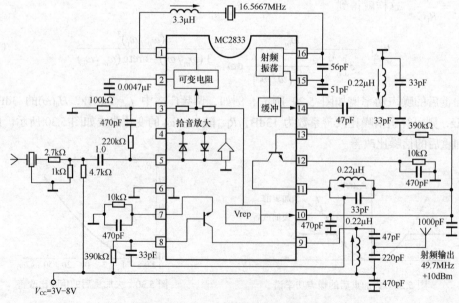

图 5.31 7MHz 单片调频甚高频调制器

5.7.2　高增益低功耗解调器芯片

调频解调器芯片有 MC3357、MC3359、MC3361 等。下面主要介绍 MC3359 芯片，此芯片包括振荡器、本振、放大、限幅器、自动频率控制（AFC）、正交鉴频器运算放大器、静噪、静噪开关、扫描控制等，主要用于语音通信的扫描接收机中（其应用电路见图 5.32），也可以用于窄带数据传输设备中。此芯片特点是，供电电压低，$V_{CC}=6V$，电流为 3.6mA，灵敏度高，外接元件少，功能强。

图 5.32 所示电路的工作过程：频率为 10.7MHz 一中频信号经 $0.1\mu F$ 电容耦合至 18 脚，在 MC3359 片内与 10.245MHz 本振信号相混产生 455kHz 二中频（下变频）信号。455kHz 中频信号经 3 脚送至中心频率为 455kHz、带宽为 10kHz 左右的陶瓷滤波器，滤波以后的二中频信号由 5 脚送入片内进行限幅放大，并送至鉴频电路。8 脚外接 LC 正交鉴频线圈，68kΩ电阻是为降低 LC 回路 Q 值而并接，鉴频解调输出的音频信号由 10 脚送出至低放电路。图中音频输出 12 脚、13 脚、14 脚及 16 脚接有静噪控制外围电路，实现其静噪功能。

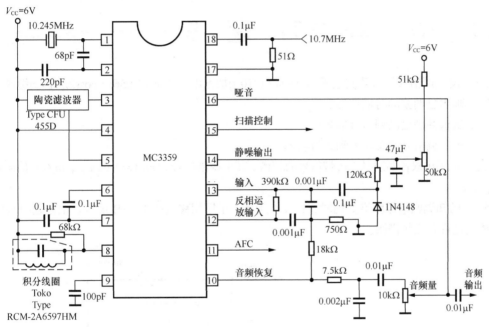

图 5.32　MC3359 典型应用电路

5.8　各种模拟调制系统的比较

表 5.1 所示为各种模拟调制系统在占据带宽、调制制度增益、设备复杂程度等方面的比较，并指出了它们的一些主要优缺点和应用场合。

表 5.1　　　　　　　　　　　　各种模拟调制性能的比较

调制方式	占据带宽	调制制度增益	主要优缺点	设备复杂程度	主要应用
AM	$2f_m$	2/3	优点：接收设备简单 缺点：功率利用率低，抗干扰能力差	简单	中短波无线电广播

续表

调制方式	占据带宽	调制制度增益	主要优缺点	设备复杂程度	主要应用
DSB	$2f_m$	2	优点：功率利用率高，发送设备简单 缺点：接收设备复杂	中等	较少应用
SSB	f_m	1	优点：功率利用率和频带利用率都较高 缺点：发送和接收设备都复杂	复杂	短波无线电广播，语音频分多路
VSB	略大于 f_m	近似 SSB	性能与 SSB 相当	复杂	商用电视广播
FM	$2(m_f+1)f_m$	$3m_f^2(m_f+1)$	优点：抗噪声能力强 缺点：频带利用率低，存在门限效应	中等	超短波小功率电台，微波中继，调频立体声广播

习　题　5

5.1　设一调幅信号由载波电压 $100\cos(2\pi\times10^6 t)$ 加上电压 $50\cos12.56t\cdot\cos(2\pi\times10^6 t)$ 组成。

（1）画出已调波的时域波形。

（2）试求并画出已调信号的频谱。

（3）求已调信号的总功率和边带功率。

5.2　试画出双音调制时双边带信号的频谱。其中调制信号为 $m_1(t)=A\cos\omega_m t$，$m_2(t)=A\cos^2\omega_m t$，且 $\omega_c>>\omega_m$。

5.3　已知调幅信号频谱如题图 5.1（a）所示，采用相移法产生 SSB 信号。根据题图 5.1（b）画出调制过程各点频谱图。

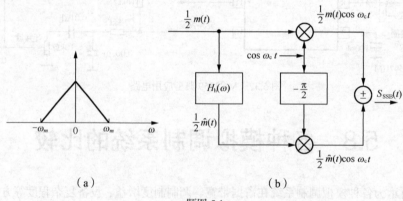

（a）　　　　　　　　（b）

题图 5.1

5.4　设一 DSB 信号 $s_{DSB}(t)=m(t)\cos\omega_c t$，用相干解调恢复 $m(t)$，本地载波为 $\cos(\omega_c t+\varphi)$，如果所恢复的信号是其最大可能的 90%，相位的最大允许值是多少？

5.5　某基带信号 $m(t)$ 的频谱如题图 5.2 所示，此信号先经过 DSB 调制，又经过一个带通滤波器变成了 VSB 信号 $s_v(t)$。请画出 $s_v(t)$ 的频谱。

5.6　试给出题图 5.3 所示三级产生上边带信号的频谱搬移过程，其中 $f_{01}=50$kHz，$f_{02}=5$MHz，

f_{03}=100MHz，调制信号为语音频谱 300～3 000Hz。

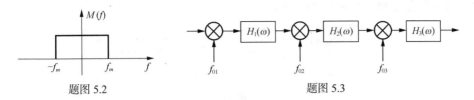

题图 5.2　　　　　　　　　　　　　　题图 5.3

5.7　某接收机的输出噪声为 10^{-9}W，输出信噪比为 20dB，由发射机到接收机之间总传输损耗为 100dB。

（1）试求用 DSB 调制时发射功率应为多少？

（2）若改用 SSB 调制，问发射功率应为多少？

5.8　已知 DSB 系统的已调信号功率为 10kW，调制信号 $m(t)$ 的频带限制在 5kHz，载频频率为 100kHz，信道噪声双边带功率谱为 $n_0/2$=0.5×10^{-3}W/Hz，接收机输入信号通过一个理想带通滤波器加到解调器。

（1）写出理想带通滤波器传输函数的表达式。

（2）试求解调器输入端的信噪比。

（3）试求解调器输出端的信噪比。

（4）求解调器的噪声功率谱，并画出曲线。

5.9　已知调制信号 $m(t)$=cos($10\pi×10^{-3}t$)V，对载波 $s(t)$=cos($20\pi×10^{6}t$)V 进行单边带调制，已调信号通过噪声双边带功率密度谱为 $n_0/2$=0.5×10^{-3}W/Hz 的信道传输，信道衰减为 1dB/km，试求若要接收机输出信噪比为 20dB，发射机设在离接收机 100km 处，此发射机最低发射功率应为多少？

5.10　已知调制信号 $m(t)$=cos($10\pi×10^{-3}t$)，现分别采用 AM(m_a=0.5)、DSB 及 SSB 传输，已知信道衰减为 40dB，噪声双边功率谱 $n_0/2$=50×10^{-9}W/Hz。

（1）试求采用各种调制方式时的已调波功率。

（2）当均采用相干解调时，求各系统的输出信噪比。

（3）若在输入信噪比 S_i 相同时，（以 SSB 接收端的 S_i 为标准）再求各系统的输出信噪比。

5.11　100MHz 的载波，由频率为 100kHz，幅度为 20V 的信号进行调频，设 K_F=50π×10^{3}Rad/V。试用卡森原则确定已调信号带宽。

5.12　已知 $s_{FM}(t)$ =10cos($\omega_c t$+3cos $\omega_m t$)V，其中 f_m=1kHz。

（1）若 f_m 增加到 4 倍（f_m=4kHz），或 f_m 减为 1/4 时（f_m=250Hz），求已调波的 m_f 及 B_{FM}。

（2）若 A_m 增加到 4 倍，求 m_f 及 B_{FM}。

5.13　用 10kHz 的正弦信号调制 100MHz 的载波，试求产生 AM、SSB 及 FM 波带宽各为多少？假定最大频偏为 50kHz。

5.14　已知 $s_{FM}(t)$ =100cos ($2\pi×10^{6}t$+5cos4 000π t)V，求已调波信号功率、最大频偏、最大相移和信号带宽。

5.15　一载波被正弦信号 $m(t)$ 调频。调制常数 K_F=30 000。对下列各种情况确定载波携带的功率和所有边带携带的总功率。

（1）$m(t)$=0.5cos2 500t

（2）$m(t)$=2.405cos3 000t

5.16　用如题图 5.4 所示方法产生 FM 波。已知调制信号频率为 1kHz，调频指数为 1，第一

载频 f_{01}=100kHz，第二载频 f_{02}=9.2MHz。希望输出频率为 100MHz，频偏为 80kHz 的 FM 波。试确定两个倍频次数 n_1 和 n_2（变频后取和频）。

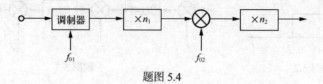

题图 5.4

5.17 某 FM 波 $s_{\mathrm{FM}}(t)=A\cos(\omega_c t+25\sin 6\,000\pi t)$ 加于鉴频跨导为 K_b=0.1V/kHz 的鉴频器上，试求其输出信号的平均功率。

5.18 用鉴频器来解调 FM 波，调制信号为 2kHz，最大频偏为 75kHz，信道中的 $n_0/2$=5mW/Hz，若要求得到 20dB 的输出信噪比，试求调频波的幅度是多少？

5.19 设用正弦信号进行调频，调制频率为 15kHz，最大频偏为 75kHz，用鉴频器解调，输入信噪比为 20dB，试求输出信噪比。

5.20 设发射已调波 $s_{\mathrm{FM}}(t)=10\cos(10^7 t+4\cos 200\pi t)$，信道噪声双边带功率谱为 $n_0/2$=2.5×10^{-10}W/Hz，信道衰减为 0.4dB/km，试求接收机正常工作时可以传输的最大距离。

第6章
模拟信号数字化

6.1 引　言

通信系统可以分为模拟通信系统和数字通信系统两类。与模拟通信相比，数字通信具有抗干扰能力强、便于同计算机连接、保密性强、易于集成化等优点，其应用日益广泛，已成为现代通信发展的主流。然而自然界的信息源多数产生的是模拟信号，如人类的语言信息、图像信息、温度、速度、位移、压力等都是模拟信号。那么在利用数字通信系统传输模拟信号时，首先要将模拟信号抽样，使其成为一系列时间上离散的抽样值，再将抽样值量化、编码，从而完成模拟信号的数字化，然后再用数字通信方式传输。在接收端，则要进行相反的变换，将接收到的数字信号恢复成模拟信号。由于 A/D 或 D/A 变换的过程通常由信源编、译码器实现，所以我们把发送端的A/D 变换称为信源编码，而收端的 D/A 变换称为信源译码。

本章主要介绍有关抽样、量化和编码的基本理论，在此基础上着重讨论模拟信号数字化的方法，即脉冲编码调制和增量调制，并分析它们的抗噪声性能。

6.2 抽　样　定　理

6.2.1 低通信号抽样定理

抽样定理是这样表述的：一个频带限制在$(0, f_H)$内的时间连续信号 $m(t)$，如果以不低于 $2 f_H$ 次/秒的速率对 $m(t)$进行抽样，则 $m(t)$可由抽得的样值完全确定。

关于该定理，其要点有以下 3 个。

● $m(t)$是低通信号，其最高频率为 f_H。

● 该定理中提到的"抽样"是等间隔的抽样，所以该定理称为均匀抽样定理。

● 该定理中"以不低于 $2 f_H$ 次/秒的速率对 $m(t)$进行抽样"也可以说，"在信号最高频率分量的每一个周期内至少应抽样两次"。

下面就来证明这个定理。

设 $\delta_T(t)$为周期性冲激函数，其周期为 T_s。将 $m(t)$ 和 $\delta_T(t)$相乘，得到的信号便是均匀间隔为 T_s秒的冲激序列，这些冲激的强度等于相应的 $m(t)$的瞬时值，它表示对 $m(t)$的抽样，其数学模型

如图 6.1（a）所示。抽样后的信号用 $m_s(t)$ 来表示，即

$$m_s(t) = m(t)\delta_T(t) \tag{6.2.1}$$

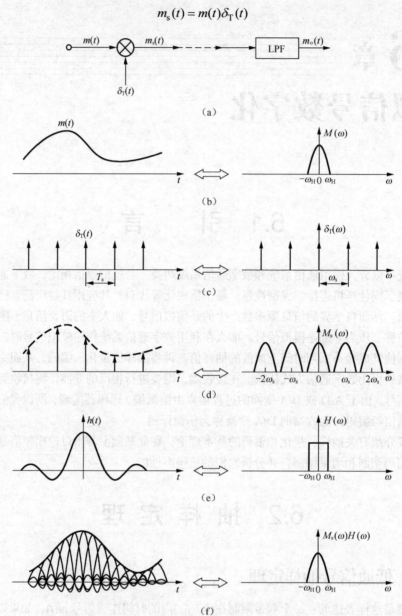

（a）

（b）

（c）

（d）

（e）

（f）

图 6.1　抽样定理的时间函数和对应的频谱图

假设 $m(t)$、$\delta_T(t)$ 和 $m_s(t)$ 的频谱分别为 $M(\omega)$、$\delta_T(\omega)$、$M_s(\omega)$。根据卷积定理，时域的乘积等于频域的卷积，可得 $m_s(t)$ 的傅里叶变换

$$M_s(\omega) = \frac{1}{2\pi}\left[M(\omega)*\delta_T(\omega)\right] \tag{6.2.2}$$

因为

$$\delta_T(\omega) = \frac{2\pi}{T_s}\sum_{n=-\infty}^{\infty}\delta_T(\omega - n\omega_s) \tag{6.2.3}$$

$$\omega_s = \frac{2\pi}{T_s} \tag{6.2.4}$$

所以

$$M_s(\omega) = \frac{1}{T_s}\left[M(\omega) * \sum_{n=-\infty}^{\infty} \delta_T(\omega - n\omega_s) \right] = \frac{1}{T_s}\sum_{n=-\infty}^{\infty} M(\omega - n\omega_s) \qquad (6.2.5)$$

该式表明，抽样后信号的频谱 $M_s(\omega)$ 等于把原信号的频谱 $M(\omega)$ 搬移到 0、$\pm\omega_s$、$\pm 2\omega_s\cdots$ 等处。这就意味着 $M_s(\omega)$ 包含 $M(\omega)$ 的全部信息。由图 6.1 可以看出，只要 $\omega_s \geqslant 2\omega_H$ 或 $T_s \leqslant 1/2f_H$，$M(\omega)$ 就周期性地重复而不出现重叠，因而可以用截止角频率为 ω_H 的理想低通滤波器从 $m_s(t)$ 的频谱 $M_s(\omega)$ 中滤出原基带信号的频谱 $M(\omega)$，即不失真地恢复出原基带信号 $m(t)$。反之，若抽样频率 ω_s 低于 $2\omega_H$，或者说若抽样间隔 T_s 大于 $1/2f_H$，则 $M(\omega)$ 和 $\delta_T(\omega)$ 的卷积在相邻的周期内发生重叠，此时不能由 $M_s(\omega)$ 恢复出 $M(\omega)$。可见，$\omega_s = 2\omega_H$ 是最小的抽样角频率，被称为奈奎斯特速率。$T_s = 1/2f_H$ 是抽样的最大间隔，被称为奈奎斯特间隔。各点的波形和对应频谱如图 6.1（b）～（f）所示。

如果可由 $M_s(\omega)$ 恢复出 $M(\omega)$，则滤波器的输出为

$$M_s(\omega)H(\omega) = \frac{1}{T_s}M(\omega)$$

即

$$M(\omega) = T_s M_s(\omega)H(\omega) \qquad (6.2.6)$$

由于理想低通滤波器的传递函数为

$$H(\omega) \leftrightarrow h(t) = \frac{\omega_H}{\pi}Sa(\omega_H t) \qquad (6.2.7)$$

所以由时间卷积定理可得

$$M_s(\omega) \leftrightarrow m_s(t) = \sum_{n=-\infty}^{\infty} m(nT_s)\delta(t - nT_s) \qquad (6.2.8)$$

故

$$m(t) = T_s m_s(t) * \frac{\omega_H}{\pi}Sa(\omega_H t)$$

$$= \frac{T_s \omega_H}{\pi}\sum_{n=-\infty}^{\infty} m(nT_s)\delta(t - nT_s) * Sa(\omega_H t) \qquad (6.2.9)$$

$$= \frac{T_s \omega_H}{\pi}\sum_{n=-\infty}^{\infty} m(nT_s)Sa\left[\omega_H(t - nT_s) \right]$$

若以奈奎斯特速率进行抽样，即

$$\omega_s = 2\omega_H \quad \text{或} \quad T_s = \frac{2\pi}{\omega_s} = \frac{2\pi}{2\omega_H} = \frac{\pi}{\omega_H}$$

则

$$\frac{T_s \omega_H}{\pi} = 1$$

在这种情况下

$$m(t) = \sum_{n=-\infty}^{\infty} m(nT_s)Sa\left[\omega_H(t - nT_s) \right] \qquad (6.2.10)$$

由式（6.2.10）可见，任何一个有限频带的信号 $m(t)$ 在时间域中都可以展开成以抽样函数 $Sa(x)$ 为基本信号的无穷级数，即将每个抽样值和一抽样函数相乘后得到的所有波形叠加起来便是 $m(t)$。换句话说，任何一个带限的连续信号完全可以用其抽样值表示。这样就证明了低通抽样定理。但需要指出，在实际中，由于不存在严格的带限信号和理想的低通滤波器（即使存在，抽样频率为

$2f_H$ 时抽样值结果也不稳定），因此实际的抽样频率一般都大于 $2f_H$。

6.2.2 带通信号抽样定理

上面讨论了频带限制在 $(0, f_H)$ 的低通型信号的抽样定理，而实际中遇到的许多信号都是带通型信号。如果采用低通抽样定理的抽样速率 $f_s \geq 2f_H$，对频率限制在 $f_L \sim f_H$ 的带通型信号进行抽样，则一定能满足频谱不混叠的要求，如图 6.2 所示。但此时所选择的抽样速率 f_s 太高了，这使得 $0 \sim f_L$ 一大段频谱空隙得不到利用。为了提高信道利用率，同时又确保抽样后的信号频谱不混叠，其抽样速率应如何选择呢？带通信号的抽样定理将回答这个问题。

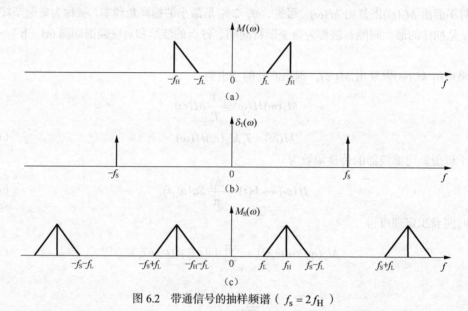

图 6.2 带通信号的抽样频谱（$f_s = 2f_H$）

带通抽样定理告诉我们，一个频带限制在 f_L 和 f_H 之间的带通信号 $m(t)$，如果以如下的抽样速率进行抽样

$$f_s = 2B\left(1 + \frac{k}{n}\right) \tag{6.2.11}$$

那么，$m(t)$ 可完全由其抽样值确定。此时频谱空隙最小，且频谱不重叠。

式（6.2.11）中，$B = f_H - f_L$ 为带通信号的带宽；$k = f_H/B - n$，n 是小于 f_H/B 的最大正整数。由此可知，必有 $0 \leq k < 1$。

由 B 和 k 的表达式，可将式（6.2.11）变换为

$$f_s = \frac{2}{n}f_L + \frac{2B}{n} \tag{6.2.12}$$

根据式(6.2.12)可以画出 f_s 与 f_L 的关系曲线，如图 6.3 所示。

从图 6.3 和式(6.2.12)可见，当 $f_L \gg B$ 时，即 n 较大时，有

$$f_s \approx 2B \tag{6.2.13}$$

该式说明，实际中应用广泛的高频窄带信号，其抽样速率近似等于 $2B$，这样大大降低了抽样速

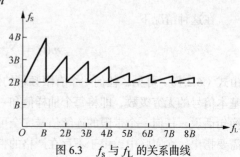

图 6.3 f_s 与 f_L 的关系曲线

率。顺便指出，对频带受限的广义平稳的随机信号进行抽样，也服从抽样定理。

6.3　脉冲振幅调制

前面讨论的连续波调制是以连续的正弦信号作为载波的。然而正弦信号并非是唯一的载波形式，时间上离散的脉冲序列同样可以作为载波。如果是以时间上离散的脉冲序列作为载波，用模拟基带信号 $m(t)$ 去控制脉冲参数（幅度、宽度和位置），使其按 $m(t)$ 的规律变化，这样的调制方式就称为脉冲调制。通常，按调制信号改变脉冲参数的不同，把脉冲调制分为脉冲振幅调制（PAM）、脉冲宽度调制（PDM 或 PWM）和脉冲位置调制（PPM）。图 6.4 所示为 PAM、PDM、PPM 信号波形。虽然这 3 种已调波在时间上都是离散的，但脉冲参数的变化是连续的，因此仍属于模拟调制。限于篇幅，这里仅介绍脉冲振幅调制，因为它是脉冲编码调制的基础。

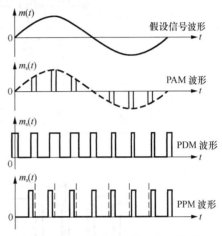

图 6.4　PAM、PDM、PPM 信号波形

PAM 是脉冲载波的振幅随基带信号变化的一种调制方式。如果载波是由冲激脉冲序列组成，则按抽样定理得到的信号 $m_s(t)$ 就是一个 PAM 信号。需要指出，用冲激脉冲序列进行抽样是一种理想情况，是不可能实现的。即使能实现，由于抽样后信号的频谱为无限宽，对有限带宽的信道而言也无法传输。因此，在实际中通常采用有限宽度的窄脉冲序列近似代替冲激脉冲序列。常见的两种基本抽样形式是自然抽样和平顶抽样。

6.3.1　自然抽样

设抽样脉冲 $s(t)$ 为矩形脉冲序列，其脉冲宽度为 τ 秒、幅度为 A、重复周期为 T_s。那么自然抽样就可通过 $s(t)$ 与信号 $m(t)$ 直接相乘来实现。抽样后信号的时域表示式为

$$m_s(t) = m(t)s(t) = m(t)\frac{A\tau}{T_s}\sum_{n=-\infty}^{\infty} Sa(n\omega_s\tau/2)\mathrm{e}^{jn\omega_s t} \qquad (6.3.1)$$

对应的频域表示式为

$$M_s(\omega) = \frac{A\tau}{T_s}\sum_{n=-\infty}^{\infty} Sa(n\omega_s\tau/2)M(\omega - n\omega_s) \qquad (6.3.2)$$

由式（6.3.2）可见，自然抽样以后，$m_s(t)$ 的频谱是由一系列位于 $n\omega_s$ 各点上的基带信号频谱组成，它的各个频谱的幅度取决于 $n\omega_s$ 处抽样函数值的大小，或者说受到抽样函数的加权。在接收端，只要满足抽样定理 $\omega_s \geqslant 2\omega_H$，则它们的频谱就不会重叠，$m_s(t)$ 就可通过带宽为 ω_H 的理想低通滤波器无失真地恢复出原来信号 $m(t)$。此时低通滤波器的输出为

$$M_o(\omega) = \frac{A\tau}{T_s}M(\omega) \leftrightarrow m_o(t) = \frac{A\tau}{T_s}m(t) \qquad (6.3.3)$$

可见，由自然抽样恢复出的信号 $m_o(t)$ 与原被抽样信号 $m(t)$ 只有大小的差别，而不会产生失真。

自然抽样的优点是，当窄脉冲宽度 τ 增加时，$\dfrac{A\tau}{T_s}Sa(n\omega_s\tau/2)$ 幅度相应增加，但衰减加快，它

表示取样后信号的频谱向低频集中，并且随频率升高衰减加快。这意味着在较高频率上其能量可以忽略，因此取样后信号带宽随 τ 增加而减小，它有利于取样信号的传输。

需要说明的是，对于式（6.3.2），当 $A \to \infty$，$\tau \to 0$，$A\tau \to 1$ 时，$\dfrac{A\tau}{T_s} \text{Sa}(n\omega_s\tau/2) = \dfrac{1}{T_s}$。这时，式（6.3.2）就变成了式（6.2.5），即由自然抽样变成了理想抽样。所以可以认为理想抽样是自然抽样的极限情况。图 6.5 所示为自然抽样的数学模型、时域波形与频域波形。

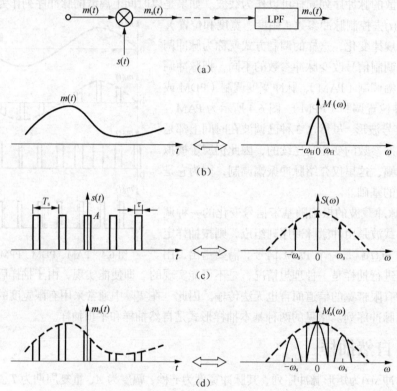

图 6.5 自然抽样的数学模型、时域波形与频域波形

6.3.2 平顶抽样

平顶抽样也称为瞬时抽样，其特点是抽样以后的信号脉冲序列有一定宽度，且具有相同的形状，而不是随信号 $m(t)$ 变化，它的幅度正比于信号 $m(t)$ 的瞬时抽样值。和自然抽样一样，平顶抽样可以选择任意形状脉冲。为了分析方便，假设抽样脉冲为理想矩形脉冲。平顶抽样的数学模型、时域波形与频域波形如图 6.6 所示。

由图 6.6（a）可知，可以把平顶抽样视为信号 $m(t)$ 经理想抽样后，再通过一个脉冲形成网络的结果。下面分析其抽样过程。

设脉冲形成电路的传递函数为 $H(\omega)$，时间函数相应为 $h(t)$，它们分别为

$$h(t) = A\text{rect}\left(\frac{t}{\tau}\right) \Leftrightarrow H(\omega) = A\tau Sa\left(\frac{\omega\tau}{2}\right) \tag{6.3.4}$$

式中，A 为矩形脉冲的幅度，τ 为矩形脉冲的宽度。

另设脉冲形成电路的输出信号频谱为 $M_s'(\omega)$，因为有

$$M_s'(\omega) = M_s(\omega)H(\omega) \tag{6.3.5}$$

而且已知理想抽样信号的频谱为

$$M_s(\omega) = \frac{1}{T_s} \sum_{n=-\infty}^{\infty} M(\omega - n\omega_s) \qquad (6.3.6)$$

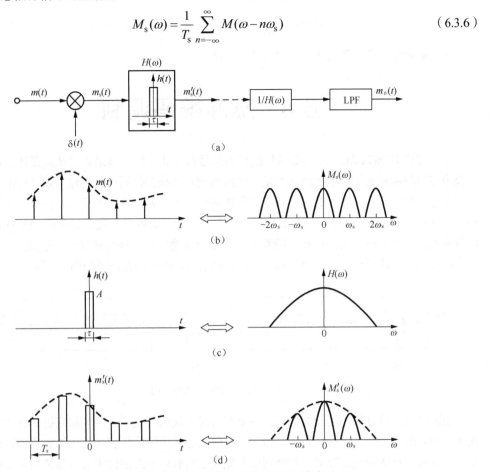

图 6.6　平顶抽样的数学模型、时域波形与频域波形

由此可以得到平顶抽样信号的时域和频域表示式，它们分别为

$$m_s'(t) = \sum_{n=-\infty}^{\infty} m(nT_s)\delta(t - nT_s) * h(t) = \sum_{n=-\infty}^{\infty} m(nT_s)h(t - nT_s) \qquad (6.3.7)$$

$$M_s'(\omega) = \left[\frac{1}{T_s} \sum_{n=-\infty}^{\infty} M(\omega - \omega_s)\right] H(\omega) = \frac{A\tau}{T_s} \sum_{n=-\infty}^{\infty} \mathrm{Sa}\left(\frac{\omega\tau}{2}\right) M(\omega - n\omega_s) \qquad (6.3.8)$$

由式（6.3.8）和图 6.6（d）可以看出，它也是由一系列频谱 $M(\omega)$ 组成。将它与自然抽样频谱相比较，可以发现两者虽然相似，但实际上差别很大。在自然抽样中，抽样后信号的频谱被 $\frac{A\tau}{T_s}\mathrm{Sa}\left(\frac{n\omega_s\tau}{2}\right)$ 加权，该加权系数仅随 n 的变化而变化。当 n 确定后它为常数，n 不同该常数的取值不同。因此 n 不相同时仅频谱的幅度不同，即频谱的形状保持不变。而在平顶抽样中，抽样后信号的频谱被 $\frac{A\tau}{T_s}\mathrm{Sa}\left(\frac{\omega\tau}{2}\right)$ 加权，它是频率 ω 的函数，因此频谱的基本形状也发生了改变，即产生了频率失真。

如图 6.6（a）所示，为了消除由 $H(\omega)$ 引起的频率失真，可在低通滤波器之前用传输函数为

$1/H(\omega)$ 的网络加以修正，则低通滤波器输入信号的频谱变成

$$M_s(\omega) = \frac{1}{H(\omega)} M_H(\omega) = \frac{1}{T_s} \sum_{n=-\infty}^{\infty} M(\omega - n\omega_s) \tag{6.3.9}$$

这样低通滤波器便能无失真地恢复出 $M(\omega)$。

6.4 脉冲编码调制

脉冲编码调制(PCM)是一种最常用的模拟信号数字化方法，其最大特征是把连续的输入信号变换为在时间域和振幅域上都离散的量，然后再把它变换为代码进行传输。在 PCM 系统中，由于信息是由数字信号来表示的，所以在远距离再生中继传输中噪声不积累；整个系统可全部采用数字电路技术，为通信系统有效性、可靠性和保密性的提高提供了良好的保证。PCM 的缺点是传输带宽较宽、系统较复杂。但是，随着数字技术的飞速发展，这些缺点已不重要。

PCM 主要由抽样、量化、编码 3 个部分组成。PCM 系统方框图如图 6.7 所示。

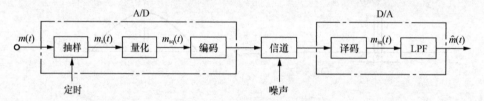

图 6.7　PCM 系统方框图

前面讲过，经过抽样以后的信号，只是在时间上被离散化了，但其幅度仍是连续取值的，因而无法用有限状态的数字信号表示。为了用有限状态的数字信号表示，还需要将抽样后的每个样值用振幅域上离散的值来近似。这种利用预先规定的有限个离散值来表示模拟抽样值的过程称为"量化"。可以说量化过程实现了模拟信号向数字信号的实质转换。把经量化得到的信号电平值转换成数字代码的过程称为"编码"。通常采用二进制编码。

经过抽样、量化、编码 3 个步骤后，则完成了发送端的模数（A/D）转换过程。经译码、低通滤波器后，则又完成了接收端数模（D/A）转换过程。下面分别讨论信号量化、编码和译码的工作原理。

6.4.1　量化

根据量化定义，在量化时，先对输入信号的取值范围进行"分级"或"分层"，得到 M 个离散电平值，然后把模拟抽样信号归入最接近的电平值。把相邻两个离散电平值之间的差距称为量化间隔，或量化阶距。量化一般分为均匀量化和非均匀量化。

1．均匀量化

如果采用相等的量化间隔对抽样得到的信号进行量化，称为均匀量化。其特点是：量化间隔是一个常数，它的大小由输入信号的变化范围和量化电平数决定。当信号的取值范围和量化电平数确定之后，量化间隔也就确定了，图 6.8 即是量化的例子。

若输入信号的最小值和最大值分别用 a 和 b 表示，量化电平数为 M，则均匀量化的间隔为

$$\Delta v = \frac{b-a}{M} \tag{6.4.1}$$

通常，量化器输入是将随机信号 $m(t)$ 进行抽样后的模拟信号 $m_s(t)=m(kT_s)$，量化过程将抽样值 $m(kT_s)$ 变换成 M 个量化电平 q_1，q_2，$\cdots$，q_M 之一，即有

$$m_q(kT_s) = q_i , \quad 当 m_{i-1} \leqslant m(kT_s) \leqslant m_i \qquad (6.4.2)$$

式中，m_i 为第 i 个量化区间的终点值，并有 $m_0=a$，$m_M=b$。m_i 大小可表示为

$$m_i = a + i\Delta v \qquad (6.4.3)$$

q_i 为第 i 个量化区间的量化电平，其大小可表示为

$$q_i = \frac{m_i + m_{i-1}}{2}, i = 1, 2, \cdots, M \qquad (6.4.4)$$

由上面分析可知，信号的量化过程实质上是用阶梯信号来近似原信号的过程，所以信号的抽样值和量化值之间存在一定的误差。这种舍零取整造成的误差叫做量化误差，并且把量化误差产生的噪声叫做量化噪声。这种噪声在接收端无论用什么办法也不能消除。在电声系统中量化噪声表现为一些沙沙声；在图像传输中，量化噪声会使连续变化的灰度值出现不连续的情况，因此应采取措施尽量使它减小。由图 6.9 可见，量化误差为

$$e_q(t) = m(t) - m_q(t) \qquad (6.4.5)$$

若采用四舍五入的量化方法，则量化误差的范围是 $-\Delta v/2 \leqslant e_q(t) \leqslant \Delta v/2$。

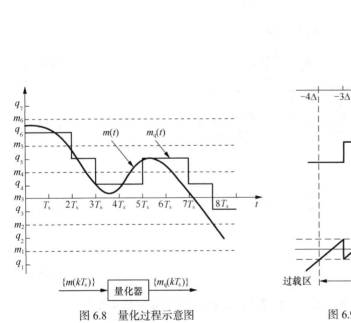

图 6.8 量化过程示意图

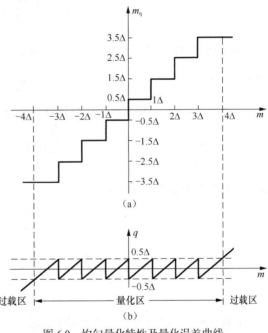

图 6.9 均匀量化特性及量化误差曲线

下面来分析均匀量化时的量化噪声和量化信噪比。

设输入信号 $m(t)$ 在 $[a,b]$ 范围内取值，并被划分为 M 个量化级，量化间隔为 Δv。根据式（6.4.5），可以得到量化噪声功率为

$$N_q = E\left[(m-m_q)^2\right] = \int_a^b (x-m_q)^2 f(x)\mathrm{d}x$$
$$= \sum_{i=1}^{M} \int_{m_{i-1}}^{m_i} (x-q_i)^2 f(x)\mathrm{d}x \qquad (6.4.6)$$

式中，E 为求统计平均；$f(x)$ 为信号 $m(t)$ 值出现的概率密度函数；$m_i = a + i\Delta v$，$q_i = a + i\Delta v - \Delta v/2$。

量化器输出的信号功率为

$$S_q = E\left[(m_q)^2\right] = \sum_{i=1}^{M}(q_i)^2 \int_{m_{i-1}}^{m_i} f(x)\mathrm{d}x \qquad (6.4.7)$$

显然，若已知信号 $m(t)$ 振幅的概率密度函数，便可计算出量化器输出信噪比 S_q/N_q。

[例 6.4.1] 设一均匀量化器有 M 个量化电平，其输入信号在区间 $[-a, a]$ 具有均匀概率密度函数，试求量化器输出端的平均信号功率与量化噪声功率比 S_q/N_q。

解：由于输入信号在区间 $[-a, a]$ 具有均匀概率密度函数，所以其概率密度函数为

$$f(x) = \frac{1}{a-(-a)} = \frac{1}{2a}$$

再由式（6.4.5），可以得到量化噪声功率为

$$\begin{aligned}
N_q &= \int_a^b (x - q_i)^2 \left(\frac{1}{2a}\right)\mathrm{d}x \\
&= \sum_{i=1}^{M} \int_{-a+(i-1)\Delta v}^{-a+i\Delta v} \left(x + a - i\Delta v + \frac{\Delta v}{2}\right)^2 \frac{1}{2a}\mathrm{d}x \\
&= \sum_{i=1}^{M}\left(\frac{1}{2a}\right)\left(\frac{\Delta v^3}{12}\right) = \frac{M(\Delta v)^3}{24a}
\end{aligned} \qquad (6.4.8)$$

对于均匀量化，有

$$M \cdot \Delta v = 2a$$

所以

$$N_q = \frac{(\Delta v)^2}{12} \qquad (6.4.9)$$

又由式（6.4.7），可以得到输出信号功率为

$$S_q = \sum_{i=1}^{M}(q_i)^2\left(\frac{\Delta v}{2a}\right) = \frac{M^2-1}{12}(\Delta v)^2 \qquad (6.4.10)$$

最后可得量化器输出信噪比为

$$\frac{S_q}{N_q} = M^2 - 1 \qquad (6.4.11)$$

当 $M \gg 1$ 时，式（6.4.11）变为

$$\frac{S_q}{N_q} \approx M^2 \qquad (6.4.12)$$

若取 $M = 2^N$，即用 N 位二进制码来表示一个抽样值，以 dB 表示的量化信噪比为

$$\left(\frac{S_q}{N_q}\right)_{\mathrm{dB}} = 20\lg M = 20N\lg 2 \approx 6N\,(\mathrm{dB}) \qquad (6.4.13)$$

式（6.4.12）表明，量化器的输出信噪比随量化电平数 M 的增加而提高；式（6.4.13）表明，对于二进制编码，每增加一位编码，信噪比可提高 6dB。通常量化电平数应根据对量化器输出信噪比的要求来确定。

由式（6.4.5）和（6.4.9）可知，在均匀量化中，无论抽样值大小如何，量化误差的最大值都是常数 $\Delta v/2$，而且量化噪声功率的均方根也为常数 $\Delta v/\sqrt{12}$。这说明，信号电平越低，量化信噪

比越小。例如，量化阶距为 1V，那么最大量化误差为 0.5V。当信号幅度为 5V 时，那么量化误差为信号幅度的 10%；信号幅度为 1V 时，那么量化误差为信号幅度的 50%。该例子说明，若大信号刚好满足量化信噪比要求，则小信号肯定不能满足要求。若要确保小信号也能满足量化信噪比要求，必须大大提高量化级数。

例如，电话传输标准要求在信号动态范围大于 40dB 的条件下信噪比不低于 26dB。根据这一要求，由式（6.4.13）可得

$$26 \leqslant 6N - 40$$

求得编码位数 $N \geqslant 11$。这样多的编码位数不仅使设备的复杂性增加，而且又使传输速率和传输带宽也相应地增加。采用非均匀量化可解决此问题。

2. 非均匀量化

量化间隔可变的量化称为非均匀量化。具体讲就是，使量化间隔随信号幅度的大小变化。在大信号时，量化间隔取得大一点；而小信号时，量化间隔取得小一点。这样就可以保证量化噪声对大小信号的影响大致相同，即改善了小信号时的量化信噪比，相当于扩大了输入信号的动态范围。

实际中，非均匀量化及编码可以采用压缩、均匀量化及编码来实现，接收端则要采用译码、扩张才能恢复信号。图 6.10 所示为非均匀量化的 PCM 系统框图。

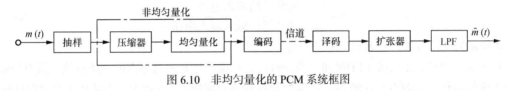

图 6.10　非均匀量化的 PCM 系统框图

为了进一步理解压缩与扩张的原理，请参见如图 6.11 所示的压缩与扩张特性曲线。压缩特性曲线具有对小信号放大量较大，大信号放大量较小这样一种特性，其结果等效于对输入信号进行非均匀量化。由于小信号的幅度得到了较大的放大，从而使小信号的信噪比大为改善。为了避免信号失真，在输出端，要求扩张特性与压缩特性恰好相反。

对输入信号压缩后，将压缩器的输出再进行均匀量化，如把图 6.11 的纵坐标分成 4 个等份，即 $\Delta y_1 = \Delta y_2 = \Delta y_3 = \Delta y_4$，把各分点对应到输入端，即对应到横坐标，则发现 $\Delta x_1 < \Delta x_2 < \Delta x_3 < \Delta x_4$。这说明在压缩器输出端进行均匀量化，等效到输入端则为非均匀量化，而且是大信号为大阶距，小信号为小阶距，正好符合对非均匀量化阶距的要求。图 6.12 所示为对信号脉冲进行压缩和扩张的过程。

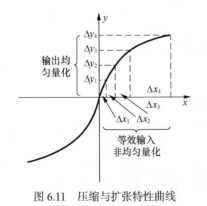

图 6.11　压缩与扩张特性曲线

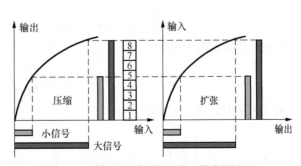

图 6.12　对信号脉冲进行压缩和扩张的过程

压缩特性的选取与信号的统计特性有关。理论上，具有不同概率分布的信号都有一个相对应的最佳压缩特性，使量化噪声达到最小。但在实际中，还应考虑压缩特性易于在电路中实现以及压缩特性的稳定性等问题。世界各国广泛采用的两种对数压缩律是 μ 压缩律和 A 压缩律。ITU-T 在 G.711 建议中给出了这两种压缩率的标准，并规定国际间通信一律采用 A 律。

μ 律的数学表达式为

$$y = \frac{\ln(1+\mu x)}{\ln(1+\mu)}, \quad 0 \leqslant x \leqslant 1 \tag{6.4.14}$$

A 律的数学表达式为

$$y = \begin{cases} \dfrac{Ax}{1+\ln A}, & 0 < x \leqslant \dfrac{1}{A} \\ \dfrac{1+\ln(Ax)}{1+\ln A}, & \dfrac{1}{A} \leqslant x \leqslant 1 \end{cases} \tag{6.4.15}$$

式中，y 为归一化的压缩输出电压，它是压缩器输出电压与最大输出电压之比，即

$$y = \frac{压缩器的输出电压}{压缩器可能的最大输出电压} \tag{6.4.16}$$

x 为归一化的压缩输入电压，它是压缩器输入电压与最大输入电压之比，即

$$x = \frac{压缩器的输入电压}{压缩器可能的最大输入电压} \tag{6.4.17}$$

A 和 μ 为压扩参数，它表示压缩的程度。

对于 μ 压缩律，由式(6.4.14)可知，当 $\mu=0$ 时，压缩特性是通过原点的一条直线，没有压缩，对应于均匀量化。一般当 $\mu=100$ 时，压缩的效果就比较理想了。μ 越大，小信号压缩效果越好。

对于 A 压缩律，由式(6.4.15)可知，当 $A=1$ 时，没有压缩，对应于均匀量化。A 的取值在 100 附近，可以得到满意的压缩特性。A 越大，小信号压缩效果越好。

压缩对量化信噪比的影响，可以用下面的式子来说明，即

$$y'\big|_x = \frac{\mathrm{d}y}{\mathrm{d}x}\Big|_x = \frac{\Delta y}{\Delta x} \tag{6.4.18}$$

式中，Δy 为均匀量化的量化间隔，Δx 为非均匀量化时信号落入的量化级的量化间隔，Δx 是随信号大小在变化的。该式子表示了非均匀量化对均匀量化的信噪比改善程度。用分贝表示为

$$[Q]_{\mathrm{dB}} = 20\lg\left(\frac{\mathrm{d}y}{\mathrm{d}x}\right) = 20\lg\left(\frac{\Delta y}{\Delta x}\right) \tag{6.4.19}$$

例如，当 $\mu=100$ 时，对于小信号，在 $x=0$ 处有

$$\left(\frac{\mathrm{d}y}{\mathrm{d}x}\right)_{x=0} = \frac{\mu}{(1+\mu x)\ln(1+\mu)}\bigg|_{x=0} = \frac{\mu}{\ln(1+\mu)} = \frac{100}{4.62}$$

这时量化信噪比的改善程度为

$$[Q]_{\mathrm{dB}} = 20\lg\left(\frac{\mathrm{d}y}{\mathrm{d}x}\right) = 26.7\mathrm{dB}$$

对于大信号，在 $x=1$ 处有

$$\left(\frac{\mathrm{d}y}{\mathrm{d}x}\right)_{x=1} = \frac{\mu}{(1+\mu x)\ln(1+\mu)}\bigg|_{x=1} = \frac{100}{(1+100)\ln(1+100)} = \frac{1}{4.67}$$

$$[Q]_{dB} = 20\lg\left(\frac{dy}{dx}\right) = 20\lg\left(\frac{1}{4.67}\right) = -13.3dB$$

即大信号时质量损失约 13dB。这里，最大允许输入电平为 0dB（即 x=1）；$[Q]_{dB}$>0 表示提高的信噪比，而$[Q]_{dB}$<0 表示损失的信噪比。

以上计算的是两个极端的情况，若取中间任一点，如输入信号为 x=0.3162（用分贝表示则为–10dB），根据上式可求得$[Q]_{dB}$ = –3.6dB。按照上述方法，可以求出任意一点信噪比的改善量。均匀量化和非均匀量化信噪比的比较如图 6.13 所示。

随着数字电路和大规模集成电路的发展，出现了利用折线来逼近对数压缩特性的压缩和编码一体化的数字压扩技术。在实际中，CCITT 建议采用的有 13 折线 A 律(A=87.6)和 15 折线 μ 律(μ=255)。15 折线 μ 律主要用于美国、加拿大等国的 PCM-24 路基群中；13 折线 A 律主要用于英国、法国、德国等欧洲各国的 PCM30/

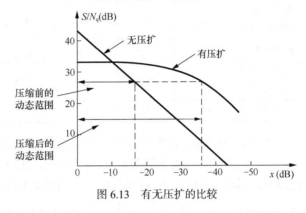

图 6.13　有无压扩的比较

32 路基群中，我国的 PCM30/32 路基群也采用 A 律 13 折线压缩律。下面对 A 律 13 折线法加以说明。

图 6.14 所示为 A 律 13 折线压缩特性曲线。图中 x 和 y 分别为归一化的输入和输出信号幅度。它先将 x 轴上 0～1 区间不均匀地分为 8 段，分段的规律是每次以 1/2 取段，即分段点依次为 1/2，1/4，$\cdots$，1/128。然后将 y 轴上 0～1 区间均匀地分为 8 段，与 x 轴的 8 段一一对应，即每段长 1/8。最后把 x 轴和 y 轴上对应分段的交点连接起来，便可得到由 8 段直线构成的一条折线。从各段的斜率计算可知，除第 1 段和第 2 段外，其他各段直线的斜率都不相同，它们的关系如表 6.1 所示。由于这样一条折线为奇对称，所以正向和负向各有 8 条线段。又由于正向和负向第 1 段和第 2 段的斜率相同，所以这 4 段实际上是一条直线。因而，在正、负两个方向上得到了 13 段直线，这就是所谓的"13 折线"。

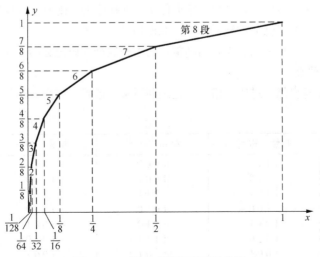

图 6.14　A 律 13 折线压缩特性曲线

表6.1 13 折线各分段参数

y	0	1/8	2/8	3/8	4/8	5/8	6/8	7/8	1
按折线分段时的 x	0	1/128	1/64	1/32	1/16	1/8	1/4	1/2	1
段落	1		2		3	4	5	6	7	8
量化间隔	1/2048		1/2048		1/1024	1/512	1/256	1/128	1/64	1/32
量化间隔（以 Δ 计）	Δ		Δ		2Δ	4Δ	8Δ	16Δ	32Δ	64Δ
段落长度	1/128		1/128		1/64	1/32	1/16	1/8	1/4	1/2
段落长度（以 Δ 计）	16Δ		16Δ		32Δ	64Δ	128Δ	256Δ	512Δ	1024Δ
斜率	16		16		8	4	2	1	1/2	1/4

对于每一直线段，再均匀地分为 16 等份，这样 y 被分成了 $8 \times 16 = 128$ 个量化级。由于 y 是均匀分割的，所以每段的量化间隔都是 1/128。对于 x 轴上的 8 段，由于每段的长度不同，因此每段的量化间隔也不同。具体讲，在 13 折线中，第 1 段和第 2 段最短，只有归一化的 1/128，再将它 16 等分后，每一小段长度为 $\dfrac{1}{128} \times \dfrac{1}{16} = \dfrac{1}{2\,048}$，这就是最小的量化间隔，记为 Δ，它仅有归一化值的 1/2 048。第 8 段最长，它是归一化值的 1/2，将它 16 等分后得每一小段的长度为 1/32。这表明第 8 段与第 1 段的量化间隔相差 64 倍，即大信号的量化间隔是小信号量化间隔的 64 倍。按照上述方法，可计算出每一段落的长度和相应段落内每一小段的长度。

在 A 律特性分析中可以看出，取 $A=87.6$ 的目的有两个：一是使特性曲线原点附近的斜率凑成 16；二是使 13 折线逼近时，x 的 8 个段落量化分界点近似地按 2 的幂次递减分割，有利于数字化处理。

6.4.2 编码和译码

在发送端，模拟信源输出的模拟信号经抽样和量化后得到的脉冲序列是一个多进制的多电平数字信号，如果直接传输，则抗噪声能力很差，因此还要将其转换成具有抗干扰能力强、易于产生等优点的二进制数字信号后，再经数字信道传输。在接收端，则要将接收到的二进制码组还原成多进制的量化信号，并经低通滤波器恢复出原模拟基带信号。

在讨论编码和译码原理之前，需要明确常用的编码码型及码位数的选择与安排。

1. 常用的二进码型

常用的二进码型有自然二进码、格雷二进码和折叠二进码，如表 6.2 所示。

表6.2 常用二进码型

样值脉冲极性	自然二进码	格雷二进码	折叠二进码	量 化 值
正极性部分	1111	1000	1111	15
	1110	1001	1110	14
	1101	1011	1101	13
	1100	1010	1100	12
	1011	1110	1011	11
	1010	1111	1010	10
	1001	1101	1001	9
	1000	1100	1000	8

续表

样值脉冲极性	自然二进码	格雷二进码	折叠二进码	量　化　值
负极性部分	0111	0100	0000	7
	0110	0101	0001	6
	0101	0111	0010	5
	0100	0110	0011	4
	0011	0010	0100	3
	0010	0011	0101	2
	0001	0001	0110	1
	0000	0000	0111	0

自然二进码就是一般的十进制正整数的二进制表示，编码简单、易记，而且译码可以逐比特独立进行。

格雷二进码的特点是相邻两个量化电平的码字之间的汉明距离始终为 1，因此把这种码称为单位距离码。所谓汉明距离是指两个等长码字之间对应取值不同的个数。在传输过程中，如果格雷码的某一码元判决有误，则原码字会被其相邻的码字所代替，故在这种情况下所造成的误码值较小。

仔细观察表 6.2 可以发现，正极性和负极性两部分的码字，除最高位之外，余下部分是以量化范围的一半为中线对折而成。最高位上半部分为"1"，表示信号为正，最高位下半部分为"0"，表示信号为负。利用这个特点来对双极性码进行编码就非常简单。

折叠二进码与自然二进码相比，还有一个优点是，在传输过程中如果出现误码，对小信号的影响较小。如由大信号 1111 误传为 0111，从表 6.2 可见，对于自然二进码解码后得到的样值脉冲与原信号相比，误差为 8 个量化级。而对于折叠二进码，误差为 15 个量化级。如果误码发生在小信号时，由 1000 误传为 0000，这时情况就不同了。对于自然二进码，误差是 8 个量化级，而对于折叠二进码误差却只有一个量化级。折叠二进码的这一特性是很有价值的，因为实际中语音信号小幅度出现的概率比大幅度出现的概率大得多。

2. 码位数的选择与安排

为了保证较好的通信质量，应该选择合适的编码位数，这不仅关系到通信质量的好坏，而且还关系到实现的复杂程度。编码位数的多少，决定了量化分级数的多少。换句话说，若量化分级数一定，则编码所需的位数也就被确定了。在信号变化范围一定时，用的码位数越多，量化误差就越小，通信质量也就越好。但码位数越多，设备越复杂，同时还会使总的传码率增加，传输带宽加大。PCM 多路电话机常采用 8 位非线性编码，其中 1 位为极性码。

关于码位的安排，具体讲，在逐次比较型编码方式中，无论采用几位码，一般均按极性码、段落码、段内码的顺序排列。下面结合 13 折线的编码来加以说明。

在 13 折线中，无论是正向还是负向，都有 8 个直线段，因此要区分信号落在哪一段，就需要 3 位码。在每个直线段中又均匀分为 16 个量化级，要表示信号落在某一级，则需 4 位码。因此，可以用 8 位二进制码对一个信号的抽样量化值进行编码。设每次编的 8 位码分别用 $C_7C_6C_5C_4C_3C_2C_1C_0$ 表示，则各码位安排如下。

C_7：极性码，表示信号样值的极性。正极性时 $C_7=1$，负极性时 $C_7=0$。

$C_6C_5C_4$：段落码，表明信号样值被归入哪一段，并指出 8 个段落的起点电平。

$C_3C_2C_1C_0$：段内码，代表每一段落中的 16 个均匀划分的量化级。

表 6.3 给出了段落码、段内码及相应电平值的关系，其中电平值的大小均以最小量化间隔 Δ

（即第一段的量化间隔）为单位。

表 6.3 段落码、段内码及相应电平值的关系

段落序号	段 落 码			段落起点电平（Δ）	段内码对应电平（Δ）				段内量化级数（Δ）	量化间隔（Δ）
	C_6	C_5	C_4		C_3	C_2	C_1	C_0		
1	0	0	0	0	8	4	2	1	16	1
2	0	0	1	16	8	4	2	1	16	1
3	0	1	0	32	16	8	4	2	32	2
4	0	1	1	64	32	16	8	4	64	4
5	1	0	0	128	64	32	16	8	128	8
6	1	0	1	256	128	64	32	16	256	16
7	1	1	0	512	256	128	64	32	512	32
8	1	1	1	1024	512	256	128	64	1024	64

以上讨论的是非均匀量化的情况，现在将它与均匀量化作一比较。假设以非均匀量化时的最小量化间隔作为均匀量化时的量化间隔，那么从 13 折线的第 1 段到第 8 段各段所包含的均匀量化级数分别为 16、16、32、64、128、256、512、1024，总共有 2048 个均匀量化级，而非均匀量化时只有 128 个量化级。因此，均匀量化需要编 11 位码，非均匀量化只要 7 位码。可见，在保证小信号区间量化间隔相同的条件下，7 位非线性编码与 11 位线性编码等效。由于非线性编码的位数减少，所以实现起来简单，所需传输系统带宽减小。

3. 逐次比较型编码原理

编码工作由编码器来完成，而编码器目前通常由大规模集成电路来实现。实际应用的编码器种类较多，下面只简要介绍 A 律 13 折线逐次比较型编码器的编码原理。

编码器的任务就是根据输入的样值脉冲变换成相应的 8 位二进制代码。在这 8 位代码中，除了第 1 位作为极性码之外，其余 7 位二进代码是通过逐次与预先规定好的标准电流（或电压）进行比较而确定的。这些标准电流（或电压）称为权值电流（或电压），用符号 I_w 表示。

逐次比较的过程与用天平称物体重量的过程很相似。天平称重量时，一边放被测物体，一边放砝码。设天平的称重范围为 0～128g，它有 7 个砝码，分别为 64g、32g、16g、8g、4g、2g、1g，且设被测物体的重量为 102g。如何确定这一重量呢？其过程如下：在天平的一边先放 64g 的砝码，看被测物体比这一砝码重还是轻。如果重，就保留这一砝码，否则就去掉这一砝码。接着用同样的方法来依次确定 32、16、8、4、2、1g 的砝码是保留还是去掉。那么，在称重 102g 物体过程中，所用的 7 个砝码去、留情况如下：

$$64g（留）+ 32g（留）+ 16g（去）+ 8g（去）+ 4g（留）+ 2g（留）+ 1g（去）= 102g$$

如果以二进码的 0 和 1 分别代表砝码的去和留，则可得到自然二进码 1100110。

逐次比较型编码工作原理与天平称重过程有如下的对应的关系：

$$抽样值的取值域 \Leftrightarrow 天平的称重范围$$

$$某一时刻的量化抽样值 \Leftrightarrow 被测物体的重量$$

$$7 位二进码的权值 \Leftrightarrow 天平的 7 个砝码$$

图 6.15 所示为逐次比较型编码器的原理框图。它由抽样保持、整流、极性判决、比较器、本地译码器等组成。下面结合天平称重过程来说明逐次比较型编码器的工作原理。

首先，将抽样后的 PAM 信号分成两路信号，一路通过极性判决电路，确定出它的极性。当样值为正时 $C_7=1$，样值为负时 $C_7=0$。另一路通过全波整流电路，将它变为单极性信号 I_s。比较器

是编码器的核心，它将样值电流 I_s 和标准电流 I_w 进行比较，从而完成对输入信号抽样值的非线性量化和编码。每比较一次输出一位二进制代码。当 $I_s > I_w$ 时，比较器输出"1"码，反之输出"0"码。由于在 13 折线中用了 7 位二进制代表段落和段内码，所以对一个输入信号的抽样值需要进行 7 次比较。本地译码器提供每次所需的标准电流 I_w。编码顺序是，先编出 3 位段落码 $C_6 C_5 C_4$，然后再编出 4 位段内码 $C_3 C_2 C_1 C_0$。

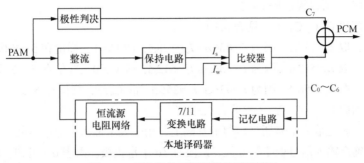

图 6.15　逐次比较型编码器的原理框图

本地译码器是由记忆电路、7/11 变换电路和恒流源组成。记忆电路用来存储二进制代码，因为除第一次比较之外，其余各次比较都要依据前面的比较结果来确定 I_w 的值。7/11 变换电路就是前面讨论的数字压缩器。因为 7 位非线性码与 11 位线性码等效，而比较器只能编 7 位码，反馈到本地译码器的全部码也只有 7 位。另外，恒流源有 11 个基本权值电流支路，需要 11 个控制脉冲来进行控制，所以必须经过变换，即将非均匀量化的 7 位非线性码变换为 11 位线性码。恒流源用于产生各种标准电流值。保持电路的作用是使输入信号的抽样值在整个比较过程中保持其幅度不变。

PCM 接收端译码器的任务是根据 13 折线 A 律压扩特性将接收到的 PCM 信号还原为 PAM 信号。其工作原理与编码器中的本地译码器基本相同，唯一不同之处是接收端译码器在译出的同时，还要恢复出信号的极性，这里不再赘述。常用的译码器大致可分为 3 种类型，即加权网络型、级联型和混合型。

段落码的具体编码过程如表 6.4 所示。经过 3 次比较后，就确定了信号样值处于哪一段，即确定了段落码 $C_6 C_5 C_4$。每一次比较时标准电流值 I_w 的选取原则：在前一次比较后已知该样值处于哪几段的基础上，取这几段的分界值即为本次比较时的 I_w 值。例如，第一次比较时，由于段落码的 1～4 段与 5～8 段的分界值是 128Δ，因此 $I_w=128\Delta$。

表 6.4　　　　　　　　　　　　　　　　段落码的编码过程

$I_S > I_w = 128\Delta$?							
(是) $C_6=1$ 样值在 5～8 段				(否) $C_6=0$ 样值在 1～4 段			
$I_s > I_w = 512\Delta$?				$I_s > I_w = 32\Delta$?			
(是) $C_5=1$ 样值在 7、8 段		(否) $C_5=0$ 样值在 5、6 段		(是) $C_5=1$ 样值在 3、4 段		(否) $C_5=0$ 样值在 1、2 段	
$I_s > I_w = 1024\Delta$?		$I_s > I_w = 256\Delta$?		$I_s > I_w = 64\Delta$?		$I_s > I_w = 16\Delta$?	
(是) $C_4=1$ 样值在 8 段	(否) $C_4=0$ 样值在 7 段	(是) $C_4=1$ 样值在 6 段	(否) $C_4=0$ 样值在 5 段	(是) $C_4=1$ 样值在 4 段	(否) $C_4=0$ 样值在 3 段	(是) $C_4=1$ 样值在 2 段	(否) $C_4=0$ 样值在 1 段

段内码的编码方法与段落码类似，同样可确定 $C_3 C_2 C_1 C_0$。

下面举例说明这一编码过程。

[例 6.4.2] 设输入信号抽样值为 $+436\Delta$，若进行 PCM 编码，求所编的 8 位码。

解：

（1）确定极性码 C_7

由于 +436 为正，所以极性码 $C_7=1$。

（2）确定段落码 $C_6 C_5 C_4$（参见表 6.4）

第 1 次比较，取 $I_w=128\Delta$。因为 $I_s=436\Delta > I_w=128\Delta$，故 $C_6=1$，样值在 5～8 段。

第 2 次比较，取 $I_w=512\Delta$。因为 $I_s=436\Delta < I_w=512\Delta$，故 $C_5=0$，样值在 5～6 段。

第 3 次比较，取 $I_w=256\Delta$。因为 $I_s=436\Delta > I_w=256\Delta$，故 $C_4=1$，样值在 6 段。

（3）确定段内码 $C_3 C_2 C_1 C_0$（参见表 6.3）

段内码是在已确定输入信号所处段落的基础上，用来表示输入样值信号处于该段的哪一量化级上。上面已经确定输入信号处于第 6 段，该段有 16 个量化级。由表 6.3 可知，该段的量化间隔为 16Δ。故 C_3 的标准电流应选为

$$I_w = 段落起点电平 + 8 \times （该段量化间隔）= 256\Delta + 8 \times 16\Delta = 384\Delta$$

第 4 次比较，$I_s=436\Delta > I_w=384\Delta$，故 $C_3=1$，说明样值处于第 6 段的后 8 级（第 9～16 级）。

同理，C_2 的标准电流应选为

$$I_w = 段落起点电平 + 12 \times （该段量化间隔）= 256\Delta + 12 \times 16\Delta = 448\Delta$$

第 5 次比较，$I_s=436\Delta < I_w=448\Delta$，故 $C_2=0$，说明样值处于第 6 段的前 4 级（第 9～12 级）。

C_1 的标准电流应选为

$$I_w = 段落起点电平 + 10 \times （该段量化间隔）= 256\Delta + 10 \times 16\Delta = 416\Delta$$

第 6 次比较，$I_s=436\Delta > I_w=416\Delta$，故 $C_1=1$，说明样值处于第 6 段的第 11～12 级。

C_0 的标准电流应选为

$$I_w = 段落起点电平 + 11 \times （该段量化间隔）= 256\Delta + 11 \times 16\Delta = 432\Delta$$

第 7 次比较，$I_s=436\Delta > I_w=432\Delta$，故 $C_0=1$，说明样值处于第 6 段的第 12 级。

经过 7 次比较，最后得到 +436 的编码为 $C_7 C_6 C_5 C_4 C_3 C_2 C_1 C_0 = 11011011$，它位于第 6 段第 12 量化级。还可计算出 436 对应的 11 位线性编码为 00110110100。

[例 6.4.3] 设码组的 8 位编码为 01011001，求量化电平为多少？

解： $C_7=0$，说明抽样值为负极性。段落码为 101，说明在第 6 段。第 6 段的段落起点电平为 256 个量化单位。段内码为 1001，段内电平为 128+16=144 个量化单位，故该 8 位非线性码所代表的信号抽样量化值为 256+144=400 个量化单位。

6.4.3 PCM 集成编、译码器简介

PCM 编译码器采用 MC145557 专用大规模集成电路。它采用 A 律压扩编码方式，含发送带宽和接收低通开关电容滤波器，内部提供基准电压源，采用 CMOS 工艺。MC145557 的引脚如图 6.16（a）所示，内部组成框图见图 6.16（b）所示。

MC145557 的管脚定义简述如下。

$V-$：输入 -5V 电压。

GNDA：模拟地。

FR0：接收信号输出。

$V+$：输入+5V 电压。

FSr：接收 8kHz 帧同步输入。

DIr：接收数据输入。

CPrd/CPs：接收数据时钟输入/时钟选择控制。

CPr/PDN：接收主时钟输入/降低功耗控制。在固定数率工作模式下为 2048kHz。

CPt：发送主时钟输入。在固定数率工作模式下为 2048kHz。

CPtd：发送数据时钟输入。

DOt：发送数据时钟输出。

FSt：发送 8kHz 帧同步输入。

TSt：发送时隙指示。

GSt：发送增益控制。

IN+：发送信号同相输入。

IN−：发送信号反相输入。

MC145557 编译码器所需的定时脉冲均由定时部分提供。74LS04、74LS74 时钟源产生 2048kHz 的主时钟信号，由 74LS161、74LS20 和 74LS138 产生两个时序相差 3.91μs（1/256 000 s）的 8kHz 帧同步信号。

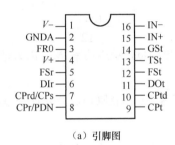

（a）引脚图

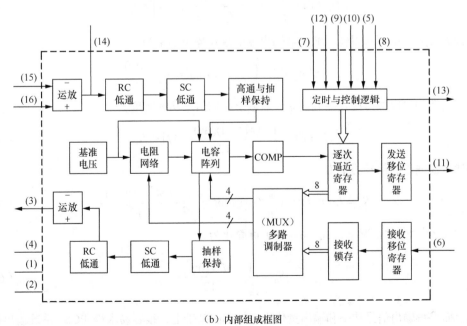

（b）内部组成框图

图 6.16　MC145557 的引脚图和内部组成框图

6.4.4 PCM 系统的抗噪声性能

PCM 系统存在两种噪声，一种是在量化过程中形成的量化噪声 $n_q(t)$，另一种是在传输过程中经信道混入的加性高斯白噪声 $n_e(t)$。这样，在接收端低通滤波器的输出中，除了有输出信号 $m_o(t)$ 成分外，还存在上面所述的两种噪声，即

$$\hat{m}(t) = m_o(t) + n_q(t) + n_e(t)$$

为了衡量 PCM 系统的抗噪声性能，通常将系统输出端总的信噪比定义为

$$\frac{S_o}{N_o} = \frac{E[m_o^2(t)]}{E[n_q^2(t)] + E[n_e^2(t)]} \tag{6.4.20}$$

虽然两种噪声最终的结果都使恢复后的信号与原信号存在差异，但是两种噪声却有着本质的区别。下面分别进行讨论。

1. 量化噪声的影响

设输入信号 $m(t)$ 在 $[-a, a]$ 上概率密度均匀分布，对 $m(t)$ 进行均匀量化，其量化级数为 M，量化噪声功率 N_q' 与前面讨论的式(6.4.9)结果相同，即

$$N_q' = \frac{(\Delta v)^2}{12}$$

需要指出，N_q' 不是系统最终输出的量化噪声功率 N_q，因为量化噪声还要经过信道传输和低通滤波器才能到达输出端。

可以证明，在不考虑信道噪声条件下，量化噪声成分 $n_q(t)$ 通过截止频率为 f_H 的理想低通滤波器后，其功率谱密度为

$$G_{n_q}(f) = \frac{1}{f_s} \cdot N_q' = \frac{1}{f_s} \cdot \frac{(\Delta v)^2}{12}, \quad |f| < f_H \tag{6.4.21}$$

假设 $f_s = 2f_H$，则可求得低通滤波器输出端的量化噪声功率为

$$N_q = E\left[n_q^2(t)\right] = \int_{-f_H}^{f_H} G_{n_q}(f)\mathrm{d}f = \frac{1}{f_s^2} \cdot \frac{(\Delta v)^2}{12} \tag{6.4.22}$$

同理，我们可以求得接收端低通滤波器输出端的信号功率密度为

$$G_{S_o}(f) = \frac{1}{f_s} \cdot \frac{(M^2-1)(\Delta v)^2}{12}, \quad |f| < f_H \tag{6.4.23}$$

故低通滤波器输出的信号功率为

$$S_o = E[m_o^2(t)] = \int_{-f_H}^{f_H} G_{S_o}(f)\mathrm{d}f = \frac{1}{f_s^2} \cdot \frac{(M^2-1)(\Delta v)^2}{12} \tag{6.4.24}$$

通常在 $M^2 \gg 1$ 的情况下，式（6.4.24）可简化为

$$S_o = \frac{1}{f_s^2} \cdot \frac{M^2(\Delta v)^2}{12} \tag{6.4.25}$$

在上面求得输出信号功率和输出量化噪声功率的基础上，很容易求得 PCM 系统输出端平均信号量化噪声功率比为

$$\frac{S_{\text{o}}}{N_{\text{q}}} = \frac{E[m_{\text{o}}^2(t)]}{E[n_{\text{q}}^2(t)]} = M^2 = 2^{2N} \tag{6.4.26}$$

式中，二进码位数 N 与量化级数 M 的关系为 $M=2^N$。

由式（6.4.26）可见，PCM 系统输出端平均信号量化噪声功率比仅仅依赖于每一个编码组的位数 N，其比值与 N 成指数关系。若信号 $m(t)$ 的频带被限制在 f_{H} 以内，按照奈奎斯特抽样间隔抽样，则每秒应有 $2f_{\text{H}}$ 个样值，对这些样值进行量化，每个量化后的样值用 N 位二进制数进行编码，则每秒需发 $2Nf_{\text{H}}$ 个脉冲。换句话说，对于一个每秒发送 $2Nf_{\text{H}}$ 个脉冲的系统，其带宽至少等于 Nf_{H}，即有 $B = Nf_{\text{H}}$，或 $N = B/f_{\text{H}}$，所以式（6.4.26）又可写为

$$\frac{S_{\text{o}}}{N_{\text{q}}} = 2^{2B/f_{\text{H}}} \tag{6.4.27}$$

可见，PCM 系统输出端的信号量化噪声功率比与系统带宽 B 成指数关系。

2. 加性噪声的影响

加性噪声对 PCM 系统的影响表现在 PCM 译码的错误，即造成误码。误差的大小对各码位来说是不均匀的。在一个长为 N 位的自然编码组中，假定自最低位到最高位的权值分别为 2^0，2^1，2^2，…，2^{i-1}，2^i，…，2^{N-1}，量化间隔为 Δv，则第 i 位码对应的抽样值为 $2^{i-1}\Delta v$。若第 i 位码发生了误码，则其误差为 $\pm(2^{i-1}\Delta v)$。这样，如果误码发生在最低位，则误差只为一个 Δv，而如果误码发生在最高位，则造成的误差最大，为 $\pm(2^{N-1}\Delta v)$。

在加性噪声为高斯白噪声的情况下，每个码元出现的误码都是相互独立的，并设每个码元的误码率皆为 P_{e}。另外，考虑到实际中 PCM 的每个码组中出现多于一位误码的概率很低，所以通常只研究码组中出现一位误码所产生的误码率就可以了。在这种情况下，一个码组由于误码在译码器输出端产生的平均功率为

$$N_{\text{e}}' = P_{\text{e}} \sum_{i=1}^{N} \left(2^{i-1}\Delta v\right)^2 = \frac{2^{2N}-1}{3} \cdot (\Delta v)^2 \cdot P_{\text{e}} \approx \frac{2^{2N}}{3} \cdot (\Delta v)^2 \cdot P_{\text{e}} \tag{6.4.28}$$

同样需要指出，N_{e}' 不是系统最终输出的量化噪声功率 N_{e}，因为加性噪声还要经过低通滤波器才能到达输出端。

可以证明，加性噪声成分 $n_{\text{e}}(t)$ 通过截止频率为 f_{H} 的理想低通滤波器后，其功率谱密度为

$$G_{n_{\text{e}}}(f) = \frac{1}{T_{\text{s}}} \cdot N_{\text{e}}' = \frac{P_{\text{e}}}{T_{\text{s}}} \cdot \frac{2^{2N}}{3} \cdot (\Delta v)^2, \quad |f| < f_{\text{H}} \tag{6.4.29}$$

仍假设 $f_{\text{s}}=2f_{\text{H}}$，则可求得低通滤波器输出端的加性噪声功率为

$$N_{\text{e}} = E[n_{\text{e}}^2(t)] = \int_{-f_{\text{H}}}^{f_{\text{H}}} G_{n_{\text{e}}}(f)\mathrm{d}f = \frac{2^{2N}P_{\text{e}}}{3T_{\text{s}}^2}(\Delta v)^2 \tag{6.4.30}$$

由式（6.4.25）及式（6.4.30）可以得到仅考虑信道加性噪声时 PCM 系统的输出信噪比为

$$\frac{S_{\text{o}}}{N_{\text{e}}} = \frac{1}{4P_{\text{e}}} \tag{6.4.31}$$

可见，由误码引起的信噪比与误码率成反比。

前面已经指出，传输模拟信号的 PCM 系统的性能用接收端输出的平均信噪比来度量。将式（6.4.22）、式（6.4.25）和式（6.4.30）代入式（6.4.20）得

$$\frac{S_o}{N_o} = \frac{E[m_o^2(t)]}{E[n_q^2(t)] + E[n_e^2(t)]} = \frac{M^2}{1 + 4P_e 2^{2N}} = \frac{2^{2N}}{1 + 4P_e 2^{2N}} \qquad (6.4.32)$$

式（6.4.32）说明，在误码率较低时，PCM 系统输出的信噪比 S_o / N_o 主要取决于量化信噪比的大小，而与加性噪声的影响几乎无关。这说明 PCM 系统抗加性噪声的能力是非常强的。

6.5 增量调制系统

在 PCM 系统中，信号的抽样值是用多位二进制码来代表的。为了提高系统的质量，则需减小量化间隔。这样一来，码长就要增加，使设备复杂化。能否用较短的码长，甚至只用一位码来反映相邻抽样信号的变化情况，使编码、译码设备大大地简化呢？增量调制(ΔM)就是在这个背景下提出来的。

6.5.1 增量调制的基本原理

所谓增量调制就是将信号瞬时值与前一个抽样时刻的量化值之差进行量化，而且只对这个差值的符号进行编码。因此量化只限于正电平和负电平，也就是说用一位码来传输一个抽样值。如果差值为正，则发 "1" 码；如果差值为负，则发 "0" 码。显然，数码 "1" 和 "0" 只是表示信号相对于前一时刻的增减，而不代表信号值的大小。这种将差值编码用于通信的方式就称为 "增量调制"。下面借助于图 6.17 来进一步理解增量调制的基本原理。

图 6.17 中 $m(t)$ 是一个频带有限的模拟信号，时间轴 t 被分成许多相等的时间段 Δt，如果 Δt 很小，则 $m(t)$ 在间隔为 Δt 的时刻上得到的相邻的差值也将很小。如果把代表 $m(t)$ 幅度的纵轴也分成许多相等的小区间 σ，那么模拟信号 $m(t)$ 就可用如图 6.17 所示的阶梯波形 $m'(t)$ 来逼近。显然，只要时间间隔 Δt 和台阶 σ 都很小，则 $m(t)$ 和 $m'(t)$ 将会相当地接近。阶梯波形只有上升一个台阶 σ 或下降一个台阶 σ 两种情况，因此可以把上升一个台阶 σ 用 "1" 码来表示，下降一个台阶 σ 用 "0" 码来表示，这样图中连续变化的模拟信号 $m(t)$ 就可以用一串二进码序列来表示，从而实现了模/数转换。在接收端，只要每收到一个 "1" 码就使输出上升一个 σ 值，每收到一个 "0" 码就使输出下降一个 σ 值，这样就可以恢复出与原模拟信号 $m(t)$ 近似的阶梯波形 $m'(t)$，从而实现了数/模转换。

图 6.18 是 ΔM 系统的实现框图。发送端的编码器由相减器、判决器、积分器及抽样脉冲产生器组成。其工作过程如下：将模拟信号与积分器输出的斜变波形 $m'(t)$ 进行比较，为了获得这个比较结果，先通过相减器进行相减得到二者的差值，然后在抽样脉冲作用下将这个差值进行极性判决。如果在给定抽样时刻 t_i 有 $m(t)|_{t=t_{i-}} - m'(t)|_{t=t_{i-}} > 0$，则判决器输出 "1" 码；如果两者的差值小于 0，则输出 "0" 码。这里，t_{i-} 是 t_i 时刻的前一瞬间，即相当于在阶梯波形跃变点的前一瞬间。于是，编码器就输出一个二进码序列。

如图 6.18 所示，接收端的译码器由积分器和低通滤波器组成，其中的积分器与编码器中的积分器完全相同。译码器的工作过程如下：积分器遇到 "1" 码（即有 $+E$ 脉冲电压），就以固定斜率上升一个 ΔE，并让 $\Delta E = \sigma$；遇到 "0" 码（即有 $-E$ 脉冲电压），就以固定斜率下降一个 ΔE。图 6.19 所示为积分器的输入与输出波形。由图可以看到，积分器的输出波形并不是阶梯波形，而是一个斜

变波形。但因 $\Delta E = \sigma$，故在所有抽样时刻 t_i 上斜变波形与阶梯波形有完全相同的值。因而，斜变波形与原来的模拟信号相似。积分器输出的斜变波经低通滤波器之后就变得十分接近于信号 $m(t)$。

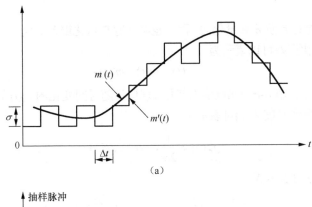

（a）

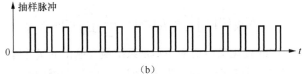

（b）

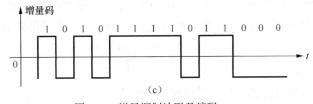

（c）

图 6.17　增量调制波形及编码

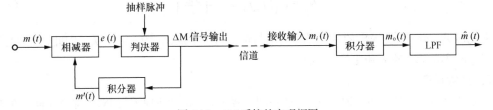

图 6.18　ΔM 系统的实现框图

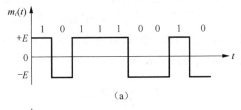

（a）

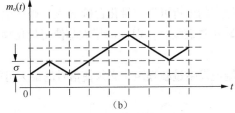

（b）

图 6.19　积分器的输入与输出波形

6.5.2　增量调制系统中量化噪声和过载噪声的影响

1. 量化噪声

由于 ΔM 信号是按台阶 σ 来量化的,因而也必然存在量化误差 $e_q(t)$,也就是所谓的量化噪声,如图 6.20 所示。量化误差可以表示为

$$e_q(t) = m(t) - m'(t) \qquad (6.5.1)$$

在正常情况下,$e_q(t)$ 在 $(-\sigma, +\sigma)$ 范围内变化。现假设随时间变化的 $e_q(t)$ 在区间 $(-\sigma, +\sigma)$ 上均匀分布,则 $e_q(t)$ 的一维概率密度 $f_q(e)$ 可表示为

$$f_q(e) = \frac{1}{2\sigma}, \ -\sigma \leqslant e \leqslant +\sigma \qquad (6.5.2)$$

因而 $e_q(t)$ 的平均功率可表示成

$$E[e_q^2(t)] = \int_{-\sigma}^{+\sigma} e^2 f_q(e)\mathrm{d}e = \frac{1}{2\sigma}\int_{-\sigma}^{+\sigma} e^2 \mathrm{d}e = \frac{\sigma^2}{3} \qquad (6.5.3)$$

需要指出的是,上述的量化噪声功率并不是系统最终输出的量化噪声功率。这是因为 $e_q(t)$ 的最小周期等于抽样周期 T_s,即其最高频率为 f_s。但 $e_q(t)$ 的最大周期可以是任意大,或者说其最低频率可为任意小。所以从频谱角度来看,$e_q(t)$ 的频谱将从很低的频率一直延伸到 f_s。为便于分析,我们假设量化误差的功率谱密度 $G_q(f)$ 在 $0 \sim f_s$ 之间均匀分布,则可得到 $G_q(f)$ 的表示式为

$$G_q(f) = \frac{\sigma^2}{3f_s} \qquad (6.5.4)$$

经截止频率为 f_m 的低通滤波器之后的量化噪声功率为

$$N_q = G_q(f)f_m = \frac{\sigma^2}{3}\left(\frac{f_m}{f_s}\right) \qquad (6.5.5)$$

由此可见,ΔM 系统输出的量化噪声功率与量化台阶 σ 及比值 (f_m/f_s) 有关。因此,若要想减小 N_q,就应减小量化台阶 σ 和比值 (f_m/f_s)。

2. 过载噪声

在 ΔM 系统中,还存在一种噪声——斜率过载噪声。它的产生原因与 PCM 系统不同。在 PCM 系统中过载是由于输入信号幅度超出量化范围引起的。而在 ΔM 系统中,过载却是由于译码器输出的斜变波形 $m'(t)$ 跟不上输入模拟信号 $m(t)$ 的变化所引起的,如图 6.21 所示。这是因为在 ΔM 系统中,量化台阶 σ 取的是固定值,而每秒中的台阶数为 $f_s = 1/\Delta t$(f_s 实际上就是抽样频率)也是固定值,所以译码器输出信号 $m'(t)$ 的斜率 K 为

$$K = \frac{\sigma}{\Delta t} = \sigma \cdot f_s \qquad (6.5.6)$$

通过对量化噪声和过载噪声的分析可知,量化台阶 σ 大,则产生的量化噪声大,σ 小,则产生的噪声小;采用大的 σ 能减小过载噪声,但 σ 的增大却使得量化噪声增加了。因此,σ 值应适当选取。

由上述分析可知,要想避免发生过载噪声,必须使信号的最大可能斜率小于斜变波的斜率,即要求

$$\left|\frac{\mathrm{d}m(t)}{\mathrm{d}t}\right|_{\max} \leqslant \frac{\sigma}{\Delta t} = \sigma \cdot f_s \qquad (6.5.7)$$

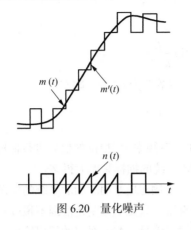

图 6.20　量化噪声

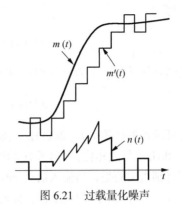

图 6.21　过载量化噪声

当输入为单音频信号 $m(t)=A\sin\omega_k t$ 时，有

$$\left|\frac{\mathrm{d}m(t)}{\mathrm{d}t}\right|_{\max} = A\omega_k \qquad (6.5.8)$$

为了不发生过载现象，必须满足

$$A\omega_k \leqslant \sigma \cdot f_s \qquad (6.5.9)$$

由式（6.5.9）可见，当模拟信号的幅度或频率增加时，都可能引起过载。在抽样频率 f_s 和量化台阶 σ 都一定的情况下，为了避免过载发生，输入信号的频率和幅度关系应保持在图 6.22 过载特性所示的过载特性临界线之下的工作区内。临界的过载振幅 $A_{\max}$ 由式（6.5.10）给定，即

$$A_{\max} = \frac{\sigma \cdot f_s}{\omega_k} = \frac{\sigma \cdot f_s}{2\pi f_k} \qquad (6.5.10)$$

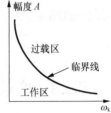

图 6.22　过载特性

可见，在 ΔM 系统中，临界的过载振幅 $A_{\max}$ 与量化台阶 σ 和抽样频率 f_s 成正比，与信号角频率 ω_k 成反比为 ΔM 所特有的。

在临界条件下，系统将有最大的信号功率输出。这时的信号功率为

$$S_o = \frac{A_{\max}^2}{2} = \frac{\sigma^2 f_s^2}{2\omega_k^2} = \frac{\sigma^2 f_s^2}{8\pi^2 f_k^2} \qquad (6.5.11)$$

利用式（6.5.5）、式（6.5.11），可求得临界条件下译码器输出端的最大信噪比为

$$\frac{S_o}{N_q} = \frac{3f_s^3}{8\pi^2 f_k^2 f_m} \approx 0.04 \frac{f_s^3}{f_k^2 f_m} \qquad (6.5.12)$$

由此可见，最大信噪比 S_o/N_q 与抽样信号频率 f_s 的三次方成正比，而与信号频率 f_k 的二次方成反比。因此，对于 ΔM 系统而言，提高抽样频率将能明显地提高量化信噪比。

另外，由式（6.5.10）可知，若要避免过载噪声，在信号幅度和频率都一定的情况下，需提高抽样频率，即让 f_s 满足

$$f_s \geqslant \frac{A\omega_k}{\sigma} \qquad (6.5.13)$$

一般情况下，$A \gg \sigma$，为了不发生过载失真，f_s 的取值要远远高于 PCM 系统的抽样频率。例如，ΔM 系统的动态范围 $(D)_{\Delta M}$ 定义为最大允许编码幅度 $A_{\max} = \dfrac{\sigma \cdot f_s}{2\pi f_k}$ 与最小可编码电平 $A_{\min} = \sigma/2$

的之比,即

$$(D)_{\Delta M} = 20 \lg \frac{A_{\max}}{A_{\min}} = 20 \lg \frac{f_s}{\pi \cdot f_k} \qquad (6.5.14)$$

若设语音信号的频率为 f_k=1kHz,并要求其变化的动态范围为 40dB,则有

$$(D)_{\Delta M} = 20 \lg \frac{f_s}{\pi \cdot f_k} = 40 \quad (\text{dB})$$

由此可求得抽样频率 $f_s \approx 300\text{kHz}$。而在 PCM 系统中,对频率为 1kHz 的信号进行抽样,抽样频率仅为 2kHz。与之相比,ΔM 系统的抽样频率比 PCM 系统的抽样频率大得多。

需要特别指出的是,当输入信号 $m(t)$ 为零,或为某一个固定电平时,ΔM 系统的发送端将输出 "0"、"1" 交替码。从理论上讲,即使输入信号不是直流,只要信号变化范围不超过 $\sigma/2$,ΔM 系统仍输出 "0"、"1" 交替码,即对于变化非常缓慢的输入信号,ΔM 系统的编码输出不会有所反映,我们把这种失真称为空载失真。当输入信号为正弦音频信号时,不出现 ΔM 空载失真的条件为

$$A_{\min} > \frac{\sigma}{2} \qquad (6.5.15)$$

式中,$A_{\min}$ 为正弦信号的最小振幅。

综上所述,为了不产生过载失真和空载失真,对于正弦音频输入信号而言,应要求其输入信号的幅度满足下列关系

$$A_{\min} = \frac{\sigma}{2} < A < A_{\max} = \frac{\sigma \cdot f_s}{2\pi f_k} \qquad (6.5.16)$$

6.5.3 增量调制系统中加性高斯白噪声的影响

与 PCM 系统一样,加性高斯白噪声对 ΔM 系统的影响最终表现在误码上。由于误码,使译码后输出的信号产生误差。图 6.23 以双极性码为例,示出了正确的发送码波形、因加性噪声而产生错的接收码波形及误差脉冲。在这 3 个波形中,可以认为图 6.23(b)是由图 6.23(a)与图 6.23(c)叠加而成。显然,图 6.23(c)中错误码脉冲是在每个错码位置上与正确码极性相反,幅度为 $2E$ 的脉冲。

若假设每个误码相互独立,且误码的可能性相等,误码率为 P_e,则误码脉冲产生的平均噪声功率为

$$N'_e = (2E)^2 P_e \qquad (6.5.17)$$

同样需要指出,N'_e 也不是系统最终的输出误差功率 N_e。因为误差脉冲还要经过积分器和低通滤波器才能到达输出端。为此,需要先求得错误脉冲的功率谱密度 $G_e(\omega)$。

由于错误脉冲的宽度等于 T_s,所以它的单边谱主要集中在 0~f_s 之间。错误脉冲的单边功率谱密度曲线如图 6.24 所示。

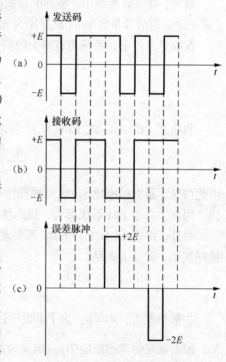

图 6.23 ΔM 系统误码波形说明

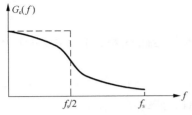

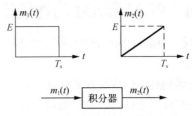

图 6.24　错误脉冲的单边功率谱密度　　　图 6.25　积分器的输入输出波形

这种脉冲的等效功率谱带宽为 $f_s/2$，于是积分器输入端误差脉冲的功率谱为

$$G_e(f) = \frac{N_e'}{f_s/2} = \frac{8E^2 P_e}{f_s} \qquad (6.5.18)$$

误差脉冲经过积分器后，输出的功率谱密度为

$$G_o(\omega) = G_e(\omega) \cdot |H(\omega)|^2 \qquad (6.5.19)$$

式中，$H(\omega)$ 是积分器的传递函数。积分器的作用是将幅度为 E、宽度为 T_s 的矩形脉冲转换成量化台阶为 σ 的三角波，如图 6.25 所示。

积分器的传递函数为

$$H(\omega) = \frac{M_2(\omega)}{M_1(\omega)} = \frac{\sigma}{ET_s} \cdot \frac{1}{j\omega} \qquad (6.5.20)$$

将式（6.5.18）式（6.5.20）代入式（6.5.19），得到积分器的噪声功率谱密度为

$$G_o(\omega) = \frac{8E^2 P_e}{f_s} \cdot \left(\frac{\sigma}{ET_s}\right)^2 \cdot \left|\frac{1}{j\omega}\right|^2 = \frac{2\sigma^2 P_e f_s}{\pi^2 f^2} \qquad (6.5.21)$$

设低通滤波器通频带为 $f_L \sim f_m$，则系统最终的输出噪声功率为

$$N_e = \int_{f_L}^{f_m} G_o(f)\mathrm{d}f = \int_{f_L}^{f_m} \frac{2\sigma^2 P_e f_s}{\pi^2 f^2} \mathrm{d}f = \frac{2\sigma^2 P_e f_s}{\pi^2}\left(\frac{1}{f_L} - \frac{1}{f_m}\right) \qquad (6.5.22)$$

实际中总是有 $f_L \gg f_m$，所以上式可简化为

$$N_e = \frac{2\sigma^2 P_e f_s}{\pi^2 f_L} \qquad (6.5.23)$$

由式（6.5.11）和式（6.5.23），可求得由加性噪声所决定的信噪比为

$$\frac{S_o}{N_e} = \frac{\sigma^2 f_s^2}{8\pi^2 f_k^2} \bigg/ \frac{2\sigma^2 P_e f_s}{\pi^2 f_L} = \frac{f_s f_L}{16 P_e f_k^2} \qquad (6.5.24)$$

若同时考虑量化噪声和加性噪声的影响，则由式（6.5.5）和式（6.5.23）求得 ΔM 系统总的输出信噪比为

$$\left(\frac{S_o}{N_q + N_e}\right)_{\Delta M} = \frac{3f_L f_s^2/f_k^2}{8\pi^2 f_L f_m + 48 P_e f_s^2} \qquad (6.5.25)$$

6.5.4 PCM 和ΔM 的性能比较

前面我们对最基本的 PCM 系统和 ΔM 系统作了较为详细的分析，下面主要从 3 个方面比较它们的性能。

1. 无误码或误码率极低的情况

对于 PCM 系统而言，其性能可用式（6.4.13）估计，该式为

$$\frac{S_o}{N_q} \approx 6N \text{(dB)} \tag{6.5.26}$$

对于 ΔM 系统来说，其性能则按式（6.5.12）估计，即有

$$\frac{S_o}{N_q} \approx 0.04 \frac{f_s^3}{f_k^2 f_m}$$

用分贝表示，上式变为

$$\frac{S_o}{N_q} \approx 10\lg\left(0.04 \frac{f_s^3}{f_k^2 f_m}\right) \text{(dB)} \tag{6.5.27}$$

显然，很难直接根据式（6.5.26）和式（6.5.27）来比较二者的性能。但我们可以假定它们有相同的信道带宽，也就是有相同的信道传输速率（设这个传输速率为 f_b）。在这样的条件下，对于 ΔM 系统，f_b 就等于系统的抽样频率，即 $f_b = f_s$；对于 PCM 系统而言，通常有 $f_b = 2Nf_m$，其中 f_m 是基带信号的最高频率，N 是编码位数。现在将 $f_b = 2Nf_m$ 代入式(6.5.27)，可得

$$\frac{S_o}{N_q} \approx 10\lg\left(0.04 \frac{(2Nf_m)^3}{f_k^2 f_m}\right) = 10\lg\left[0.32N^3\left(\frac{f_m}{f_k}\right)^2\right] \text{(dB)} \tag{6.5.28}$$

因为 $f_k \leqslant f_m$，且语音信号的能量主要集中在 0.8～1kHz 这一范围内，所以取 $f_k = 1\text{kHz}$，$f_m = 3\text{kHz}$，则式（6.5.28）变为

$$\frac{S_o}{N_q} \approx 30\lg 1.42N \text{(dB)}$$

在不同的 N 值下，PCM 与 ΔM 系统的比较曲线如图 6.26 所示。由图可以看出，在相同的信道传输速率下，如果 PCM 系统的编码位数 N 小于 4，则它的性能比 $f_k = 1\text{kHz}$，$f_m = 3\text{kHz}$ 的 ΔM 系统差；如果 N 大于 4，PCM 的性能超过 ΔM 系统，且随 N 的进一步增大，其性能越来越好。

2. 考虑信道误码影响的情况

由于在 ΔM 系统中，一个码元只代表一个量阶，所以一个码元的误码只损失一个增量，这就是说它对误码不太敏感，故对信道误码率的要求较低，一般为 10^{-3}～10^{-4}。对于 PCM 系统而言，误码的影响要严重得多，尤其高位码元，错一位将造成许多量阶的损失，所以对信道误码率的要求较高，一般为 10^{-5}～10^{-6}。

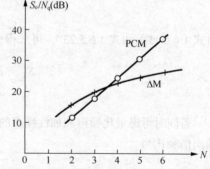

图 6.26　不同 N 值的 PCM 和ΔM 的性能比较

3. 考虑设备的复杂程度的情况

ΔM 系统最突出的优点是设备简单，特别是在单路应用时不需要收发同步设备。但多路应用

时，ΔM 每路需要一套调制和解调设备，所以路数增多时设备成倍增加。而在 PCM 系统中，即使是单路应用，为了区分码元在码组中的位置，也需要同步设备，因此单路 PCM 比 ΔM 复杂得多。但是 PCM 多路传输时可共用一套 A/D 和 D/A 变换器，故多路 PCM 比单路 PCM 增加设备不多。因此，路数多时用 PCM 合适，路数少时用 ΔM 较合适。

随着集成电路的发展，ΔM 的优点已不再是关键因素。在传输语音信号时，ΔM 的语音清晰度和自然度方面都不如 PCM。因此，目前在通用多路系统中很少用或不用 ΔM。ΔM 一般用于通信容量小和质量要求不高的场合。

6.6　几种改进型增量调制

通过前面对 ΔM 系统的讨论可知，由于 ΔM 系统的量化台阶 σ 保持不变，所以存在以下问题：第一，频率特性差，输入信号频率提高，量化信噪比下降（见式（6.5.12））；第二，编码的动态范围 $(D)_{\Delta M}$ 与输入信号的频率成反比（参见式（6.5.14）），往往不能满足通信质量的要求，除非抽样频率很高。为此，人们对 ΔM 系统提出了许多改进。下面主要介绍几种改进型增量调制。

6.6.1　总和增量调制

我们知道，对于高频成分丰富的输入信号 $m(t)$，由于其在波形上急剧变化的时刻比较多，所以，如果直接进行 ΔM 调制，则往往造成阶梯波形 $m'(t)$ 跟不上 $m(t)$ 的变化，产生比较严重的过载噪声；而对低频成分丰富的输入信号 $m(t)$，由于其在波形上缓慢变化的时刻比较多，当幅度的变化在 $\sigma/2$ 以内，又会出现连续的 "0"、"1" 交替码，导致信号平稳期间幅度信息的丢失。总和增量调制(Δ-ΣM)技术解决这一问题的基本思想是，在发送端让输入信号 $m(t)$ 先通过一个积分器，然后再进行增量调制。这里，积分器的作用是使 $m(t)$ 波形中原来变化急剧的部分变得缓慢，而原来变化平直的部分变得比较陡峭，这样就可以解决原输入信号急剧变化时易出现过载失真和缓慢变化时易出现空载失真的问题。由于对 $m(t)$ 先积分再进行增量调制，所以在接收端解调以后要再增加一级微分器，以便恢复出原信号。实际上，由于接收端的积分器和微分器的相互抵消作用，所以，在 Δ-ΣM 系统的接收端只需要一个低通滤波器就可以恢复出原信号。其系统构成的数学模型如图 6.27 所示。

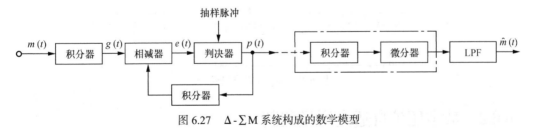

图 6.27　Δ-ΣM 系统构成的数学模型

与 ΔM 系统类似，Δ-ΣM 系统也会发生过载现象。我们已经知道，在 ΔM 系统中，不发生斜率过载的条件是

$$\left| \frac{\mathrm{d}m(t)}{\mathrm{d}t} \right|_{\max} \leqslant \sigma \cdot f_{\mathrm{s}} \qquad (6.6.1)$$

而在 Δ-ΣM 系统中，输入信号先经过积分器，然后再进行增量调制。这时图 6.27 中减法器的输入信号为

$$g(t) = \int m(t)\mathrm{d}t \qquad (6.6.2)$$

因此，Δ-∑M 系统不发生斜率过载的条件应为

$$\left| \frac{\mathrm{d}g(t)}{\mathrm{d}t} \right|_{\max} \leqslant \sigma \cdot f_{\mathrm{s}} \qquad (6.6.3)$$

由于 $\left| \dfrac{\mathrm{d}g(t)}{\mathrm{d}t} \right|_{\max} = |m(t)|_{\max}$，所以上式又可写为

$$|m(t)|_{\max} \leqslant \sigma \cdot f_{\mathrm{s}} \qquad (6.6.4)$$

为了与 ΔM 系统比较，仍设输入为单音频信号 $m(t)=A\sin\omega_k t$。若要求不发生过载现象，则必须满足

$$A \leqslant \sigma \cdot f_{\mathrm{s}} \qquad (6.6.5)$$

或写为

$$f_{\mathrm{s}} \leqslant \frac{A}{\sigma} \qquad (6.6.6)$$

由此看出，Δ-∑M 系统不发生过载的条件与信号的频率 f_k 无关。这意味着 Δ-∑M 系统不仅适合于传输缓慢变化的信号，也适合于传输高频信号。实际上，信号功率 S_o 和量化信噪比 S_o/N_q 也都与输入信号频率 f_k 无关。只要信号的最大幅度不超过 σf_{s}，系统就能正常工作。正由于如此，Δ-∑M 系统对于预加重的语音信号（即具有近似平坦功率谱的信号）比较合适。当然，语音信号经过预加重后，还需在接收端加上去加重电路。

由于两个信号积分后的结果相减，与先相减后积分是等效的，所以图 6.27 中的差值信号 $e(t)$ 可以写成

$$e(t) = \int m(t)\mathrm{d}t - \int p(t)\mathrm{d}t = \int [m(t) - p(t)]\mathrm{d}t \qquad (6.6.7)$$

这样就可以把发送端的两个积分器合并成为在相减器后的一个积分器。合并后的 Δ-∑M 系统组成如图 6.28 所示。

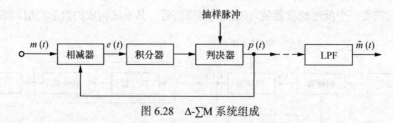

图 6.28　Δ-∑M 系统组成

6.6.2　数字压扩自适应增量调制

自适应增量调制(ADM)是解决 ΔM 系统可能出现过载失真的一种方案。它的基本思想是要求量阶 σ 随输入信号 $m(t)$ 的变化而自动地调整，即在检测到斜率过载时开始增大量阶 σ，斜率减小时降低量阶 σ。目前，自适应增量调制的方法有多种，采用较为广泛的是数字压扩增量调制系统，它是数字检测、音节压缩与扩张自适应增量调制的简称，其工作原理框图如图 6.29 所示。

与 ΔM 系统相比，这里增加了数字检测电路、平滑电路和脉冲幅度调制电路。这 3 部分电路的共同作用就是音节的压缩。

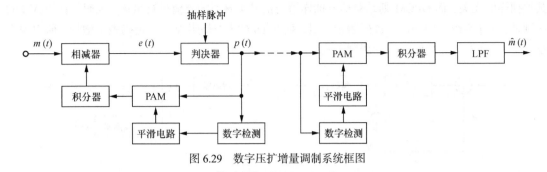

图 6.29　数字压扩增量调制系统框图

数字检测的作用就是产生改变量阶 σ 的控制信息。音节是指输入信号包络变化的一个周期。这个周期一般是随机的，但大量统计证明，这个周期趋于某一固定值。确切讲，音节指的就是这个固定值。对于语音信号而言，一个音节一般约为 10ms。那么，音节压扩指的是量阶 σ 并不瞬时地随输入信号幅度变化，而是随输入信号的音节变化。研究表明，量阶 σ 的变化时间为一个音节效果最好。

由 ΔM 系统的原理可知，在输入信号斜率的绝对值很大时，ΔM 系统的编码输出中就会出现很多的连 "1" 码（对应正斜率）或连 "0" 码（对应负斜率）。由于这种情况与输入信号的斜率有关，所以，一个音节时间内平均斜率的信息可以从码流中提取。数字检测电路的实质就是检测连 "1" 码或连 "0" 码的数目。如该数目大，说明信号平均斜率的绝对值大，于是产生一个增大量阶 σ 的控制信息；如该数目小，则产生一个减小量阶 σ 的控制信息。这个控制信号是一个脉冲信号，其宽度反映了连 "1" 或连 "0" 码的数目。这样的脉冲信号加到平滑电路，其作用是进行音节平均，并将带有平均斜率的输出电平作为脉幅调制器的控制电平。由于控制电平在音节内已被平滑，故可看成是基本不变的，但在不同音节上将可能有不同的控制电平。控制电平越高，脉幅调制器的输出脉冲幅度就越高；反之，其输出脉冲幅度就越低。这就相当于本地译码器输出的量阶 σ 将随控制电平的变化而变化，即量阶 σ 的大小直接反映了重建模拟信号所需的斜率 σ/T_s，因而达到了音节压缩的目的。

数字压扩自适应增量调制与 ΔM 系统相比，编码器正常工作的动态范围有了很大的改善。进一步分析可知，动态范围改善的程度与两个参数有关，一个是连码检测的数目，其值越大改善越大；另一个是脉冲压缩比 $\sigma_{min}/\sigma_{max}$，其值越小改善越大，但该值不能太小，一般为 -40dB 左右，即 σ_{max} 与 σ_{min} 相差 100 倍左右。在语音信号中，当 f_s=32kHz 时，可用四连码检测，也就是当连 "1" 或连 "0" 码数目大于 4 时，量阶 σ 增大，直到设计的最大值 σ_{max}；而当连 "1" 或连 "0" 码数目小于 4 时，量阶 σ 减小，直到设计的最小值 σ_{min}。当脉冲压缩比 $\sigma_{min}/\sigma_{max}$ 达到 -40dB 时，可扩大动态范围 40dB，满足了语音传输动态范围的要求。

6.6.3　差分脉冲编码调制

对于图像信号而言，由于它的瞬时斜率变化比较大，因此不宜采用 ΔM 系统进行编码，否则容易产生过载。又由于图像信号从黑变白有些是突变的，幅度特性没有类似语音信号那样的音节特性，因此不宜采用音节压扩方法。如果采用 PCM，则数码率太高。例如，对于图像基带为 6 ～ 8MHz 的电视信号，若按抽样定理取样，并按 8 位编码，则数码率将大于 100Mbit/s。因此，在图像编码中一般采用差分脉冲编码调制（DPCM）来压缩数码率，其工作原理如图 6.30 所示。DPCM 综合了 PCM 和 ΔM 的特点。它与 PCM 的区别是：PCM 系统是对信号抽样值进行独立编码，与其他抽样值无关，而 DPCM 则是对信号抽样值与信号预测值的差值进行量化、编码。它与 ΔM 的区别是：ΔM 系统是用一位二进码表示增量，而在 DPCM 中是用 N 位二进码表示增量。所以说它是介于 PCM 和 ΔM 之间的一种调制方式。

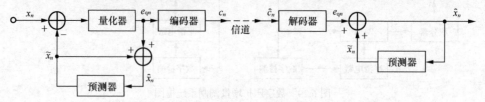

图 6.30　DPCM 系统框图

由于 DPCM 是对差值进行编码，而差值信号的幅度要比原始信号的幅度小得多，因此可以用较少的位数对差值信号进行编码。在较好图像质量的情况下，每一抽样值只需 4 比特就够了，所以大大压缩了传送的比特率。另外，在比特率相同的条件下，DPCM 比 PCM 信噪比改善 14dB～17dB。与 ΔM 相比，由于它增加了量化级，所以它的信噪比改善程度也优于 ΔM。DPCM 的缺点是抗传输噪声的能力差，即在抑制信道噪声方面不如 ΔM。因为发生误码时在 ΔM 中只产生一个增量的变化，而在 DPCM 中就可能产生几个量阶的变化，从而输出较大的输出噪声。因此，DPCM 很少独立使用，一般要结合其他的编码方法使用。

6.6.4　增量调制解调器芯片

MOTOROLA 公司生产的连续可变斜率增量调制解调器（CVSD）电路芯片共有 4 种，它们是 MC3417、MC3418、MC3517 和 MC3518。相同功能的芯片还有 HARRIS 公司生产的 HC55564、HC55536 等。这些芯片主要应用在低传输数码率的军事、野外及保密数字电话通信设备和 ΔM 程控数字交换机中。图 6.31 所示为 MC3418 的原理功能框图。

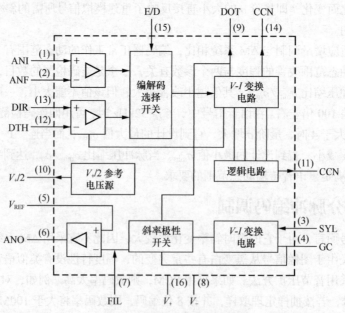

图 6.31　MC3418 原理功能框图

MC3418 电路由模拟比较器、数字比较器、电压或电流转换运算放大器、积分运算放大器、极性选择开关、4 位移位寄存器及数字逻辑电路组成。

编码时，模拟比较器与移位寄存器接通，从 ANI 端输入的音频模拟信号与从 ANF 端输入的本地解码信号相减并放大得到的误差信号，然后根据该信号极性编成信码从 DOT 端输出。该信码在片内经过 4 级移位寄存器及检测逻辑电路，监视过去 4 位信码是否为连"1"或连"0"。当移位寄存器各级输出为全"0"或全"1"时，表明积分运放增益过小，检测逻辑电路从 COIN 端输出负极性脉冲，经过外接的音节滤波器平滑后得到量阶控制电压输入到 SYL 端，这由内部电路决定，GC 端电压与 SYL 端相同，这就相当于量阶控制电流加到 GC 端。该端外接调节电阻，调整到某一固定电位，改变此电阻即改变 GC 端输入电流，以此控制积分量阶的大小从而改变环路增益，提高动态范围。

GC 端输入电流经 V/I 变换运放，极性开关则由信码控制。外接积分滤波器与片积分运放相连，可以用单积分，也可以用双积分，其形式与参数由使用要求而定。在积分器上得到的本地译码信号送回到 ANF 端与输入信号再进行比较，以此完成整个编码过程。

解码时，E/D 端接低电平，模拟比较器与后面电路断开，而数字比较器与后面电路接通。信码由 DIR 端输入，经数字比较器整形后送到移位寄存器，后面的工作过程与编码时相同，只是解调后不再送回 ANF 端，而直接送入接收滤波器而获得音频输出。

这种模拟语音数字方法具有电路简单、数码率低（通常为 16～32kbit/S）等特点，但音质不如 PCM 数字语音。MC3417、MC3418 与 MC3517、MC3518 除工作温度不同外（前者为 0℃～75℃，后者为−55℃～125℃），其他性能和引出端均互相兼容。

6.7　语音与图像压缩编码简介

6.7.1　语音压缩编码简介

根据应用场合的不同，可以将音频信号分为语音信号和声音信号两大类。语音信号通常又被称为语音信号，一般是指人讲话时发出的声音，其频率范围通常为 0.3～3.4kHz。语音信号是公用电话交换网传输的对象。在传输速率一定的情况下，衡量语音压缩算法好坏的主要指标是重建信号的可懂度和自然度。而声音信号是指人的听觉器官所能分辨的声音，通常又称其为自然声，其频谱从 3Hz、4Hz 一直扩展到 20kHz 以上。对声音压缩的基本要求是高的抽样率，好的时间/频率分辨率，大的动态范围和低的失真度，且对音源的性质没有任何假设。

从编码方法上讲，语音压缩编码可以分为波形编码、参量编码和混合编码 3 大类。波形编码方法可以获得较高的语音质量，但数据压缩量不大。常见的语音编码国际标准有脉冲编码调制（PCM）的 μ 律或 A 律压缩，即国际电信联盟 ITU-T 的 G.711 标准；自适应差分脉码调制（ADPCM），即 ITU-T 的 G.721 标准；子带编码的自适应脉码调制（SB-ADPCM），即 ITU-T 的 G.722 标准等。

参量编码是根据输入语音信号分析出模型参数，并传送给接收端，接收端根据得到的模型参数重新合成语音信号。这种编码方法并不是忠实地反映输入信号的原始波形，而是着眼于人耳的听觉特性，以保证解码语音信号的可懂度和自然度为目标。参量编码可以大大地降低编码速率，如可低于 2.4kbit/s，这时人耳主观感觉尚可，但合成的语音波形与原始波形相差很远，故语音质量下降很大。最常用的参量编码方法有线性预测编码（Linear Prediction Coding，LPC）。

混合编码是把波形编码的高质量和参量编码的低数据率相结合，因此可以得到较高的语音质量和较好的压缩效果，是语音编码的发展方向。其中效果较好的混合编码方法有多脉冲线性预测编码（MPLPC）、码激励线性预测编码 (Code Excited Liner Prediction Coding，CELPC)、规则脉冲激励长时预测 LPC 编码 (Regular Pulse Excited-Long Term Prediction，RPE-LTP)、低延时码激励 LPC 编码(Low Delay-CELPC，LD-CELPC)等。它们是靠传输语音的基本参数，如基音周期、共振峰、语音谱或声强等来压缩语音信号的冗余度，因此压缩比一般都较高。相应的国际标准有 1992 年 ITU-T 推荐的低延时码激励 LPC 编码(LD-CELPC)标准 G.728，其传输速率为 16kbit/s，延时小于 2ms，音质可以达到 ADPCM 的 32kbit/s 编码水平。1996 年 ITU-T 推出了 G.723 极低码率语音压缩编码标准，传输速率为 5.27kbit/s 和 6.3kbit/s 两档，采用 ACELPC 方法。与其他相同码率的语音编码方法相比较，这两种编码方法都具有较高的语音质量和较低的编码延时（30～40ms）。

对于声音压缩编码，国际标准化组织（ISO）推出的 MPEG-1（Moving Picture Experts Group）声音编码算法作为一种开放、先进、可分级的编码技术，是高保真声音压缩领域的第一个国际标准（ISO 11172-3）。MPEG 系列标准是关于视频和音频的压缩标准，有关图像压缩的内容将在后面介绍。MPEG-1 声音编码算法按照复杂度和压缩比递增分为一、二、三层。第一层的复杂度最低，在每声道 192kbit/s 提供高质量的声音；第二层有中等复杂度，可在 128 kbit/s 的速率提供近 CD 质量的声音；第三层结合了 MUSICAM（Masking Patern Universal Subband Integrated Coding And Multiplexing）和 ASPEC 的优点，可在每声道低于 128 kbit/s 的速率获得满意的质量。在使用时，可以根据不同的应用要求，使用不同的层来构成音频编码器。

由于 MUSICAM 只能传送两个声道，为此 MPEG 开展了低码率多声道编码方面的研究，将多声道扩展信息附加到 MPEG-1 音频数据帧结构的辅助数据段中，这样可以将声道扩展到 5.1 个，即 3 个前声道（左 L、中 C 和右 R）、两个环绕声道（左 LS 和右 RS）和一个超低音声道 LFE（常称为 0.1），由此形成了 MPEG-2 音频编码标准（ISO 13818-3）。MPEG-2 音频编码标准通常被称为 MUSICAM 环绕声。

ISO 于 1998 年公布的 MPEG-4 声音编码标准将语音合成与自然音编译码相结合，更加注重多媒体系统的交互性和灵活性。MPEG-4 支持 2～64kbit/s 的自然声编码，在技术上借鉴了已有的音频编码标准，如 G.732、G.728、MPEG-1、MPEG-2 等。为了在整个传输速率范围内得到较高的音频质量，规定了 3 种类型的编译码器：①参量编译码器，用于比特率从 2～10 kbit/s 的语音编码；②码激励线性预测编译码器，用于中比特率 6～16 kbit /s 的语音编码；③采用以 MPEG-2 音频编码和矢量化技术的编译码器，用于高达 64 kbit /s 的声音编码。

表 6.5　　　　　　　　　　　几种音频压缩编码的比较

	算　法	名　称	数　码　率	标　准	应用范围	语音质量
波形编码	PCM	脉冲编码调制	64kbit/s	G.711	公用电话 ISDN	4.3
	ADPCM	自适应差分脉码调制	32 kbit/s	G.721		4.1
	SB-ADPC	子带—自适应差分脉码调制	48/56/64 kbit/s	G.722		4.5
参量编码	LPC	线性预测编码	2.4 kbit/s		保密话音	2.5
混合编码	CELPC	码极激励 LPC	8 kbit/s		移动通信 语音信箱	3.0
	RPE-LTP	规则脉冲激励长时预测 LPC	12.2 kbit/s			3.8
	LD-CELP	低延时码激励 LPC	16 kbit/s	G.728	ISDN	4.0
声音编码	MPEG		128 kbit/s		CD	5.0

表 6.5 所示为几种音频压缩编码的比较。表中，语音质量是采用主观评价标准对编码算法评价的结果。国际上最常采用的语音编码主观评价标准是平均评价分 (Mean Opinion Score，MOS)，它将语音分为 5 个等级：5 分为优，4 分为良，3 分为中，2 分为差，1 分为不可接受。4 分表示语音编码的质量高，又称为"网络级质量"。若语音编码使可懂度很高，但自然度（即讲话人的特征）不够，以至于难以分辨讲话人时，这里称此语音编码为"合成级质量"，MOS 不会超过 3 分。而 3.5 分则可达到"通信级质量"，这时，虽然可以发现语音质量下降，但不影响自然交谈。

6.7.2　图像压缩编码简介

由于图像信号经过数字化以后，数码率极高，可达 216Mbit/s，所以，如果将 PCM 数字图像用于传输与存储显然是不可取的，因而必须进行数据压缩。

1. 图像压缩机理

能够进行图像压缩的机理主要有两个方面：一是图像信号中存在着大量的冗余度可供压缩，这种冗余度在解码之后可无失真地恢复；二是利用人眼的视觉特性，在不被主观视觉察觉的容限内，通过减少信号的精度，以一定的客观失真换取数据压缩。

图像信号的冗余度存在于结构和统计两个方面。图像信号结构上的冗余度表现为很强的空间（帧内的）和时间（帧间的）相关性。图像信号统计上的冗余度来源于被编码信号概率分布的不均匀性。

由于图像的最终接受者是人的眼睛，因此充分利用人眼的视觉特性，是实现码率压缩的第二途径。人眼对图像细节、运动及对比度的分辨能力都有一定的限度，超过这个限度毫无意义。如果编码压缩方案能与人眼的视觉特性相匹配，就可以得到较高的压缩比。

2. 图像压缩编码标准简介

近十年来，图像编码技术得到了迅速的发展和广泛的应用，并且趋于成熟，其标志就是几个关于图像编码的国际标准的制定。这些图像编码标准融合了各种传统的图像编码算法的优点，是对传统图像编码技术的总结，代表了当前图像编码的发展水平。

（1）JPEG 静止图像编码标准

JPEG（Joint Photographic Experts Group）是联合专家组的简称，成立于 1986 年。JPEG 采用的是帧内编码技术，它规定了基本系统和扩展系统两个部分。在基本系统中，每幅图像都被分解为相邻的 8×8 图像块。对每个图像块采用离散余弦变换（DCT），得到 64 个变换系数，它们代表了该图像块的频率成分。然后，再用一个非均匀量化器来量化变换系数。对 DCT 系数量化后，用 Z 字形扫描将系数矩阵变成一维符号序列，然后再进行 Huffman 编码，分配较长的码字给那些出现概率较小的符号。除了基本系统之外，JPEG 还包括"扩展系统"，它可提供更多的算法、更高精度的像素值和更多的 Huffman 码表等。

（2）H.261 会议电视图像编码标准

H.261 是 ITU-T 第十五研究组在 1990 年 12 月针对可视电话和会议电视、窄带 ISDN 等要求实时编解码和低延时提出的一个编码标准。该标准的比特率为 $P \times 64$kbit/s，这里 P 是整数，范围从 1～30，对应的比特率从 64 kbit/s 到 1.92Mbit/s。

H.261 采用的是一个典型的混合编码方案。它大体上分为两种编码模式：帧内模式和帧间模式。对于平缓运动的人物图像，帧间模式将占主导地位；而对于画面切换频繁和运动剧烈的序列图像，则采用帧内模式。采用哪一种模式，由编码器作出判断。基本的判断准则是：哪一种模式给出较小的编码比特，那么就采用这种模式。

（3）MPEG-1 存储介质图像编码标准

MPEG（Moving Picture Experts Group）是活动图像专家组的简称，是从属于 ISO 的一个工作组。MPEG-1 标准于 1992 年通过，主要是为了数字存储介质中的视频、音频信息压缩，应用于 CD-ROM、数字录音带、计算机硬盘、可擦写光盘等存储介质。比特率不超过 1.5Mbit/s，传输信道可以是 ISDN、LAN 等。

MPEG-1 对视频图像的编码过程类似于 H.261 标准，不同点是在 MPEG-1 中引入了双向运动补偿。

（4）MPEG-2 一般视频编码标准

尽管 MPEG-1 标准通过参数变更途径可以提供很宽比特率范围，但该标准主要的目的是为了低于 1.5Mbib/s 的 CD-ROM 的应用。为了满足高比特率、高质量的视频应用，MPEG 在 1994 年发布了 MPEG-2 标准，它特别适用于数字电视，比特率在 3～10Mbit/s 之间，也可以进一步扩展到高清晰度电视（HDTV），比特率不超过 30Mbit/s。

MPEG-2 与 MPEG-1 的主要差别在于对隔行视频的处理方式上。此外，MPEG-2 标准还提供了图像等级选择编码方式，还有支持扩充到高清晰度电视格式图像编码的能力，可以说它是迄今为止关于活动图像编码最完善的标准。

（5）H.263 极低码率的编码标准

H.263 建议是用于实现比特率低于 20kbit/s 的窄带视频压缩的国际标准。它是在 H.261 基础上发展起来的，因而两者有许多相似之处。除了与 H.261 相类似的混合编码器之外，H.263 还参照 MPEG 标准引入了 I 帧、P 帧和 PB 帧 3 种帧模式和帧间编码、帧内编码两种编码模式。为了进一步提高压缩比，H.263 较 H.261 又采取了一些新的措施，如取消了 H.261 中的可选环路滤波器，将运动补偿精度提高到半像素机构度；改进了运动估值方法，充分利用了运动矢量的相干性来提高预测质量，减轻块效应；精简了部分附加信息的编码，提高了编码效率；采用三维 Huffman 编码、算术编码来进一步提高压缩比等。

（6）MPEG-4 多媒体通信编码标准

1998 年 11 月公布的 MPEG-4 是针对多媒体通信制定的国际标准。MPEG-4 旨在建立一种能被窄带、宽带网络、无线网络、多媒体数据库等各种存储和传输设备所广泛支持的通用音、视频数据格式，它不仅针对一定比特率下的音、视频编码，同时更加注重多媒体系统的交互性和灵活性。

与音频编码类似，MPEG-4 视频编码也支持自然和合成视频对象。合成视频对象包括 2D、3D 动画和人面部表情动画。对于静止视频对象，MPEG-4 采用小波编码，可提供多达 11 级的空间分辨率和质量可伸缩性。对于运动视频对象，为了支持基于对象的编码，引入了形状编码模型；为了支持高的压缩比，MPEG-4 仍然采用了 MPEG-1、MPEG-2 中的变换、预测混合编码框架。

纵观 MPEG 的发展过程，MPEG-1 使得 VCD 取代了传统的录象带；MPEG-2 使数字电视最终完全取代现有的模拟电视，而高画质和音质的 DVD 也取代了 VCD。MPEG-4 的出现必将对数字电视、动态图像、万维网（WWW）、实时多媒体键控、低比特率下的移动多媒体通信、内容存储和检索多媒体系统、Internet/Intranet 上的视频流和可视游戏、DVD 上的交互多媒体应用、演播电视等产生较大的推动作用，从而使数据压缩和传输技术更加规范化。

习 题 6

6.1 已知信号为 $m(t) = \cos100\pi t + \cos200\pi t$，对其进行理想抽样。为了在接收端能不失真地

从已抽样信号 $m_s(t)$ 中恢复 $m(t)$，试问抽样间隔应为多少？

6.2　设以每秒 3 600 次的抽样速率对信号 $m(t)=10\cos(400\pi t)\cdot\text{com}(2000\pi t)$ 进行抽样。

（1）画出抽样信号 $m_s(t)$ 的频谱图。

（2）确定由抽样信号恢复 $m(t)$ 所用理想低通滤波器的截止频率。

（3）试问 $m(t)$ 信号的奈奎斯特抽样速率是多少？

（4）若将 $m(t)$ 作为带通信号考虑，则此信号能允许的最小抽样速率是多少？

6.3　设输入抽样器的信号为门函数 $D_\tau(t)$，宽度 $\tau=20\text{ms}$，若忽略其频谱第 10 个零点以外的频率分量，试求最小抽样速率。

6.4　已知信号频谱为理想矩形如题图 6.1（a）所示，当它通过如题图 6.1（b）所示 $H_1(\omega)$ 网络后再理想抽样，试求：

（1）抽样速率是多少？

（2）若抽样速率 $f_s=3f_1$，抽样后的频谱组成如何？

（3）接收网络 $H_2(\omega)$ 应该如何设计才没有信号失真。

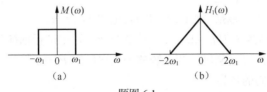

题图 6.1

6.5　信号 $m(t)$ 的最高频率为 f_m Hz，由矩形脉冲进行瞬时抽样，矩形脉冲宽度为 2τ，幅度为 1，抽样频率 $f_s=2.5f_m$。试求已抽样信号的时间表示式和频谱表示式。

6.6　如果传送信号 $A\sin\omega t$，$A\leqslant10\text{V}$。按线性 PCM 编码，分成 64 个量化级，试问：

（1）需要多少位编码？

（2）量化信噪比是多少？

6.7　信号 $m(t)=9+A_m\cos2\,\omega_m t$，$A\leqslant10$，$m(t)$ 被量化到 41 个精确二进制电平，一个电平置于 $m(t)$ 的最小值。

（1）试求所需要的编码位数 n。

（2）如果量化电平范围的中心尽可能接近信号变化的中心，试求量化电平的极值。

6.8　试说明下列函数哪些具有压缩特性，哪些具有扩张特性。式中 x 为输入信号幅度，y 为输出信号幅度。

（1）$y=x^2$

（2）$y=\text{tg}h\left(\dfrac{x}{2}\right)$

（3）$y=\displaystyle\int_0^x a^{-2X}\ \text{d}x$

6.9　某信号波形如题图 6.2 所示，用 $n=3$ 的 PCM 传输，假定抽样频率为 8kHz，并从 $t=0$ 时刻开始抽样。试表示：

（1）各抽样时刻的位置；

（2）各抽样时刻的抽样值；

（3）各抽样时刻的量化值；

（4）将各量化值编成折叠二进制码和格雷码。

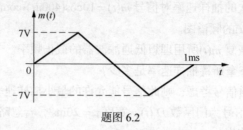

题图 6.2

6.10 采用 A 律 13 折线编码，设最小的量化级为一个单位，已知抽样值为+635 单位。

（1）试求编码器输出的 8 位码组，并计算量化误差；

（2）写出对应 7 位码（不包括极性码）的均匀量化 11 位码。

6.11 采用 13 折线 A 律编译码电路，设接收端收到的码为 01010011，若已知段内码为自然二进制码，最小量化单位为 1 个单位。

（1）译码器输出为多少单位电平？

（2）写出对应 7 位码（不包括极性码）的均匀量化 11 位码。

6.12 信号 $m(t)$ 的最高频率为 f_m=25 kHz，按奈奎斯特速率进行抽样后，采用 PCM 方式传输，量化级数 N=258，采用自然二进制码，若系统的平均误码率 $P_e=10^{-3}$。

（1）求传输 10s 后错码的数目；

（2）若 $m(t)$ 为频率 f_m=25 kHz 的正弦波，求 PCM 系统输出的总输出信噪比 $(S_o/N_o)_{PCM}$。

6.13 已知语音信号的最高频率 $f_m = 3400Hz$，今用 PCM 系统传输，要求量化信噪比 S_o/N_q 不低于 30dB。试求此 PCM 系统所需的频带宽度。

6.14 设有模拟信号 $f(t) = 4\sin 2000\pi t(V)$，今对其进行 ΔM 编码和 A 律 13 折线 PCM 编码。

（1）ΔM 编码器的量化阶 Δ=0.1V，求不过载时编码器输出的码元速率；

（2）当 PCM 编码时，其最小量化级 Δ=0.003125，试求 $f(t)$ 为最大值和 $f(t)$ 为−1.2V 时编码器输出的码组。

6.15 信号 $m(t) = A\sin 2\pi f_k t$ 进行 ΔM 调制，若量化阶 Δ 和抽样频率选择得既保证不过载，又保证不至因信号振幅太小而使增量调制器不能正常编码，试证明此时要求 $f_s > \pi f_k$。

6.16 设将频率为 f_m，幅度为 A_m 的正弦波加在量化阶距为 Δ 的增量调制器，且抽样周期为 T_s，试求不发生斜率过载时信号的最大允许发送功率为多少？

6.17 用 Δ-∑M 调制系统分别传输信号 $m_1(t) = A_m\sin\Omega_1 t$ 和 $m_2(t) = A_m\sin\Omega_2 t$，在两种情况下，取量化阶距 Δ 相同，为了不发生过载，试求其抽样速率，并与 ΔM 系统的情况进行比较。

第7章
数字信号的基带传输系统

7.1 引　言

数字通信系统所传输的原始电信号是数字信号，如计算机输出的数字码流，各种文字、图像的二进制代码，传真机、打字机或其他数字设备输出的各种代码，以及由数字电话终端机送出的PCM脉冲编码信号等。这些信号具有较低的频谱分量，所占据的频谱通常是从直流和低频开始的，其带宽是有限的，所以又被称之为数字基带信号。在传输距离不太远的情况下数字基带信号可以不经调制，直接在有线电缆中传输，利用中继方式也可以实现长距离的直接传输。事实上，从通信的有效性考虑，基带传输不如频带传输用得广泛，但在基带传输中要讨论的许多问题在频带传输中也必须考虑，因此掌握好数字信号的基带传输原理是十分重要的。

图 7.1 所示为一个典型的数字基带信号传输系统的原理框图，它是很多实际应用的基带传输系统的概括。

图 7.1　数字基带信号传输系统的原理框图

对照第 1 章图 1.3 给出的数字通信系统模型，发送端除信源编码和信道编码外，还应包含基带码型编码，接收端除信道译码和信源译码外，还应包含基带码型译码。可以认为图 7.1 中的发送滤波器和接收滤波器在图 1.3 中是合并在信道中的，现将其提出，重画于图 7.2 中。

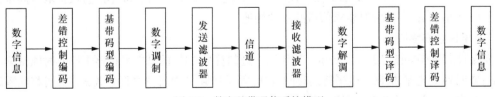

图 7.2　数字基带通信系统模型

本章首先介绍在数字基带传输中经常用到的几种传输码型，然后围绕数字基带信号传输中的误码问题，讨论如何消除或减小码间串扰和噪声。

对于怎样选择数字基带传输码型以及对所选码型用什么样的波形送往信道传输，在数字基带传输系统中也是必须考虑的问题。

7.2 数字基带传输的常用码型

由于不同码型的数字基带信号有不同的频谱结构，而具有不同传输特性的信道对欲传输信号的频谱结构的要求又各不相同，于是就存在一个如何选择码型的问题。随着数字通信的迅速发展，人们先后设计了各种适合于不同线路传输的码型。正确地设计传输码型，不但可以改善传输性能，提高通信质量，而且可以延长中继段的距离，提高经济效益。

7.2.1 码型设计的原则

虽然数字基带信号占据的频谱通常是从直流和低频开始的，但是不同码型的数字基带信号具有的频谱结构并不相同，所以要根据传输条件综合考虑。例如，信号中的高频能量会对邻近线对造成串音，远距离传输时信号中的高频能量又会随着传输距离的增加而迅速衰减；另外经终端机输出的信号要经过变压器与电缆相连接，因此信号中的直流分量和低频分量会被阻挡……

归纳起来，设计适用于传输的数字基带信号码型时应考虑以下原则：

① 对信源具有透明性（编码方案要适合于所有的二进制信号，即与信源的统计特性无关）；

② 接收端必须能正确解码；

③ 没有显著的直流分量，低、高频分量也要小；

④ 易于从基带信号中提取位同步（位定时）信息；

⑤ 有在线误码检测功能；

⑥ 编解码设备简单可靠。

其中①、②两项必须满足，其余各项可根据实际情况尽量多地满足。

7.2.2 常用码型

1. 单极性码

单极性码又称单极性不归零码，如图 7.3（a）所示，是最简单、最常用的二进制码。它的高电平代表二进制符号的"1"，0 电平代表二进制符号的"0"，在整个码元时隙内电平维持不变。

单极性码的缺点：①有直流成分,因此不适用于有线信道（有线信道的低频特性差，很难传送零频率附近的分量）；②判决电平取接收到的高电平的一半，由于会受到信道衰减等多种因素的影响，单极性码的判决电平不易稳定在最佳值，因此抗噪声性能不好；③不能直接提取位同步信号（详见 7.3.2 小节）；④传输时要求信道的一端接地。

2. 单极性归零码

单极性归零码如图 7.3（b）所示，其代表二进制符号"1"的高电平在整个码元时隙持续一段时间后要回到 0 电平，根据高电平持续时间 τ 在此码元时隙 T 中所占之百分数 x，又可将归零码称为"百分之 x 占空比的单极性码"（占空比 $x\% = \tau / T < 1$）。

单极性归零码的最大优点是可以直接提取位同步信号，其他特性同单极性码。

3. 双极性码

双极性码又称双极性不归零码，如图 7.3（c）所示，它用正电平代表二进制符号"1"，负电平代表二进制符号"0"。双极性码与单极性码的相同之处是在整个码元时隙内电平维持不变。

双极性码与单极性码相比其优点有：判决电平为 0，容易设置、易稳定，抗噪声性能好，无接地问题，所以可在电缆等无接地的传输线上传输，并且当二进制符号序列中的"1"和"0"等概率出现时，序列中的直流分量为 0。

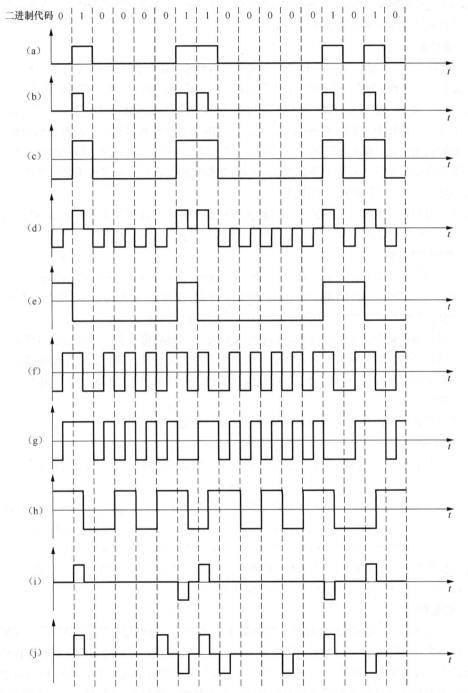

（a）单极性（NRZ）码　（b）单极性归零（RZ）码　（c）双极性（NRZ）码　（d）双极性归零（RZ）码

（e）差分码　（f）数字双相码　（g）CMI 码　（h）密勒码　（i）AMI 码　（j）HDB₃ 码

图 7.3　几种常用二进制码型

双极性码的主要缺点是不能直接提取位同步信号。

4. 双极性归零码

双极性归零码如图 7.3（d）所示，其代表二进制符号 "1" 和 "0" 的正、负电平在整个码元时隙持续一段时间之后都要回到 0 电平，同单极性归零码一样，也可将其称之为百分之 x 占空比的双极性码。

它的优缺点与双极性不归零码基本相同。

5. 差分码

在差分码中，二进制符号 "1" 和 "0" 分别对应着相邻码元电平符号的 "变" 与 "不变"。若用电平变化表示 "1"，则称为传号差分码（在电报通信中把 "1" 称为传号、把 "0" 称为空号）；若用电平变化表示 "0"，则称为空号差分码。若不特别指出，通常所说的差分码指的是传号差分码，如图 7.3（e）所示。由于差分码用电平的相对变化传输信息，它的电平只有相对意义，因而又称为相对码。

差分码码型的高、低电平不再与二进制符号的 "1"、"0" 直接对应，即使接收端收到的码元极性与发送端完全相反也不影响正确判决，因此在数字相位调制系统中被用来解决 "1"、"0" 极性倒 π 问题（详见 8.2.3 小节），用途极广。

差分码可以由一个模 2 加电路及一级移位寄存器来实现，其逻辑关系为 $b_i = a_i \oplus b_{i-1}$，其中，a_i 为绝对码，b_i 为相对码（即差分码），"$\oplus$" 为模 2 加运算符号。

6. 数字双相码

数字双相码（Digital Diphase）又称分相码（Biphase，Split-phase）或曼彻斯特码（Manchester），如图 7.3(f)所示。它属于 1B2B 码，即在原二进制一个码元时隙内有两种电平，或者说有两种相位，如 "1" 码可以用 "+ −" 脉冲、"0" 码用 "− +" 脉冲表示，也可以相反设置。

数字双相码在每个码元时隙的中心都有电平跳变，因此频谱中含有很强的定时分量，并且由于在一个码元时隙内的两种电平各占一半，所以不存在直流分量。缺点是线路传输速率增加了一倍，因而频带展宽了一倍，但是对于以有线电缆为传输介质的短距离传输来说，传输频带变宽不是一个主要问题。

数字双相码可以用单极性码和定时脉冲模 2 运算获得。

7. CMI 码

CMI 码是传号反转码的简称，也属于 1B2B 码，其编码规则是 "1" 码交替地采用 "+ +"、"− −"，"0" 码一律用 "− +" 表示，如图 7.3（g）所示。

CMI 码没有直流分量，却有较多的电平跳变，因此含有丰富的定时信息，从波形上不难看出，负跳变可以被提取为 "位同步信息"。CMI 码的另一个优点是它有在线错误检测功能，如果传输正确，则接收码流中出现的最大脉冲宽度是一个半码元时隙；反之，若在接收端收到超过一个半码元时隙长度的信号，则说明存在误码。CMI 码以其优良的性能被原 CCITT 建议作为 PCM 四次群的接口码型，在光纤通信中也常被选为线路传输码型。

8. 密勒码

密勒（Miller）码又称延迟调制码，它是数字双相码的一种变形。它的 "1" 码要求码元起点电平与前 1 个相邻码元的末相（即结束电平）一致，并且在码元时隙的中点位置有极性跳变（即要根据具体情况决定是选用 "+ −" 还是 "− +"）；"0" 码分两种情况，单个 "0" 码的电平取其前 1 个码元的末相，并且在整个码元时隙中电平不发生跳变；遇到连 "0" 情况，相邻的两个 "0" 码在边界处要有跳变，如图 7.3（h）所示。

密勒码数字流中出现的最大脉冲宽度是两个码元时隙，最小宽度是一个码元时隙，利用这一特点可以进行误码检测。

用数字双相码再加一级触发电路就可得到密勒码，故密勒码是数字双相码的差分形式，它能克服数字双相码中存在的相位不确定问题，而频带宽度仅是数字双相码的一半，常在低速率的数传机中使用。

9. AMI 码

AMI 码又称传号交替反转码，所谓传号交替反转是指在 AMI 码中原二进制信息码流里的"1"采用交替出现的"+"、"−"电平表示，"0"仍用 0 电平，即在 AMI 码中总共出现了 3 种电平（并不代表三进制数据），所以又称伪三元码，如图 7.3（i）所示。

AMI 码的优点：功率谱中无直流分量，低频分量较小，能量集中在 1/2 码速处；解码很容易，通过整流电路就可将接收信码恢复成单极性归零码；利用传号是否符合极性交替原则，可以检测误码。

AMI 码的缺点：其性能与信源统计特性相关，功率谱形状随信息流中的传号率（"1"码出现的概率）变化，在图 7.4 中示出了不同传号率时的功率谱形状，其中 p 为传号率。它的另一个缺点是当信息流中出现长连"0"码时，AMI 码中不出现电平跳变，给定时提取带来了困难（通常 PCM 传输线中连"0"码不允许超过 15 个）。如何既能保持 AMI 码的优点又能克服缺点，有许多改进思想，其中被采纳且应用最广的是 HDB_3 码。

10. HDB_3 码

HDB_3 码也属于一种伪三元码，将其推广到一般情况就是 HDB_n 码，n 代表此类码编码后码流中最大的连"0"数目。

以 HDB_3 码为例，如图 7.3（j）所示，HDB_3 的全称是三阶高密度双极性码。如果原二进制信息码流里连"0"的数目不大于 3，那么编制后的 HDB_3 码与 AMI 码将完全一样（"1"码按 AMI 编码规则产生的"±"电平在 HDB_3 码中称为"±B"码）。当信息码流里连"0"数目等于或大于 4 时，将每 4 个连"0"划分成一个取代节，每个节作为一个整体处理，编码规则如下：

① 序列中的"1"码用"±B"码表示；0000 用 000V 取代，V 称为破坏脉冲，它破坏 B 码遵循的极性交替原则，即 V 码的极性应该与其前方相邻 B 码的极性相同，且 V 码后面第 1 个出现的 B 码极性与 V 码相反；

② 为了使其功率谱中不含直流成分，规定在相邻取代节中，V 码之间应保持极性交替；

③ 当 V 码之间 B 脉冲的个数为奇数时，按①、②编制的 B、V 码满足各自的极性交替原则，但是当 V 码之间 B 脉冲的个数成偶数时，为了既保证 V 码之间极性交替，又能与各自前方相邻的 B 码极性相同，需要将取代节 000V 改成 B'00V，B'与 B 码之间满足极性交替原则，所以每个取代节中的 V 与 B'同极性。

HDB_3 的编码规则保证了编制后的码流中不含直流分量，并且不再出现长连"0"码，给接收端的定时提取工作提供了方便；HDB_3 码的另一个优点是具有在线误码检测能力。可见 HDB_3 码较综合地满足了对传输码型的各项要求，所以被大量应用于复接设备中，在 ΔM、PCM 等终端机中也采用 HDB_3 码作为接口码型。为帮助初学者进一步掌握 HDB_3 码的编码规则，特在本章结尾附其编码流程图（见图 7.24），有兴趣的读者可用计算机编程实现。

HDB_3 码的缺点：如果译码方案不当，会出现误码增殖，即由单个误码而引发出多个误码的现象。

与 HDB_3 类似的还有 BnZS 码等，限于篇幅这里不做介绍。

11. 二元分组码（mBnB 码）

前面介绍的数字双相码和 CMI 码均属于 1B2B 码。1B2B 码的缺点是传输速率增加了一倍，频谱宽度也随之增加了一倍。把 1B2B 码推广到一般情况就是 mBnB 码（$m<n$）。编码时将输入信息序列每 m 个比特分为一组，再将 m 个比特编成 n 个比特的码字输出，只要适当地选取 m、n 值，就可以减小线路传输速率的增加比例。近年来在高速光纤通信中常用做线路传输码型，比较常用的有 3B4B 码、5B6B 码等。

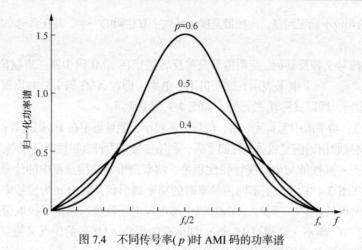

图 7.4　不同传号率（p）时 AMI 码的功率谱

　　以 5B6B 码为例，它是在 2^6 种组合中选择 2^5 种作传输码的情况。此码综合考虑了频带利用率和设备复杂性，频带宽度仅为原基带信号带宽的 1.2 倍，虽然增加了 20% 的码速，却换取了便于提取定时信息、低频分量小、可实行在线误码检测、迅速同步等优点。我国规定在 140Mbit/s 系统中采用 5B6B 码。

　　实际使用的 5B6B 码其信息序列按 5B 分组，共有 2^5（32）种组合，输出 6 个 bit，共有 2^6（64）种组合。在 64 个码字中选择 32 个码字与信息码组一一对应的方案很多，不同组合方案的 5B6B 码虽然都具有上述优点，但程度不同，因此如何编制码表是一个关键问题。

　　如果在单个码字中将"1"码权重设为 1，"0"码权重设为 -1，那么 6 个码元的权重之和（数字和）d 应该在 -6～+6 之间。考查这 2^6 个码字，$d=0$（码字内 3 个"1"，3 个"0"）的有 $C_6^3 = 20$ 个；$d = \pm 2$（码字内 4 个"1"，2 个"0"或 4 个"0"，2 个"1"）的各有 $C_6^2 = C_6^4 = 15$ 个，二者之和 $20 + 2 \times 15 \geq 32$，所以数字和 $d = \pm 4$ 的 12 个图样和 $d = \pm 6$ 的 2 个图样不需考虑。

　　表 7.1 所示为 5B6B 码的变换规则，有正、负两种变换模式。如果输出 6 个码元的数字和 $d=0$ 时，则停留在原模式不变；遇到 $d = \pm 2$ 时，为了使编码输出的若干个 6B 码字其累计数字和达到平衡，从而消除直流，需要正、负模式交替采用。

　　按表 7.1 变换的 5B6B 码有如下特性：

　　① 最长连"0"或连"1"数为 5；

　　② 相邻码元由"1"变"0"或由"0"变"1"的转移概率为 0.5915；

　　③ 误码增殖系数的平均值为 1.281；

　　④ 同步时每个码字结束时数字和的可能值为 0 或 ±2。

　　进行不中断通信业务的误码监测时码组是连起来的，运行数字和应在一定范围（-4～+4）内变化，若超出此范围，就意味着发生了误码。

表 7.1   5B6B 码表

输入二元码组（5B 码）	输出二元码组（6B 码）			
	正 模 式	数 字 和	负 模 式	数 字 和
00000	110010	0	110010	0
00001	110011	+2	100001	-2
00010	110110	+2	100010	-2
00011	100011	0	100011	0
00100	110101	+2	100100	-2

输入二元码组（5B 码）	输出二元码组（6B 码）			
	正　模　式	数　字　和	负　模　式	数　字　和
00101	100101	0	100101	0
00110	100110	0	100110	0
00111	100111	+2	000111	0
01000	101011	+2	101000	−2
01001	101001	0	101001	0
01010	101010	0	101010	0
01011	001011	0	001011	0
01100	101100	0	101100	0
01101	101101	+2	000101	−2
01110	101110	+2	000110	−2
01111	001110	0	001110	0
10000	110001	0	110001	0
10001	111001	+2	010001	−2
10010	111010	+2	010010	−2
10011	010011	0	010011	0
10100	110100	0	110100	0
10101	010101	0	010101	0
10110	010110	0	010110	0
10111	010111	+2	010100	−2
11000	111000	0	011000	−2
11001	011001	0	011001	0
11010	011010	0	011010	0
11011	011011	+2	001010	−2
11100	011100	0	011100	0
11101	011101	+2	001001	−2
11110	011110	+2	001100	−2
11111	001101	0	001101	0

　　另外，可以利用每个输出码字结束时的累计数字和，建立正确的分组同步，若多次出现错误的数字和，则分组同步位置移动一位再重新搜索。平均来说，经过 3 次移位，就可以建立正确的分组同步。

　　类似地还有 PST 码、4B3T 码等，都有正、负两种变换模式。

　　PST 码的全称是成对选择三进制码，编码时先将输入的二进制码两两分组，然后采用+、−、0 中的两个符号取代，即在 9 种状态（两位三进制数字 3^2）中为输入的 4 个状态找对应。表 7.2 中示出了 PST 编码较常用的一种格式，编码时当组内只有 1 个"1"码时，两种模式交替采用。

表 7.2　　　　　　　　　　　　　　　PST 码表

二进制代码	＋　模　式	−　模　式
0 0	− +	− +
0 1	0 +	0 −
1 0	+ 0	− 0
1 1	+ −	+ −

　　4B3T 码则是把 4 个二进制码变换成 3 个三进制码，它是在 2^4 与 3^3 之中确定对应关系的一种编码方式。读者如欲深入了解其编码规则，可查阅参考文献[2]。

7.3 数字基带信号的频谱分析

选择传输码型时应该确知所选码型的带宽以及该码型中是否含有可供接收端提取的同步信息，这就需要研究基带信号的频谱特性。

通信的内容是瞬息万变的，因此所传送的数据序列都是随机脉冲序列，属于功率信号。求功率信号的频谱特性很复杂，为简化分析（参阅参考文献[1]），我们把随机脉冲序列的波形分解成稳态分量和交变分量并分开讨论。推导过程不作为重点，但对分析的结论要求能透彻理解、熟练运用。

7.3.1 数字基带信号的频谱特性

1. 数字基带信号的一般表示式

图 7.3 所示数字基带信号的单个脉冲波形都是矩形的，事实上根据需要可以有许多种形状（如升余弦脉冲、高斯形脉冲等）。为寻其共性，用 $g_1(t)$、$g_2(t)$ 分别代表二进制序列码流中的"1"、"0"码，出现概率分别设为 P 和 $1-P$，并且假设二者的出现彼此统计独立，码元宽度为 T_s，那么任何一个数字基带脉冲序列的一般表示式可写为

$$s(t) = \sum_{n=-\infty}^{\infty} s_n(t) \tag{7.3.1}$$

式中，$s_n(t)$ 代表任一码元波形。

$$s_n(t) = \begin{cases} g_1(t-nT_s), & \text{以概率}P\text{出现} \\ g_2(t-nT_s), & \text{以概率}1-P\text{出现} \end{cases} \tag{7.3.2}$$

图 7.5（b）为某一随机信号序列的波形示意图，在图 7.5（a）中 $g_1(t)$ 是宽度为 T_s 的矩形波，$g_2(t)$ 是底宽为 T_s 的三角形波（选任意形状的波形均可，不影响讨论结果）。

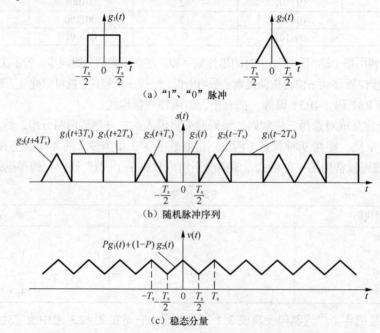

（a）"1"、"0" 脉冲

（b）随机脉冲序列

（c）稳态分量

图 7.5 随机脉冲序列的波形分解图

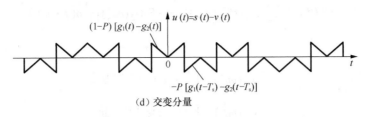

（d）交变分量

图 7.5　随机脉冲序列的波形分解图（续）

2. 随机脉冲序列的分解

将图 7.5（b）所示的随机脉冲序列 $s(t)$ 分解成稳态分量 $v(t)$ 和交变分量 $u(t)$，即 $s(t)=v(t)+u(t)$。稳态分量 $v(t)$ 是随机信号序列中的平均成分，如图 7.5（c）所示；交变分量 $u(t)$ 是随机序列中的随机成分，如图 7.5（d）所示。

（1）稳态项 $v(t)$

由于已经假设信号码流中出现"1"、"0"码的概率分别为 P 和 $1-P$，因而任一码元时隙内的平均分量为 $Pg_1(t)+(1-P)g_2(t)$，所以序列码流中的稳态分量为

$$v(t) = P\sum_{n=-\infty}^{\infty} g_1(t-nT_s) + (1-P)\sum_{n=-\infty}^{\infty} g_2(t-nT_s) \tag{7.3.3}$$

$$= \sum_{n=-\infty}^{\infty} \left[Pg_1(t-nT_s) + (1-P)g_2(t-nT_s) \right]$$

显然，$v(t)$ 是一个以码元宽度 T_s 为周期的周期函数。

（2）交变项 $u(t)$

$u(t) = s(t) - v(t)$，如果只在 1 个码元时隙内讨论，$u(t)$ 有两种可能

$$u(t) = \begin{cases} g_1(t) - v(t) = g_1(t) - [Pg_1(t)+(1-P)g_2(t)] \\ g_2(t) - v(t) = g_2(t) - [Pg_1(t)+(1-P)g_2(t)] \end{cases} \tag{7.3.4}$$

$$= \begin{cases} (1-P)\left[g_1(t)-g_2(t)\right], & \text{以概率}P\text{出现} \\ -P\left[g_1(t)-g_2(t)\right], & \text{以概率}1-P\text{出现} \end{cases}$$

扩展到整个序列

$$u(t) = \sum_{n=-\infty}^{\infty} u_n(t) \tag{7.3.5}$$

其中

$$u_n(t) = \begin{cases} (1-P)\left[g_1(t-nT_s)-g_2(t-nT_s)\right], & \text{以概率}P\text{出现} \\ -P\left[g_1(t-nT_s)-g_2(t-nT_s)\right], & \text{以概率}1-P\text{出现} \end{cases} \tag{7.3.6}$$

令

$$a_n = \begin{cases} (1-P), & \text{以概率}P\text{出现} \\ -P, & \text{以概率}1-P\text{出现} \end{cases} \tag{7.3.7}$$

则

$$u_n(t) = a_n\left[g_1(t-nT_s)-g_2(t-nT_s)\right] \tag{7.3.8}$$

故

$$u(t) = \sum_{n=-\infty}^{\infty} a_n\left[g_1(t-nT_s)-g_2(t-nT_s)\right] \tag{7.3.9}$$

可见，交变项 $u(t)$ 是序列中的随机成分，是非周期出现的。

3. 数字基带信号的功率谱密度

下面分别求稳态分量和交变分量的功率谱密度。

（1）稳态项 $v(t)$ 的功率谱密度

式（7.3.3）表示的稳态项 $v(t)$ 是一个以 T_s 为周期的周期函数，可以直接写出其功率谱密度 $P_v(f)$ 为

$$P_v(f) = \sum_{m=-\infty}^{\infty} \left| f_s \left[P G_1(mf_s) + (1-P) G_2(mf_s) \right] \right|^2 \delta(f - mf_s) \qquad (7.3.10)$$

式中

$$G_1(mf_s) = \int_{-\infty}^{\infty} g_1(t) e^{-j2\pi mf_s t} dt$$
$$\qquad (7.3.11)$$
$$G_2(mf_s) = \int_{-\infty}^{\infty} g_2(t) e^{-j2\pi mf_s t} dt$$

式（7.3.10）与式（7.3.11）中的 f_s 是码元周期的倒数，即 $f_s = \dfrac{1}{T_s}$。

由式（7.3.10）可知，稳态项 $v(t)$ 的功率谱 $P_v(f)$ 为离散谱。分析离散谱可知序列中是否含有直流成分和基波成分。

（2）交变项 $u(t)$ 的功率谱密度

$u(t)$ 是功率型的随机信号，因此求它的功率谱密度 $P_u(f)$ 时要采用截短函数的方法。

$$P_u(f) = \lim_{T \to \infty} \frac{E\left[\left|U_T(f)\right|^2\right]}{T} \qquad (7.3.12)$$

其中，T 是对 $u(t)$ 进行任意截取的时间段，$T = (2N+1)T_s$；E 是取统计平均的符号；$U_T(f)$ 是截短信号 $u_T(t)$ 的频谱。由式（7.3.5）可得

$$u_T(t) = \sum_{n=-N}^{N} u_n(t) \qquad (7.3.13)$$

故

$$\begin{aligned}
U_T(f) &= \int_{-\infty}^{\infty} u_T(t) e^{-j2\pi ft} dt \\
&= \sum_{n=-N}^{N} a_n \int_{-\infty}^{\infty} [g_1(t-nT_s) - g_2(t-nT_s)] e^{-j2\pi ft} dt \qquad (7.3.14) \\
&= \sum_{n=-N}^{N} a_n e^{-jn2\pi fT_s} [G_1(f) - G_2(f)]
\end{aligned}$$

式中，$G_1(f)$、$G_2(f)$ 分别为 $g_1(t)$、$g_2(t)$ 的傅里叶变换，于是

$$\begin{aligned}
\left|U_T(f)\right|^2 &= U_T(f) U_T^*(f) \\
&= \sum_{m=-N}^{N} \sum_{n=-N}^{N} a_m a_n e^{j(n-m)2\pi fT_s} [G_1(f) - G_2(f)][G_1^*(f) - G_2^*(f)]
\end{aligned} \qquad (7.3.15)$$

其统计平均值

$$E\left[\left|U_T(f)\right|^2\right] = \sum_{m=-N}^{N} \sum_{n=-N}^{N} E[a_m a_n] e^{j(n-m)2\pi fT_s} [G_1(f) - G_2(f)][G_1^*(f) - G_2^*(f)] \qquad (7.3.16)$$

当 $m = n$ 时 $\qquad\qquad a_m a_n = a_m^2 = \begin{cases} (1-P)^2, & \text{以概率} P \text{出现} \\ P^2, & \text{以概率} 1-P \text{出现} \end{cases}$

$$E[a_n^2] = P(1-P)^2 + (1-P)P^2 = P(1-P) \qquad (7.3.17)$$

当 $m \neq n$ 时

$$a_m a_n = \begin{cases} (1-P)^2, & \text{以} P^2 \text{出现} \\ P^2, & \text{以} (1-P)^2 \text{出现} \\ -P(1-P), & \text{以} 2P(1-P) \text{出现} \end{cases}$$

$$E[a_n a_m] = P^2(1-P)^2 + (1-P)^2 P^2 - 2P^2(1-P)^2 = 0 \qquad (7.3.18)$$

所以对式（7.3.16）只需考虑 $m = n$ 的情况，即

$$E\left[\left|U_{\mathrm{T}}(f)\right|^2\right] = (2N+1)P(1-P)\left|G_1(f) - G_2(f)\right|^2 \qquad (7.3.19)$$

与 $T = (2N+1)T_{\mathrm{s}}$ 一同代入式（7.3.12），化简得到

$$P_u(f) = \lim_{N \to \infty} \frac{P(1-P)\left|G_1(f) - G_2(f)\right|^2}{T_{\mathrm{s}}} \qquad (7.3.20)$$

$$= f_{\mathrm{s}} P(1-P)\left|G_1(f) - G_2(f)\right|^2$$

此式说明 $u(t)$ 的功率谱密度 $P_u(f)$ 是连续谱，与 $g_1(t)$、$g_2(t)$ 的频谱以及出现概率有关。由连续谱可以确定信号的带宽。

（3）随机基带序列 $s(t)$ 的总功率谱密度

对于截断信号 $s_{\mathrm{T}}(t) = u_{\mathrm{T}}(t) + v_{\mathrm{T}}(t)$

当 $T \to \infty$ 时，它的功率谱密度为

$$P_s(f) = P_u(f) + P_v(f)$$

$$= f_{\mathrm{s}} P(1-P)\left|G_1(f) - G_2(f)\right|^2 + \qquad (7.3.21)$$

$$\sum_{m=-\infty}^{\infty}\left|f_{\mathrm{s}}\left[PG_1(mf_{\mathrm{s}}) + (1-P)G_2(mf_{\mathrm{s}})\right]\right|^2 \delta(f - mf_{\mathrm{s}})$$

若用单边功率谱密度表示，为

$$P_{s\text{单}}(f) = 2f_{\mathrm{s}} P(1-P)\left|G_1(f) - G_2(f)\right|^2 + f_{\mathrm{s}}^2\left|PG_1(0) + (1-P)G_2(0)\right|^2 \delta(f)$$

$$+ 2f_{\mathrm{s}}^2 \sum_{m=1}^{\infty}\left|\left[PG_1(mf_{\mathrm{s}}) + (1-P)G_2(mf_{\mathrm{s}})\right]\right|^2 \delta(f - mf_{\mathrm{s}}) \qquad f \geqslant 0 \qquad (7.3.22)$$

4. 对功率谱密度 $P_s(f)$ 的讨论

功率谱密度表达式由于运算上比较复杂，因此不要求掌握推导过程，但对于推导结果即式（7.3.22），应给予足够的重视，不但要理解式中所有符号的意义，还要搞清每一项的物理意义。

式中 $f_{\mathrm{s}} = 1/T_{\mathrm{s}}$（$T_{\mathrm{s}}$ 是码元宽度）是离散谱中的基频、也是码元重复频率，在数值上等于码元速率。P 是 "1" 码出现的概率，$(1-P)$ 是 "0" 码出现的概率。

$g_1(t)$ 和 $g_2(t)$ 是 "1" 码和 "0" 码的基本波形函数，$G_1(f)$ 和 $G_2(f)$ 为与其对应的频谱函数，即傅里叶变换；而 $G_1(mf_{\mathrm{s}})$ 和 $G_2(mf_{\mathrm{s}})$ 是当 $f = mf_{\mathrm{s}}$ 时 $g_1(t)$ 和 $g_2(t)$ 的频谱函数的函数值，m 为正整数，mf_{s} 是 f_{s} 的各次谐波。

第一项：$2f_{\mathrm{s}} P(1-P)\left|G_1(f) - G_2(f)\right|^2$ 是由交变分量 $u(t)$ 产生的连续谱，由于信息码流中不可能出现全 "0" 全 "1" 的情况，因此 $P \neq 0$、$P \neq 1$，并且 $g_1(t) \neq g_2(t)$、$G_1(f) \neq G_2(f)$，所以连续谱永远存在。分析连续谱可以知道信号的能量主要集中在哪一个频段，并由此确定信号的带宽。

第二项：$f_{\mathrm{s}}^2\left|PG_1(0) + (1-P)G_2(0)\right|^2 \delta(f)$，是由稳态分量 $v(t)$ 产生的直流成分。这一项不一定存在，如双极性码 $g_1(t) = -g_2(t)$、$G_1(0) = -G_2(0)$，此时若 "1"、"0" 码等概率出现，则此项为零，说明等概情况下的双极性码流中不含直流成分。

第三项：$2f_s^2 \sum\limits_{m=1}^{\infty} \left[PG_1(mf_s) + (1-P)G_2(mf_s) \right]^2 \delta(f - mf_s)$，是由稳态分量 $v(t)$ 产生的离散频谱。

这一项，特别是基波成分 f_s 如果存在，则位同步信号的提取将很容易。对等概率出现的双极性码，此项也不存在。

7.3.2　常用数字基带信号功率谱密度举例

1.　单极性不归零二进制码序列的功率谱密度

单极性不归零二进制序列如图 7.6（a）所示，为推导方便，设 "1"、"0" 码等概率出现，其中码元宽度 $\tau = T_s$，单个脉冲的时域表达式

$$g_1(t) = \begin{cases} A, & 0 \leqslant t \leqslant T_s \\ 0, & t > T_s \end{cases}$$ （7.3.23）

$$g_2(t) = 0$$

相应的频域表达式

$$G_1(f) = A\tau \mathrm{Sa}(\omega\tau/2) = AT_s \mathrm{Sa}(\pi f T_s)$$ （7.3.24）

$$G_2(f) = 0$$

$G_1(f)$ 的最大值出现在 $f = 0$ 处：$G_1(0) = AT_s$；抽样函数的 0 点位置分别在 $f = kf_s$ 处（k 为非 0 整数），通常取第 1 个过 0 点作带宽 $B = f_s$，如图 7.6(b) 所示。

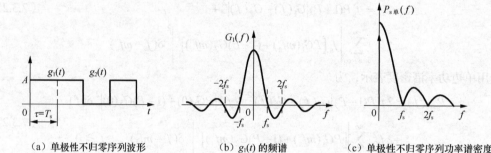

（a）单极性不归零序列波形　　（b）$g_1(t)$ 的频谱　　（c）单极性不归零序列功率谱密度

图 7.6　单极性不归零序列的波形和频谱示意图

将 $P = \dfrac{1}{2}$、$G_1(f)$ 和 $G_1(0)$ 等代入式（7.3.22）整理。第一项，即由交变分量 $u(t)$ 产生的连续谱为 $(1/2)A^2 T_s \mathrm{Sa}^2(\pi f T_s)$；第二项，由稳态分量 $v(t)$ 产生的直流成分的功率谱密度，只剩下 $(1/4)A^2\delta(f)$；由于过零点的位置 $f = kf_s$ 正好与离散频谱可能存在的位置相同（$m = k$），所以第三项不存在。

至此，求出 1、0 码等概时单极性不归零二进制序列的单边功率谱密度为

$$P_{s\text{单}}(f) = \frac{1}{2} A^2 T_s \mathrm{Sa}^2(\pi f T_s) + \frac{1}{4} A^2 \delta(f)$$ （7.3.25）

功率谱图如图 7.6（c）所示。功率谱中无基波分量，故不能提取同步信息。

2.　单极性归零二进制码序列的功率谱密度

令 $\tau = \dfrac{T_s}{2}$，就构成了 50% 占空比的单极性二进制随机脉冲序列。此时

$$G_1(f) = A\tau \mathrm{Sa}\left(\frac{\omega\tau}{2}\right) = \frac{AT_s}{2} \mathrm{Sa}\left(\frac{\omega T_s}{4}\right)$$ （7.3.26）

$$G_2(f) = 0$$

$G_1(f)$ 的最大值 $G_1(0) = AT_s/2$，抽样函数的 0 点分别位于 $\omega T_s/4 = k\pi$，即 $f = 2kf_s$ 处（k 为整数），仍取第 1 个过 0 点为频带宽度，则 $B = 2f_s$（比不归零码大了一倍），如图 7.7（b）所示。

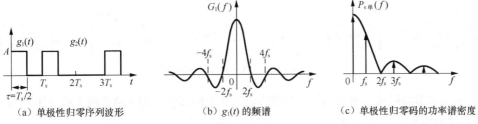

（a）单极性归零序列波形　　　　（b）$g_1(t)$ 的频谱　　　　（c）单极性归零码的功率谱密度

图 7.7　单极性归零序列的波形和频谱示意图

可见，由其交变波 $u(t)$ 产生的连续谱主瓣宽度是不归零二进制序列的两倍；稳态分量 $v(t)$ 除了产生直流分量外，还产生了奇数倍于基波频率的谐波。$P = 1/2$ 时，其单边功率谱密度为

$$P_{s单}(f) = \frac{A^2 T_s}{8}\mathrm{Sa}^2\left(\frac{\omega T_s}{4}\right) + \frac{A^2}{16}\delta(f) + \frac{A^2}{8}\sum_{m=1}^{\infty}\mathrm{Sa}^2\left(\frac{m\pi}{2}\right)\delta(f - mf_s) \qquad f \geqslant 0 \qquad (7.3.27)$$

功率谱图如图 7.7（c）所示。在 m 为非 0 偶数时，上式中 $\mathrm{Sa}^2\left(\frac{m\pi}{2}\right)$ 等于 0，所以离散频谱只出现在 f_s 的奇数倍上。因为接收端的位同步信号从基波中提取，所以单极性归零码中含有位同步信息。

3. 双极性码序列的功率谱密度

双极性码一般满足 $g_1(t) = -g_2(t)$，$G_1(f) = -G_2(f)$，1、0 码等概出现时，不论归零与否，稳态分量 $v(t)$ 都是 0，因此都没有直流成分和离散谱。

等概率双极性不归零码的单边功率谱密度为

$$P_{s单}(f) = P_u(f) = 2f_s\left|G_1(f)\right|^2 = 2A^2 T_s \mathrm{Sa}^2(\pi f T_s), \qquad f \geqslant 0 \qquad (7.3.28)$$

等概率双极性归零码（占空比=50%）的单边功率谱密度为

$$P_{s单}(f) = P_u(f) = 2f_s\left|G_1(f)\right|^2 = \frac{A^2 T_s}{2}\mathrm{Sa}^2\left(\frac{\pi f T_s}{2}\right), \qquad f \geqslant 0 \qquad (7.3.29)$$

虽然双极性归零与不归零码序列的功率谱密度表达式中都没有基频，不含位同步信息，但是对于双极性归零码，只要在接收端设置一个全波整流电路，将接收到的序列变换为单极性归零码序列，就可以利用脉冲的前沿起动信号，后沿终止信号而无须特别定时，相当于提供了位定时信号。

7.4　基带传输的码间串扰与无码间串扰的基带传输

7.4.1　数字基带信号传输系统模型

前面介绍了数字基带信号的常用码型，这些码型的形状常常画成矩形，讨论频谱时也只画出能量最集中的频率范围（实际上矩形脉冲的频谱在整个频域是无穷延伸的）。如果直接采用矩形脉冲做传输码型，会因为实际信道的频带有限且有噪声而使接收到的信号波形发生畸变，所以本节的任务是寻找能使差错率最小的传输系统及其传输特性。

一个实际的数字基带信号的传输模型如图7.8所示。

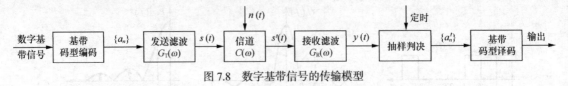

图7.8 数字基带信号的传输模型

① 基带码型编码输出的是携带着基带传输的典型码型信息的 δ 脉冲或窄脉冲序列 $\{a_n\}$，我们只关注其取值是0、1还是±1。

② 发送滤波器的作用是限制发送信号频带，并将 $\{a_n\}$ 转换为适合信道传输的基带波形，所以又叫信道信号形成网络。

③ 信道既可以是电缆等有线信道也可以是带调制器的广义信道，一般不理想，会引起传输波形的失真，还会被信道中的窄带高斯噪声所叠加，造成随机畸变。

④ 接收滤波器的作用是滤除带外噪声和由信道引入的噪声，对失真波形进行补偿（均衡），提高信噪比。然而即使在经过接收滤波器处理后的输出信号里，或多或少地还会留有畸变和噪声。

⑤ 抽样判决器是一个识别电路，为进一步提高接收系统的可靠性，要将接收滤波器输出的信号波形 $y(t)$ 放大、限幅、整形后再加以识别。

⑥ 码型译码将抽样判决器送出的 $\{a_n'\}$ 还原成原始信码。

7.4.2 基带传输的码间串扰

数字信号传输的主要质量指标是传输速率和误码率，而传输速率和误码率之间又是密切相关和互相影响的。当信道一定时，传输速率和误码率成正比，即传输速率越高，误码率越大。如果传输速率一定，那么误码率就成为数字信号传输中最主要的性能指标。从数字基带信号传输的物理过程看，误码是由接收端抽样判决器错误判决所致，而造成判决错误的主要原因是码间串扰和信道噪声。

1. 码间串扰的概念

基带数字脉冲序列通过系统时，由于系统的滤波作用或者信道不理想，会使脉冲展宽，甚至重叠（串扰）到邻近时隙中去。若重叠（串扰）到邻近时隙中去的信号太强，成为干扰，就称为码间串扰，可见码间串扰是传输各符号间的相互干扰。

设 $\{a_n\}$ 序列中的单个"1"码（见图7.9（a）），经过发送滤波器后，变成了正的升余弦波形，如图7.9（b）所示。将此波形送入信道，如果不产生延迟和失真，就不会影响后续码元的接收判决。遗憾的是实际信道不可能理想，经过信道的信号都会产生延迟和失真，设图7.9（b）波形经过信道后产生拖尾，如图7.9（c）所示，我们看到这个"1"码的拖尾延伸到了下一个码元时隙内，并且抽样判决时刻也应向后推移至出现波形最高峰处（设为 t_1）。

假如传输的一组码元是1110、采用双极性码、经发送滤波器后变为升余弦波形，在送入信道前它们的形状如图7.10（a）所示。经过信道后产生码间串扰，前3个"1"码的拖尾相继侵入到第4个"0"码的时隙中，如图7.10（b）所示。图中 a_1、a_2、a_3 分别为第1、2、3个码元在 t_1+3T_s 时刻对第4个码元产生的码间串扰值，a_4 为第4个码元在抽样判决时刻的幅度值。当 $a_1+a_2+a_3 < |a_4|$ 时，判决正确；当 $a_1+a_2+a_3 > |a_4|$ 时，发生错判造成误码。

2. 码间串扰的数学分析

图7.8描绘的数字基带信号传输系统模型中，设 $\{a_n\}$ 为送入发送滤波器的输入符号序列，取

值仅为 0、1 或 ±1，用冲激函数序列表示，即

$$\{a_n\} = \sum_{n=-\infty}^{\infty} a_n \delta(t - nT_s) \tag{7.4.1}$$

式中，a_n 为冲激脉冲的强度，经发送滤波器后

$$s(t) = \sum_{n=-\infty}^{\infty} a_n h(t - nT_s) \tag{7.4.2}$$

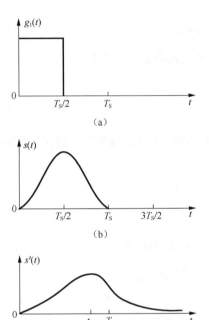

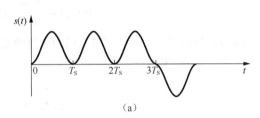

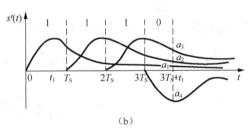

图 7.9　传输单个波形失真示意图图 　　　　图 7.10　传输信息序列时波形失真示意图

经过信道时混入噪声

$$s'(t) = \sum_{n=-\infty}^{\infty} a_n h(t - nT_s) + n_R(t) \tag{7.4.3}$$

假如第 k 个码元达到最大值的时刻（最佳抽样时刻）为 $kT_s + t_0$，代入上式

$$
\begin{aligned}
s'(kT_s + t_0) &= \sum_{n=-\infty}^{\infty} a_n h(kT_s + t_0 - nT_s) + n_R(kT_s + t_0) \\
&= a_k h(t_0) + \sum_{\substack{n=-\infty \\ n \neq k}}^{\infty} a_n h(kT_s + t_0 - nT_s) + n_R(kT_s + t_0)
\end{aligned}
\tag{7.4.4}
$$

式中，第一项是第 k 个码元在最佳抽样时刻 t_0 时的幅度值；第二项是 t_0 时刻序列中其它码元对第 k 个码元的码间串扰值；第三项是随机噪声对第 k 个码元抽样值的干扰。可见第二项和第三项叠加后的值如果大于第一项，就有可能发生错判，从而造成误码。

7.4.3　无码间串扰的基带传输特性

　　一个好的基带传输系统，应该在传输有用信号的同时能尽量抑制码间串扰和噪声，使二者之和足够小，从数学表达式看，就是希望式（7.4.4）中的第二项和第三项之和足够小。

下面寻找能解决码间串扰问题的理想化的基带传输特性，为了讨论方便，先忽略信道噪声。把基带传输系统的典型模型（见图 7.8）进行简化，如图 7.11 所示。图中 $H(\omega) = G_T(\omega)C(\omega)G_R(\omega)$ 为整个系统的基带传输特性（发送滤波器、信道、接收滤波器）的总和。

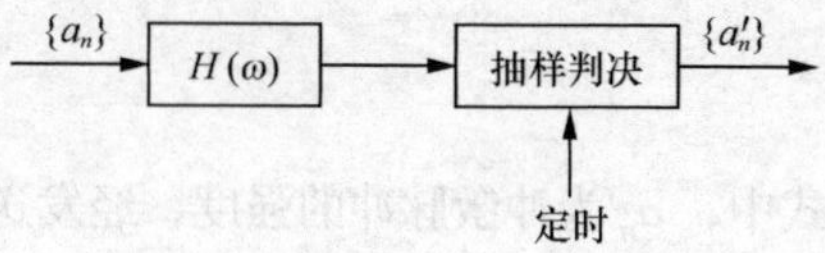

如果能实现无码间串扰的基带传输，其系统的冲激响应应应该满足

图 7.11　简化的基带传输系统模型图

$$h(kT_s) = \begin{cases} 1, & k = 0 \\ 0, & k\text{为其他整数} \end{cases} \quad (7.4.5)$$

即当前码元除了 $k = 0$ 点有抽样值之外，在其他所有抽样点上的取值均应为 0。

根据频谱分析，可以写出

$$h(kT_s) = \frac{1}{2\pi}\int_{-\infty}^{\infty} H(\omega)\mathrm{e}^{\mathrm{j}\omega kT_s}\mathrm{d}\omega \quad (7.4.6)$$

式中，$H(\omega)$ 是我们要寻找的能实现无码间串扰的基带传输函数。首先，将积分区间按角频率间隔 $2\pi f_s$ 分成无穷多段，则

$$h(kT_s) = \frac{1}{2\pi}\sum_i \int_{(2i-1)\pi f_s}^{(2i+1)\pi f_s} H(\omega)\mathrm{e}^{\mathrm{j}\omega kT_s}\mathrm{d}\omega$$

式中，$i = 0,\ \pm1,\ \pm2,\ \cdots$

作变量代换，令 $\omega' = \omega - 2i\pi f_s$，则 $\mathrm{d}\omega' = \mathrm{d}\omega$，而且当 $\omega = (2i\pm1)\pi f_s$ 时，$\omega' = \pm\pi f_s$。于是

$$h(kT_s) = \frac{1}{2\pi}\sum_i \int_{-\pi f_s}^{\pi f_s} H(\omega' + 2i\pi f_s)\mathrm{e}^{\mathrm{j}\omega' kT_s}\mathrm{e}^{\mathrm{j}2\pi ik}\mathrm{d}\omega'$$

考虑到 $\mathrm{e}^{\mathrm{j}2\pi ik} = 1$，故　　$h(kT_s) = \frac{1}{2\pi}\sum_i \int_{-\pi f_s}^{\pi f_s} H(\omega' + 2i\pi f_s)\mathrm{e}^{\mathrm{j}\omega' kT_s}\mathrm{d}\omega'$

在上式之和一致收敛时，可以交换求和与积分次序，再将 ω' 用 ω 换入

$$h(kT_s) = \frac{1}{2\pi}\int_{-\pi f_s}^{\pi f_s} \sum_i H(\omega + 2i\pi f_s)\mathrm{e}^{\mathrm{j}\omega kT_s}\mathrm{d}\omega \quad (7.4.7)$$

由此看出，$h(kT_s)$ 是 $\sum H(\omega + 2i\pi/T_s)$ 在 $[-\pi f_s, \pi f_s]$ 区间的傅里叶反变换。并且，$h(kT_s)$ 还是 $\frac{1}{T_s}\sum H(\omega + 2i\pi/T_s)$ 的指数型傅里叶级数的系数，因而可以写成

$$\frac{1}{T_s}\sum_i H(\omega + 2i\pi/T_s) = \sum_k h(kT_s)\mathrm{e}^{-\mathrm{j}\omega kT_s} \quad (7.4.8)$$

若无码间串扰，$h(kT_s)$ 应该只在 $k = 0$ 时有值，所以将式（7.4.5）代入式（7.4.8）右端，则

$$\frac{1}{T_s}\sum_{i=-\infty}^{\infty} H(\omega + 2i\pi/T_s) = 1, \quad |\omega| \leqslant \pi/T_s \quad (7.4.9)$$

或

$$\sum_{i=-\infty}^{\infty} H(\omega + 2i\pi/T_s) = T_s, \quad |\omega| \leqslant \pi/T_s \quad (7.4.10)$$

令

$$H_{eq}(\omega) = \begin{cases} \sum_{i=-\infty}^{\infty} H(\omega + 2i\pi/T_s) = T_s, & |\omega| \leqslant \pi/T_s \\ 0, & |\omega| > \pi/T_s \end{cases} \quad (7.4.11)$$

满足式（7.4.11）的 $H_{eq}(\omega)$ 就能实现无码间串扰，这就是奈奎斯特(Nyquist)第一准则。

奈奎斯特第一准则为我们确定某基带传输系统是否存在码间串扰提供了理论依据。从频域看，只要将该系统的传输特性 $H(\omega)$ 按 $2\pi/T_s$ 间隔分段，再搬回 $(-\pi/T_s,\ \pi/T_s)$ 区间叠加，叠加后若其幅度为一常数，就说明此基带传输系统可以实现无码间串扰。

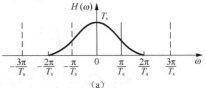

(a)

图 7.12（a）所示为一个具有升余弦滚降特性传递函数的低通滤波器，有

$$H(\omega)=\begin{cases}\dfrac{T_s}{2}\left(1+\cos\dfrac{\omega T_s}{2}\right), & |\omega|\leqslant\dfrac{2\pi}{T_s}\\[3mm]0, & |\omega|>\dfrac{2\pi}{T_s}\end{cases} \tag{7.4.12}$$

(b)

按照无码间串扰的等效的基带传输特性 $H_{eq}(\omega)$ 分段，若只取原点附近($i=-1$、0、1)的 3 个频段，则

$$H_{eq}(\omega)=H(\omega-2\pi/T_s)+H(\omega)+$$

$$H(\omega+2\pi/T_s)=\begin{cases}T_s, & |\omega|\leqslant\pi/T_s\\0, & |\omega|>\pi/T_s\end{cases} \tag{7.4.13}$$

(c)

将 3 个相邻段 $H(\omega-2\pi/T_s)$、$H(\omega)$、$H(\omega+2\pi/T_s)$ 分别移到 $(-\pi/T_s,\ \pi/T_s)$ 区间（即把图 7.12（c）、图 7.12（d）移至图 7.12（b）中）叠加成的 $H_{eq}(\omega)$ 正好为矩形，如图 7.12（e）所示，可见具有升余弦滚降传输特性的滤波器其带宽

$$B=W/2\pi=1/T_s\ \text{(Hz)}$$

(d)

若传输速率 $R_B=1/T_s$ (Bd)，则此基带传输系统可以实现无码间串扰。

(e)

图 7.12　$H_{eq}(\omega)$ 特性的构成

7.4.4　无码间串扰的理想低通滤波器

符合奈奎斯特第一准则的、最简单的传输特性是理想低通滤波器的传输特性

$$H(\omega)=\begin{cases}Ke^{-j\omega t_0}, & |\omega|\leqslant\pi/T_s\\0, & |\omega|>\pi/T_s\end{cases} \tag{7.4.14}$$

式中，K 为常数代表带内衰减，这里为推导方便设其为 1，其冲激响应

$$\begin{aligned}h(t)&=\frac{1}{2\pi}\int_{-\infty}^{\infty}H(\omega)e^{j\omega t}d\omega=\frac{1}{2\pi}\int_{-\pi/T_s}^{\pi/T_s}e^{-j\omega t_0}e^{j\omega t}d\omega\\&=\frac{1}{2\pi}\int_{-\pi/T_s}^{\pi/T_s}e^{j\omega(t-t_0)}d\omega=\frac{1}{T_s}Sa\left[\pi(t-t_0)/T_s\right]\end{aligned} \tag{7.4.15}$$

抽样函数的最大值出现在 $t=t_0$ 时刻（t_0 反映了理想低通滤波器对信号的时间延迟）。变换坐标系统，令 $t'=t-t_0$，则

$$h(t')=\frac{1}{T_s}Sa\left[\pi t'/T_s\right] \tag{7.4.16}$$

波形如图 7.13（a）所示。

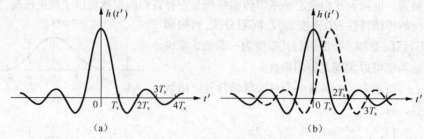

图 7.13　抽样函数示意图

可以看到在 t' 轴上，抽样函数出现最大值的时间仍在坐标原点，如果传输的信号是个脉冲串，那么在 $t' = 0$ 有最大抽样值的这个码元在其他码元抽样时刻 kT_s（$k = 0, \pm 1, \pm 2 \cdots$）上的样值均为 0，如图 7.13（b）所示，可见它对其相邻码元的抽样值无干扰。这就是说，对于带宽

$$B_N = W/2\pi = \frac{\pi/T_s}{2\pi} = \frac{1}{2T_s} \quad \text{(Hz)} \tag{7.4.17}$$

的理想低通滤波器只要输入数据以 $(1/T_s)$ 波特的速率传输，就可使接收到的信号在各抽样点上无码间串扰。反之，数据若以高于 $(1/T_s)$ 波特的速率传输，则码间串扰不可避免。这是抽样值无失真条件，又叫奈奎斯特第一准则。

无码间串扰的理想低通传输系统其频带利用率

$$\eta = R_B/B_N = 2(\text{Bd/Hz}) \tag{7.4.18}$$

这也是所有无码间串扰传输系统的最高频带利用率。

对于无码间串扰的理想 LPF，其带宽 $B_N = \dfrac{1}{2T_s}$ 被称为奈奎斯特带宽；抽样间隔 T_s 为奈奎斯特间隔；传输速率 $R_B = \dfrac{1}{T_s} = f_s = 2B_N$ 为奈奎斯特速率，即最高传输速率。

虽然在用理想低通滤波器传输基带脉冲序列时，只要传输速率取其截止频率的两倍就能消除码间串扰，且达到极限性能，但是对理想低通滤波器的研究却只有理论意义。因为其一，理想 LPF 所要求的传递函数其过渡带无限陡峭，这是物理上无法实现的；其二，即使可以找到相当逼近的理想特性，但由于其冲激响应是抽样函数——拖尾振荡起伏较大、衰减又慢，因此对同步定时系统的要求非常严格，不允许有稍微的偏差（否则仍会引入码间串扰），而这几乎是不可能的，所以还需要寻找符合式(7.4.11)实用的、物理上可以实现的等效传输系统。

7.4.5　无码间串扰的滚降系统

在实际中得到广泛应用的传递函数是在奈氏带宽截止频率两侧以 π/T_s 为中心，其频谱特性具有奇对称升余弦形状过渡带的传递函数。

$$H(\omega) = \begin{cases} T_s, & 0 \leqslant |\omega| \leqslant \dfrac{(1-\alpha)\pi}{T_s} \\ \dfrac{T_s}{2}\left[1 + \sin\dfrac{T_s}{2\alpha}\left(\dfrac{\pi}{T_s} - \omega\right)\right], & \dfrac{(1-\alpha)\pi}{T_s} \leqslant |\omega| \leqslant \dfrac{(1+\alpha)\pi}{T_s} \\ 0, & |\omega| \geqslant \dfrac{(1+\alpha)\pi}{T_s} \end{cases} \tag{7.4.19}$$

式中 α 为滚降系数($0 \le \alpha \le 1$)，用以描述滚降程度，即

$$\alpha = \text{扩展量/奈氏带宽} \tag{7.4.20}$$

在式（7.4.19）描述的传递函数中，奈氏带宽 W_N 取奇对称点的值 $\dfrac{\pi}{T_s}$。扩展量为超出奈氏带宽的部分设为 x，那么式（7.4.19）中的 α 可表示为

$$\alpha = \frac{x}{W_N} \tag{7.4.21}$$

若在频率域描述则分子分母同时除以 2π，有

$$\alpha = \frac{x'}{B_N} \tag{7.4.22}$$

注意式中 x' 和 B_N 的单位是 Hz。

具有不同滚降系数 α 时的传递函数形状示于图 7.14（a）中。

不同 α 时的冲激响应

$$h(t) = \frac{\sin \pi t/T_s}{\pi t/T_s} \cdot \frac{\cos \alpha \pi t/T_s}{1 - 4\alpha^2 t^2/T_s^2} \tag{7.4.23}$$

其波形如图 7.14（b）所示。

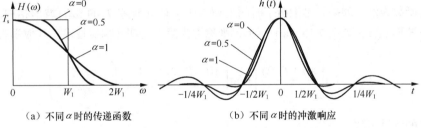

（a）不同 α 时的传递函数　　　　（b）不同 α 时的冲激响应

图 7.14　滚降特性的构成及示意图（仅画正频率部分）

由图 7.14 可见，$\alpha = 0$ 对应的图形正好是理想低通滤波器，α 越大抽样函数的拖尾振荡起伏越小、衰减越快。$\alpha = 1$ 时的波形最瘦，拖尾按 t^{-3} 速率衰减，并且多出一个过 0 点，抑制码间串扰的效果很好。与理想低通相比，它付出的代价是带宽增大了一倍。

引入滚降系数 α 后，系统的最高传码率不变，但是由于系统的带宽扩展为 $B = (1+\alpha)B_N$，所以最高频带利用率的表达式要相应地改为

$$\eta = 2/(1+\alpha) \quad \text{Bd/Hz} \tag{7.4.24}$$

把 $\alpha = 1$ 代入式（7.4.19）中整理得到的具有升余弦滚降特性传递函数的低通滤波器就是前面图 7.12 介绍的例子。例中 3 个相邻段 $H(\omega-2\pi/T_s)$、$H(\omega)$、$H(\omega+2\pi/T_s)$ 在 $(-\pi/T_s, \pi/T_s)$ 区间叠加成的 $H_{eq}(\omega)$ 正好为矩形，如图 7.12(e) 所示，所以说，这种具有升余弦滚降传输特性的滤波器满足奈氏第一准则即抽样值无失真条件，其带宽

$$B = (1+\alpha)B_N = 2B_N = 1/T_s \text{ (Hz)}$$

传输速率

$$R_B = 1/T_s \text{ （Bd）}$$

频带利用率

$$\eta = \frac{2}{1+\alpha} \quad (\text{Bd/Hz})$$

比理想低通滤波器的频带利用率低了一倍。

7.5 部分响应技术

前面讨论了具有理想低通滤波特性的传输系统，虽然这一系统的频带利用率最高，但它的频谱过渡带为 0，是物理上不可实现的系统。之后讨论了升余弦滚降系统（$\alpha=1$），这是物理上能够实现的系统，其时域波形衰减快（按 t^3 速率衰减）、拖尾起伏小，抑制码间串扰的效果也好，但它牺牲了系统的频带利用率。

本节介绍部分响应技术，又叫奈奎斯特第二准则，它综合了上述两系统的优点，不但能够较好地抑制码间串扰、易于实现，并且它的频带利用率也可以达到 $\eta=2$ Bd/Hz 的极限数值，所以在高速、大容量的传输系统中得到了推广与应用。

具体地说，部分响应技术即是在一个以上的码元时隙中，人为地引入一定数量的码间串扰，以达到改变传输序列频谱分布、压缩传输频带的目的。

7.5.1 第 I 类部分响应

以抽样函数为例，如果只是把两个时间上相邻 1 个码元时隙 T_s 的 $Sa(t)$ 波形相加，合成为一个部分响应波形 $g(t)$，如图 7.15（a）所示，则称之为第一类部分响应技术，其数学表达式

$$g(t) = Sa\left[\frac{\pi(t+T_s/2)}{T_s}\right] + Sa\left[\frac{\pi(t-T_s/2)}{T_s}\right] = \frac{4}{\pi}\cos\left(\frac{\pi t/T_s}{1-4t^2/T_s^2}\right) \quad (7.5.1)$$

合成波的频谱函数

$$G(\omega) = \begin{cases} 2T_s\cos(\omega T_s/2), & |\omega| \leqslant \pi/T_s \\ 0, & |\omega| > \pi/T_s \end{cases} \quad (7.5.2)$$

是余弦型、具有缓变的滚降过渡特性，如图 7.15（b）所示。

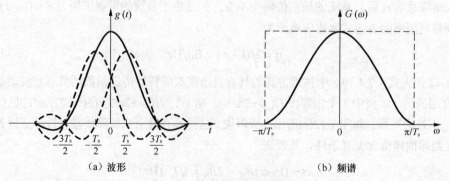

（a）波形   （b）频谱

图 7.15 第 I 类部分响应信号

由图 7.15 可见，用 $g(t)$ 作传输波形，码元间隔仍为 T_s，因此传输速率 $R_B=1/T_s$ Bd 不变，余弦

型谱的带宽 $B=1/2T_s$ Hz，所以频带利用率仍然达到 $\eta=2$ Bd/Hz 的极限数值，另外 $g(t)$ 波形的拖尾按照 t^{-2} 速率衰减，比 $\mathrm{Sa}(t)$ 波形的衰减快了 1 个数量级。

由于接收端抽样判决定时脉冲间隔仍取 T_s，因而所得的样值中仅含有前一码元对本码元抽样值的干扰，而前一码元的符号是已知的、可控的，只要减去它，就相当于消除了人为引入的码间串扰。

7.5.2　差错传播和预编码

采用第 I 类部分响应技术编码，合成波

$$c_k = a_{k-1} + a_k \tag{7.5.3}$$

信息序列 $\{a_k\}$ 为双极性二元码，所以发送序列 $\{c_k\}$ 有 0 和 ±2 三个电平。接收端对 $\{\hat{c}_k\}$ 抽样之后做减法

$$\hat{a}_k = \hat{c}_k - \hat{a}_{k-1} \tag{7.5.4}$$

判决时刻若前一码元 $\hat{a}_{k-1}$ 发生误判，会直接影响到下一个码元 $\hat{a}_k$ 的正确判决，出现一连串的错误，这叫误码增殖，也叫差错传播。这一现象的产生是因为 $\{c_k\}$ 在发送端经过了相关编码，即接收端在抽样判决时刻的取值 $\hat{c}_k$ 是由 a_k 和 a_{k-1} 两个码元共同决定的。

例如，设信息序列 $\{a_k\}=101101001100011100$，按式（7.5.3）、式（7.5.4）计算填入表 7.3。

表 7.3　　　　　　　　　　　　信息序列 $\{a_k\}$ 取值表

发	a_k	1	−1	1	1	−1	1	−1	1	−1	1	−1	−1	−1	−1	1	1	−1	−1
	c_k		0	0	2	0	0	0	−2	0	2	0	−2	−2	0	2	2	0	−2
收	$\hat{c}_k$		0	0	2	0	0	0	−2	0	<u>2</u>	0	−2	−2	0	2	2	0	−2
	$\hat{a}_k$	1*	−1	1	1	−1	1	−1	1	−1	1	−1	−1	−1	−1	1	1	−1	−1

表中的 1* 是由接收判决器预置的码元。由于接收序列 $\hat{c}_k$ 中未产生误码，所以通过运算恢复出的信息序列 $\{\hat{a}_k\}$ 是正确的。但是如果信道不理想，出现误码，设 $\{\hat{c}_k\}$ 中第 9 位 2 错成 0，那么

$$\hat{c}_k \quad\; 0\;\; 0\;\; 2\;\; 0\;\; 0\;\; 0\; -2\;\; 0\;\; \underline{0}\;\; 0\; -2\; -2\;\; 0\;\; 2\;\; 2\;\; 0\; -2$$

$$\hat{a}_k \quad 1^*\; -1\;\; 1\;\; 1\; -1\;\; 1\; -1\;\; 1\; \underline{-1}\;\; 1\; -3\;\; 1\; -3\;\; 1\; -3\;\; 1\;\; 1\; -3$$

被恢复的 $\{\hat{a}_k\}$ 序列从第 9 位错码开始出现了一连串错误。

为避免因相关编码引起的差错传播现象，通常在发送端先给信息序列 $\{\hat{a}_k\}$ 加预编码。图 7.16 为加了预编码的第 I 类部分响应编码系统的原理框图。图中预编码器的核心部分是模 2 运算，预编码规则是

$$a_k = b_k \oplus b_{k-1} \tag{7.5.5}$$

即

$$b_k = a_k \oplus b_{k-1} \tag{7.5.6}$$

因为是模运算，所以上面两式中的 a_k 为单极性码。

现在，送入发送滤波器的输入码元序列

$$c_k = b_k + b_{k-1} \tag{7.5.7}$$

接收端对 $\hat{c}_k$ 作模 2 判决即可恢复出信息序列

$$\hat{a}_k = [\hat{c}_k]_{\mathrm{mod}2} \tag{7.5.8}$$

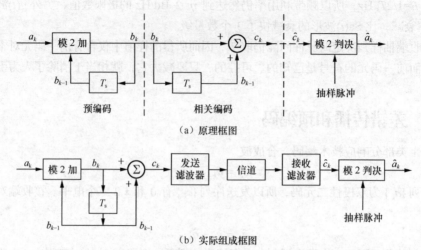

（a）原理框图

（b）实际组成框图

图 7.16　加了预编码的第 I 类部分响应系统框图

仍以二进制信息序列 $\{a_k\}$ = 101101001100011100 为例，采用预编码后取值如表 7.4 所示。

表 7.4　　　　　　　　　　　　　　　预编码后 $\{a_k\}$ 取值表

发	a_k		1	0	1	1	0	1	0	0	1	1	0	0	0	1	1	1	0
	b_k	1*	0	0	1	0	0	1	1	1	0	1	1	1	1	0	1	0	0	0
	c_k		1	0	1	1	0	1	2	2	1	1	2	2	2	1	1	1	0
收	$\hat{c}_k$		1	0	1	1	0	1	2	2	$\underline{1}$	1	2	2	2	1	1	1	0
	$\hat{a}_k$		1	0	1	1	0	1	0	0	1	1	0	0	0	1	1	1	0

$\{b_k\}$ 中的 1* 是发送端预编码器预置的码元（预置成 0* 亦可）。仍假设误码发生在第 9 位（1 错成 0），则

$$\hat{c}_k \quad 1\ 0\ 1\ 1\ 0\ 1\ 2\ 2\ \underline{0}\ 1\ 2\ 2\ 2\ 1\ 1\ 1\ 0\ 0$$

$$\hat{a}_k \quad 1\ 0\ 1\ 1\ 0\ 1\ 0\ 0\ \underline{0}\ 1\ 0\ 0\ 0\ 1\ 1\ 1\ 0\ 0$$

恢复的 $\{\hat{a}_k\}$ 只在第 9 位出错，没有影响其他码元，可见在发送端加预编码器后解决了差错传播问题。

7.5.3　第 IV 类部分响应波形

第 I 类部分响应信号的频谱是余弦形的，频率越低功率谱能量越集中，适用于传输系统中信道频带高端受限的情况。如果遇到含变压器或耦合电容等低频特性不好的电路，会使低端的信号波形产生失真；另外如果基带信号还要经过单边带调制，也希望基带信号的低频分量越小越好，这时就应该采用第 IV 类部分响应编码技术，它产生的频谱形状为正弦形，无直流分量且低频成分很小。

第 IV 类部分响应波形由时间上错开 $2T_s$ 的两个 $Sa(t)$ 波形相减得到。即令相隔 $2T_s$ 的码元在取样时刻引入反极性的码间串扰，其时域表达式

$$g(t) = Sa\left[\pi(t+T_s)/T_s\right] - Sa\left[\pi(t-T_s)/T_s\right]$$

$$= \frac{2T_s^2 \sin(\pi t/T_s)}{\pi(t^2 - T_s^2)} \tag{7.5.9}$$

波形的拖尾按 t^{-2} 速率衰减，其频域表达式

$$G(\omega) = \begin{cases} 2T_s \sin(\omega T_s), & |\omega| \leqslant \pi/T_s \\ 0, & |\omega| > \pi/T_s \end{cases} \qquad (7.5.10)$$

相应的时域波形及功率谱形状可在表 7.3 中查得。这里的 $G(\omega)$ 不论在高端还是低端都呈缓慢变化的滚降特性，传输带宽 $B = \dfrac{1}{2T_s}$ Hz，传输速率 $R_B = \dfrac{1}{T_s}$ 波特不变，所以频带利用率也达到 2Bd/Hz。

第Ⅳ类部分响应编码系统也有差错传播问题，故也要采用预编码电路，其实际组成框图如图 7.17 所示。接收机的判决规则：0 判为"0"码；±1 判为"1"码。仿照第Ⅰ类部分响应的例题，读者可自行分析计算。

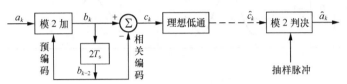

图 7.17　第四类部分响应系统框图

目前常用的部分响应波形有 5 类，应用最广的是第Ⅳ类。每类的相关编码规则、波形、频谱及二进制输入时 c_k 的抽样电平数，均示于表 7.5 中。为便于比较，将理想抽样函数 $Sa(t)$ 波形也列入表内并称其为第 0 类。

抽样电平数除第 0 类是 2 个，与输入电平数相同外，第Ⅰ类、第Ⅳ类有 3 个，其余是 5 个，电平数目多会给判决门限的设置带来困难，并且影响系统的抗噪声性能。所以部分响应系统的优点是以牺牲系统可靠性为代价换取的。

表 7.5　　　　　　　　　部分响应波形的波形、频谱及加权系数

类别	R_1	R_2	R_3	R_4	R_5	$R(t)$	$\|G(\omega)\| \ \|\omega\| < \dfrac{\pi}{T}$	二进输入时抽样值电平数
0	1							2
Ⅰ	1	1					$2T_s \cos\dfrac{\omega T_s}{2}$	3
Ⅱ	1	2	1				$4T_s \cos^2\dfrac{\omega T_s}{2}$	5

续表

类别	R_1	R_2	R_3	R_4	R_5	$R(t)$	$\lvert G(\omega)\rvert \; \lvert\omega\rvert < \frac{\pi}{T}$	二进输入时抽样值电平数
Ⅲ	2	1	−1			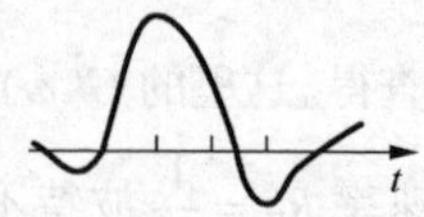 t	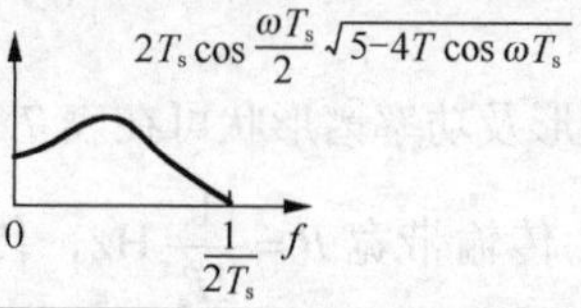 $2T_s\cos\frac{\omega T_s}{2}\sqrt{5-4T\cos\omega T_s}$ 0 $\frac{1}{2T_s}$ f	5
Ⅳ	1	0	−1			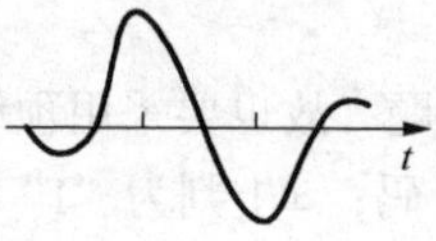 t	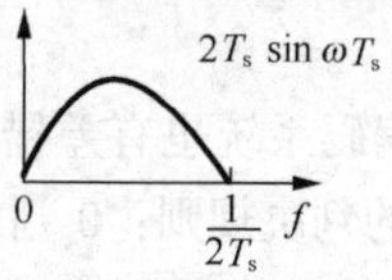 $2T_s\sin\omega T_s$ 0 $\frac{1}{2T_s}$ f	3
Ⅴ	−1	0	2	0	−1	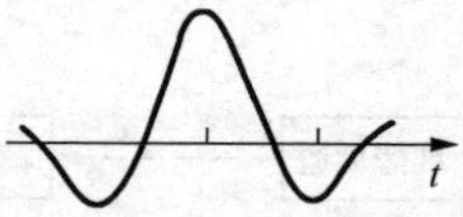 t	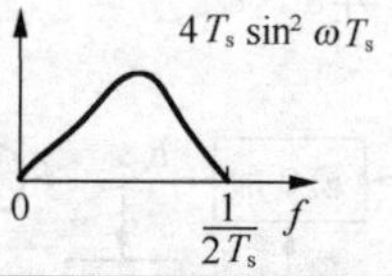 $4T_s\sin^2\omega T_s$ 0 $\frac{1}{2T_s}$ f	5

7.6 无码间串扰的基带传输系统的抗噪声性能

讨论基带传输系统的抗噪声性能时，要先假定所讨论的基带传输系统是一个理想系统，所以下面的讨论是在不考虑码间串扰的前提下，研究信道噪声可能对数字基带信号的正确传输产生的影响。

对于单极性基带信号而言，如果不存在信道噪声，那么在接收机抽样判决器中的抽样值只可能是 0 或 A；但是考虑到实际情况，信道不可能理想，加性高斯白噪声总是存在，所以接收机抽样判决器中的抽样值

$$x(t)=\begin{cases}A+n_R(t), & \text{发“1”码}\\ n_R(t), & \text{发“0”码}\end{cases} \tag{7.6.1}$$

若设判决门限为V_d，则

$$x(t)>V_d,\quad \text{判接收信号为“1”码}$$
$$x(t)<V_d,\quad \text{判接收信号为“0”码}$$

设式（7.6.1）中的信道噪声$n_R(t)$是均值为 0、方差为σ_n^2的加性高斯白噪声，它的一维概率密度分布为

$$f(n)=\frac{1}{\sqrt{2\pi}\sigma_n}e^{-n^2/2\sigma_n^2} \tag{7.6.2}$$

它描述了噪声瞬时值的统计特性。

发“0”码时，因为发送电平为 0，所以接收端收到的只有噪声，此时 $x(t)$的概率密度分布即是$n_R(t)$的概率密度分布，如图 7.18 所示。

$$f_0(x)=\frac{1}{\sqrt{2\pi}\sigma_n}e^{-x^2/2\sigma_n^2} \tag{7.6.3}$$

$x(t) = n_R(t) > V_d$ 时发生错判，发 0 错判为 1 的概率

$$P(1/0) = \int_{V_d}^{\infty} f_0(x)\mathrm{d}x \tag{7.6.4}$$

对应图 7.18 中 V_d 右边的阴影面积。

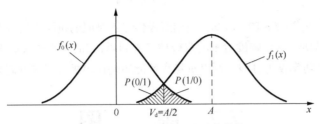

图 7-18　$x(t)$ 的概率密度分布曲线

发 "1" 码时，发送电平为 A，接收端叠加上噪声，实际收到的是 $A + n_R(t)$，此时 $x(t)$ 的概率密度分布仍为高斯分布，但均值为 A。

$$f_1(x) = \frac{1}{\sqrt{2\pi}\sigma_n}\exp\left[-\frac{(x-A)^2}{2\sigma_n^2}\right] \tag{7.6.5}$$

$x(t) = A + n_R(t) < V_d$ 时发生错判，发 1 错判为 0 的概率为

$$P(0/1) = \int_{-\infty}^{V_d} f_1(x)\mathrm{d}x \tag{7.6.6}$$

对应图 7.18 中 V_d 左边的阴影面积。由图可见，$V_d = A/2$ 时，图中阴影部分的总面积最小，故最佳判决门限应选 $V_d = A/2$。

二进制传输系统的总误码率

$$P_e = P(0)P(1/0) + P(1)P(0/1)$$

假设发 "0" 码概率与发 "1" 码概率相等，则

$$P_e = \frac{1}{2}\left[P(1/0) + P(0/1)\right] \tag{7.6.7}$$

因为都是高斯分布，具有对称性，两个条件概率的阴影面积也对称相等，所以总差错率

$$P_e = P(0/1) = P(1/0) = \int_{V_d}^{\infty} f_0(x)\mathrm{d}x = \frac{1}{2}\left(1 - \mathrm{erf}\left(\frac{A}{2\sqrt{2}\sigma_n}\right)\right) \tag{7.6.8}$$

或

$$P_e = \frac{1}{2}\mathrm{erfc}\left(\frac{A}{2\sqrt{2}\sigma_n}\right) \tag{7.6.9}$$

只要已知 $x = \left(\dfrac{A}{2\sqrt{2}\sigma_n}\right)$，就可利用式（7.6.9），通过查误差函数或互补误差函数表（见附录 A），求出总误码率 P_e。

对于双极性二进制码，当 "1"、"0" 码的电平分别取 $\pm A$ 时，误码率为

$$P_e = \frac{1}{2}P(1/0) + \frac{1}{2}P(0/1) = \frac{1}{2}\left(1 - \mathrm{erf}\left(\frac{A}{\sqrt{2}\sigma_n}\right)\right) \tag{7.6.10}$$

或

$$P_e = \frac{1}{2}\mathrm{erfc}\left(\frac{A}{\sqrt{2}\sigma_n}\right) \tag{7.6.11}$$

比较式（7.6.8）和式（7.6.10）可知，使用双极性二进制码的抗噪声性能要优于使用单极性二进制码。即便是对于只取 $\pm A/2$ 幅度电平的双极性二进制码，它的误码率表达式 P_e 虽然与式（7.6.8）相同，但由于其信号功率仅为 $A^2/4$，所以抗噪声性能还是比单极性二进制码好。

7.7　眼　图

一个实际的数字基带传输系统，无论怎样精心设计，也不可能完全消除码间串扰的影响，尤其是在信道不可能完全确知的情况下，要想计算误码率是非常困难的。评价系统性能的实用方法是利用实验手段作眼图分析，即利用示波器观察接收信号波形的质量。操作时只要将示波器的水平扫描周期调整为所接收信号序列码元宽度 T_s 的整数倍，从示波器的 y 轴输入接收码元序列，荧光屏上就可以看到由码元重叠产生的类似人眼的图形。

由于荧光屏的余辉作用，示波器呈现的图形并不是一次扫描所及的码元，而是若干个码元重叠后的图案。只要示波器扫描频率和信号同步，不存在码间串扰和噪声时，如图 7.19（a）所示，每次重叠上去的迹线都会和原来的重合，这时的迹线既细又清晰，如图 7.19（c）所示；若存在码间串扰，序列波形变坏，如图 7.19（b）所示，就会造成眼图迹线杂乱，眼皮厚重，甚至可能看到眼睛的部分闭合,如图 7.19（d）所示。

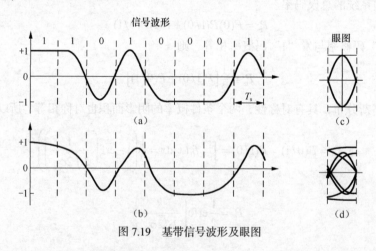

图 7.19　基带信号波形及眼图

为了进一步说明眼图和系统性能之间的关系，我们把眼图简化成一个模型，如图 7.20 所示。说明如下：

① 最佳抽样判决时刻为眼睛张开最大的时刻；

② 判决门限电平对应于眼图的横轴；

③ 最大信号失真量即信号畸变范围用眼皮厚度（即图 7.20 中上、下阴影区的垂直厚度）表示；

④ 噪声容限也叫噪声边际,它体现了系统抗噪声能力的大小,其值为抽样判决时刻除去上下阴影区之后的距离之半;

⑤ 过零点畸变为压在横轴上的阴影长度,有些接收机的定时标准是由经过判决门限点的平均位置决定的,所以过零点畸变大,对定时标准的提取不利;

⑥ 对定时误差的灵敏度由斜边的斜率反映,斜边越陡灵敏度越高,对系统的影响越大。

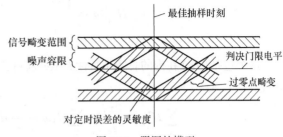

图 7.20　眼图的模型

总之,掌握了眼图的各个指标后,在利用均衡器对接收信号波形进行均衡处理时,只需观察眼图就可以判断均衡效果,确定信号传输的基本质量。

7.8　均　　衡

前面提到在传输基带信号的过程中,除了信道会产生噪声外,码间串扰是影响传输质量的主要因素。尽管在设计系统形成滤波器时已充分考虑了奈氏准则的要求,但在实际通信时,总的传输特性还会偏离理想特性,引起码间串扰。要克服这种偏离,一般采用在基带传输系统中插入可调滤波器,又称均衡器的作法。

均衡器分为频域均衡和时域均衡。频域均衡是利用均衡器的频率特性去补偿传输系统的幅频和相频缺陷,使包括均衡器在内的整个系统的总传输函数满足无失真传输条件;而时域均衡则是在时间域内利用接收信号波形在均衡器产生的响应波形去补偿各抽样点上已发生畸变的波形,使包括均衡器在内的整个系统的冲激响应满足无码间串扰条件。

时域均衡是一种能使数字基带系统中码间串扰减到最小程度的行之有效的技术,比较直观且易于理解,在当今日趋完善的数字通信中占有相当重要的地位。

7.8.1　时域均衡器的基本工作原理

以图 7.8 所示的数字基带信号传输模型为例,其总传输函数 $H(\omega)$ 是发送滤波器、信道和接收滤波器传输特性之总和。当 $H(\omega)$ 偏离了奈氏准则,即不满足式（7.4.11）时,就有可能存在码间串扰。

设在接收滤波器 $G_R(\omega)$ 后面插入一个称之为横向滤波器的可调滤波器（这是时域均衡器的一个具体实现）,其冲激响应为

$$h_T(t) = \sum_{n=-\infty}^{\infty} c_n \delta(t - nT_s) \tag{7.8.1}$$

如果式中的 c_n 完全由 $H(\omega)$ 决定,就有可能抵消由于 $H(\omega)$ 的偏离而产生的码间串扰。设此插入滤波器的频率特性为 $T(\omega)$,即 $h_T(t) \leftrightarrow T(\omega)$,那么包括此插入滤波器在内的总传输函数 $H'(\omega)$ 为

$$H'(\omega) = H(\omega)T(\omega) \tag{7.8.2}$$

如果 $H'(\omega)$ 满足式（7.4.11）,即满足

$$H_{\mathrm{eq}}'(\omega) = \begin{cases} \sum_i H'\left(\omega + \dfrac{2\pi i}{T_s}\right) = T_s, & |\omega| \leqslant \dfrac{\pi}{T_s} \\ 0, & |\omega| > \dfrac{\pi}{T_s} \end{cases} \tag{7.8.3}$$

时，这个包括 $T(\omega)$ 在内的总频率特性 $H'(\omega)$ 就可在抽样时刻消除码间串扰。现将式（7.8.2）分段处理后代入式（7.8.3），得

$$\sum_i H'\left(\omega + \frac{2\pi i}{T_s}\right) = \sum_i H\left(\omega + \frac{2\pi i}{T_s}\right) T\left(\omega + \frac{2\pi i}{T_s}\right) = T_s \qquad |\omega| \leqslant \frac{\pi}{T_s} \tag{7.8.4}$$

看右边两项：设 $T(\omega+2\pi i/T_s)$ 是以 $2\pi/T_s$ 为周期的周期函数，当其在 $(-\pi/T_s, \pi/T_s)$ 内有

$$T(\omega) = \frac{T_s}{\sum_i H\left(\omega + \dfrac{2\pi i}{T_s}\right)} \qquad |\omega| \leqslant \frac{\pi}{T_s} \tag{7.8.5}$$

成立时，就能使

$$\sum_i H'\left(\omega + \frac{2\pi i}{T_s}\right) = T_s \tag{7.8.6}$$

成立。

对于一个以 $2\pi/T_s$ 为周期的周期函数 $T(\omega)$，可以用傅里叶级数表示，即

$$T(\omega) = \sum_{n=-\infty}^{\infty} c_n \mathrm{e}^{-\mathrm{j}\pi T_s \omega} \tag{7.8.7}$$

式中

$$c_n = \frac{T_s}{2\pi} \int_{-\pi/T_s}^{\pi/T_s} T(\omega) \mathrm{e}^{\mathrm{j}n\omega T_s} \mathrm{d}\omega = \frac{T_s}{2\pi} \int_{-\pi/T_s}^{\pi/T_s} \frac{T_s}{\sum_i H\left(\omega + \dfrac{2\pi i}{T_s}\right)} \mathrm{e}^{\mathrm{j}n\omega T_s} \mathrm{d}\omega \tag{7.8.8}$$

可见 $T(\omega)$ 的傅里叶系数 c_n 完全由 $H(\omega)$ 决定。

现在对式（7.8.7）作傅里叶反变换，得到 $T(\omega)$ 的冲激响应为

$$h_{\mathrm{T}}(t) = F^{-1}\left[T(\omega)\right] = \sum_{n=-\infty}^{\infty} c_n \delta(t - nT_s) \tag{7.8.9}$$

与在式（7.8.1）中构造的插入滤波器的冲激响应表达式一致。

可见，能在抽样时刻消除码间串扰的插入滤波器的频率特性 $T(\omega)$ 完全由系统的总传输函数 $H(\omega)$ 决定；其冲激响应是一系列时间间隔为 T_s 的冲激函数之和，$T(\omega)$ 付氏展开式的系数亦即可调滤波器的加权系数 c_n 也由 $H(\omega)$ 决定。

根据式（7.8.9）画出的可调滤波器（又叫横向滤波器）的结构图如图 7.21 所示。

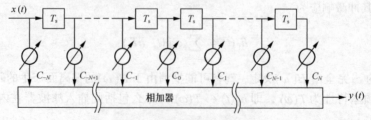

图 7.21 横向滤波器的结构图

图中 T_s 方框为时延一个码元宽度 T_s 的延时电路，C_i 为可变增益放大器的抽头系数，即可调滤波器的结构是由 $2N$ 个横向排列的延时单元和 $2N+1$ 个抽头系数组成，所以可调滤波器又被称为横

向滤波器。可以用它所产生的 $2N+1$ 个响应波形之和，去抵消抽样时刻的码间串扰。

设图 7.22（a）为一接收到的单个脉冲信号 $x(t)$，有拖尾。横向滤波器为其加上补偿波形，如图中虚线所示，可见校正后的波形 $y(t)$ 不再有"尾巴"，如图 7.22（b）所示，达到了均衡目的。

（a）接收端有拖尾的单个脉冲信号　　　　（b）校正后的波形

图 7.22　时域均衡的波形

7.8.2　时域均衡器的输出及抽头系数的计算

时域均衡器的输出

$$y(t) = x(t) * h_{\mathrm{T}}(t) = \sum_{i=-N}^{N} c_i x(t - iT_{\mathrm{s}}) \tag{7.8.10}$$

设系统无时延，则各抽样时刻

$$y(kT_{\mathrm{s}}) = \sum_{i=-N}^{N} c_i x(kT_{\mathrm{s}} - iT_{\mathrm{s}}) = \sum_{i=-N}^{N} c_i x\big[(k-i)T_{\mathrm{s}}\big] \tag{7.8.11}$$

可简写为

$$y_k = y(kT_{\mathrm{s}}) = \sum_{i=-N}^{N} c_i x_{k-i} \tag{7.8.12}$$
$$= c_{-N} x_{k+N} + \cdots + c_{-1} x_{k+1} + c_0 x_k + c_1 x_{k-1} + \cdots + c_N x_{k-N}$$

上式说明均衡器在第 k 个抽样时刻得到的样值 y_k 将由 $(2N+1)$ 个 c_i 与 x_{k-i} 的乘积确定。我们希望除 $k=0$ 点之外的所有 y_k 都等于零，即希望式（7.8.12）中的 c_i 能满足抽样值无失真条件

$$y_k = \begin{cases} 1, & k = 0 \\ 0, & k \neq 0 \end{cases} \tag{7.8.13}$$

根据式（7.8.12）、式（7.8.13），可列出求解 y_k 或 c_i 的矩阵方程

$$[y_k] = \begin{bmatrix} x_0 & x_{-1} & \cdots & x_{-2N} \\ x_1 & x_0 & \cdots & x_{-2N+1} \\ \vdots & \vdots & \vdots & \vdots \\ x_N & x_{N-1} & \cdots & x_{-N} \\ \vdots & \vdots & \vdots & \vdots \\ x_{2N} & x_{2N-1} & \cdots & x_0 \end{bmatrix} \begin{bmatrix} c_{-N} \\ c_{-N+1} \\ \vdots \\ c_0 \\ \vdots \\ c_N \end{bmatrix} = \begin{bmatrix} 0 \\ 0 \\ \vdots \\ 0 \\ 1 \\ 0 \\ \vdots \\ 0 \end{bmatrix} \tag{7.8.14}$$

在样点值已知的情况下，调节各抽头系数 c_i 可以迫使 y_k 在 $k=0$ 点两边的 N 个值为零。所以，这样的均衡器又叫"迫零"均衡器。

[例 7.8.1]　设输入信号波形如图 7.23（a）所示，图中各样点值分别为 $x_{-2}=0.05$，$x_{-1}=-0.2$，$x_0=1$，$x_1=-0.3$，$x_2=0.1$，（其他 $x_{k-i}=0$），设计一个三抽头的"迫零"均衡器，求 c_i 并验算相应的输出 y_k 值。

解：由 $2N+1=3$，知 $N=1$，根据式（7.8.14）列矩阵方程

$$\begin{bmatrix} y_{-1} \\ y_0 \\ y_1 \end{bmatrix} = \begin{bmatrix} x_0 & x_{-1} & x_{-2} \\ x_1 & x_0 & x_{-1} \\ x_2 & x_1 & x_0 \end{bmatrix} \begin{bmatrix} c_{-1} \\ c_0 \\ c_1 \end{bmatrix} = \begin{bmatrix} 0 \\ 1 \\ 0 \end{bmatrix} \tag{7.8.15}$$

解逆矩阵求抽头系数 c_i 值

$$\begin{bmatrix} c_{-1} \\ c_0 \\ c_1 \end{bmatrix} = \begin{bmatrix} x_0 & x_{-1} & x_{-2} \\ x_1 & x_0 & x_{-1} \\ x_2 & x_1 & x_0 \end{bmatrix}^{-1} \begin{bmatrix} 0 \\ 1 \\ 0 \end{bmatrix} = \begin{bmatrix} 1 & -0.2 & 0.05 \\ -0.3 & 1 & -0.2 \\ 0.1 & -0.3 & 1 \end{bmatrix}^{-1} \begin{bmatrix} 0 \\ 1 \\ 0 \end{bmatrix} = \begin{bmatrix} 0.209 \\ 1.126 \\ 0.317 \end{bmatrix}$$

抽头系数 c_i 分别为

$$c_{-1} = 0.209 \quad c_0 = 1.126 \quad c_1 = 0.317$$

代入式（7.8.15），可验证得到相应的 y_{-1} y_0 y_1 值：与预期结果 0，1，0 一致；但若将适中的矩阵 $[x]$ 向上、下两端扩展，可求得从 $y_{-2}\sim y_2$ 的相邻 5 个输出值，即

$$\begin{bmatrix} y_{-2} \\ y_{-1} \\ y_0 \\ y_1 \\ y_2 \end{bmatrix} = \begin{bmatrix} x_{-1} & x_{-2} & x_{-3} \\ x_0 & x_{-1} & x_{-2} \\ x_1 & x_0 & x_{-1} \\ x_2 & x_1 & x_0 \\ x_3 & x_2 & x_1 \end{bmatrix} \begin{bmatrix} c_{-1} \\ c_0 \\ c_1 \end{bmatrix} = \begin{bmatrix} -0.2 & 0.05 & 0 \\ 1 & -0.2 & 0.05 \\ -0.3 & 1 & -0.2 \\ 0.1 & -0.3 & 1 \\ 0 & 0.1 & -0.3 \end{bmatrix} \begin{bmatrix} 0.209 \\ 1.126 \\ 0.317 \end{bmatrix} = \begin{bmatrix} 0.015 \\ 0 \\ 1 \\ 0 \\ 0.018 \end{bmatrix}$$

计算结果为 $y_0=1$ 而 $y_{-1}=y_1=0$，但 y_{-2}、y_2 并不为 0，出现了新的干扰，这是滤波器抽头太少的缘故。相应的输出波形如图 7.23（b）所示。

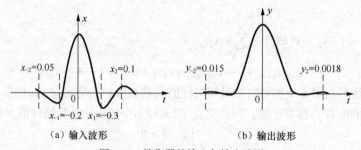

（a）输入波形 　　　　　（b）输出波形

图 7.23　均衡器的输入与输出波形

理论上，横向滤波器应有无限多节，但考虑到一个码元波形只是对邻近几个码元的干扰比较严重，故实际上只要有一二十个抽头的滤波器就可以了，抽头太多一则会使设备复杂、成本增高，二则调整困难，所以有时盲目地增加长度对系统性能的改善并不明显。

最佳调整原则通常采用最小峰值畸变准则和最小均方畸变准则。峰值畸变的定义为

$$D = \frac{1}{y_0} \sum_{\substack{k=-\infty \\ k \neq 0}}^{\infty} |y_k| \tag{7.8.16}$$

即为 $k=0$ 点以外的所有抽样时刻码间串扰的绝对值之和 $\sum |y_k|$ 与 $k=0$ 点的抽样值 y_0 之比。分子 $\sum |y_k|$ 反映的是信息传输中某抽样时刻（$k=0$）所受前、后码元干扰的最大可能值（峰值），它正比于 D，故越小越好。

均方畸变的定义是

$$e^2 = \frac{1}{y_0^2} \sum_{\substack{k=-\infty \\ k \neq 0}}^{\infty} y_k^2 \tag{7.8.17}$$

式中各参数的定义与式（7.8.16）同。

　　按照前面所举例题的参数，运用峰值畸变的定义，把均衡前、后的失真情况作一对比。

　　均衡前

$$D_x = \frac{1}{x_0} \sum_{\substack{k=-\infty \\ k \neq 0}}^{\infty} |x_k| = 0.05 + 0.2 + 0.3 + 0.1 = 0.65$$

均衡后

$$D = \frac{1}{y_0} \sum_{\substack{k=-\infty \\ k \neq 0}}^{\infty} |y_k| = 0.015 + 0.018 = 0.033$$

改善了近 20 倍。

　　附：HDB$_3$ 码编码流程图如图 7.24 所示。

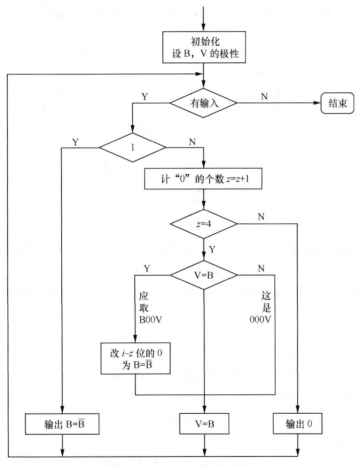

图 7.24　HDB$_3$ 的编码流程图

习　题　7

7.1　设二进制代码为 100110101110，以矩形脉冲为例，分别画出相应的单极性、单极性归零、双极性、双极性归零、差分、CMI 和数字双相码波形。

7.2 将二进制代码 100110000100001 编成 AMI 和 HDB$_3$ 码（设该序列前面相邻 B 码的极性为负）。

7.3 将上题中的代码换成全"0"、全"1"序列，再按 AMI 和 HDB$_3$ 编码规则画图。

7.4 已知二元信息序列为 11010101011101100001，按表 7.1 写出 5B6B 码的输出（设参考码组模式为正）。

7.5 已知一 PCM30/32 路基群信号，通过 $\alpha = 1$ 的实际信道传输，求该信号所占实际信道带宽。

7.6 已知某信道的截止频率为 1600Hz，其滚降因子 $\alpha = 1$，试求：

（1）为了得到无码间串扰的二进制信息接收，求系统的最大传输速率；

（2）接收机采用的抽样间隔应如何确定；

（3）计算此系统的频带利用率。

7.7 设随机二进制脉冲序列以 $\dfrac{1}{T_s}$ 波特的速率进行数据传输，加到题图 7.1 所示的几种滤波器中，试指出哪些会引起码间串扰。

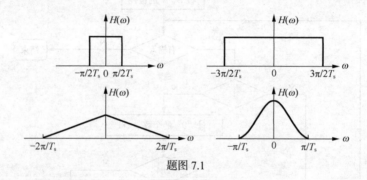

题图 7.1

7.8 已知某信道的截止频率为 80kHz，采用滚降因子 $\alpha = 0.5$ 的余弦频谱滤波器，问在此信道中能否传输码元持续时间为 10μs 的二元数据流？改 $\alpha = 1$ 之后呢？

7.9 某二进制数字基带传输系统所传送的是"1"、"0"等概率出现的单极性信息码流。

（1）设对应于"1"码时，接收滤波器输出信号。

（2）若要求误码率 P_e 不大于 10^{-5}，试确定 A 至少应该是多少。

7.10 若将上题中的单极性基带信号改为双极性基带信号，其他条件不变，重做上题各问。

7.11 二进制序列 $\{a_n\}$ 为 1001011001 通过加有预编码器的第一类部分响应系统，如题图 7.2 所示，写出序列响应电平、判决结果。

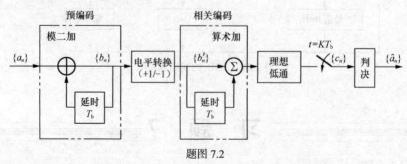

题图 7.2

7.12 设某二进制数字基带信号中，数字信息"1"和"0"分别由 $g(t)$ 及 $-g(t)$ 表示，且"1"

和 "0" 出现的概率相等，$g(t)$ 是升余弦频谱脉冲，即

$$g(t) = \frac{1}{2} \frac{\cos\left(\dfrac{\pi t}{T_s}\right)}{1 - \dfrac{4t^2}{T_s^2}} Sa\left(\frac{\pi t}{T_s}\right)$$

（1）写出该数字基带信号的功率谱密度表示式，并画出功率谱密度图；

（2）从该数字基带信号中能否提取频率 $f_s = 1/T_s$ 的分量；

（3）若码元间隔 $T_s = 10^{-3}$ s，试求该数字基带信号的传码率及频带宽度。

7.13　有一 24 路 PCM 系统，若码元间隔为 0.625μs，当采用二进制传输时，试求：

（1）采用理想低通信道传输时，需要信道带宽是多少？

（2）采用 $a = 1$ 实际通信道传输时，其信道带宽是多少？

（3）接收机以什么样的速率进行判决，可消除码间串扰？

7.14　有一个 3 抽头时域均衡器，各抽头系数分别为−1/3，1，1/4。若输入信号 $x(t)$ 的抽样值 $x_{-2} = 1/8$，$x_{-1} = 1/3$，$x_0 = 1$，$x_{+1} = -1/4$，$x_{+2} = 1/16$，求均衡器输入及输出波形的峰值畸变。

7.15　某数字基带传输系统在抽样时刻的抽样值存在码间串扰，该系统的冲击响应 $x(t)$ 的离散抽样值为 $x_{-1} = 0.3, x_0 = 0.9, x_1 = 0.3$。

（1）若该系统与三抽头迫零均衡器相级联，求出抽头系数 $\omega_{-1}, \omega_0, \omega_1$。

（2）计算出均衡前后的峰值畸变值。

第8章
数字调制系统

8.1 引 言

在无线信道和光信道中，为了有效地利用频带资源，需要把数字基带信号的频谱调制到适当振幅、频率和相位频段再送入相应的信道中传输。与模拟信号对正弦波的调制类似，数字信号也可以对正弦波的 3 个参数进行调制，称为数字调制，或称数字载波调制。为了与基带传输系统相对应，数字调制系统又称为频带传输系统。

数字调制的调制波是二进制或 M 进制已编码的数字基带脉冲序列。调制过程是用数字信号的离散值作为"电键"去控制载波的振幅、频率或相位，因而数字调制有 3 种最基本的调制方式：幅移键控（ASK）、频移键控（FSK）和相移键控（PSK）。

为适应通信领域的新发展，进一步提高信息传输的有效性和其他性能，研究人员不断地推出各种调制的改进形式和新的调制技术，将在 8.6 节"现代数字调制技术"中进行简要介绍。

8.2 二进制数字调制原理

8.2.1 二进制幅移键控

二进制幅移键控（2ASK）信号是利用二进制数字基带脉冲序列中的"1"、"0"码去控制载波输出的有或无得到的。对单极性不归零的矩形脉冲序列而言，"1"码打开通路，送出载波；"0"码关闭通路，输出 0 电平，所以又称为通—断键控（On-Off Keying，OOK）。

一般情况下，调制信号是具有一定波形形状的二进制序列，即

$$s(t) = \sum_{n=-\infty}^{\infty} a_n g(t - nT_s) \tag{8.2.1}$$

式中，T_s 为码元间隔；$g(t)$ 为调制信号的脉冲表达式，为讨论方便，这里设其为单极性不归零的矩形脉冲；a_n 为二进制符号，服从下式

$$a_n = \begin{cases} 1, & \text{概率为} P \\ 0, & \text{概率为} (1-P) \end{cases} \tag{8.2.2}$$

借助于模拟幅度调制原理，二进制序列幅移键控信号的一般表达式为

$$e_{2\text{ASK}}(t) = s(t)\cos\omega_{\text{c}}t = \left[\sum_{n=-\infty}^{\infty} a_n g(t - nT_{\text{s}})\right]\cos\omega_{\text{c}}t \tag{8.2.3}$$

设输入序列为 010010，相应的输出波形如图 8.1 所示。

幅移键控调制器可以用一个模拟相乘器实现，也可以用一个开关电路（即键控法）来代替。两种调制电路的框图分别如图 8.2（a）和（b）所示。

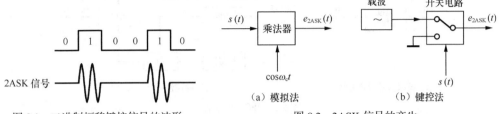

图 8.1　二进制幅移键控信号的波形　　　　图 8.2　2ASK 信号的产生

二进制序列幅移键控信号的解调，与模拟双边带 AM 信号的解调方法一样，可以用相干解调或包络检波（非相干解调）实现，分别如图 8.3（a）、（b）所示。设计电路时，考虑到成本等综合因素，2ASK 系统很少使用相干解调。

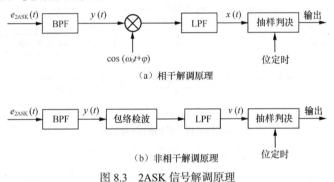

图 8.3　2ASK 信号解调原理

8.2.2　二进制频移键控

用二进制数字序列中的 "1" 或 "0" 控制输出不同频率载波得到的信号，称为二进制频移键控（2FSK）信号。已调信号的时域表达式为

$$e_{2\text{FSK}}(t) = \sum_{n=-\infty}^{\infty} a_n g(t - nT_{\text{s}})\cos\omega_1 t + \sum_{n=-\infty}^{\infty} \overline{a}_n g(t - nT_{\text{s}})\cos\omega_2 t \tag{8.2.4}$$

式中，$g(t)$ 为单极性不归零的矩形脉冲信号，$\overline{a}_n$ 为 a_n 的反码，若只考虑在一个码元的持续时间内，则

$$e_{2\text{FSK}}(t) = \begin{cases} A\cos\omega_1 t & \text{发 "1"} \\ A\cos\omega_2 t & \text{发 "0"} \end{cases} \tag{8.2.5}$$

式中，振幅 A 为常数。输入序列为 1001 时，已调 2FSK 的输出波形如图 8.4 所示，图中 f_1 代表 "1"，f_2 代表 "0"。

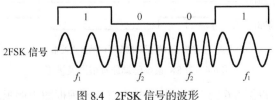

图 8.4　2FSK 信号的波形

对于矩形脉冲序列频移键控调制器可以采用模拟信号调频电路实现，也可以采用键控法，即用输入二进制序列去控制两个独立的载波发生器，序列中的"1"码控制输出载波频率 f_1；"0"码控制输出载波频率 f_2。两种调制电路的框图分别如图 8.5（a）、（b）所示。

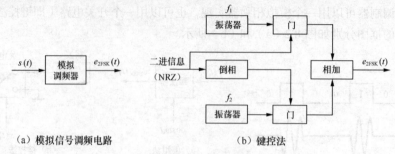

（a）模拟信号调频电路　　　　　　　　　（b）键控法

图 8.5　2FSK 调制器

频移键控信号的解调也可以采用相干解调或非相干解调，原理与二进制序列幅移键控信号的解调相同，只是必须使用两套 2ASK 接收电路，如图 8.6（a）、（b）所示。与选择幅移键控信号解调方式的理由相同，在 2FSK 系统中也很少使用相干解调。

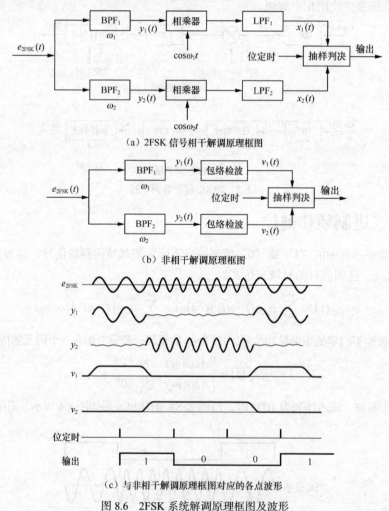

（a）2FSK 信号相干解调原理框图

（b）非相干解调原理框图

（c）与非相干解调原理框图对应的各点波形

图 8.6　2FSK 系统解调原理框图及波形

为方便读者的理解，以图 8.6（b）所示的非相干解调原理框图为例画出了各点波形示于图 8.6

（c）。图 8.6（a）、（b）中的抽样判决电路是一个比较器，对上、下两支路低通滤波器送出的信号电平进行比较，如果上支路输出的信号大于下支路，则判为"1"码；反之则判为"0"码。

解调 2FSK 信号还可以用鉴频法、过零检测法、差分检波法等。鉴频法解调的原理已在第 5 章中进行了介绍，这里不再赘述。

过零检测法的基本思想是，利用不同频率的正弦波在一个码元间隔内过零点数目的不同，来检测已调波中频率的变化。其原理框图及各点波形如图 8.7 所示。

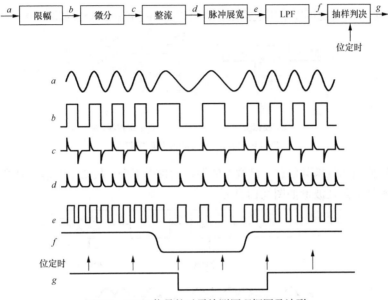

图 8.7 2FSK 信号的过零检测原理框图及波形

图 8.7 中的限幅器将接收序列整形为矩形脉冲，送入微分器和整流器，得到尖脉冲（尖脉冲的个数代表了过零点数），在一个码元间隔内尖脉冲数目的多少直接反映载波频率的高低，所以只要将其展宽为具有相同宽度的矩形脉冲，经低通滤波器滤除高次谐波后，两种不同的频率就转换成了两种不同幅度的信号（见图中 f 点的波形），送入抽样判决器即可恢复原信息序列。

8.2.3 二进制相移键控

相移键控（PSK）系统是用载波的相位变化来传递信息，它有两种工作方式：绝对相移键控（PSK）和相对相移键控（DPSK）。

在二进制绝对相移键控（2PSK）中，以载波的固定相位为参考，通常用与载波相同的相位表示"1"码；与载波相差 π 相位（即反相）表示"0"码。2PSK 也称为 BPSK。

2PSK 已调信号的时域表达式为

$$e_{2PSK}(t) = s(t)\cos\omega_c t = \left[\sum_{n=-\infty}^{\infty} a_n g(t - nT_S)\right]\cos\omega_c t \qquad (8.2.6)$$

式中
$$a_n = \begin{cases} +1, & \text{概率为} P \\ -1, & \text{概率为}(1-P) \end{cases} \qquad (8.2.7)$$

设 $g(t)$ 是幅度为 A 的单极性不归零矩形脉冲信号，则输出信号每个码元间隔 T_s 内的值

$$e_{2PSK}(t) = \pm A\cos\omega_c t = \begin{cases} A\cos\omega_c t, & \text{发 "1"} \\ A\cos(\omega_c t + \pi), & \text{发 "0"} \end{cases} \qquad (8.2.8)$$

若 1 个码元内只画 1 个载波周期，设载波为 0 相位，则对应于输入序列 1011001 的已调波形如图 8.8 所示。

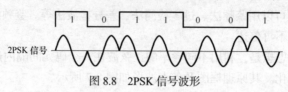

图 8.8　2PSK 信号波形

2PSK 调制波形的实现可以采用模拟法，也可以采用键控法，分别如图 8.9（a）、（b）所示。

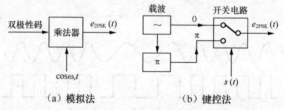

（a）模拟法　　　　　　　　　（b）键控法

图 8.9　2PSK 信号的调制原理框图

由于 2PSK 使用相位携载信息，已调波的振幅和频率不变，故 2PSK 信号只能采用相干解调法进行解调。解调电路及波形如图 8.10 所示。

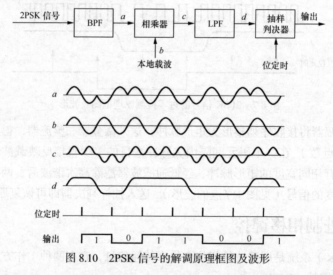

图 8.10　2PSK 信号的解调原理框图及波形

解调器中本地参考载波的相位必须和发端调制器的载波同频同相。若本地参考载波偏移 π 相位，则解调得到的数据极性完全相反，这就是所谓的"倒 π 现象"，这对于数据信号的传输是绝对不允许的。克服倒 π 现象的方法有两种，一是在发送端调制信号中加入导频（详见第 11 章），二是采用相对相移键控（DPSK）。

采用 DPSK 克服相位倒置现象实现起来并不困难，只需在 PSK 调制器的输入端加一级差分编码电路，因此 DPSK 又可称为差分相移键控，应用很广泛。

二进制相对相移键控（2DPSK）对信息序列码元所取相位的定义如下：以前一码元的末相为参考，序列中出现"1"码时，输出载波相位变化 π；序列中出现"0"码时，输出载波相位不变（相反定义亦可）。

设 $g(t)$ 为单极性不归零矩形脉冲信号，输入序列为 10010110，按照定义已调 2DPSK 的输出波形如图 8.11 所示。

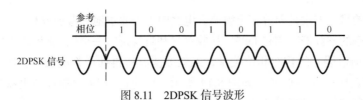

图 8.11　2DPSK 信号波形

2DPSK 调制电路模型及各点波形如图 8.12 所示。比较图 8.11 与图 8.12 可见按调制电路原理框图画出的调制波形和按定义画出的调制波形完全相同。

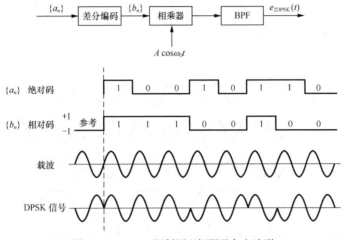

图 8.12　2DPSK 调制原理框图及各点波形

对 DPSK 信号的解调有两种方案，其一是在如图 8.10 所示 PSK 相干解调电路抽样判决器的后面加差分译码，用以抵消在调制器输入端增加差分编码的影响。由于 DPSK 的已调信号只与信息序列码元的相对相位有关，所以解调时即使本地参考载波出现相位倒置现象，影响的仅仅是相对码，经差分译码后恢复的原数据序列中不存在倒相问题。解调电路及各点波形如图 8.13 所示。

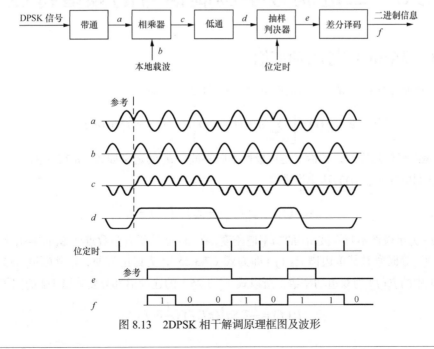

图 8.13　2DPSK 相干解调原理框图及波形

　　DPSK 解调的另一方案是差分相干解调，电路中不需要本地参考载波和差分译码，只要求载波频率是码元速率的整数倍。它将 DPSK 接收信号和自身延时一个码元间隔后的信号按位相乘。相乘结果反映了前后码元的相对相位关系，经低通滤波后再抽样判决就可直接恢复出原信息序列。差分相干解调电路及各点波形如图 8.14 所示。注意图 8.14 中抽样判决器的判决原则为：抽样值大于 0 时判 "0"，抽样值小于 0 时判 "1"。

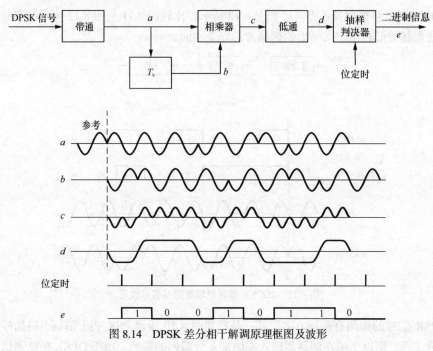

图 8.14　DPSK 差分相干解调原理框图及波形

8.3　二进制数字调制信号的频谱特性

8.3.1　2ASK 信号的功率谱

　　重写二进制序列幅移键控信号的时域表达式（8.2.3），即

$$e_{2ASK}(t) = \left[\sum_{n=-\infty}^{\infty} a_n g(t - nT_s) \right] \cos \omega_c t = s(t) \cos \omega_c t$$

式中，$s(t)$ 是随机信息序列，且恰好是单极性不归零波；a_n 的定义如式（8.2.2）所示。

　　故，已调信号 $e_{2ASK}(t)$ 的功率谱密度

$$P_{2ASK}(f) = \frac{1}{4} \left[P_s(f + f_c) + P_s(f - f_c) \right] \tag{8.3.1}$$

式中，$P_s(f)$ 为单极性不归零波 $s(t)$ 的功率谱密度，在 $m \neq 0$ 的所有整数点处 $G(mf_s)=0$，且 $G_2(f)=0$，故 "1"、"0" 等概率时其单边谱 $P_{s单}(f)$ 即为式（7.3.25），为讨论方便，设其幅度 $A=1$，考虑到式（8.3.1）中的 $P_s(f)$ 为双边功率谱，所以式（7.3.25）的连续谱部分要乘以 1/2 的因子，故

$$P_s(f) = \frac{1}{4} T_s Sa^2(\pi T_s f) + \frac{1}{4} \delta(f) \tag{8.3.2}$$

将式（8.3.2）代入式（8.3.1），则

$$P_{2ASK}(f) = \frac{T_s}{16}\left\{ Sa^2\left[\pi(f+f_c)T_s\right] + Sa^2\left[\pi(f-f_c)T_s\right]\right\} + \frac{1}{16}\left[\delta(f+f_c) + \delta(f-f_c)\right] \quad (8.3.3)$$

与其对应的功率谱密度如图 8.15 所示。由图 8.15 可见，传输 2ASK 信号的带宽是基带随机序列脉冲波形带宽的两倍，即

$$B_{2ASK} = 2f_s = 2R_B \ (Hz) \quad (8.3.4)$$

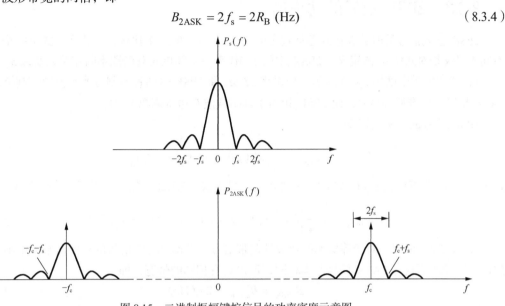

图 8.15　二进制振幅键控信号的功率密度示意图

8.3.2　2FSK 信号的功率谱

2FSK 是非线性调制，分析它的信号频谱特性比较困难，通常只在一定条件下做近似分析。二进制序列频移键控信号的时域表达式参见式（8.2.4）。

对于相位不连续的 2FSK 信号，可以将其假定为两个幅移键控信号的叠加，参照 2ASK 信号功率谱密度的推导及假设，可写出等概率时的信号功率谱密度表达式，即

$$P_{2FSK}(f) = P_{2ASK}(f_1) + P_{2ASK}(f_2)$$

$$= \frac{T_s}{16}\left\{\left|Sa\left[\pi(f+f_1)T_s\right]\right|^2 + \left|Sa\left[\pi(f-f_1)T_s\right]\right|^2 + \left|Sa\left[\pi(f+f_2)T_s\right]\right|^2 + \quad (8.3.5)\right.$$

$$\left.\left|Sa\left[\pi(f-f_2)T_s\right]\right|^2\right\} + \frac{1}{16}\left[\delta(f+f_1) + \delta(f-f_1) + \delta(f+f_2) + \delta(f-f_2)\right]$$

当基带信号不含直流时，2FSK 信号的功率谱密度表达式中无冲激项。图 8.16 所示为两条功

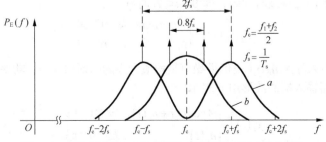

图 8.16　相位不连续 2FSK 信号的功率谱示意图（单边谱）

率谱密度曲线。图中两个连续谱的峰—峰距离由两个载频之差决定，若差值小于 f_s 则出现单峰（如波形 b 所示），波形 a 为差值等于 $2f_s$ 的情况，此时的两个载频 f_1、f_2 分别为 $f_c + f_s$ 和 $f_c - f_s$。

传输由单极性矩形脉冲序列调制产生的 2FSK 信号所需的带宽近似为

$$B_{2FSK} = |f_2 - f_1| + 2f_s \quad (\text{Hz}) \tag{8.3.6}$$

8.3.3 2PSK 信号的功率谱

2PSK 已调信号的时域表达式参见式（8.2.6），与式（8.2.3）比较，二式在形式上完全相同，不同的仅仅是对式中 a_n 的定义。2PSK 中的 $s(t)$ 代表一个随机的双极性不归零波，所以 a_n 的取值为 ± 1，其功率谱密度用 $P_s'(f)$ 表示。如果将 2ASK 和 2PSK 这两种调制方式与模拟调制类比，则 2ASK 相当于标准调幅 AM，而 2PSK 相当于抑制载波双边带调幅 DSB。

2PSK 信号的功率谱密度

$$P_{2PSK}(f) = \frac{1}{4}\left[P_s'(f + f_c) + P_s'(f - f_c) \right] \tag{8.3.7}$$

式中，$P_s'(f)$ 为双极性不归零波的功率谱密度，可由式（7.3.28）除以 2 得到，代入上式

$$P_{2PSK}(f) = \frac{T_s}{4}\left\{ Sa^2\left[\pi(f + f_c)T_s \right] + Sa^2\left[\pi(f - f_c)T_s \right] \right\} \tag{8.3.8}$$

式（8.3.8）说明，对于等概率的双极性基带信号，已调 2PSK 信号的功率谱密度中不存在离散谱。连续谱形状与 2ASK 信号基本相同，所以具有相同的带宽，即

$$B_{2PSK} = B_{2ASK} = 2f_s(\text{Hz}) \tag{8.3.9}$$

8.4 二进制数字调制系统的抗噪声性能

数字信号载波传输系统的抗噪声性能用误码率来衡量。计算误码率通常是在忽略码间串扰的前提下，只考虑加性噪声对接收机造成的影响。这里所说的加性噪声主要是指信道噪声，也包括接收设备噪声折算到信道中的等效噪声。

8.4.1 二进制振幅键控系统的抗噪声性能

对二进制振幅键控（2ASK）系统误码率的分析，要与图 8.3 所示 2ASK 系统的两种解调方式对应，即分为相干解调和非相干解调两种情况。但不论采用哪种解调方案，接收机的输入端都有带通滤波器（设其是高度为 1，宽为 $2f_s$ 的矩形）。为此，我们先考虑 2ASK 信号与信道噪声一起通过带通滤波器的情况。

若只考虑在一个码元持续时间内，即 $0 \leq t \leq T_s$ 时有

$$e_{2ASK}(t) = \begin{cases} A\cos\omega_c t, & \text{发 "1" 码} \\ 0, & \text{发 "0" 码} \end{cases} \tag{8.4.1}$$

经过信道后，引入噪声 $n_i(t)$（设信道噪声是均值为零的高斯白噪声，功率谱密度为 $n_0/2$），此时接收机带通滤波器输入端的波形用 y_i 表示

$$y_i(t) = \begin{cases} A\cos\omega_c t + n_i(t), & \text{发 "1" 码} \\ n_i(t), & \text{发 "0" 码} \end{cases} \tag{8.4.2}$$

假设信号能完整通过此带通滤波器，则经过带通滤波器后

$$y(t) = \begin{cases} A\cos\omega_c t + n(t), & \text{发 "1" 码} \\ n(t), & \text{发 "0" 码} \end{cases} \tag{8.4.3}$$

式中，$n(t)$ 是一个窄带高斯过程，可进行正交分解

$$n(t) = n_c(t)\cos\omega_c t - n_s(t)\sin\omega_c t \tag{8.4.4}$$

式中，ω_c 是带通滤波器的中心频率、2ASK 信号的载频；$n_c(t)$、$n_s(t)$ 是慢变化的高斯过程。将式（8.4.4）代入式（8.4.3）得到带通滤波器的输出表达式为

$$y(t) = \begin{cases} [A + n_c(t)]\cos\omega_c t - n_s(t)\sin\omega_c t, & \text{发 "1" 码} \\ n_c(t)\cos\omega_c t - n_s(t)\sin\omega_c t, & \text{发 "0" 码} \end{cases} \tag{8.4.5}$$

下面按照图 8.3（a）、（b）所示不同的解调方案分别讨论。

1. 非相干解调系统（包络检波法）误码率的分析

先看图 8.3（b），设 $y(t)$ 经过包络检波器输出的包络为 $v(t)$

$$v(t) = \begin{cases} \sqrt{[A + n_c(t)]^2 + n_s^2(t)}, & \text{发 "1" 码} \\ \sqrt{n_c^2(t) + n_s^2(t)}, & \text{发 "0" 码} \end{cases} \tag{8.4.6}$$

发 "1" 码时，包络的一维概率密度函数服从莱斯分布；而发 "0" 码时，包络的一维概率密度函数服从瑞利分布，即

$$f_1(v) = \frac{v}{\sigma_n^2} I_0\left(\frac{Av}{\sigma_n^2}\right) \exp\left[-\frac{(v^2 + A^2)}{2\sigma_n^2}\right] \tag{8.4.7}$$

$$f_0(v) = \frac{v}{\sigma_n^2} \exp\left[-\frac{v^2}{2\sigma_n^2}\right] \tag{8.4.8}$$

式中，σ_n^2 为 $n(t)$ 的方差，也是带通滤波器输出端的噪声功率；v 为瞬时包络值；$I_0(x)$ 为第一类零阶修正贝塞尔函数。

图 8.17 所示为包络检波时误码率的几何表示。图中两条曲线相交处阴影面积之半对应着最佳门限电平，设其为 b。若发 "1"、发 "0" 等概率，大信噪比情况下，判决门限电平 b 可近似取 $A/2$。瞬时输出 $v > b$ 时，判为 "1"；$v < b$ 时，判为 "0"，所以

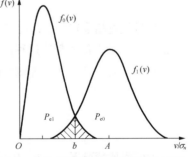

图 8.17 包络检波时误码率的几何表示

发 "1" 码，错为 "0" 的概率为

$$p_{e1} = \int_0^b f_1(v)\mathrm{d}v = \int_0^b \left[\frac{v}{\sigma_n^2} I_0\left(\frac{Av}{\sigma_n^2}\right) \mathrm{e}^{-\frac{(v^2 + A^2)}{2\sigma_n^2}}\right]\mathrm{d}v \tag{8.4.9}$$

发 "0" 码，错为 "1" 的概率为

$$P_{e0} = \int_b^\infty f_0(v)\mathrm{d}v = \int_b^\infty \left[\frac{v}{\sigma_n^2} \mathrm{e}^{-\frac{v^2}{2\sigma_n^2}}\right]\mathrm{d}v \tag{8.4.10}$$

总误码率在 "1"、"0" 等概率时为

$$P_e = P(1)P_{e1} + P(0)P_{e0} = \frac{1}{2}(P_{e1} + P_{e0})$$

$$= \frac{1}{2}\left\{\int_0^b \left[\frac{v}{\sigma_n^2} I_0\left(\frac{Av}{\sigma_n^2}\right) e^{-\frac{(v^2+A^2)}{2\sigma_n^2}}\right] dv + \int_b^\infty \left[\frac{v}{\sigma_n^2} e^{-\frac{v^2}{2\sigma_n^2}}\right] dv\right\} \quad (8.4.11)$$

P_e 为图 8.17 中两块阴影面积之和的一半，右边的阴影表示 0 错判为 1 的概率（虚报概率）；左边的阴影表示 1 错判为 0 的概率（漏报概率）。

采用包络检波器的接收系统，通常是工作在大信噪比情况下，利用近似关系式

$$I_0(x) \approx \frac{e^x}{\sqrt{2\pi x}}, \quad x \gg 1$$

$$\text{erfc}(x) = \frac{e^{x^2}}{\sqrt{\pi x}}, \quad x \gg 1 \quad (8.4.12)$$

P_e 可简化为

$$P_e \approx \frac{1}{2} e^{-r/4} \quad (8.4.13)$$

式中

$$r = \frac{A^2}{2\sigma_n^2} \quad (8.4.14)$$

为输入信噪比。该式表明，非相干解调系统的误码率在输入信噪比增大时近似地按指数规律下降。

2. 相干解调系统误码率的分析

对图 8.3（a）所示的相干解调系统，当 $y(t)$ 经过相乘器和低通滤波器后，在进入抽样判决器之前信号的波形表达式为

$$x(t) = \begin{cases} A + n_c(t), & \text{"1"} \\ n_c(t), & \text{"0"} \end{cases} \quad (8.4.15)$$

原信号经过相乘器后，幅度已衰减为 $A/2$，这里为推导方便仍用 A 表示。注意到 $x(t)$ 是一个基带信号，对基带信号判决过程的分析已在第 7 章作过介绍。当噪声是均值为 0、方差为 σ_n^2 的高斯白噪声，且"1"、"0"等概率时，系统的总误码率如式（7.6.9）所求，再将式（8.4.14）代入，则

$$P_e = \frac{1}{2}\text{erfc}\left(\frac{A}{2\sqrt{2}\sigma_n}\right) = \frac{1}{2}\text{erfc}\left(\frac{\sqrt{r}}{2}\right) \quad (8.4.16)$$

在大信噪比情况下 $r \gg 1$，P_e 可进一步简化为

$$P_e \approx \frac{1}{\sqrt{\pi r}} e^{-r/4} \quad (8.4.17)$$

可见，相干解调系统在输入信噪比增大时，误码率曲线的变化规律与非相干解调系统类似且略有改进。然而考虑到成本等综合因素，一般在大信噪比情况下多采用非相干解调系统。

8.4.2 二进制频移键控系统的抗噪声性能

1. 非相干解调系统

图 8.6（b）中两个带通滤波器的中心频率分别对应于 2FSK 的两个信号频率 ω_1、ω_2，按式（8.4.5）可写出在一个码元的持续时间内，2FSK 信号经过带通滤波器后的表达式为

$$y_1(t) = \begin{cases} [A + n_{c1}(t)]\cos\omega_1 t - n_{s1}(t)\sin\omega_1 t, & \text{"1"} \\ n_{c1}(t)\cos\omega_1 t - n_{s1}(t)\sin\omega_1 t, & \text{"0"} \end{cases} \tag{8.4.18}$$

$$y_2(t) = \begin{cases} n_{c2}(t)\cos\omega_2 t - n_{s2}(t)\sin\omega_2 t, & \text{"1"} \\ [A + n_{c2}(t)]\cos\omega_2 t - n_{s2}(t)\sin\omega_2 t, & \text{"0"} \end{cases} \tag{8.4.19}$$

经过包络检波器以后输出包络分别为

$$v_1(t) = \begin{cases} \{[A + n_{c1}(t)]^2 + n_{s1}^2(t)\}^{1/2}, & \text{"1"} \\ [n_{c1}^2(t) + n_{s1}^2(t)]^{1/2}, & \text{"0"} \end{cases} \tag{8.4.20}$$

$$v_2(t) = \begin{cases} [n_{c2}^2(t) + n_{s2}^2(t)]^{1/2}, & \text{"1"} \\ \{[A + n_{c2}(t)]^2 + n_{s2}^2(t)\}^{1/2}, & \text{"0"} \end{cases} \tag{8.4.21}$$

发"1"码时，包络 $v_1(t)$ 的一维概率密度函数服从莱斯分布；而包络 $v_2(t)$ 的一维概率密度函数服从瑞利分布。发"0"码时，包络 $v_2(t)$ 的一维概率密度函数服从莱斯分布；而包络 $v_1(t)$ 的一维概率密度函数服从瑞利分布。

显然，发"1"码时如果抽样值 v_1 小于 v_2 则发生错判，直接给出错误概率密度的计算结果，有

$$P_{e1} = P(v_1 < v_2) \approx \frac{1}{2}e^{-r/2} \tag{8.4.22}$$

同理

$$P_{e0} = P(v_1 > v_2) \approx \frac{1}{2}e^{-r/2} \tag{8.4.23}$$

2FSK 非相干解调系统的总误码率在"1"、"0"码等概率情况下，有

$$P_e = \frac{1}{2}(P_{e1} + P_{e0}) = P_{e1} = P_{e0} \approx \frac{1}{2}e^{-r/2} \tag{8.4.24}$$

可见，采用包络解调时 2FSK 系统的总误码率将随输入信噪比的增加按指数规律下降。

2. 相干解调系统

对图 8.6（a）所示的相干解调系统，两路带通滤波器的输出表达式同式（8.4.18）、式（8.4.19），经过相乘器后，由两路低通滤波器输出的信号波形表达式分别为

$$x_1(t) = \begin{cases} A + n_{c1}(t) & \text{"1"} \\ n_{c1}(t) & \text{"0"} \end{cases} \tag{8.4.25}$$

$$x_2(t) = \begin{cases} n_{c2}(t) & \text{"1"} \\ A + n_{c2}(t) & \text{"0"} \end{cases} \tag{8.4.26}$$

若发送的是"1"码，则送入抽样判决器进行比较的两路波形分别为

$$\begin{aligned} x_1(t) &= A + n_{c1}(t) \\ x_2(t) &= n_{c2}(t) \end{aligned} \tag{8.4.27}$$

经过相乘器后原信号幅度虽已减半，这里为推导方便仍用 A 表示，并且因为 $n_{c1}(t)$ 和 $n_{c2}(t)$ 都是高斯随机过程，所以抽样值 $x_1 = A + n_{c1}(t)$ 是均值为 A、方差为 σ_n^2 的正态随机变量；而抽样值 $x_2 = n_{c2}(t)$ 是均值为 0、方差为 σ_n^2 的正态随机变量。

经计算，当序列中的"1"、"0"码等概率时 2FSK 相干解调系统总误码率

$$P_e = P_{e0} = P_{e1} = \frac{1}{2}\text{erfc}\sqrt{\frac{r}{2}} \tag{8.4.28}$$

若 $r \gg 1$，则

$$P_e = \frac{1}{\sqrt{2\pi r}}e^{-r/2} \tag{8.4.29}$$

与式（8.4.24）比较，相干解调系统的性能优于非相干解调系统，但随着信噪比 r 的增大，二者之间差别变小，$r \gg 1$ 时，差别将不明显。与 2ASK 系统一样，大信噪比情况下多采用非相干解调系统，只有小信噪比情况下才选用相干解调。

8.4.3　二进制相移键控系统的抗噪声性能

1．2PSK 系统的相干解调

设图 8.10 所示 2PSK 相干解调系统中混入接收信号中的信道噪声为高斯白噪声，在一个码元时间内带通滤波器输出（a 点的信号表达式）为

$$y(t) = \begin{cases} \left[A + n_{\mathrm{c}}(t)\right]\cos\omega_{\mathrm{c}}t - n_{\mathrm{s}}(t)\sin\omega_{\mathrm{c}}t, & \text{发 "1" 码} \\ \left[-A + n_{\mathrm{c}}(t)\right]\cos\omega_{\mathrm{c}}t - n_{\mathrm{s}}(t)\sin\omega_{\mathrm{c}}t, & \text{发 "0" 码} \end{cases} \tag{8.4.30}$$

低通滤波器的输出（d 点、未考虑幅度衰减）为

$$x(t) = \begin{cases} A + n_{\mathrm{c}}(t), & \text{"1"} \\ -A + n_{\mathrm{c}}(t), & \text{"0"} \end{cases} \tag{8.4.31}$$

$x(t)$ 呈高斯分布

$$f_1(x) = \frac{1}{\sqrt{2\pi}\sigma_n} \mathrm{e}^{-\frac{(x-A)^2}{2\sigma_n^2}}, \qquad \text{"1"}$$

$$f_0(x) = \frac{1}{\sqrt{2\pi}\sigma_n} \mathrm{e}^{-\frac{(x+A)^2}{2\sigma_n^2}}, \qquad \text{"0"} \tag{8.4.32}$$

曲线如图 8.18 所示。判决门限电平为 0，x 大于 0 判为 1，x 小于 0 判为 0。

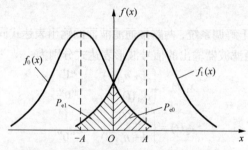

图 8.18　PSK 信号相干解调误码率几何表示

在发送 "1"、"0" 码字的概率相等时，系统总误码率

$$P_{\mathrm{e}} = P_{\mathrm{e}1} = P_{\mathrm{e}0} = \frac{1}{2}\mathrm{erfc}\sqrt{r} \tag{8.4.33}$$

当 $r \gg 1$ 时，有

$$P_{\mathrm{e}} = \frac{1}{2\sqrt{\pi r}}\mathrm{e}^{-r} \tag{8.4.34}$$

2．2DPSK 系统的差分相干解调

加到图 8.14 乘法器中混有噪声的前后两码元信号（a、b 两点）的表达式，参照式（8.4.30）可直接写出

$$y_1(t) = \left[A + n_{\mathrm{c}1}(t)\right]\cos\omega_{\mathrm{c}}t - n_{\mathrm{s}1}(t)\sin\omega_{\mathrm{c}}t, \qquad \text{"1"}$$

$$y_2(t) = \left[A + n_{\mathrm{c}2}(t)\right]\cos\omega_{\mathrm{c}}t - n_{\mathrm{s}2}(t)\sin\omega_{\mathrm{c}}t, \qquad \text{"0"} \tag{8.4.35}$$

式中，$y_1(t)$ 为无延迟支路的输入信号，$y_2(t)$ 为延迟支路的输入信号。

相乘之后，经低通滤波器的输出（d 点）信号

$$x(t) = \frac{1}{2}\left\{\left[A + n_{c1}(t)\right]\left[A + n_{c2}(t)\right] + n_{s1}(t)n_{s2}(t)\right\} \qquad (8.4.36)$$

x 小于 0 时判为 1 是正确判决，x 大于 0 时判为 1 是错误判决。

在发送"1"、"0"码字的概率相等时总误码率

$$P_e = P(1)P_{e1} + P(0)P_{e0} = \frac{1}{2}e^{-r} \qquad (8.4.37)$$

与式（8.4.34）相比，差分相干 DPSK 系统的性能劣于相干解调 PSK 系统。

3. DPSK 系统的相干解调

2DPSK 系统的相干解调电路见图 8.13，它是在如图 8.10 所示 2PSK 相干解调电路的输出端再加差分码译码器构成的，所以前面讨论的 2PSK 相干解调电路的误码率公式（8.4.34）不是最终结果。理论分析可以证明，接入码反变换器后会使误码率增加（1～2 倍）。如果仅就抗噪声性能而言其误码率指标仍优于差分相干解调系统，但由于 DPSK 系统的差分相干解调电路比相干解调电路简单得多，因此 2DPSK 系统中大都采用差分相干解调。

8.4.4　二进制数字调制系统的性能比较

通过前面的讨论，已经得出了各种二进制数字调制系统的频带宽度、调制解调方法及其与之对应的系统误码率，下面对不同二进制数字调制系统的基本性能作一比较。

1. 误码率

各种系统的误码率与接收机输入信噪比 r 的关系列于表 8.1 中，表中各公式均是在未考虑码间串扰的前提下推导的。为便于比较，在图 8.19 中又示出了误码率 P_e 与输入信噪比 r 的关系曲线。由图 8.19 可见，r 增大，P_e 下降。对于同一种调制方式，相干解调的误码率小于非相干解调系统，但随着 r 的增大，二者差别减小。

当解调方式相同调制方式不同时，在相同误码率条件下，相干 PSK 系统要求的信噪比 r 比 FSK 系统小 3dB，FSK 系统比 ASK 系统要求的 r 也小 3dB，并且 FSK、PSK、DPSK 的抗衰落性能均优于 ASK 系统。

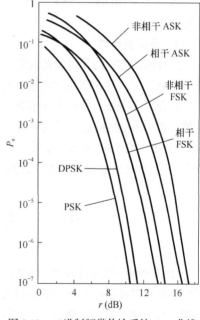

图 8.19　二进制频带传输系统 P_e–r 曲线

表 8.1　　　　　　　　　　　　　二进制频带传输系统误码率公式表

调 制 方 式	解 调 方 式	误码率 P_e	近似 P_e（$r \gg 1$）
ASK	相干	$\frac{1}{2}\text{erfc}\left(\frac{\sqrt{r}}{2}\right)$	$\frac{1}{\sqrt{\pi r}}e^{-r/4}$
	非相干		$\frac{1}{2}e^{-r/4}$

续表

调 制 方 式	解 调 方 式	误码率 P_e	近似 P_e（$r \gg 1$）
FSK	相干	$\dfrac{1}{2}\text{erfc}\left(\sqrt{\dfrac{r}{2}}\right)$	$\dfrac{1}{\sqrt{2\pi r}}\text{e}^{-r/2}$
	非相干	$\dfrac{1}{2}\text{e}^{-r/2}$	
PSK	相 干	$\dfrac{1}{2}\text{erfc}\left(\sqrt{r}\right)$	$\dfrac{1}{2\sqrt{\pi r}}\text{e}^{-r}$
DPSK	差分相干	$\dfrac{1}{2}\text{e}^{-r}$	

2. 判决门限

在 2FSK 系统中，不需要人为设置判决门限，它是根据两路解调信号的大小作出判决；2PSK 和 2DPSK 系统的最佳判决门限电平为 0，稳定性也好；ASK 系统的最佳门限电平与信号幅度有关，当信道特性发生变化时，最佳判决门限电平会相应地发生变化，不容易设置，还可能导致误码率增加。

3. 频带宽度

当传码率相同时，PSK、DPSK、ASK 系统具有相同的带宽，而 FSK 系统的频带利用率最低。

4. 设备复杂性

3 种调制方式的发送设备其复杂性相差不多。接收设备中采用相干解调的设备要比非相干解调时复杂，所以除在高质量传输系统中采用相干解调外，一般应尽量采用非相干解调方法。

综合以上分析，在选择调制解调方式时，如果把系统的抗噪声性能放在首位，可选用 2PSK 系统；若考虑 2PSK 会出现倒相问题，则应选 2DPSK 系统；如果将频带利用率的指标放于首位，应在 2PSK、2DPSK 或 2ASK 系统中选择；但是对于数据传输率要求不高的场合（1 200bit/s 或以下），特别是在衰落信道中传送数据时，2FSK 系统又可作为首选。

8.5 多进制数字调制系统

用多进制（码元符号数 $M > 2$）数字基带信号去控制载波不同参数的调制，称为多进制数字调制。采用多进制数字调制系统的优点首先是传信率高，$R_\text{b} = R_\text{B}\log_2 M\text{(bit/s)}$；其次在传信率相同的情况下与二进制数字调制系统作比较，相当于节省了带宽。

采用多进制的缺点是设备复杂，判决电平增多，误码率高于二进制数字调制系统。

8.5.1 MASK 调制原理

M 进制序列振幅键控信号的一般表达式为

$$e_\text{MASK}(t) = \left[\sum_{n=-\infty}^{\infty} a_n g(t - nT_\text{s})\right]\cos \omega_\text{c} t \qquad (8.5.1)$$

式中，$g(t)$ 是高为 1、宽为 T_s 的矩形脉冲，另，

$$a_n = \begin{cases} 0, & \text{概率为} P_0 \\ 1, & \text{概率为} P_1 \\ \vdots & \vdots \\ M-1, & \text{概率为} P_{M-1} \end{cases} \quad (8.5.2)$$

满足：$P_0 + P_1 + \cdots + P_{M-1} = 1$。

MASK 调制波形如图 8.20 所示，图 8.20（b）所示波形是由图 8.20（c）中诸波形的叠加构成，即 MASK 信号是由 M 个不同振幅的 2ASK 信号叠加而成。由此，MASK 信号的功率谱也是这 M 个 2ASK 信号功率谱之叠加。MASK 信号的功率谱结构虽然复杂，但所占带宽却与每一个 2ASK 信号相同。

$$B_{\text{MASK}} = 2f_s \quad \text{（Hz）} \quad (8.5.3)$$

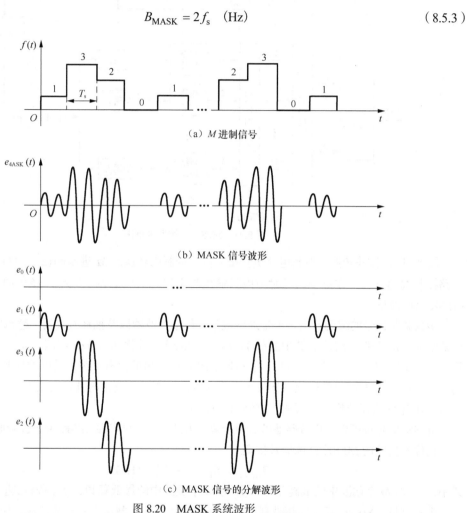

（a）M 进制信号

（b）MASK 信号波形

（c）MASK 信号的分解波形

图 8.20　MASK 系统波形

MASK 信号与 2ASK 信号产生的方法相同，可利用乘法器实现，不过由发送端输入的 k 位二进制数字基带信号需要经过一个电平变换器，转换为 M 电平的基带脉冲再送入调制器。

解调也与 2ASK 信号相同，可采用相干解调和非相干解调两种方式。

8.5.2　MFSK 调制原理

多进制数字频率调制简称多频制，它基本上是二进制数字频率键控方式的直接推广。对于相位不连续的多频制系统，其原理框图如图 8.21 所示。

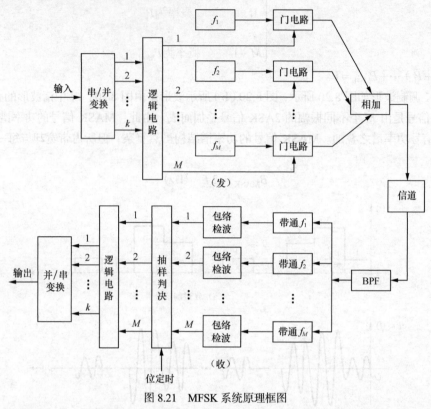

图 8.21　MFSK 系统原理框图

图 8.21 中串/并转换和逻辑电路负责把 k 位二进制码转换成 M 进制码 $(2^k = M)$，然后由逻辑电路控制选通开关，在每一码元时隙内只输出与本码元对应的调制频率，经相加器衔接，送出 MFSK 已调波形。

多频调制信号的解调器由多个带通滤波器、包络检波器以及抽样判决器、逻辑电路和并/串转换器组成。M 个带通滤波器的中心频率与 M 个调制频率相对应，这样当某个调制频率到来时，只有一个 BPF 有信号加噪声通过，而其他的 BPF 中输出的只有噪声。所以抽样判决器在判决时刻，要比较各 BPF 送出的样值，选最大者作为输出，逻辑电路再将其转换成 k 位二进制并行码，最后由并/串转换器转换成串行的二进制信息序列。

MFSK 信号也可以采用分路滤波、相干解调方式。读者可参照 2FSK 相干解调原理自行分析。相位不连续的 MFSK 已调信号带宽

$$B_{\text{MFSK}} = f_{\text{H}} - f_{\text{L}} + 2f_{\text{s}} \quad \text{(Hz)} \tag{8.5.4}$$

式中，f_{H} 为 M 个载波中的最高载频，f_{L} 为 M 个载波中的最低载频，f_{s} 为码元速率。

由式可见，MFSK 系统的频带利用率较低，只能用于调制速率不高的传输系统中。

8.5.3　MPSK 调制原理

多进制数字相位调制简称多相制，它是用正弦波的 M 个相位状态来代表 M 组二进制信息码元的调制方式，因此 MPSK 信号可表示为

$$e_{\text{MPSK}}(t) = \sum_{k=-\infty}^{\infty} g(t - kT_{\text{s}})\cos(\omega_{\text{c}}t + \phi_n) = \sum_{k=-\infty}^{\infty} a_k g(t - kT_{\text{s}})\cos\omega_{\text{c}}t - \sum_{k=-\infty}^{\infty} b_k g(t - kT_{\text{s}})\sin\omega_{\text{c}}t \tag{8.5.5}$$

式中

$$a_k = \cos \varphi_n$$
$$b_k = \sin \varphi_n$$

φ_n 为受调相位，有 M 种取值。例如，可以设 $\varphi_n = n2\pi/M$ ，（$n=0$，1，2，$\cdots M-1$），若取 $M=4$，就得到如表 8.2 所示 A 方式中的 4 个相位。方式 A 称为 π/2 系统，方式 B 称为 π/4 系统，也可以用矢量表示，如图 8.22 所示，图中虚线为参考（基准）相位。

表 8.2　　　　　　　　　　　　　　双比特码元与载波相位的关系

双比特码元		载波相位	
a	b	A 方式	B 方式
0	0	0	$-3\pi/4$
1	0	$\pi/2$	$-\pi/4$
1	1	π	$\pi/4$
0	1	$-\pi/2$	$3\pi/4$

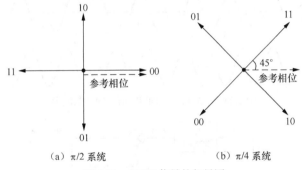

（a）π/2 系统　　　　　　　　　（b）π/4 系统

图 8.22　QPSK 信号的矢量图

与 2PSK 一样 MPSK 也有绝对相移键控和相对相移键控两种调制方式。对绝对相移键控 MPSK 而言，基准相位是未调载波的初相，M 种码元的组合对应着载波的 M 个相位。对相对相移键控 MDPSK 而言，基准相位是前一码元载波的末相。

这两种调制方式中的 ϕ_n 都是定值，a_k、b_k 均为常数，式（8.5.5）表明 MPSK 信号可以等效为两个正交载波进行多电平双边带调幅所产生的已调波之和，故多相调制的带宽计算与多电平振幅调制时相同，有

$$B_{\text{MPSK}} = B_{\text{MASK}} = 2f_s \quad \text{（Hz）} \tag{8.5.6}$$

又因为调相时并不改变载波的幅度，所以与 MASK 相比，MPSK 大大提高了信号的平均功率，是一种高效的调制方式。

一般来说，在 MPSK 中 $M=4$、$M=8$ 较为常见，M 再大则误码率的影响不容忽视。

下面讨论 $M=4$ 的情况，按照表 8.2 首先将二进制信息序列分成双比特码组，设 a 为前一信息比特，b 为后一信息比特。若调制码元宽度仍为 T_s，载波周期取 T_0，且 $T_s = T_0$，那么两个相位系统、两种调制方式的已调波形如图 8.23 所示。

1. 四相绝对相移键控（QPSK 或 4PSK）信号的产生和解调

四相 PSK 调制波形可看做是两路正交双边带信号的合成，因此可由图 8.24 所示方法产生。首先，串/并变换器将二进制信息序列分成双比特码组（A 路、B 路），再由单/双极性变换器将 0、1 码转换为 ±1 码送入调制器与载波相乘，形成正交的两路双边带信号 $I(t)$ 和 $Q(t)$ 波形示于图 8.25

中，加法器完成信号合成。显然，按图 8.24 所示方框产生的已调信号属于 π/4 系统（如果需要产生 π/2 系统的 PSK 信号，应将载波移相 π/4）。

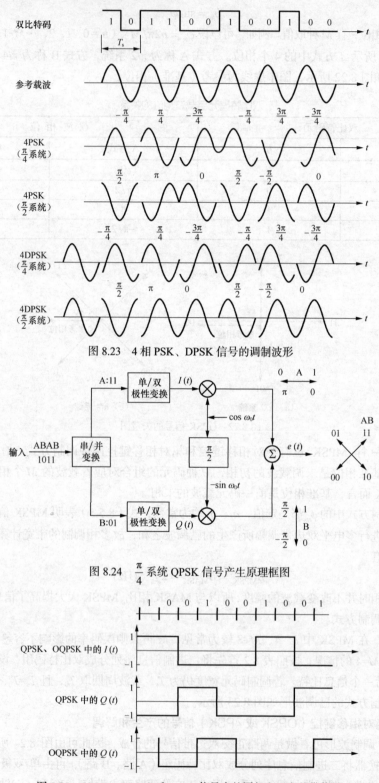

图 8.23　4 相 PSK、DPSK 信号的调制波形

图 8.24　$\frac{\pi}{4}$ 系统 QPSK 信号产生原理框图

图 8.25　QPSK、OQPSK 和 MSK 信号中的同相和正交基带信号

对应上述 π/4 系统的解调，可参照 2PSK 信号的解调方法，用两个正交的相干载波分别与 A、B 两路接收信号相乘，经低通滤波器滤除高次谐波、抽样判决之后，再由并/串变换器将两路信号恢复成串行的二进制信息序列。解调方案如图 8.26 所示，判决准如表 8.3 所示。

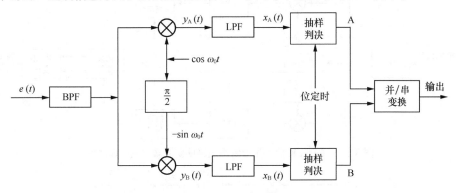

图 8.26　$\frac{\pi}{4}$ 系统 QPSK 信号解调原理框图

表 8.3　　　　　　　　　　　　　　　$\frac{\pi}{4}$ 系统判决器判决准则

符号相位 φ_n	$\cos\varphi_n$ 的极性	$\sin\varphi_n$ 的极性	判决器输出	
			A	B
$\pi/4$	+	+	1	1
$3\pi/4$	−	+	0	1
$5\pi/4$	−	−	0	0
$7\pi/4$	+	−	1	0

2. 四相相对相移键控（QDPSK 或 4DPSK）信号的产生和解调

与 2PSK 相干解调一样，对 QPSK 信号相干解调也会出现相位模糊现象，所以更实用的相移键控方式应为 QDPSK。

能够产生 π/2 系统的 QDPSK 信号的原理框图如图 8.27 所示，图中在串/并变换器的后面增加了一个码变换器，它负责把绝对码变换为相对码（差分码）。

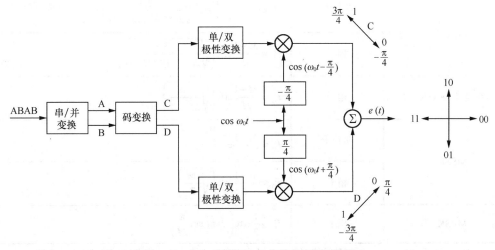

图 8.27　π/2 系统 DPSK 信号产生原理框图

QDPSK 信号的解调也有相干解调和差分相干解调两种方式。相干解调时要加码反变换器如图 8.28 所示，差分相干解调方案如图 8.29 所示。

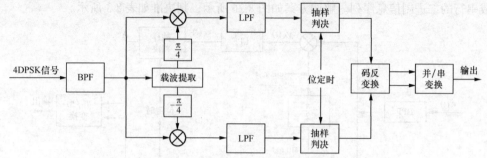

图 8.28　QDPSK 信号相干解调加码反变换器方式原理框图

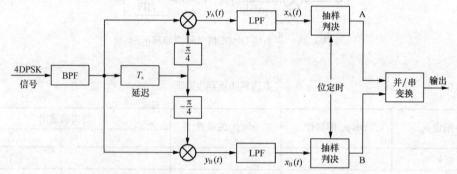

图 8.29　$\pi/4$ 系统 QDPSK 信号差分相干解调原理框图

8.5.4　M 进制数字调制系统的抗噪声性能

M 进制数字调制系统的抗噪声性能不做推导，误码率公式以表格形式给出，如表 8.4 所示，表中 r 为信噪比。

表 8.4　　　　　　　　　　　　　多进制系统误码率

调制方式	解调方式	误码率 P_e
单极性 MASK	非相干	$P_e \approx \left(1 - \dfrac{3}{2M}\right)\mathrm{erfc}\left(\sqrt{\dfrac{3\rho}{2(M-1)(2M-1)}}\right) + \dfrac{1}{M}\mathrm{e}^{-\frac{3\rho}{2(M-1)(2M-1)}}$
	相干	$P_e = \dfrac{M-1}{M}\mathrm{erfc}\left(\sqrt{\dfrac{3\rho}{2(M-1)(2M-1)}}\right)$
双极性 MASK	相干	$P_e = \dfrac{M-1}{M}\mathrm{erfc}\left(\sqrt{\dfrac{3\rho}{M^2-1}}\right)$
MFSK	非相干	$P_e \approx \dfrac{M-1}{2}\mathrm{e}^{-\frac{rM}{2}}$
	相干	$P_e \approx \dfrac{M-1}{2}\mathrm{erfc}\left(\sqrt{\dfrac{rM}{2}}\right)$
MPSK	相干	$P_e \approx \dfrac{1}{2}\mathrm{erfc}\left(\sqrt{rM}\sin\dfrac{\pi}{M}\right)$

注：式中 ρ 为平均信噪比。对幅移键控即是各电平等概率时的信号平均功率与噪声平均功率之比。

设 MASK 调制器发送端产生的 M 个电平（振幅）之间的间隔为 $2d$，接收端取样判决时 M 进制 ASK 的误码率通常远大于二进制。当功率受限时，M 越大误码增加越严重。在图 8.29 中示出 $M=2$，4，8，16，…情况，在满足相同 P_e 的前提下，4 电平系统比 2 电平系统所需信噪比要高出 5 倍（7dB）。

多进制移频键控系统的误码率与二进制系统相比增加不多，但是当 M 增加时 P_e 随之增加。

多相调制与多电平调制相比虽然所占带宽、信息速率以及频带利用率相同，但由于多相调制是恒包络调制，发信机的功率得到了充分利用，它的平均功率大于多电平调制。读者可比较图 8.30 与图 8.31，在相同误码率指标下，所需信噪比 $r_{PSK} < r_{ASK}$。目前，在卫星、微波等领域广泛采用多相调制。

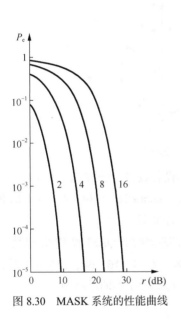

图 8.30　MASK 系统的性能曲线

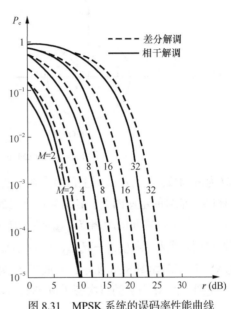

图 8.31　MPSK 系统的误码率性能曲线

8.6　现代数字调制技术

随着数字通信的迅速发展，出现了许多新问题，对传输频带的限制和对传输质量的要求越来越高。围绕着怎样进一步减小信道带宽、减小带外幅射、提高功率利用率等课题，研究人员在不断开发新技术。

8.6.1　正交幅度调制

正交幅度调制（Quadrature Amplitude Modulation，QAM）是一种幅度和相位联合键控（APK）的调制方式。它可以提高系统的可靠性，且能获得较高的频带利用率，是目前应用较为广泛的一种数字调制方式。

对于单纯的幅度调制，如果用矢量图表示，其矢量端点分布在一条直线上；对于单纯的相位调制，其矢量端点分布在一个圆上。随着 M 的增加，这些矢量端点之间的最小距离 d_0 也随之下降（d_0 大说明系统的抗误码能力强）。如果想充分利用整个平面，需要将各矢量端点重新布局，以

争取在不降低 d_0 的情况下，尽量增加信号矢量的端点数目，这时可以选择幅度与相位相结合的调制方式即幅相键控（APK）。目前，被建议用于数字通信系统中的一种 APK 是十六进制和六十四进制的 QAM。

通常，把信号矢量端点的分布图称为星座图。以十六进制为例，在图 8.32 中所示的两个单位圆上分别画出了 16PSK 和 16QAM 的星座图。星座图上各端点之间的最小距离满足下式：

$$d_{MPSK} = 2\sin\left(\frac{\pi}{M}\right)$$

$$d_{MQAM} = \frac{\sqrt{2}}{L-1} = \frac{\sqrt{2}}{\sqrt{M}-1}$$

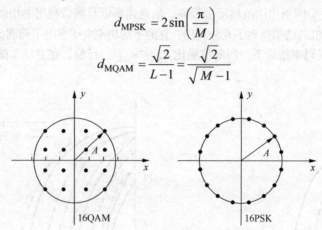

图 8.32　16QAM 和 16PSK 信号的星座图

式中，M 为进制数，L 为星座图上信号点在 x 轴和 y 轴上的投影数目，$L = M^{1/2}$。

在 16PSK 信号的星座图上，各信号点之间的距离 $d_{16PSK} = 2\sin(\pi/16) = 0.39$；在 16QAM 信号的星座图上，各信号点之间的距离 $d_{16QAM} = 2^{1/2}/(L-1) = 2^{1/2}/(4-1) = 0.47$。

如果 M 用 4 代入，则 $d_{4PSK} = d_{4QAM} = \sqrt{2}$，从星座图上看四进制时的 QAM 和 4PSK 也是一样的。

MQAM 星座图如图 8.33 所示，一般当 M 为 2 的偶次幂（$M=4$、16、64、256 等）时，选择矩形的星座图，而 M 为 2 的奇次幂（$M=32$、128 等）时，选择十字形的星座图。

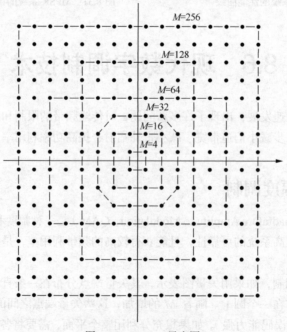

图 8.33　MQAM 星座图

还有更灵活的布局方式，就 16APK 而言，在图 8.34 中给出了矩形、星形及其改良形 3 种图例。图（a）所示为矩形星座图，调制时需设置 3 个幅度、12 个相位；图（b）所示的星形星座图，只需设置 2 个幅度 8 个相位；而在图（c）所示星座图中，需要设置 2 个幅度、16 个相位。总之要综合考虑信道特点、信号的平均功率、判决电平的设置等多方面因素适当选择。

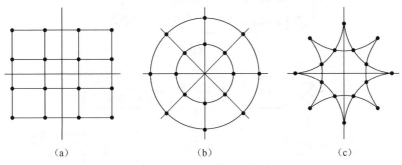

（a）　　　　　　　　　　（b）　　　　　　　　　　（c）

图 8.34　16APK 信号星座图

正交幅度调制信号的时域表达式可写成

$$e_{\text{QAM}}(t)=\left[\sum_{n=-\infty}^{\infty}A_ng(t-nT_{\text{s}})\right]\cos(\omega_{\text{c}}t+\varphi_n) \qquad (8.6.1)$$

式中，A_n 为第 n 个码元的幅度，φ_n 为第 n 个码元的初始相位，$g(t)$ 是高为 1、宽为 T_{s} 的矩形基带脉冲。利用三角公式进一步展开

$$e_{\text{QAM}}(t)=\left[\sum_{n=-\infty}^{\infty}A_ng(t-nT_{\text{s}})\cos\varphi_n\right]\cos\omega_{\text{c}}t-\left[\sum_{n=-\infty}^{\infty}A_ng(t-nT_{\text{s}})\sin\varphi_n\right]\sin\omega_{\text{c}}t \qquad (8.6.2)$$

令

$$\begin{aligned}A_n\cos\varphi_n&=X_n\\-A_n\sin\varphi_n&=Y_n\end{aligned} \qquad (8.6.3)$$

可见 X_n、Y_n 代表了已调信号在信号空间中的坐标位置，有 L 个幅度（$L^2=M$），代入式（8.6.2），有

$$\begin{aligned}e_{\text{QAM}}(t)&=\left[\sum_{n=-\infty}^{\infty}X_ng(t-nT_{\text{s}})\right]\cos\omega_{\text{c}}t+\left[\sum_{n=-\infty}^{\infty}Y_ng(t-nT_{\text{s}})\right]\sin\omega_{\text{c}}t\\&=m_{\text{I}}(t)\cos\omega_{\text{c}}(t)+m_{\text{Q}}(t)\sin\omega_{\text{c}}(t)\end{aligned} \qquad (8.6.4)$$

式中，$m_{\text{I}}(t)=\sum\limits_{n=-\infty}^{\infty}X_ng(t-nT_{\text{s}})$、$m_{\text{Q}}(t)=\sum\limits_{n=-\infty}^{\infty}Y_ng(t-nT_{\text{s}})$ 为两个通道的基带信号。

式（8.6.4）可看做两个正交调制信号之和，是用两个独立的基带波形对两个正交的同频载波进行抑制载波双边带调制的结果。它在同一带宽内利用已调信号频谱正交的性质实现了两路并行的数字信息传输。

正交振幅调制系统的组成方框图如图 8.35 所示，图中低通滤波器的作用是对调制前的基带信号做限带处理，四进制的 $I(t)$、$Q(t)$ 的波形与 QPSK 中的 $I(t)$、$Q(t)$ 相同，如图 8.25 所示。

由于 QAM 信号采用相干解调方式，故系统误码率性能也与 4PSK 系统相同。

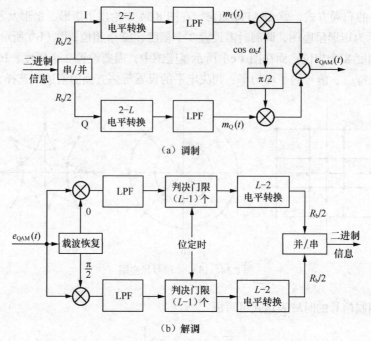

（a）调制

（b）解调

图 8.35　MQAM 调制器与解调器

8.6.2　偏移四相相移键控

在讨论 QPSK 调制信号时，曾假定每个符号的包络是矩形，并认为信号的振幅包络在调制中是恒定不变的。但是当它通过限带滤波器进入信道时，其功率谱的旁瓣（即信号中的高频成分）会被滤除，所以限带后的 QPSK 信号已不能保持恒包络，特别是在相邻符号间发生 180° 相移（例如，10→01，00→11）时，限带后还会出现包络为 0 的现象，如图 8.36 所示。

为了减小包络起伏作一改进：在对 QPSK 作正交调制时，将正交路 $Q(t)$ 的基带信号相对于同相路 $I(t)$ 的基带信号延迟半个码元 $T_s/2$ 时隙。这种调制方法称为偏移四相相移键控（Offset Quadri-Phase Shift Keying，OQPSK），又称参差四相相移键控（Staggered QPSK，SQPSK）。

将正交路 $Q(t)$ 的基带信号偏移 $T_s/2$ 后，相邻 1 个比特信号的相位只可能发生±90° 的变化，因而星座图中的信号点只能沿正方形四边移动，消除了已调信号中相位突变 180° 的现象，如图 8.37 所示。经限带滤波器后，OQPSK 信号中包络的最大值与最小值之比约为 $2^{1/2}$，不再出现比值无限大的现象。

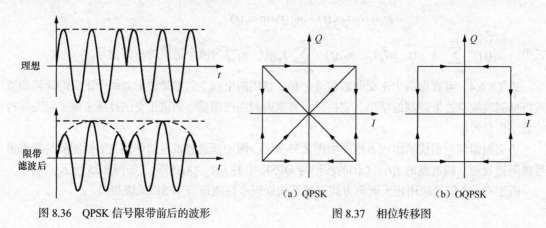

图 8.36　QPSK 信号限带前后的波形

（a）QPSK　　　（b）OQPSK

图 8.37　相位转移图

OQPSK 信号的调制、解调方框图如图 8.38 所示, 其同相路 $I(t)$、正交路 $Q(t)$ 的典型波形图分别示于图 8.25 中。

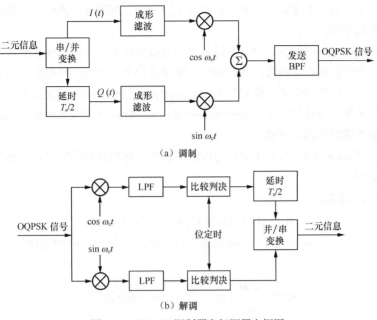

（a）调制

（b）解调

图 8.38　OQPSK 调制器和解调器方框图

OQPSK 信号的功率谱与 QPSK 信号的功率谱形状相同, 其主瓣包含功率的 92.5%, 第一个零点在 $0.5f_s$ 处。频带受限的 OQPSK 信号包络起伏比频带受限的 QPSK 信号小, 经限幅放大后频谱展宽得少, 所以 OQPSK 的性能优于 QPSK, 由于 OQPSK 信号采用相干解调方式, 因此其误码性能与相干解调的 QPSK 相同。

8.6.3　π/4-QPSK

OQPSK 信号经窄带滤波后不再出现包络为 0 的情况, 但仍要采用相干解调方式, 这是我们所不希望的。现在北美和日本的数字蜂窝移动通信系统中采用了 π/4-QPSK 调制方式, 它不但消除了倒 π 现象, 还可以采用差分相干解调技术。

π/4-QPSK 调制系统把已调信号的相位均匀等分为 8 个相位点, 分成 。和 • 两组, 已调信号的相位只能在两组之间交替选择, 这样就保证了它在码元转换时刻的相位突跳只可能出现±π/4 或±3π/4 4 种情况之一, 其矢量状态转换图如图 8.39 所示（为方便对比, 图中还示出了 QPSK 的矢量状态转换图）。

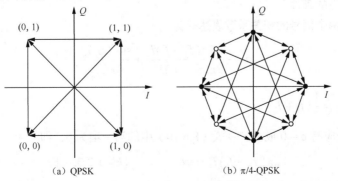

（a）QPSK

（b）π/4-QPSK

图 8.39　相位矢量状态转换图

8.6.4 最小频移键控

为了适合限带传输，希望调制信号的功率谱主瓣越窄、滚降速度越快、旁瓣所含的功率分量越小、相位路径越平滑越好。

在前面介绍的 2FSK 调制方式中，不同频率的载波信号来自于两个独立的振荡源，已调信号在频率转换点上的相位可以不连续，功率谱中旁瓣分量很大，因而经带限后会引起包络起伏。为克服上述缺点可采用连续相位的频移键控（Continual phase FSK, CPFSK）技术。目前，移动通信系统中大量应用的最小频移键控（Minimum Shift Keying, MSK）就是 CPFSK 技术中的一种。

1. MSK 数字调制技术的特点

MSK 的调制指数 $h=1/2$，具有正交信号的最小频差；在相邻符号交界处其相位路径的变化连续；能产生恒定包络。

MSK 的时域表达式

$$e_{\mathrm{MSK}}(t) = A\cos\theta(t) = A\cos\left[\omega_c t + \varphi(t)\right] \tag{8.6.5}$$

式中，$\omega_c = (\omega_1 + \omega_2)/2$，$\omega_1$ 是发 "1" 时对应的角频率；ω_2 是发 "0" 时对应的角频率；$\varphi(t)$ 是附加相位。

$$\varphi(t) = \frac{a_i \pi t}{2T_S} + \varphi_i \qquad (i-1)T_s < t \leq iT_s \tag{8.6.6}$$

式中，第一项为频偏，a_i 取值±1，表示第 i 个输入码元；φ_i 是第 i 个输入码元的起始相位，在一个码元周期 T_s 内为定值，φ_i 的选取应能保证在 $t=iT_s$ 时刻信号相位变化的连续性。

为得到 MSK 数字调制所需要的两个频率值，现对总相角求微分

$$\frac{\mathrm{d}\theta(t)}{\mathrm{d}t} = \omega_c + \frac{a_i \pi}{2T_s} = \begin{cases} 2\pi\left[f_c + f_s/4\right] = 2\pi f_1, & a_i = +1 \\ 2\pi\left[f_c - f_s/4\right] = 2\pi f_2, & a_i = -1 \end{cases}$$

解出

$$\begin{aligned} f_1 &= f_c + f_s/4 \\ f_2 &= f_c - f_s/4 \end{aligned} \tag{8.6.7}$$

最小频差

$$\Delta f = |f_1 - f_2| = f_s/2 \tag{8.6.8}$$

调制指数

$$h = \Delta f / f_s = 1/2 \tag{8.6.9}$$

2. 满足正交性的条件

2FSK 调制中两个信号的相关系数表达式为

$$\rho = \frac{\sin 2\pi(f_2 - f_1)T_s}{2\pi(f_2 - f_1)T_s} + \frac{\sin 4\pi f_c T_s}{4\pi f_c T_s} \tag{8.6.10}$$

式中，载波频率 $f_c = \frac{1}{2}(f_1 + f_2)$。

对于正交调制应有 $\rho = 0$ 成立，令式（8.6.10）中的第一项为 0，即

$$2\pi(f_2 - f_1)T_s = k\pi \qquad (k=1,2,3,\cdots)$$

为了提高频带利用率，频差 Δf 要小，取 $k=1$ 代入，则

$$\Delta f = f_2 - f_1 = \frac{1}{2T_s} = \frac{f_s}{2}$$

其值与式（8.6.8）一致，即 MSK 的最小频差为码元速率之半；再令式（8.6.10）中第二项为 0，即

$$4\pi f_c T_s = n\pi \quad (n = 1, 2, 3, \cdots)$$

可得

$$T_s = \frac{nT_c}{4} \quad\text{——每一码元周期内含四分之一载波周期的整数倍；} \tag{8.6.11}$$

或

$$f_c = \frac{n}{4T_s} = \frac{nf_s}{4} \quad\text{——载波频率应取四分之一码元速率的整数倍。} \tag{8.6.12}$$

3. 相位常数

相位常数的选取应能保证在前后码元转换时的相位路径连续，即必须保证第 i 个码元的起始相位等于第 $i-1$ 个码元的末相。换言之，在 $t=iT_s$ 时刻应保证两个相邻码元的附加相位 $\varphi(t)$ 相等，即

$$\left(\frac{a_{i-1}\pi}{2T_s}\right)iT_s + \varphi_{i-1} = \left(\frac{a_i\pi}{2T_s}\right)iT_s + \varphi_i$$

解出相位常数

$$\varphi_i = \varphi_{i-1} + (a_{i-1} - a_i)\frac{i\pi}{2} \quad\text{（模 2π）}$$

或
$$\varphi_i = \begin{cases} \varphi_{i-1} \pm i\pi, & a_{i-1} \neq a_i \\ \varphi_{i-1}, & a_i = a_{i-1} \end{cases} \tag{8.6.13}$$

此式说明两个相邻码元之间的相位存在着相关性，对相干解调来说，φ_i 的起始参考值若假定为 0，则

$$\varphi_i = 0 \text{ 或 } \pi \text{（模 2π）} \tag{8.6.14}$$

4. 附加相位的变化轨迹

附加相位函数 $\varphi(t)$ 在数值上等于由 MSK 调制的总相角 $\theta(t)$ 减去随时间线性增长的载波相位 $\omega_c t$ 得到的剩余相位，其表达式（8.6.6）本身是一斜线方程，斜率为 $a_i\pi/2T_s$，截距是 φ_i，另外，由于 a_i 的取值为 ±1，故 $(a_i\pi/2T_s)t$ 是一个以码元宽度 T_s 为段的、分段线性的相位函数，在任一个码元期间内 $\varphi(t)$ 的变化量总是 $a_i\pi/2$，即 $a_i=+1$ 时线性增加 $\pi/2$；$a_i=-1$ 时线性减小 $\pi/2$。

图 8.40 给出了当输入二进制数据序列为 1101000 时，信号的初相角以及附加相位的变化轨迹。

5. MSK 信号的产生

展开式（8.6.5）有

$$e_{\text{MSK}}(t) = \cos\left[\omega_c t + \varphi(t)\right] = \cos\varphi(t)\cos\omega_c t - \sin\varphi(t)\sin\omega_c t \tag{8.6.15}$$

式中

$$\cos\varphi(t) = \cos\left(\frac{a_i\pi t}{2T_s} + \varphi_i\right) = \cos\left(\frac{a_i\pi t}{2T_s}\right)\cos\varphi_i = \cos\left(\frac{\pi t}{2T_s}\right)\cos\varphi_i$$

$$-\sin\varphi(t) = -\sin\left(\frac{a_i\pi t}{2T_s} + \varphi_i\right) = -\sin\left(\frac{a_i\pi t}{2T_s}\right)\cos\varphi_i = -a_i\sin\left(\frac{\pi t}{2T_s}\right)\cos\varphi_i$$

令 $\cos\varphi_i = I_i$，$-a_i\cos\varphi_i = Q_i$，则

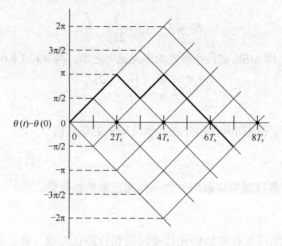

图 8.40 MSK 的相位网格图

$$e_{\mathrm{MSK}}(t) = I_i \cos\left(\frac{\pi t}{2T_s}\right) \cos \omega_c t + Q_i \sin\left(\frac{\pi t}{2T_s}\right) \sin \omega_c t, \quad (i-1)T_s < t \leqslant iT_s \qquad (8.6.16)$$

式中，I_i 是同相分量基带信号的等效数据，Q_i 是正交分量基带信号的等效数据，参考式（8.6.13）算可出其值，它们与原始数据有确定的关系，可以由原始数据差分编码得到。

$\cos(\pi t/2T_s)$ 和 $\sin(\pi t/2T_s)$ 为加权函数（调制函数），是同相路和正交路基带信号的包络，在表 8.5 中给出了 MSK 信号的变换关系。

按式（8.6.16）构成的 MSK 调制器原理框图如图 8.41 所示，各点波形如图 8.42 所示。

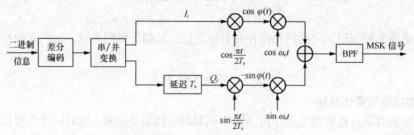

图 8.41 MSK 调制器原理框图

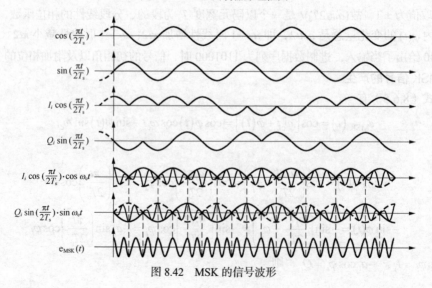

图 8.42 MSK 的信号波形

信号的解调与 FSK 相似，可采用相干或非相干解调。

表 8.5 　　　　　　　　　　　　　MSK 信号的变换关系

i	0	1	2	3	4	5	6	7	8	9	10	11	12	13	14	15	16	17	18	19	20
输入数据 a_i	1	1	1	-1	1	-1	-1	1	1	1	1	-1	1	-1	-1	-1	1	-1	-1	1	1
差分编码	-1	1	-1	-1	1	1	1	-1	-1	-1	-1	1	1	-1	1	1	1	1	1	-1	-1
同相数据 I_i		1			-1			-1			1			-1			-1			1	-1
正交数据 Q_i			-1			1			1			1			-1			-1		1	1
φ_i（模 2π）	0	0	0	π	π	0	0	π	π	π	π	0	0	π	π	π	π	0	0	π	π
$I_i=\cos\varphi_i$		1	1	-1	-1	1	1	-1	-1	-1	-1	1	1	-1	-1	-1	-1	1	1	-1	-1
$Q_i=-a_i\cos\varphi_i$			-1	-1	1	1	1	1	1	1	1	-1	-1	1	1	1	1	1	1	-1	-1
频率	f_2	f_2	f_2	f_1	f_1	f_1	f_1	f_2	f_2	f_1	f_1	f_1	f_1	f_2	f_1	f_1	f_1	f_2	f_1	f_1	f_2	f_2

8.6.5　OFDM 调制

前面几节所讨论的数字调制解调方式都属于串行体制，和串行体制相对应的一种体制是并行体制。它是将高速率的信息数据流经串/并变换，分割为若干路低速率并行数据流，然后每路低速率数据采用一个独立的载波调制并叠加在一起构成发送信号，这种系统也称为多载波传输系统。多载波传输系统原理图如图 8.43 所示。

图 8.43　多载波传输系统原理图

在并行体制中，正交频分复用（OFDM）方式是一种高效调制技术，它具有较强的抗符号间干扰和频率选择性衰落的能力以及较高的频谱利用率，因此得到了深入的研究。OFDM 系统已成功地应用于接入网中的高速数字环路（HDSL）、非对称环路（ADSL），以及高清晰度电视（HDTV）的地面广播系统。在移动通信领域，OFDM 是第三代、第四代移动通信系统准备采用的技术之一。

1. OFDM 的基本原理

OFDM 是一种高效调制技术，其基本原理是将发送的高速率数据流变换成相对低速率的数据流，然后分散到多个相互正交的子载波上，使各子载波上的信号速率大为降低，从而能够提高抗多径衰落的能力。为了提高频谱利用率，OFDM 方式中各子载波频谱有 1/2 重叠，但保证相互正交，在接收端通过相关解调技术分离出各子载波，同时消除码间串扰的影响。

设在一个 OFDM 系统中有 N 个子信道，每个子信道采用的子载波为

$$x_k(t) = B_k \cos(2\pi f_k t + \varphi_k) \qquad k = 0,1,\cdots,N-1 \qquad (8.6.17)$$

式中，B_k 为第 k 路子载波的复振幅，它受基带码元的调制；f_k 为第 k 路子载波的频率；φ_k 为第 k 路子载波的初始相位。则在此系统中的 N 路子信号之和可以表示为

$$s(t) = \sum_{k=0}^{N-1} x_k(t) = \sum_{k=0}^{N-1} B_k \cos(2\pi f_k t + \varphi_k) \qquad (8.6.18)$$

上式还可以改写成复数形式为

$$s(t) = \sum_{k=0}^{N-1} B_k \mathrm{e}^{\mathrm{j}(2\pi f_k t + \varphi_k)} \qquad (8.6.19)$$

为了使这 N 路子信道信号在接收时能够完全分离，要求它们满足正交条件。在码元持续时间 T 内任意两个子载波都正交的条件是

$$\int_0^{T_s} \cos(2\pi f_k t + \varphi_k)\cos(2\pi f_i t + \varphi_i)\mathrm{d}t = 0 \qquad (8.6.20)$$

利用三角函数公式可得

$$
\begin{aligned}
&\int_0^{T_s} \cos(2\pi f_k t + \varphi_k)\cos(2\pi f_i t + \varphi_i)\mathrm{d}t \\
&= \frac{1}{2}\int_0^{T_s}\cos[2\pi(f_k - f_i)t + \varphi_k - \varphi_i]\,\mathrm{d}t + \frac{1}{2}\int_0^{T_s}\cos[2\pi(f_k + f_i)t + \varphi_k + \varphi_i]\mathrm{d}t
\end{aligned}
\qquad (8.6.21)
$$

积分结果为

$$
\begin{aligned}
&= \frac{\sin[2\pi(f_k - f_i)T_s + \varphi_k - \varphi_i]}{2\pi(f_k - f_i)} + \frac{\sin[2\pi(f_k + f_i)T_s + \varphi_k + \varphi_i]}{2\pi(f_k + f_i)} - \frac{\sin(\varphi_k - \varphi_i)}{2\pi(f_k - f_i)} \\
&- \frac{\sin(\varphi_k + \varphi_i)}{2\pi(f_k + f_i)} = 0
\end{aligned}
\qquad (8.6.22)
$$

上式等于 0 的条件是

$$(f_k + f_i)T_s = m \text{ 和 } (f_k - f_i)T_s = n \qquad (8.6.23)$$

其中，m 和 n 均为整数，并且 φ_k 和 φ_i 可以取任意值。

由式（8.6.23）解出 f_k 和 f_i 得

$$f_k = (m+n)/2T_s, \quad f_i = (m-n)/2T_s \qquad (8.6.24)$$

即要求子载波满足

$$f_k = k/2T_s \quad (k \text{ 为整数}) \qquad (8.6.25)$$

且要求子载波间隔

$$\Delta f = f_k - f_i = n/T_s \qquad (8.6.26)$$

故要求的最小子载波间隔为

$$\Delta f_{\min} = 1/T_s \qquad (8.6.27)$$

上面求出了子载波正交的条件。下面来考察 OFDM 的表示式。若令（8.6.19）中的 $\varphi_k = 0$，则该式变为

$$s(t) = \sum_{k=0}^{N-1} B_k \mathrm{e}^{\mathrm{j}2\pi f_k t} \qquad (8.6.28)$$

将上式与离散傅里叶反变换（IDFT）形式

$$s(k) = \frac{1}{\sqrt{K}}\sum_{k=0}^{K-1} S(n)\mathrm{e}^{\mathrm{j}(2\pi/K)nk} \quad (k=0,1,2,\cdots,K-1) \qquad (8.6.29)$$

相比较可以看出，若不考虑两式常数因子的差异以及求和项数（N 和 K）的不同，则可以将式（8.6.29）中的 K 个离散值 $S(n)$ 当做是 K 路 OFDM 并行信号的子信道中信号码元取值 B_k，而式（8.6.29）的左端就相当于式（8.6.28）左端的 OFDM 信号 $s(t)$。这就是说，可以用计算 IDFT 的方法来获得 OFDM 信号。

在 OFDM 系统中引入 DFT 技术对并行数据进行调制和解调，其单个子带频谱是 $\frac{\sin x}{x}$ 函数，多个子载波叠加后形成的 OFDM 信号的频谱结构如图 8.44 所示，OFDM 信号是通过基带处理来实现的，不需要振荡器组，从而大大降低了 OFDM 系统实现的复杂性。

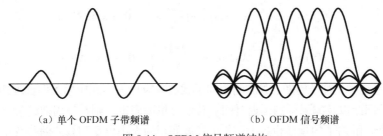

（a）单个 OFDM 子带频谱　　　　（b）OFDM 信号频谱

图 8.44　OFDM 信号频谱结构

2. OFDM 信号调制与解调

OFDM 信号的产生是基于快速离散傅里叶变换实现的，其产生原理如图 8.45 所示。图中，输入信息速率为 R_b 的二进制数据序列先进行串/并变换。根据 OFDM 符号间隔 T_s，将其分成 $c_t = R_b T_s$ 个比特一组。这 c_t 个比特被分配到 N 个子信道上，经过编码后映射为 N 个复数子符号 X_k，其中子信道 k 对应的子符号 X_k 代表 b_k 个比特，而且

$$c_t = \sum_{k=0}^{N-1} b_k \tag{8.6.30}$$

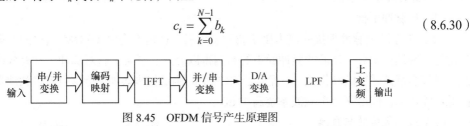

图 8.45　OFDM 信号产生原理图

在 Hermitian 对称条件

$$X_k = X_{2N-k}^*, \qquad 0 \leqslant k \leqslant 2N-1 \tag{8.6.31}$$

的约束下，$2N$ 点快速离散傅里叶反变换（IFFT）将频域内的 N 个复数子符号 X_k 变换成时域中的 $2N$ 个实数样值，$x_k(k=0,1\cdots 2N-1)$，加上循环前缀 $x_k = x_{2N+k}(k=-1\cdots -J)$ 后，这 $2N+J$ 个实数样值就构成了实际的 OFDM 发送符号。x_k 经过并/串变换后，通过时钟速率为 $f_s = \dfrac{2N+J}{T_s}$ 的 D/A 转换器和低通滤波器输出基带信号。最后经过上变频器输出 OFDM 信号。

OFDM 信号接收端的原理图如图 8.46 所示，其处理过程与发送端相反。接收端输入 OFDM 信号首先经过下变频变换到基带，A/D 转换、串/并变换后的信号去除循环前缀，再进行 $2N$ 点快速离散傅里叶变换（FFT）得到一帧数据。循环前缀的引入使系统可以更好地对抗多径信道干扰，接收端只需在频域进行一阶信道均衡即可；若信道时延大于循环前缀长度，则为对信道失真进行校正，需要对数据进行单抽头或双抽头时域均衡。最后经过译码判决和并/串变换，恢复出发送的二进制数据序列。

图 8.46　OFDM 信号接收原理图

由于 OFDM 采用的基带调制为离散傅里叶反变换，可以认为数据的编码映射是在频域进行的，经过 IFFT 变换为时域信号发送出去。接收端通过 FFT 恢复出频域信号。

为了使信号在 IFFT、FFT 前后功率保持不变，DFT 和 IDFT 应满足以下关系：

$$X(k) = \frac{1}{\sqrt{N}} \sum_{n=0}^{N-1} x(n) \exp\left(-\mathrm{j}\frac{2\pi n}{N}k\right), \quad 0 \leqslant k \leqslant N-1 \tag{8.6.32}$$

$$x(n) = \frac{1}{\sqrt{N}} \sum_{k=0}^{N-1} X(k) \exp\left(\mathrm{j}\frac{2\pi k}{N}n\right), \quad 0 \leqslant n \leqslant N-1 \tag{8.6.33}$$

在 OFDM 系统中，符号周期、载波间距和子载波数应根据实际应用条件合理选择。符号周期的大小影响载波间距以及编码调制延迟时间。若信号星座固定，则符号周期越长，抗干扰能力越强，但是载波数量和 FFT 的规模也越大。各子载波间距的大小也受到载波偏移及相位稳定度的影响。一般选定符号周期时应使信道在一个符号周期内保持稳定。子载波的数量根据信道宽度、数据速率以及符号周期来确定。OFDM 系统采用的调制方式应根据功率及频谱利用率的要求来选择，常用的调制方式有 QPSK 和 16QAM 方式。另外，不同的子信道还可以采用不同的调制方式，特性较好的子信道可以采用频谱利用率较高的调制方式，而衰落较大的子信道应选用功率利用率较高的调制方式，这是 OFDM 系统的优点之一。

3. OFDM 系统性能

（1）抗脉冲干扰

OFDM 系统抗脉冲干扰的能力比单载波系统强。这是因为对 OFDM 信号的解调是在一个很长的符号周期内积分，从而使脉冲噪声的影响得以分散。事实上，对脉冲干扰有效的抑制作用是最初研究多载波系统的动机之一。提交给 CCITT 的测试报告表明，能够引起多载波系统发生错误的脉冲噪声的门限电平比单载波系统高 11dB。

（2）抗多径传播与衰落

OFDM 系统把信息分散到许多载波上，大大降低了各子载波的信号速率，使符号周期比多径延迟延长，从而能够减弱多径传播的影响。若再采用保护间隔和时频域均衡等措施，可以有效降低符号间干扰。保护间隔原理如图 8.47 所示。

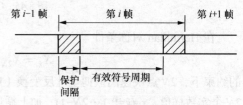

图 8.47　保护间隔原理

（3）频谱利用率

OFDM 信号由 N 个信号叠加而成，每个信号频谱为 $\dfrac{\sin x}{x}$ 函数，并且与相邻信号频谱有 1/2 重叠，如图 8.48 所示。

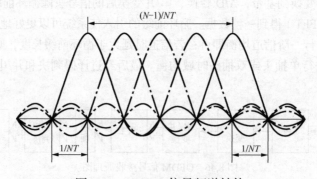

图 8.48　OFDM 信号频谱结构

设信号采样频率为 $1/T$，则每个子载波信号的采样速率为 $\dfrac{1}{NT}$，即载波间距为 $\dfrac{1}{NT}$，若将信号两侧的旁瓣忽略，则谱宽度为

$$B_{\text{OFDM}} = (N-1)\frac{1}{NT} + \frac{2}{NT} = \frac{N+1}{NT} \tag{8.6.34}$$

OFDM 的符号速率为

$$R_{\text{B}} = \frac{1}{NT}N = \frac{1}{T} \tag{8.6.35}$$

比特速率与所采用的调制方式有关，若信号星座点数为 M，则比特率为

$$R_{\text{b}} = \frac{1}{T}\log_2 M \tag{8.5.36}$$

因此，OFDM 的频谱利用率为

$$\eta_{\text{OFDM}} = \frac{R_{\text{b}}}{B_{\text{OFDM}}} = \frac{N}{N+1}\log_2 M \tag{8.6.37}$$

对于串行系统，当采用 MQAM 调制方式时，频谱利用率为

$$\eta_{\text{MQAM}} = \frac{R_{\text{b}}}{B_{\text{MQAM}}} = \frac{1}{2}\log_2 M \tag{8.6.38}$$

比较式（8.6.37）和式（8.6.38）可以看出，当采用 MQAM 调制方式时，OFDM 系统的频谱利用率比串行系统提高近一倍。

8.6.6　其他恒包络调制

MSK 信号相位路径的变化虽然连续，但是在符号转换时刻呈现尖角，即此时相位路径的斜率变化并不连续，因而影响了已调信号频谱的衰减速度，带外幅射较强。下面围绕怎样能使符号转换时刻相位路径的斜率变化也连续，再介绍几种恒包络调制。

1. 正弦频移键控

正弦频移键控（SFSK）信号的相位路径是在 MSK 线性变化的直线段上叠加一个正弦变化，因此在符号转换时刻的相位路径轨迹圆滑、斜率变化连续，且一个符号内相位的变化量仍为 90°，其相位路径如图 8.49 所示。这一改进使得 SFSK 信号频谱在主瓣之外的衰减速度加快，减小了带外幅射。但由于 SFSK 信号把 MSK 信号在每个符号内的直线也改成了曲线，导致 SFSK 信号频谱的主瓣宽度比 MSK 信号还宽（可参看图 8.52），所以影响了 SFSK 信号的应用。

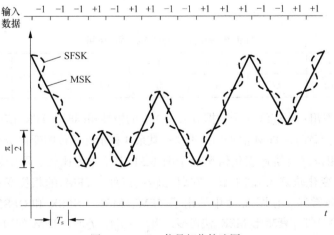

图 8.49　SFSK 信号相位轨迹图

2. 高斯最小频移键控

在移动通信中，对信号带外辐射功率限制十分严格，必须衰减 70～80dB 以上，MSK 不能满足要求，这样就推出了 MSK 的改进型——高斯最小频移键控（GMSK）。GMSK 以 MSK 为基础，在 MSK 调制之前增加一个高斯低通滤波器，其相位路径在符号转换时刻的轨迹比 SFSK 调制更加圆滑、流畅，如图 8.50 所示。GMSK 信号频谱的主瓣宽度由高斯低通滤波器的带宽决定，如果选择恰当，能使 GMSK 信号的带外辐射功率小到可以满足移动通信的要求。

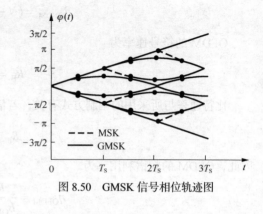

图 8.50　GMSK 信号相位轨迹图

3. 平滑调频

前面介绍的几种恒包络调制信号，在带宽和功率效率方面，都进行了较好的折中。下面介绍一种被称为相关相位键控（Cor-PSK）的新调制方式，它采用部分响应技术，在一组码元之间引入一定的相关性，既保留了包络恒定、频谱主瓣窄的优点，同时还做到了相位连续、变化轨迹平滑，因此大大压低了带外辐射。

根据相关编码输入和输出的电平数不同，部分响应编码的规则也不一样，可以产生出不同类型的 Cor-PSK。其中一种相关相位键控[2-5,$(1+D)^2$]，称为平滑调频（Tamed FM，TFM），其部分响应编码多项式为$(1+D)^2$，输入 a_i 有两种电平：±1，而编码输出 b_i 为 5 种电平。TFM 的相关编码表达式为

$$b_i = (a_{i-1} + 2a_i + a_{i+1})/2 \tag{8.6.39}$$

定义在一个符号间隔内的相移 $\Delta\varphi_i$ 为

$$\Delta\varphi_i = \varphi\left[(i+1)T_s\right] - \varphi(iT_s) = b_i(2\pi/n) \tag{8.6.40}$$

式中，n 为一个固定的正整数，它是信号选取的相位数，$2\pi/n$ 表示相位的最小增量。对 TFM，取 $n=8$，即

$$\Delta\varphi_i = b_i(\pi/4) = (a_{i-1} + 2a_i + a_{i+1})\pi/8 \tag{8.6.41}$$

由于 a_i 是取值±1 的双极性码，所以 TFM 信号在各码元内的相位变化是不均匀的，$\Delta\varphi_i$ 的可能取值为 0，±π/4 和±π/2，如表 8.6 所示。

表 8.6　　　　　　　　　　　　TMF 信号相应变化时 $\Delta\varphi_i$ 可能的取值

码元组合	+++	− − −	+ − +	− + −	+ + −	+ − −	− + +	− − +
$\Delta\varphi_i$	+π/2	−π/2	0	0	+π/4	−π/4	+π/4	−π/4

由表 8.6 可以看出：当连续 3 个数据 a_{i-1}，a_i, a_{i+1} 的极性相同时，TFM 信号相位变化 π/2；当连续 3 个数据极性交替时，TFM 信号相位不变；其余 4 种情况相位的变化是 π/4。

TFM 信号的相位路径轨迹变化情况示于图 8.51 中（作为比较，图中还画出了 SFSK 和 MSK 信号的相位变化轨迹），图中显示在码元转换点处，TFM 的相位变化相当平滑，因此 TFM 的频谱特性非常好。在图 8.52 中给出了 TFM、MSK、SFSK 和 QPSK 的功率谱，由图可见，TFM 主瓣窄且带外衰减比 MSK 快得多，当$|f - f_0| > f_s$时，TFM 的功率谱衰减可达 60dB 以上。

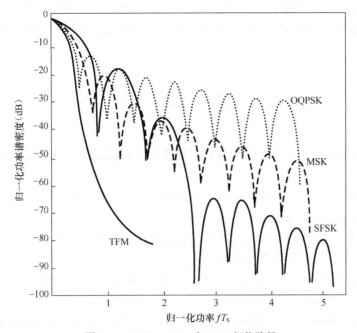

图 8.51 MSK、SFSK 和 TFM 相位路径

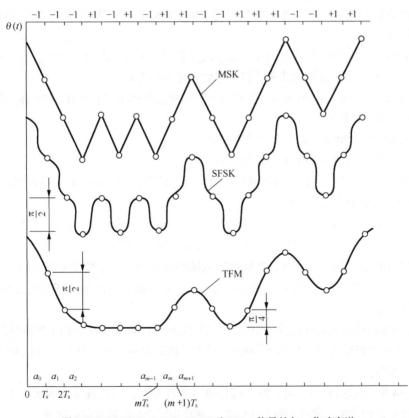

图 8.52 OQPSK、MSK、SFSK 和 TFM 信号的归一化功率谱

理论上已经证明,在理想情况下,TFM 的误码性能仅比 QPSK 性能恶化 1dB 左右,所以 TFM 调制方式是在有效性和可靠性两方面都得到兼顾的一种调制方式。

TFM 信号的产生可以采用直接调频的方法和正交调幅的方法实现。

TFM 信号的解调一般采用正交相干解调方法,如果发送端采用差分编码,则在接收端应采用相应的译码方案。

习 题 8

8.1 基带信号 $s(t)$ 是码元周期为 0.01s 的单极性不归零随机信号,采用 2ASK 调制,求已调信号带宽。

8.2 求传码率为 200B 的八进制 ASK 系统的带宽和传信率。如果采用二进制 ASK 系统,传码率不变,则带宽和传信率又为多少?

8.3 若传码率为 200B 的八进制 ASK 系统发生故障,改由二进制 ASK 系统传输,欲保持传信率不变,求 2ASK 系统的带宽和传码率?

8.4 已知八进制 PSK 系统的信息传输速率为 9 600bit/s,求码元传输速率和带宽。

8.5 有相位不连续的二进制 FSK 信号,发"1"码时的波形为 $A\cos(2000\pi t + \theta)$,发"0"码时的波形为 $A\cos(4\,000\pi t + \varphi)$,码元速率为 1 000 波特,求此系统的频带宽度并画出与序列 1011001 相对应的 2FSK 波形。

8.6 设四进制 FSK 系统的频率配置使得功率谱主瓣恰好不重叠,求传码率为 200B 时系统的传输带宽和信息速率。

8.7 已知数字基带信号为 10010110,如果码元宽度等于载波周期,试画出绝对码、相对码、二进制 PSK 信号和 DPSK 信号的波形(假定起始参考码元为 0)。

8.8 已知数字信号 $\{a_n\}$=1011010,分别以下列两种情况画出二相 PSK、DPSK 及相对码 $\{b_n\}$ 的波形(假定起始参考码元为 1):

(1)码元速率为 1 200B,载波频率为 1 800Hz;

(2)码元速率为 1 200B,载波频率为 2 400Hz。

8.9 二进制 ASK 系统,相干解调时的接收机输入信噪比为 9dB,欲保持相同的误码率,包络解调时接收机输入信噪比为多少?

8.10 ASK 系统,发送"1"码时号幅度为 5V,信道噪声的平均功率 σ_n^2=3×10^{-12},如系统要求误码率为 10^{-4},分别求相干接收和非相干接收时信道衰减为多少分贝?(假定此时为最佳门限)。

8.11 已知码元速率 $R_B = 10^3 B$,接收机输入噪声的双边功率谱密度 $n_0/2 = 10^{-10}\,W/Hz$,要求误码率 10^{-5} 分别计算出相干 2ASK、非相干 2ASK、差分相干 2DPSK 以及相干 2PSK 等系统所要求的输入信号功率。

8.12 已知接收机输入信噪比为 r=10dB,试求四进制 FSK 系统和非相干解调系统的误码率。

8.13 已知接收机输入信噪比为 r=10dB,试求二进制 PSK 相干解调系统和 DPSK 和相位比较法解调的误码率。

8.14 已知数字信息为"1"时,发送信号的功率为 1kW,信道衰减为 60dB,接收端解调器输入的噪声功率为 10^{-4} W,试求非相干 2ASK 系统和相干 2PSK 系统的误码率。

8.15 2FSK 系统,发送"1"码时号幅度为 5V,信道噪声的平均功率 σ_n^2=3×10^{-12},如系统要求误码率为 10^{-4},分别求相干接收和非相干接收时信道衰减为多少分贝?(假定此时为最佳门限)

8.16 设发送数字信息序列为 1000001,码元速度为 1 000B,载频为 3 000Hz,画出 MSK 信号的相位路径图。

8.17 某数字微波通信系统，准备传送 34Mbit/s 的数字信号，若采用载波为 2GHz，滚降系数 $\alpha = 0.5$ 的基带信号进行 QPSK 调制，试求：

（1）发射端带通滤波器的频率范围；

（2）为提高系统的可靠性，在上述方案中采用（2，1，2）卷积码，在保持带宽不变的情况下，基带信号设计和调制方式应作何变动？

8.18 已知电话信道可用的信号传输频带为 600～3 000Hz，当取载频为 1 800Hz，试说明：

（1）采用 $\alpha =1$ 升余弦滚降基带信号进行 QPSK 调制，可传输 2 400bit/s 的数据；

（2）采用 $\alpha =0.5$ 升余弦滚降基带信号 8PSK 调制，可传输 4 800bit/s 的数据。

第 9 章
数字信号的最佳接收

9.1 引 言

数字信号经过信道传输，到达接收端会产生失真，主要有两方面原因：一是信道特性的不理想，使信号产生畸变；二是各种噪声的干扰。这样，接收到的信号不再是发送信号的原始波形，给我们的正确判决造成困难。

信道特性的不理想，可以用均衡的方法加以解决；对于噪声干扰，主要是白噪声的干扰，可以按照最佳接收准则设计最佳接收机，从而使通信更可靠。这就是本章讨论最佳接收（或最佳接收理论）的出发点。

数字通信系统传送的是有限个数字信号，如二进制数字通信系统，不是代表"1"的波形，就是代表"0"的波形，而且，这些信号是通信双方事先约定好的，这给我们进行判决创造了有利条件。在接收端，系统只要将接收信号可靠判决为有限个数字信号之一，而并不一定要求信号不失真，所以，只要有利于判决，信号失真与否是无关紧要的。

最佳接收理论是以接收问题作为自己的研究对象，研究从噪声中如何准确地提取有用信号。显然，所谓的"最佳"是相对的而不是绝对的，是对一定的准则而言的。在某一准则下设计的最佳接收机，在另一准则下不一定是最佳的。

目前，比较常用的最佳接收准则有最大信噪比准则、最小均方差准则和最小差错概率准则。下面分别介绍这 3 种准则，并且可以看到它们之间是有内在联系的。

9.2 最大输出信噪比准则及其最佳接收机

在接收机输入信噪比相同的情况下，若所设计的接收机输出信噪比最大，则能够最佳地判断所出现的信号，从而可以得到最小的误码率，这就是最大输出信噪比准则。为此，我们可在接收机内采用一种线性滤波器，当信号通过它时，在某一时刻 t_0 使输出信号的瞬时功率与噪声平均功率之比达到最大，这种线性滤波器称为匹配滤波器，并由它构成在最大输出信噪比准则下的最佳接收机。

设线性滤波器输入端加入信号 $s(t)$ 与噪声 $n(t)$ 的混合波形为

$$x(t) = s(t) + n(t)$$

并假定噪声为白噪声，其功率谱密度 $P_n(\omega) = n_0/2$，而信号 $s(t)$ 的频谱函数为 $S(\omega)$，即 $s(t) \leftrightarrow S(\omega)$。设计要求线性滤波器能够在某时刻 t_0 上有最大的信号瞬时功率与噪声平均功率的比值。

下面就来确定上述最大输出信噪比准则下的最佳线性滤波器的传输特性 $H(\omega)$。

根据线性滤波器的叠加原理，$H(\omega)$ 的输出 $y(t)$ 也包含有信号与噪声两部分，即

$$y(t) = s_o(t) + n_0(t) \tag{9.2.1}$$

式中，$s_o(t)$ 与 $n_0(t)$ 分别为 $s(t)$ 与 $n(t)$ 通过线性滤波器后的输出。

$$s_o(t) = (1/2\pi)\int_{-\infty}^{\infty} H(\omega)S(\omega)e^{j\omega t}d\omega \tag{9.2.2}$$

根据式（3.9.8），这时输出噪声平均功率 N_o 为

$$N_o = (1/2\pi)\int_{-\infty}^{\infty}|H(\omega)|^2 \cdot (n_0/2)d\omega = (n_0/4\pi)\int_{-\infty}^{+\infty}|H(\omega)|^2 d\omega \tag{9.2.3}$$

在某一指定时刻 t_0 线性滤波器输出信号瞬时功率与噪声平均功率之比为

$$r_o = \frac{|s_o(t_0)|^2}{N_o} = \frac{\left|\dfrac{1}{2\pi}\int_{-\infty}^{+\infty} H(\omega)S(\omega)e^{j\omega t_0}d\omega\right|^2}{\dfrac{n_0}{4\pi}\int_{-\infty}^{+\infty}|H(\omega)|^2 d\omega} \tag{9.2.4}$$

显然，寻求最大 r_o 的线性滤波器，在数学上就归结为求式（9.2.4）中 r_o 达到最大值的 $H(\omega)$。这个问题可以用许瓦尔兹不等式加以解决。许瓦尔兹不等式为

$$\left|(1/2\pi)\int_{-\infty}^{+\infty} X(\omega) \cdot Y(\omega)d\omega\right|^2 \leqslant (1/2\pi)\int_{-\infty}^{+\infty}|X(\omega)|^2 d\omega \cdot (1/2\pi)\int_{-\infty}^{+\infty}|Y(\omega)|^2 d\omega \tag{9.2.5}$$

要使不等式成为等式，只有当

$$X(\omega) = KY^*(\omega) \tag{9.2.6}$$

这里 K 为常数。现在把不等式（9.2.5）代入式（9.2.4）的分子式中，并令

$$X(\omega) = H(\omega); \quad Y(\omega) = S(\omega)e^{j\omega t_0}$$

则可得

$$\begin{aligned} r_o &\leqslant \frac{\dfrac{1}{4\pi^2}\int_{-\infty}^{+\infty}|H(\omega)|^2 d\omega\int_{-\infty}^{+\infty}|S(\omega)|^2 d\omega}{\dfrac{n_0}{4\pi}\int_{-\infty}^{+\infty}|H(\omega)|^2 d\omega} \\ &= \frac{\dfrac{1}{2\pi}\int_{-\infty}^{+\infty}|S(\omega)|^2 d\omega}{\dfrac{n_0}{2}} = \frac{2E}{n_0} \end{aligned} \tag{9.2.7}$$

这里，利用了如下公式

$$E = \frac{1}{2\pi}\int_{-\infty}^{\infty} G_E(\omega)d\omega = \frac{1}{2\pi}\int_{-\infty}^{\infty}|S(\omega)|^2 d\omega$$

式中，E 是信号 $s(t)$ 的总能量，$G_E(\omega)$ 为 $s(t)$ 的能量谱密度。

式（9.2.7）说明，线性滤波器所能输出的最大输出信噪比为

$$r_{o\max} = \frac{2E}{n_0}$$

它出现于式（9.2.6）成立的时候，即这时有

$$H(\omega) = KS^*(\omega)e^{-j\omega t_0} \qquad （9.2.8）$$

这就是最佳线性滤波器的传输特性。式中，$S^*(\omega)$ 为 $S(\omega)$ 的复共轭。

由此我们得到结论：在白噪声干扰的背景下，按式（9.2.8）设计的线性滤波器将能在给定的时刻 t_0 上获得最大的输出信噪比 $(2E/n_0)$，这种滤波器就是最大信噪比意义下的最佳线性滤波器。由于它的传输特性与信号频谱的复共轭相一致（除相乘因子 $Ke^{-j\omega t_0}$ 外），故又称它为匹配滤波器。

匹配滤波器的传输特性 $H(\omega)$ 当然还可用它的冲激响应 $h(t)$ 来表示。这时有

$$\begin{aligned}
h(t) &= (1/2\pi)\int H(\omega)e^{j\omega t}d\omega \\
&= (1/2\pi)\int_{-\infty}^{\infty} KS^*(\omega)e^{-j\omega t_0}e^{j\omega t}d\omega \\
&= (K/2\pi)\int_{-\infty}^{\infty}\left[\int_{-\infty}^{\infty}s(\tau)e^{-j\omega\tau}d\tau\right]^*e^{-j\omega(t_0-t)}d\omega \qquad （9.2.9）\\
&= K\int_{-\infty}^{\infty}\left[(1/2\pi)\int_{-\infty}^{\infty}e^{j\omega(\tau-t_0+t)}d\omega\right]s(\tau)d\tau \\
&= K\int_{-\infty}^{\infty}s(\tau)\delta(\tau-t_0+t)d\tau = Ks(t_0-t)
\end{aligned}$$

由此可见，匹配滤波器的冲激响应便是信号 $s(t)$ 的镜像信号 $s(-t)$ 在时间上再向右平移 t_0。

为了获得物理可实现的匹配滤波器，则要求当 $t<0$ 时有 $h(t)=0$。因为冲激是在 $t=0$ 到达，若 $t<0$ 而 $h(t)\neq 0$，是不可实现的。为了满足这个条件，就要求满足

$$s(t_0-t) = 0, \qquad t<0$$

即

$$s(t) = 0, \qquad t>t_0$$

这个条件表明，物理可实现的匹配滤波器，其输入端的信号 $s(t)$ 必须在它输出最大信噪比的时刻 t_0 之前消失（等于零），这就是说，若输入信号在 T 瞬间消失，则只当 $t_0 \geqslant T$ 时滤波器才是物理可实现的。一般总是希望 t_0 尽量小些，故通常选择 $t_0 = T$。

顺便指出，匹配滤波器的输出信号波形可表示为

$$\begin{aligned}
s_o(t) &= \int_{-\infty}^{\infty}s(t-\tau)h(\tau)d\tau \\
&= K\int_{-\infty}^{\infty}s(t-\tau)s(t_0-\tau)d\tau \qquad （9.2.10）\\
&= K\int_{-\infty}^{\infty}s(-\tau')s(t-t_0-\tau')d\tau' = KR(t-t_0)
\end{aligned}$$

由此可见，匹配滤波器的输出信号波形是输入信号的自相关函数的 K 倍。因此，常把匹配滤波器看做一个相关器。

至于常数 K，实际上它是可以任意选取的。因为 r_o 与 K 无关。因此，在分析问题时，可令 $K=1$。

[例 9.2.1] 设输入信号为单个矩形脉冲，求其匹配滤波器之特性和通过匹配滤波器后的输出波形。

解： 设单个矩形脉冲信号 $s(t)$ 为

$$s(t) = \begin{cases} 1, & 0 \leqslant t \leqslant T \\ 0, & 其他\ t \end{cases}$$

如图 9.1（a）所示，于是信号 $s(t)$ 的频谱为

$$S(\omega) = \int_{-\infty}^{+\infty} s(t)\mathrm{e}^{-\mathrm{j}\omega t}\mathrm{d}t = (1/\mathrm{j}\omega)(1-\mathrm{e}^{-\mathrm{j}\omega T}) \qquad (9.2.11)$$

根据式（9.2.8）所求匹配滤波器的传输持性 $H(\omega)$ 为

$$H(\omega) = (1/\mathrm{j}\omega)(\mathrm{e}^{\mathrm{j}\omega T}-1)\mathrm{e}^{-\mathrm{j}\omega t_0} \qquad (9.2.12)$$

式中，已假设 $K=1$。

根据式（9.2.12）还可方便地找到匹配滤波器的冲激响应 $h(t)$ 为

$$h(t) = s(t_0 - t) \qquad (9.2.13)$$

选择 $t_0 = T$ ，则最终可得

$$H(\omega) = (1/\mathrm{j}\omega)(1-\mathrm{e}^{-\mathrm{j}\omega T}) \qquad (9.2.14)$$

或

$$h(t) = s(T-t) \qquad (9.2.15)$$

由式（9.2.14）看出，匹配滤波器可用图 9.1（d）所示结构实现。这里因为（$1/\mathrm{j}\omega$）是理想积分器的传输特性，而 $\mathrm{e}^{-\mathrm{j}\omega T}$ 是迟延 T 的网络传输特性。

匹配滤波器的输出波形为

$$s_{\mathrm{o}}(t) = s(t) * h(t) = \int_{-\infty}^{\infty} s(t-\tau)h(\tau)\mathrm{d}\tau$$

用作图法或直接计算可求出匹配滤波器输出信号为

$$s_{\mathrm{o}}(t) = \begin{cases} t, & 0 \leqslant t \leqslant T \\ 2T-t, & T \leqslant t \leqslant 2T \\ 0, & 其他\ t \end{cases}$$

$h(t)$ 和 $s_{\mathrm{o}}(t)$ 的波形分别如图 9.1（b）、（c）所示。由图可见，当 $t=T$ 时，匹配滤波器输出幅度达到最大值，因此，在此刻进行抽样判决，可以得到最大的输出信噪比。

用上述方法能够求出，图 9.2（a）所示的 ASK 信号的匹配滤波器冲激响应和输出信号分别如图 9.2（b）、（c）所示。

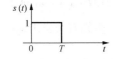

（a）匹配滤波器输入信号的波形

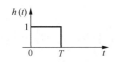

（b）匹配滤波器冲激响应的波形

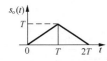

（c）匹配滤波器输出信号的波形

（d）匹配滤波器的结构图

图 9.1　与单个矩形脉冲匹配的波形及匹配滤波器结构

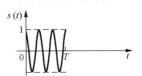

（a）匹配滤波器的输入信号波形

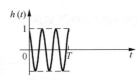

（b）匹配滤波器冲激响应的波形

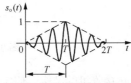

（c）匹配滤波器输出信号的波形

图 9.2　与单个射频脉冲匹配的波形

由于匹配滤波器具有输出信噪比最大的特性，因此利用匹配滤波器构成的接收机，就是按照最大输出信噪比准则建立起来的最佳接收机。图9.3（a）、（b）分别给出了二进制和多进制数字通信系统中利用匹配滤波器组成最佳接收机结构框图。

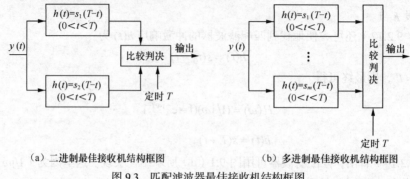

（a）二进制最佳接收机结构框图　　　　　　（b）多进制最佳接收机结构框图

图 9.3　匹配滤波器最佳接收机结构框图

9.3　最小均方差准则及其最佳接收机

在数字通信中，传输的数字信号是通信双方事先约定的，发送方发送几个可能信号（二进制通信系统有两种可能信号）之一，接收方判断是几种可能信号中的哪种信号。那么，我们在接收机中可以把已知的约定信号与未知的接收信号相比较，求其均方差（或求其相关系数），然后根据均方差的大小判定收到的是哪一个信号，这就是最小均方差准则。

接收机收到信号 $y(t)$ 为发送信号 $s(t)$ 和噪声 $n(t)$ 之和，即

$$y(t) = s(t) + n(t)$$

对于二进制数字通信系统，发送信号 $s(t)$ 的每个码元为 $s_1(t)$ 或 $s_2(t)$。若 $y(t)$ 与 $s_1(t)$ 之间的均方差 $\overline{\varepsilon_1^2}$ 小于 $y(t)$ 与 $s_2(t)$ 之间的均方差 $\overline{\varepsilon_2^2}$，则判为发出 $s_1(t)$；否则判为发出 $s_2(t)$。这里有

$$\overline{\varepsilon_1^2} = E[y(t) - s_1(t)]^2$$

$$\overline{\varepsilon_2^2} = E[y(t) - s_2(t)]^2$$

$\overline{\varepsilon_1^2}$ 和 $\overline{\varepsilon_2^2}$ 在一个码元周期 T 内分别用 $\frac{1}{T}\int_0^T [y(t) - s_1(t)]^2 \, dt$ 和 $\frac{1}{T}\int_0^T [y(t) - s_2(t)]^2 \, dt$ 代替，最小均方差准则最佳接收机的方框图如图9.4所示。

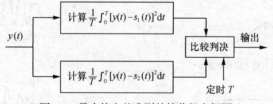

图 9.4　最小均方差准则的接收机方框图

为了简化接收机的结构，假定：

（1）发送信号 $s_1(t)$ 和 $s_2(t)$ 的能量相等，即

$$\int_0^T s_1^2(t)\mathrm{d}t = \int_0^T s_2^2(t)\mathrm{d}t = E \qquad\qquad (9.3.1)$$

（2）$s_1(t)$ 与 $s_2(t)$ 互相关系数为 ρ

$$\rho = \frac{1}{E}\int_0^T s_1(t)s_2(t)\mathrm{d}t \qquad\qquad (9.3.2)$$

（3）发送信号 $s_1(t)$ 和 $s_2(t)$ 的概率相等，即

$$P[s_1(t)] = P[s_2(t)] = \frac{1}{2} \qquad\qquad (9.3.3)$$

最小均方差最佳接收机判决准则为

$$\frac{1}{T}\int_0^T \left[y(t)-s_1(t)\right]^2\mathrm{d}t < \frac{1}{T}\int_0^T \left[y(t)-s_2(t)\right]^2\mathrm{d}t，判为 s_1(t) \qquad (9.3.4)$$

展开得

$$\int_0^T y^2(t)\mathrm{d}t - 2\int_0^T y(t)s_1(t)\mathrm{d}t + \int_0^T s_1^2(t)\mathrm{d}t < \int_0^T y^2(t)\mathrm{d}t - 2\int_0^T y(t)s_2(t)\mathrm{d}t + \int_0^T s_2^2(t)\mathrm{d}t$$

由式（9.3.1），上式可改写为

$$\int_0^T y(t)s_1(t)\mathrm{d}t > \int_0^T y(t)s_2(t)\mathrm{d}t，\qquad 判为 s_1(t) \qquad (9.3.5)$$

反之 $\qquad\qquad \int_0^T y(t)s_1(t)\mathrm{d}t < \int_0^T y(t)s_2(t)\mathrm{d}t，\qquad 判为 s_2(t) \qquad (9.3.6)$

这时简化的最小均方差最佳接收机的方框图如图 9.5 所示。

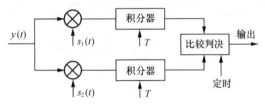

图 9.5　最小均方差最佳接收机方框图

最小均方差最佳接收机的功能是比较接收信号与发送信号的相关函数，故它又称相关接收机。它要求在接收机中事先产生与发送信号完全相同的已知信号 $s_1(t)$ 和 $s_2(t)$。

9.4　最小差错概率准则及其最佳接收机

9.4.1　最小差错概率准则

在数字通信中最直观和最合理的准则便是"最小差错概率"准则。本节将详细讨论由该准则建立起来的接收机。

在数字通信系统中，在没有任何干扰及畸变的理想情况下，接收端能够无差错地判决发送的信号。实际上，由于噪声干扰和畸变的作用，接收端的判断会产生差错。我们期望错误接收的概率越小越好。按照最小差错概率准则设计的接收机为其最佳接收机。

为简便起见，下面讨论二进制数字信号最小差错概率准则的最佳接收。在存在噪声干扰的情

况下，若两个可能发送的信号取值为 s_1 和 s_2，它们发送的概率分别为 $P(s_1)$ 和 $P(s_2)$（称先验概率），并设在观察时间（0，T）内接收到的信号 $y(t)$ 为

$$y(t) = \{s_1(t) \text{ 或 } s_2(t)\} + n(t)$$

则在发送 s_1 的条件下出现 y 的概率密度函数 $f_{s_1}(y)$ 和在发送 s_2 的条件下出现 y 的概率密度函数 $f_{s_2}(y)$ 可用图 9.6 表示。图中 a_1 和 a_2 分别表示 s_1 和 s_2 的取值，即无噪声时 y 的取值。由图 9.6 可以看出，无论发送的是 s_1 还是 s_2，y 都可以在 $(-\infty, \infty)$ 取值。但要判为哪个，应与 $f_{s_1}(y)$ 和 $f_{s_2}(y)$ 有关，当 y 落入 a_1 附近，判为 s_1 较为合理，此时，相应的概率密度函数 $f_{s_1}(y)$ 较大；当 y 落入 a_2 附近，判为 s_2 较为合理，此时，相应的概率密度函数 $f_{s_2}(y)$ 较大。现任选划分点 y_0'（见图 9.6），当 y 的值落于区域 $(-\infty, y_0')$ 时判为 s_1；当 y 落于 $(y_0', +\infty)$ 时判为 s_2。在这种情况下，发送 s_1 时，y 落在 $(y_0', +\infty)$ 范围内将错判为 s_2，错误概率为 Q_1；发送 s_2 时，y 落在 $(-\infty, y_0')$ 范围内将错判为 s_1，错误概率为 Q_2。Q_1 和 Q_2 分别为相应曲线阴影下的面积，有

$$Q_1 = \int_{y_0'}^{+\infty} f_{s_1}(y)\mathrm{d}y \tag{9.4.1}$$

$$Q_2 = \int_{-\infty}^{y_0'} f_{s_2}(y)\mathrm{d}y \tag{9.4.2}$$

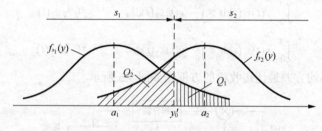

图 9.6　$f_{s_1}(y)$ 与 $f_{s_2}(y)$ 的示意图

这样，总的差错概率为

$$P_{\mathrm{e}} = P(s_1)Q_1 + P(s_2)Q_2 = P(s_1)\int_{y_0'}^{+\infty} f_{s_1}(y)\mathrm{d}y + P(s_2)\int_{-\infty}^{y_0'} f_{s_2}(y)\mathrm{d}y \tag{9.4.3}$$

因为先验概率 $P(s_1)$、$P(s_2)$ 一般认为是确定的，故 P_{e} 是 y_0' 的函数。不同的 y_0' 将有不同的 P_{e}。我们关心的是使 P_{e} 最小的 y_0'。为了找到这个最佳划分点 y_0，将式（9.4.3）对 y_0' 求导并使求导后的表达式等于零，即

$$\frac{\partial P_{\mathrm{e}}}{\partial y_0'} = 0 = [-P(s_1)f_{s_1}(y_0') + P(s_2)f_{s_2}(y_0')]\Big|_{y_0' = y_0}$$

由此可见，最佳划分点必将满足下列等式，即

$$\frac{f_{s_1}(y_0)}{f_{s_2}(y_0)} = \frac{P(s_2)}{P(s_1)} \tag{9.4.4}$$

由此得出结论：如果按如下规则进行判决，则能使总错误概率最小，即有

$$\begin{cases} \dfrac{f_{s_1}(y)}{f_{s_2}(y)} > \dfrac{P(s_2)}{P(s_1)}, & \text{判为 } s_1 \\[3mm] \dfrac{f_{s_1}(y)}{f_{s_2}(y)} < \dfrac{P(s_2)}{P(s_1)}, & \text{判为 } s_2 \end{cases} \tag{9.4.5}$$

如果 $P(s_1) = P(s_2)$ ，最佳划分点为两曲线交点，则上述判决规则可变为

$$
\begin{cases}
\text{若 } f_{s_1}(y) > f_{s_2}(y), & \text{判为 } s_1 \\
\\
\text{若 } f_{s_1}(y) < f_{s_2}(y), & \text{判为 } s_2
\end{cases}
\tag{9.4.6}
$$

式（9.4.6）的物理概念是：收到的 y 更接近谁就判为谁。因而，一般称 $f_{s_1}(y)$ 和 $f_{s_2}(y)$ 为似然概率密度函数，简称似然函数。故通常称式（9.4.6）为最大似然判决准则，而称式（9.4.5）为似然比判决准则。在实际使用这些准则时，可根据先验概率的条件去选用。下面来推导似然函数的表达式。

设信号传输中引入的加性高斯噪声 $n(t)$ 的各抽样值具有独立同分布，即各抽样值相互独立，其一维幅度概率密度函数均为正态分布。因此，对于 $(0,T)$ 观察时间内的 k 个噪声抽样值 $n_1, n_2, \cdots n_k$ ，其多维联合概率密度函数为

$$
\begin{aligned}
f(n) &= f(n_1) f(n_2) \cdots f(n_k) \\
&= \frac{1}{(\sqrt{2\pi}\sigma_n)^k} \exp\left[-\frac{1}{2\sigma_n^2} \sum_{i=1}^{k} n_i^2 \right]
\end{aligned}
\tag{9.4.7}
$$

式中，噪声方差（即平均功率）为 σ_n^2 ，噪声均值为 0。

若限带信道的截止频率为 f_H ，理想抽样频率为 $2f_H$ ，则在 $(0,T)$ 时间内共有 $2f_H T$ 个抽样值，其平均功率为

$$
N_0 = \frac{1}{2f_H T} \sum_{i=1}^{k} n_i^2, \qquad k = 2f_H T
\tag{9.4.8}
$$

令抽样间隔 $\Delta t = \dfrac{1}{2f_H}$ ，若 $\Delta t \ll T$ ，则上式可近似用积分代替，有

$$
N_0 = \frac{1}{T} \sum_{i=1}^{k} n_i^2 \Delta t \approx \frac{1}{T} \int_0^T n^2(t)\mathrm{d}t
\tag{9.4.9}
$$

将式（9.4.9）代入式（9.4.7）中，得

$$
\begin{aligned}
f(n) &= \frac{1}{(\sqrt{2\pi}\sigma_n)^k} \exp\left[-\frac{2f_H}{2\sigma_n^2} \int_0^T n^2(t)\mathrm{d}t \right] \\
&= \frac{1}{(\sqrt{2\pi}\sigma_n)^k} \exp\left[-\frac{1}{n_0} \int_0^T n^2(t)\mathrm{d}t \right]
\end{aligned}
\tag{9.4.10}
$$

式中， $n_0 = \sigma_n^2 / f_H$ 为单边噪声功率谱密度。

接收信号 $y(t)$ 是发送信号 $s_i(t)$ 与噪声之和，有

$$
y(t) = n(t) + s_i(t) \qquad i = 1,2
\tag{9.4.11}
$$

由于 $n(t)$ 为高斯噪声，因此 $y(t)$ 可以看成是均值为 $s_i(t)$ 的正态分布。当发送信号为 $s_i(t)$ 时， $y(t)$ 的条件概率密度函数为

$$
f_{s_i}(x) = \frac{1}{(\sqrt{2\pi}\sigma_n)^k} \exp\left\{ -\frac{1}{n_0} \int_0^T \left[y(t) - s_i(t) \right]^2 \mathrm{d}t \right\}
\tag{9.4.12}
$$

9.4.2　恒参信道确知信号的最佳接收

如第 4 章所述，发送信号经信道（恒参信道或随参信道）到达接收机输入端的信号大致可分

为两大类，一类为确知信号，另一类为随机信号。这些信号就是从噪声中被检测的对象。我们经常遇到下列 3 种信号形式的最佳接收问题。

（1）确知信号。它是一个信号出现后，它的所有参数（幅度、频率、相位、到达时间等）都确知，如数字信号通过恒参信道时，则接收机输入端的信号可认为是一种确知信号。对于它，用检测观点来说，未知的只是信号出现与否。

（2）随机相位信号。它被认为是除相位 φ 外其余参数都确知的信号形式，也即 φ 是信号的唯一随机参数，它的随机性体现在一个数字信号持续时间（0，T）内为某一值，而在另一持续时间内随机地取另一值。随机相位信号在实际中是较常见的一种，如用键控法从独立振荡器那里得到的 FSK 或 ASK 信号，随机窄带信号经强限幅后的信号，通常的雷达接收信号等。通常假定 φ 在（0，2π）内均匀地分布。

（3）随机振幅和相位信号（简称起伏信号）。它的振幅 a 和相位 φ 都是随机参数，而其余参数是确知的，如一般衰落信号等。我们假定在时间（0，T）内 a 是服从瑞利分布的随机变量，而 φ 是服从均匀分布的随机变量。

这里限于篇幅，只着重讲解第（1）种信号形式最小差错概率准则的最佳接收。

设到达接收机输入端的两个可能确知信号为 $s_1(t)$ 和 $s_2(t)$，它们的持续时间为（0，T），且有相等的能量。接收机输入端的噪声 $n(t)$ 是高斯白噪声，且其均值为零，单边带功率谱密度为 n_0。现在我们的目的是要设计一个接收机，它能在噪声干扰下以最小的错误概率检测信号。

为了能以最小错误概率判定是 $s_1(t)$ 还是 $s_2(t)$ 到达接收机，我们只需按式（9.4.5）或式（9.4.6）的判决规则来进行判断。

因为在观察时间（0，T）内，观察到的波形 $y(t)$ 可表示为

$$y(t) = \{s_1(t) \text{或} s_2(t)\} + n(t) \tag{9.4.13}$$

概率密度 $f_{s_1}(y)$ 和 $f_{s_2}(y)$ 表达式见公式（9.4.12）。这样，由判决规则式（9.4.5）我们得到

若 $\quad P(s_1)\exp\left\{-\dfrac{1}{n_0}\displaystyle\int_0^T[y(t)-s_1(t)]^2\mathrm{d}t\right\} > P(s_2)\exp\left\{-\dfrac{1}{n_0}\displaystyle\int_0^T[y(t)-s_2(t)]^2\mathrm{d}t\right\}$ $\tag{9.4.14}$

则判为 s_1 出现，若

$$P(s_1)\exp\left\{-\frac{1}{n_0}\int_0^T[y(t)-s_1(t)]^2\mathrm{d}t\right\} < P(s_2)\exp\left\{-\frac{1}{n_0}\int_0^T[y(t)-s_2(t)]^2\mathrm{d}t\right\} \tag{9.4.15}$$

则判为 s_2 出现。这里 $P(s_1)$ 和 $P(s_2)$ 分别是 $s_1(t)$ 和 $s_2(t)$ 的先验概率。

下面再来化简不等式（9.4.14）。在不等式两边取对数，不等式仍然成立（因为对数函数是单调增函数）。于是，得到若

$$n_0\ln\frac{1}{P(s_1)} + \int_0^T[y(t)-s_1(t)]^2\mathrm{d}t < n_0\ln\frac{1}{P(s_2)} + \int_0^T[y(t)-s_2(t)]^2\mathrm{d}t \tag{9.4.16}$$

则判为 s_1 出现；若不等式符号相反，则判为 s_2 出现。再考虑到 $s_1(t)$ 和 $s_2(t)$ 具有相同的能量，即

$$\int_0^T s_1^2(t)\mathrm{d}t = \int_0^T s_2^2(t)\mathrm{d}t = E$$

则式（9.4.16）还可以化简为

$$U_1 + \int_0^T y(t)s_1(t)\mathrm{d}t > U_2 + \int_0^T y(t)s_2(t)\mathrm{d}t \tag{9.4.17}$$

则判为 s_1 出现；若不等式符号相反，则判为 s_2 出现。式中

$$\begin{cases} U_1 = \dfrac{n_0}{2}\ln P(s_1) \\ U_2 = \dfrac{n_0}{2}\ln P(s_2) \end{cases}$$

（9.4.18）

由不等式（9.4.17）给出的判决规则，就可得到二进制确知信号的最佳接收机结构，如图 9.7 所示。由图 9.7 可见，这种最佳接收机的结构是按比较 $y(t)$ 与 $s_1(t)$ 和 $s_2(t)$ 的相关性而构成的，故称图 9.7 所示的结构为"相关检测器"或"相关接收机"。

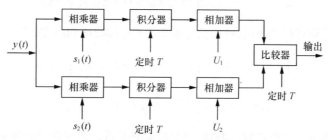

图 9.7 二进制确知信号的最佳接收机结构

如果先验概率 $P(s_1) = P(s_2)$，则有 $U_1 = U_2$，故图 9.7 中的相加器可以省掉，于是该图简化成如图 9.8 所示的结构。图 9.8 中的比较器是在时刻 $t = T$ 进行比较的，故可理解为是一个抽样判决电路。由其最佳接收机结构看到，完成相关运算的相关器是它的关键部件。

在 9.2 节中已经指明，匹配滤波器输出信号波形就是输入信号的自相关函数，见式（9.2.9）和式（9.2.10），可以把匹配滤波器看做一个相关器，因此，图 9.8 所示最佳接收机能够用图 9.9 替代。

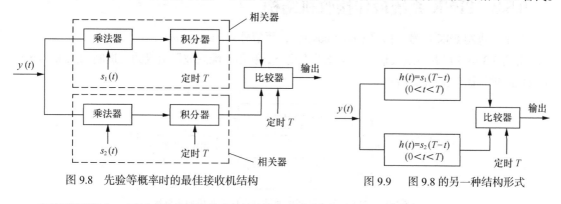

图 9.8 先验等概率时的最佳接收机结构　　　　图 9.9 图 9.8 的另一种结构形式

应该强调指出，无论是相关器形式的还是匹配滤波器形式的最佳接收机结构，它们的比较器都是在 $t = T$ 时刻才作出最后判决的。换句话说，即在每一个数字信号码元的结束时刻才给出最佳的判决结果。因此，判决时刻的任何偏离，都将直接影响接收机的最佳性能。当然，输出波形比接收波形延时了一个码元，这并不影响消息的传输。

9.5 二进制数字调制信号的最佳接收

9.5.1 2ASK 系统最佳接收机结构

对于二进制 ASK 信号，信号 $s_1(t) = 0$，而信号 $s_2(t) = \cos\omega_0 t$。

由图 9.3（a）可获得最大输出信噪比准则下，利用匹配滤波器组成的二进制 ASK 信号最佳接收机原理框图，如图 9.10 所示。

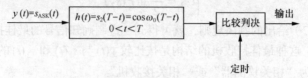

图 9.10　2ASK 系统的匹配滤波器最佳接收机原理框图

由式（9.3.4）化简可得二进制 ASK 信号最小均方差接收机判决准则为

$$\int_0^T y(t)s_2(t)\mathrm{d}t < \frac{1}{2}\int_0^T s_2{}^2(t)\mathrm{d}t = V_0 \text{，判为 } s_1(t)$$

$$\int_0^T y(t)s_2(t)\mathrm{d}t > \frac{1}{2}\int_0^T s_2{}^2(t)\mathrm{d}t = V_0 \text{，判为 } s_2(t)$$

按照上述最小均方差接收机判决准则，2ASK 最佳接收机原理框图如图 9.11 所示。

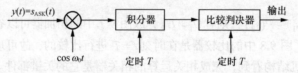

图 9.11　2ASK 系统的最小均方差最佳接收机原理框图

9.5.2　2FSK 系统最佳接收机结构

对于二进制 FSK 信号，信号 $s_1(t) = \cos\omega_2 t$，而信号 $s_2(t) = \cos\omega_1 t$。

由图 9.3（a）可获得最大输出信噪比的准则下，利用匹配滤波器组成的二进制 FSK 信号最佳接收机原理框图如图 9.12 所示。

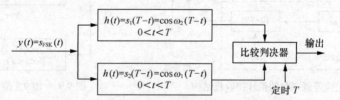

图 9.12　2FSK 系统的匹配滤波器最佳接收机原理框图

9.5.3　2PSK 系统最佳接收机结构

对于二进制 PSK 信号，信号 $s_1(t) = \cos\omega_0 t$，而信号 $s_2(t) = -s_1(t) = -\cos\omega_0 t$。如果先验概率 $P(s_1) = P(s_2)$，则有 $U_1 = U_2$，由式（9.4.17）化简可得二进制 PSK 信号最小差错概率接收机判决准则，即

$$\int_0^T y(t)s_1(t)\mathrm{d}t > 0 \text{，判为 } s_1(t)$$

$$\int_0^T y(t)s_1(t)\mathrm{d}t < 0 \text{，判为 } s_2(t)$$

按照上述最小差错概率接收机判决准则，2PSK 最佳接收机原理框图如图 9.13（a）所示，其各点的波形如图 9.13（b）所示。

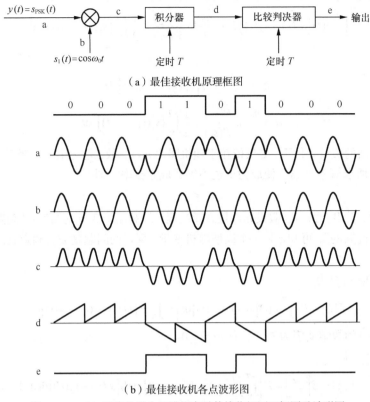

（a）最佳接收机原理框图

（b）最佳接收机各点波形图

图 9.13　2PSK 系统的最小差错概率最佳接收机原理框图及波形图

9.6　最佳接收机的性能及其潜力

9.6.1　最佳接收机的性能及其潜力

从前面的分析可知，3 种准则建立起来的接收机结构是极其相似的，性能也应该是相同的。下面来推导它们的性能，最终的误码率公式适用于每一种准则。

图 9.8 或图 9.9 所示的最佳接收机，是按最佳判决规则进行设计的，因而，它们有最小的错误概率。显然，这个"最小错误概率"即表征了最佳接收机的极限性能。

最佳接收机发生错误判决将有两种可能：$y(t)$ 确实包含着信号 $s_1(t)$，而最后却判为 s_2 出现；$y(t)$ 确实包含着信号 $s_2(t)$，而最后却判为 s_1 出现。设发送 $s_1(t)$ 条件下，判为出现 $s_2(t)$ 的概率为 $P_{s_1}(s_2)$；发送 $s_2(t)$ 条件下，判为出现 $s_1(t)$ 的概率为 $P_{s_2}(s_1)$。显然，这时的错误概率可由下式确定

$$P_e = P(s_1)P_{s_1}(s_2) + P(s_2)P_{s_2}(s_1) \tag{9.6.1}$$

因此，计算 P_e 的问题就归结为求 $P_{s_1}(s_2)$ 及 $P_{s_2}(s_1)$。由于 $P_{s_1}(s_2)$ 和 $P_{s_2}(s_1)$ 的求解方法相同，故下面将详细讨论其中之一 $P_{s_1}(s_2)$ 计算。

由上面分析可知，$P_{s_1}(s_2)$ 便是当 $y(t) = s_1(t) + n(t)$ 的条件下使判决规则式（9.4.15）成立的概

率。于是，将 $y(t) = s_1(t) + n(t)$ 代入到该不等式后便得到

$$\int_0^T n(t)\left[s_1(t) - s_2(t)\right]dt < \frac{n_0}{2}\ln\frac{P(s_2)}{P(s_1)} - \frac{1}{2}\int_0^T \left[s_1(t) - s_2(t)\right]^2 dt \qquad (9.6.2)$$

令

$$\xi = \int_0^T n(t)\left[s_1(t) - s_2(t)\right]dt \qquad (9.6.3)$$

及

$$a = \frac{n_0}{2}\ln\frac{P(s_2)}{P(s_1)} - \frac{1}{2}\int_0^T \left[s_1(t) - s_2(t)\right]^2 dt \qquad (9.6.4)$$

容易看出，在前面的假设条件下，ξ 仅依赖于随机噪声 $n(t)$，故 ξ 是一个随机变量，而 a 是一个确定的值。这样，所求概率 $P_{s_1}(s_2)$ 便成为下述不等式成立概率，即

$$\xi < a \qquad (9.6.5)$$

由式（9.6.3）看出，因为已假设 $n(t)$ 是高斯过程，故利用第 3 章的结论："高斯过程经线性变换后的过程仍为高斯的"，可知 ξ 是一个高斯随机变量。现在的问题是需要确定它的数学期望和方差。

ξ 的数学期望 $E[\xi]$ 为

$$E[\xi] = E\left\{\int_0^T n(t)\left[s_1(t) - s_2(t)\right]dt\right\} = \int_0^T E\left[n(t)\right]\left[s_1(t) - s_2(t)\right]dt$$

因为已知 $n(t)$ 的数学期望为零，故有 $E[\xi] = 0$。

ξ 的方差 $D[\xi]$ 为

$$\begin{aligned}D[\xi] = E\left[\xi^2\right] &= E\left\{\int_0^T\int_0^T n(t)\left[s_1(t)-s_2(t)\right]n(t')\left[s_1(t')-s_2(t')\right]dt\,dt'\right\} \\ &= \int_0^T\int_0^T E\left[n(t)n(t')\right]\left[s_1(t)-s_2(t)\right]\left[s_1(t')-s_2(t')\right]dt\,dt'\end{aligned} \qquad (9.6.6)$$

因为白噪声的自相关函数为

$$R(\tau) = E\left[n(t)n(t+\tau)\right] = \frac{n_0}{2}\delta(\tau)$$

故有

$$E\left[n(t)n(t')\right] = \begin{cases} \frac{n_0}{2}\delta(0) &, t = t' \\ 0 &, \quad\text{其他 } t \end{cases}$$

将上式代入式（9.6.6），可得

$$D[\xi] = \frac{n_0}{2}\int_0^T \left[s_1(t) - s_2(t)\right]^2 dt \qquad (9.6.7)$$

于是

$$P_{s_1}(s_2) = P(\xi < a) = \frac{1}{\sqrt{2\pi}\sigma_\xi}\int_{-\infty}^a e^{-\frac{x^2}{2\sigma_\xi^2}}dx \qquad (9.6.8)$$

式中

$$\sigma_\xi^2 = D[\xi]$$

利用同样的方法，可求得

$$P_{s_2}(s_1) = \frac{1}{\sqrt{2\pi}\sigma_\xi}\int_{a'}^{+\infty} e^{-\frac{x^2}{2\sigma_\xi^2}}dx \qquad (9.6.9)$$

式中
$$a' = \frac{n_0}{2} \ln \frac{P(s_2)}{P(s_1)} + \frac{1}{2} \int_0^T \left[s_1(t) - s_2(t) \right]^2 \mathrm{d}t \qquad (9.6.10)$$

将式（9.6.8）及式（9.6.9）代入式（9.6.1）可得到

$$p_e = \frac{P(s_1)}{\sqrt{2\pi} \sigma_\xi} \int_{-\infty}^a \mathrm{e}^{-\frac{x^2}{2\sigma_\xi^2}} \mathrm{d}x + \frac{P(s_2)}{\sqrt{2\pi} \sigma_\xi} \int_{a'}^{+\infty} \mathrm{e}^{-\frac{x^2}{2\sigma_\xi^2}} \mathrm{d}x \qquad (9.6.11)$$

由此看出，所求的最佳接收机的极限性能 P_e 与先验概率 $P(s_1)$ 和 $P(s_2)$、噪声功率谱密度 n_0 及两个信号之差的能量有关，而与 $s_1(t)$ 和 $s_2(t)$ 本身无关。

为了简化计算，令 $P(s_1) = P(s_2) = \frac{1}{2}$，有

$$a = -a' = -\frac{1}{2} \int_0^T \left[s_1(t) - s_2(t) \right]^2 \mathrm{d}t$$

则
$$P_e = \frac{1}{\sqrt{2\pi} \sigma_\xi} \int_{a'}^{+\infty} \mathrm{e}^{-\frac{x^2}{2\sigma_\xi^2}} \mathrm{d}x \qquad (9.6.12)$$

令
$$A = \frac{a'}{\sigma_\xi} = \sqrt{\frac{1}{2n_0} \int_0^T \left[s_1(t) - s_2(t) \right]^2 \mathrm{d}t} \qquad (9.6.13)$$

则有
$$P_e = \frac{1}{\sqrt{2\pi}} \int_A^{+\infty} \mathrm{e}^{-\frac{z^2}{2}} \mathrm{d}z \qquad (9.6.14)$$

式中
$$z = \frac{x}{\sigma_\xi}$$

令 $s_1(t)$ 和 $s_2(t)$ 在 $0 \leqslant t \leqslant T$ 内具有相等的能量 E。有

$$a' = E(1 - \rho)$$

$$\sigma_\xi^2 = D[\xi] = n_0(1 - \rho)E$$

式中，ρ 为信号 $s_1(t)$ 和 $s_2(t)$ 的互相关系数，其取值范围为（-1，1）。这时

$$A = \sqrt{\frac{E(1 - \rho)}{n_0}}$$

由式（9.6.14），则有

$$P_e = \frac{1}{2} \left[1 - \mathrm{erf} \left(\sqrt{\frac{E(1 - \rho)}{2n_0}} \right) \right] = \frac{1}{2} \mathrm{erfc} \left(\sqrt{\frac{E(1 - \rho)}{2n_0}} \right) \qquad (9.6.15)$$

如果 $P(s_1) \neq P(s_2)$，可以证明，误码率要略优于（9.6.15）式（见参考文献 1），所以，工程上都用等概率情况进行设计计算。式（9.6.15）表明，确知信号最佳接收机的性能与 ρ 有直接关系，当信号能量 E 和噪声 n_0 一定时，错误概率 P_e 是相关系数 ρ 的函数，当 $\rho = -1$ 时，P_e 有最小值。此值为

$$P_e = \frac{1}{2} \left[1 - \mathrm{erf} \left(\sqrt{\frac{E}{n_0}} \right) \right] = \frac{1}{2} \mathrm{erfc} \left(\sqrt{\frac{E}{n_0}} \right) \qquad (9.6.16)$$

当 $\rho = 1$ 时，P_e 有最大值，此值为

$$P_e = \frac{1}{2}$$

当 $\rho = 0$ 时，则 P_e 即为

$$P_e = \frac{1}{2}\left[1 - \text{erf}\left(\sqrt{\frac{E}{2n_0}}\right)\right] = \frac{1}{2}\text{erfc}\left(\sqrt{\frac{E}{2n_0}}\right) \qquad (9.6.17)$$

由此得到结论：二进制确知信号的最佳形式即为 $\rho = -1$ 的形式，使 ρ 愈接近于 1 的信号形式其接收性能就愈差，以致通信无效，因为 $P_e = \frac{1}{2}$ 就意味着判对和判错的可能性一样，故等于瞎猜的概率。使 $\rho = 0$ 的信号形式（两信号正交时的形式）将比 $\rho = -1$ 时在信噪比性能上差 3dB。

在数字通信中，二进制的 PSK 信号对应的 $\rho = -1$；二进制的 FSK 信号对应的 $\rho = 0$。因此，这两种信号最佳接收时的错误概率 P_e 分别如式（9.6.16）和式（9.6.17）所示。对于二进制 ASK 信号，信号 $s_1(t)$ 的能量为 0，信号 $s_2(t)$ 的能量为 E，则式（9.6.13）可为

$$A = \frac{a'}{\sigma_\xi} = \sqrt{\frac{E}{2n_0}}$$

将上式代入式（9.6.14），则有 ASK 信号最佳接收时的错误概率

$$P_e = \frac{1}{2}\left[1 - \text{erf}\left(\sqrt{\frac{E}{4n_0}}\right)\right] = \frac{1}{2}\text{erfc}\left(\sqrt{\frac{E}{4n_0}}\right) \quad (9.6.18)$$

根据式（9.6.16）、式（9.6.17）和式（9.6.18）画出 $P_e \sim E/n_0$ 关系曲线分别如图 9.14 中③、②、① 3 条曲线所示。于是，根据上面分析得知，在二进制确知信号通信中，PSK 信号是最佳形式之一，而 FSK 信号次之，ASK 信号最差。但要注意，说 PSK 信号形式是最佳的，并不意味着第 7 章中介绍的相应解调系统就是最佳的接收系统，因为那些解调系统并非是按最佳接收机的原理结构设计的。

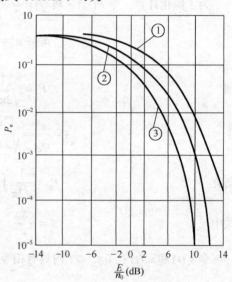

图 9.14　二进制调制信号的最佳接收性能曲线

9.6.2　最佳接收机与实际接收机的性能比较

在前面已经分析过实际数字调制系统的接收机的性能 P_e，现在将其与最佳接收机的性能进行比较，更进一步了解最佳接收机潜在的性能。

$$\text{对于相干PSK}\begin{cases} \text{实际接收系统} & P_e = \frac{1}{2}\text{erfc}\sqrt{r} \\[2mm] \text{最佳接收系统} & P_e = \frac{1}{2}\text{erfc}\sqrt{\frac{E}{n_0}} \end{cases}$$

$$\text{对于相干FSK}\begin{cases} \text{实际接收系统} & P_e = \frac{1}{2}\text{erfc}\sqrt{\frac{r}{2}} \\[2mm] \text{最佳接收系统} & P_e = \frac{1}{2}\text{erfc}\sqrt{\frac{E}{2n_0}} \end{cases}$$

$$\text{对于相干ASK}\begin{cases} \text{实际接收系统} & P_e = \frac{1}{2}\text{erfc}\sqrt{\frac{r}{4}} \\[2mm] \text{最佳接收系统} & P_e = \frac{1}{2}\text{erfc}\sqrt{\frac{E}{4n_0}} \end{cases}$$

这就是说,实际接收系统的 r ($r = \dfrac{S}{N}$, S 为信号功率, N 为噪声功率)与最佳接收系统的 E/n_0 相对应。

然而,公式形式的相同并不意味着有相同的接收性能。下面考察当接收机输入端加入相同的噪声 $n(t)$ 和数字信号 $s(t)$ 时 r 和 E/n_0 的相互关系,并假设 $n(t)$ 的单边功率谱密度为 n_0 , $s(t)$ 的持续时间为 T ,其能量为 E 。

当 $y(t) = s(t) + n(t)$ 加到实际接收系统时,总是首先要经过带通滤波,然后进行信号检测。因此,实际接收系统的信噪比 r 直接与带通滤波器的特性有关,在以前的分析中,我们均认为带通滤波器能使信号顺利通过,并仅使得通带内的噪声输出。于是,信噪比 r 即为 $s(t)$ 的平均功率与带通滤波器输出的噪声功率之比,设滤波器的等效矩形带宽为 B ,则信噪比 r 可表示为

$$r = \frac{S}{N} = \frac{S}{n_0 B} \tag{9.6.19}$$

对于最佳接收机而言,在同样的 $y(t)$ 下,其性能与 $\dfrac{E}{n_0}$ 有关,并且,由于 $E = ST$,故 $\dfrac{E}{n_0}$ 还可表示为

$$\frac{E}{n_0} = \frac{ST}{n_0} = \frac{S}{n_0 \left(\dfrac{1}{T}\right)} \tag{9.6.20}$$

正如前面说过,实际接收系统和最佳接收系统,其性能表示式在形式上是相同的,因而如果式(9.6.19)和式(9.6.20)相等,则将表明以上两种系统具有完全相同的性能。显然,这时就要求式(9.6.21)成立,即

$$B = \frac{1}{T} \tag{9.6.21}$$

可是, $1/T$ 是基带数字信号的重复频率。对于矩形的基带信号而言, $1/T$ 便是其频谱的第一个零点处。因此,倘若带通滤波器的带宽 $B=1/T$,则必然会使信号造成严重失真,这就与原假设"使信号顺利通过"相矛盾。这表明,实际系统所需的滤波器带宽 B 应满足

$$B > \frac{1}{T} \tag{9.6.22}$$

例如,对于二进制 ASK、PSK 信号来说,调制信号的带宽至少是基带信号带宽的两倍。因而,为使信号通过带通滤波器失真很小,如让第 2 个零点之内的基带信号频谱成分通过,则所需的带通滤波器宽 B 约为 $4/T$ 。此时,为了获得相同的系统性能,实际接收系统的信噪比将要比最佳接收系统的增加 6dB。

上述分析表明,由于实际的带通滤波器带宽 B 总是大于 $1/T$,故在同样的输入条件下,实际接收系统的性能总是比最佳接收系统的差。这个差值,将取决于 B 与 $1/T$ 的比值。

习　题　9

9.1　在功率谱密度为 $n_0/2$ 的白噪声下,设计一个如题图 9.1 所示 $f(t)$ 的匹配滤波器。

(1)如何确定最大输出信噪比的时刻?

(2)求匹配滤波器的冲激响应和输出波形,并绘出图形。

（3）求最大输出信噪比的值。

9.2 在题图 9.2（a）中，设系统输入 $s(t)$ 及 $h_1(t)$、$h_2(t)$ 分别如题图 9.2（b）所示，试绘图解出 $h_1(t)$ 及 $h_2(t)$ 的输出波形，并说明 $h_1(t)$ 及 $h_2(t)$ 是否是 $s(t)$ 的匹配滤波器。

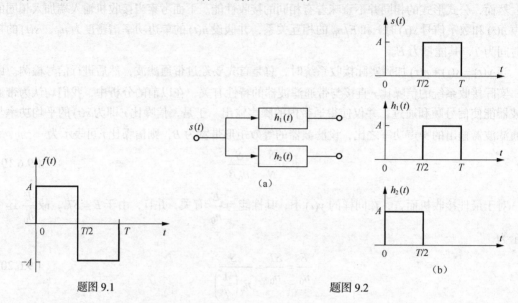

题图 9.1   题图 9.2

9.3 设到达接收机输入端的二进制信号码元 $s_1(t)$ 及 $s_2(t)$ 的波形如题图 9.3 所示，输入高斯噪声功率谱密度为 $n_0/2$（W/Hz）。

（1）画出匹配滤波器形式的最佳接收机结构。

（2）确定匹配滤波器的单位冲激响应及可能的输出波形。

（3）求系统的误码率。

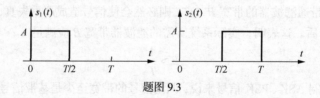

题图 9.3

9.4 将习题 9.3 中 $s_1(t)$ 及 $s_2(t)$ 改为如题图 9.4 所示的波形，试重做上题。

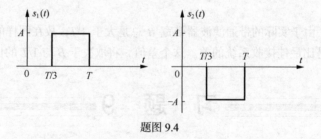

题图 9.4

9.5 画出 2PSK 最佳接收机框图，并画出各点波形。

9.6 试构成先验等概率的二进制确知 ASK 信号的最佳接收机结构，若非零信号的码元能量为 E 时，求出该系统的抗高斯白噪声的性能。

9.7　设二进制 FSK 信号为

$$\begin{cases} s_1(t) = A\sin\omega_1 t, & 0 \leqslant t \leqslant T_s \\ s_2(t) = A\sin\omega_2 t, & 0 \leqslant t \leqslant T_s \end{cases}$$

且 $\omega_1 = \dfrac{4\pi}{T_s}$、$\omega_2 = 2\omega_1$、$s_1(t)$ 与 $s_2(t)$ 等概率出现。

（1）构成相关检测器形式的最佳接收机结构。

（2）画出各点可能的工作波形。

（3）若接收输入高斯噪声功率谱密度为 $n_0/2$（W/Hz），试求系统的误码率。

9.8　已知二进制先验等概率 FSK 信号的最佳接收机，其输入信号能量 E 与噪声单边带功率谱密度 n_0 之比为 14dB，试求其误码率。

9.9　已知二进制先验等概率 PSK 信号最佳接收机，其输入信号能量 E 与噪声单边带功率谱密度 n_0 之比为 9dB，试求其误码率。

第10章
信道复用和多址方式

10.1 引　言

一般来说，每个被传输的信号所占用的带宽远小于信道带宽。一个信道同时只传送一个信号是资源的浪费，但又不能直接同时传送多个占据相同频带宽度的信号，因为这将引起信号混叠，使得接收端无法恢复各个信号。为了提高信道利用率，提出了信道复用，对通信线路进行多路利用，即将若干个彼此独立的信号合并为一个可在同一信道上传输的复合信号。常用的复用方式有频分复用、时分复用和码分复用等。

在早期的无线通信中以点对点通信为主。而在有线交换网中，多用户间相互通信是采用交换技术解决的。但随着卫星通信系统、移动通信系统和计算机通信网等新的通信系统的发展，通信台、站的位置分布面很广，甚至为立体空间分布，而且它们的位置还可能在大范围内随时移动。因此，需采用多址方式实现任意点、任意时间与任意对象的信息交换。

多址方式的典型应用是卫星通信。这时，多址连接是指多个地球站通过共同的卫星同时建立各自的信道，从而实现各地球站之间通信的一种方式。虽然多址连接与多路复用是两个不同的概念，但也有相似之处，因为两者都是研究和解决信道复用问题。它们在通信过程中都包括多个信号的复合、复合信号在信道上的传输以及信号的分离3个过程。不过，多路复用是指多个信号在基带信道上进行复合和分离，信号来自话路，所以区分信号和区分话路是一致的。而多址连接则是指多个地球站发射的信号通过卫星在射频信道上的复用，信号来自不同的站址，因此，区分信号与区分地址是一致的。应当指出，当一个站只发射一个射频载波（或一个射频分帧）时，多址的概念是清楚的。但是，如果一个站发射几个射频载波（或几个射频分帧），而关心的是区分不同的射频载波或分帧时，区分信号与区分地址就不完全一致了。因此，多址连接有时也称为多元连接。

需要指出，在地面蜂窝移动通信系统中是以信道来区分通信对象的。一个信道只容纳一个用户进行通话。许多同时通信的用户相互以信道来区分，这是信道区分技术，即为多址技术。

10.2　频分复用及多级调制

在频分复用（FDM）中需将多路信号预先调制到不同的频率位置上，再送入同一信道传输。

因此，频分复用信号在频谱上不会重叠，但在时间上是重叠的，即可以同时发送。频分复用的理论基础是调制定理。

10.2.1　频分多路复用

图 10.1 所示为频分多路系统的组成方框图。由图可见，复用信号共有 n 路，每路信号首先通过低通滤波器，以限制每路信号的最高频率 f_{m}。为简单起见，这里假定各路的 f_{m} 都相等，如音频信号的最高频率均设为 3 400Hz。然后各路信号通过载波频率不同的调制器，调制方式可以任意选择，但最常用的是单边带调制。这里的调制器由相乘器和边带滤波器构成。在选择载频时，应考虑边带频谱的宽度。

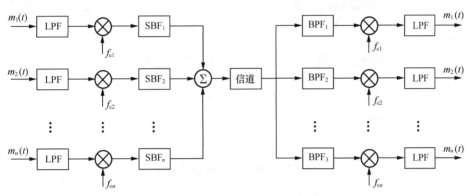

图 10.1　频分多路系统的组成方框图

同时，为了防止邻路信号之间相互干扰，还应留有一定的防护频带，即

$$f_{\mathrm{c}(i+1)} = f_{\mathrm{c}(i)} + (f_{\mathrm{m}} + f_{\mathrm{g}}) \qquad i = 1, 2, \cdots, n \qquad (10.2.1)$$

式中，$f_{\mathrm{c}(i)}$ 和 $f_{\mathrm{c}(i+1)}$ 为第 i 路和第 $(i+1)$ 路的载波的载频；f_{m} 为各路信号的最高频率，f_{g} 为邻路间隔防护频带。

经过单边带调制后的各路信号在频谱位置上已被分开。因此，可以通过加法器将它们合并成适合在信道内传输的复用信号，其频谱组成如图 10.2 所示。复用后 n 路信号的频谱结构可能不同，但均占用相同的带宽。n 路单边带信号的复用带宽为

$$B = nf_{\mathrm{m}} + (n-1)f_{\mathrm{g}} = f_{\mathrm{m}} + (n-1)(f_{\mathrm{m}} + f_{\mathrm{g}}) \qquad (10.2.2)$$

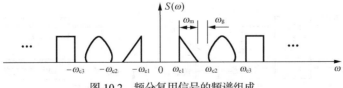

图 10.2　频分复用信号的频谱组成

在接收端，利用相应的带通滤波器可分离出各路信号，然后通过各自的相干解调器恢复出各路原始信号。

频分复用系统的优点是信道利用率高，容许复用的路数多，同时分路也很方便。它是目前模拟通信中采用的最主要的一种复用方式。例如，无线电广播、电视广播、有线和微波通信都广泛采用频分复用方法。频分复用的缺点是设备复杂，若信道存在非线性时，会产生路间干扰。

10.2.2 多级调制

所谓多级调制，通常是指对同一基带信号进行两次或更多次的调制过程。这时所采用的调制方式可以相同，也可以不同。若采用的调制方式不同则为复合调制。

图 10.3 所示为一个频分复用系统多级调制的例子。ω_{1i} 是第 1 次调制设置的载波频率，而 ω_2 则是第 2 次调制的载频。图 10.3 中，对第 1 路来说，第 1 次采用 SSB 调制方式，第 2 次也采用 SSB 调制方式，一般记为 SSB/SSB。在实际的通信系统中，常见的多级调制还有 SSB/FM、FM/FM 等。例如，频分多路微波通信系统中的多级调制方式，便是采用 SSB/FM 方式。

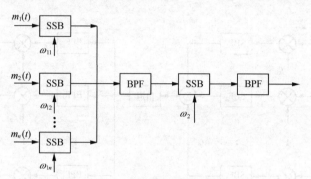

图 10.3 SSB/FM 多级调制方框图

10.3 时 分 复 用

在脉冲调制中，信号脉冲只占用有限的时间间隔。如果利用脉冲之间的间隔传输其他路信号脉冲，将多路脉冲在时间轴上互不重叠的穿插排列就可以在同一条公共信道上进行传输。这种按照一定时间次序依次循环地传输各路消息以实现多路通信的方式叫做时分多路复用。需要注意的是，时分复用（TDM）时各路信号在时域上是分离的，但在频域上各路信号的频谱是重叠的。

下面以图 10.4 所示的时分复用系统原理框图来说明 n 路 PAM 信号时分复用原理。

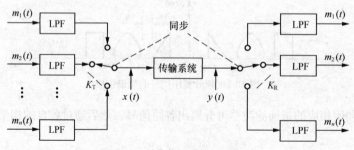

图 10.4 时分复用系统原理框图

各路输入信号分别通过各自的低通滤波器后变为带限信号，然后送至旋转开关对输入信号进行抽样，获得每路的 PAM 信号。称该抽样开关将各路信号依次抽样一次的时间为帧长，用 T_s 表示，则 n 路 PAM 信号时分复用系统的信号波形如图 10.5 所示。其中 $\tau = \tau_m + \tau_g$，τ_m 为抽样脉冲宽度，τ_g 为防护时隙，用来避免各路抽样脉冲的相互重叠。

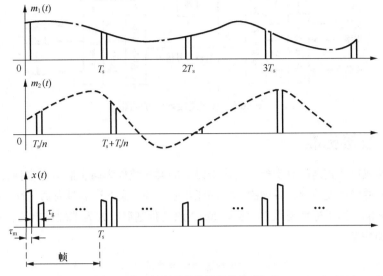

图 10.5　时分复用系统波形

在接收端，用一个与发送端同步的定时电路控制转换开关，区分不同路的信号，把各路信号的抽样脉冲序列分离出来，再通过低通滤波器恢复出各路信号。

上面时分多路系统中的合成信号是 PAM 多路信号，它也可以是已量化和编码的多路 PCM 信号和 ΔM（DM）信号。PCM 电话系统就是时分多路 PCM 系统的一种最重要的应用。

10.4　数字复接技术

由于数字通信的业务种类越来越多（包括电话、数据、电视、图像、传真等），业务量也越来越大，推动了数字通信网的发展。在通信网运行时，为了扩大传输容量和提高传输效率，需要把若干个中低速数字信号合并成一个高速信号，再通过高速信道传输，传到终端再分离还原为各个中低速数字信号。数字复接是实现这种数字信号合并与分离的专门技术。

需要指出的是，时分复用和数字复接具有相同的本质，它们的区别在于，对于数字复接设备，参与处理和处理后的信号都是数字的，而时分复用设备则没有此限制。数字复接是一种时分复用，它是构成通信网的基础。

10.4.1　数字复接设备的构成

所谓数字复接就是将两个或两个以上低速（它们的速率可以不等）的数字流合并成单一的较高速率数字流的处理技术。实现这种技术的设备称数字复接设备。数字复接系统由数字复接器和数字分接器组成。如图 10.6 所示，数字复接器是把两个或两个以上的支路（低次群）按时分复用方式合并成一个单一的高次群。它由定时、码速调整和复接单元等组成。数字分接器的功能是把已合路的高次群数字信号分解为原来的低次群数字信号，它由同步、定时、码速恢复等单元组成。

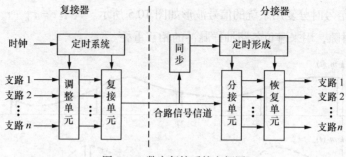

图 10.6 数字复接系统方框图

10.4.2 复接标准

将基群复合成速率较高的高次群（二次群以上的群次统称为高次群）有多种方法，为了使国际范围内的数字通信网能兼容，各国制式之间能互通，各厂家的产品具有通用性，CCITT 建议了各次群的复接标准。这个标准是以 24 路和 30/32 路两种基群制式为基础提出的。表 10.1 列出了各次群的关系和特点。

表 10.1　　　　　　　　　　　　　　PCM 数字复接系列

制　式	级　别	标称电路	数码率 Mbit/s	备　注	
PCM 30/32	基群	30	2.048	32 × 64	（kbit/s）
	二次群	120	8.448	4 × 2048+256	（kbit/s）
	三次群	480	34.268	4 × 8448+572	（kbit/s）
	四次群	1920	139.264	4 × 34368+1792	（kbit/s）
	五次群	7680	564.990	4 × 139264+7936	（kbit/s）
PCM 24	基群	24	1.544	24 × 64+8	（kbit/s）
	二次群	96	6.312	4 × 1544+136	（kbit/s）
	三次群	480（日）	32.064	5 × 6312+504	（kbit/s）
		672（美）	44.736	7 × 6312+552	（kbit/s）

10.4.3 复接方式

在复接过程中，按各支路信号的交织情况来分，有 3 种方式。

（1）位复接。该方式是按复接支路的顺序，每次只复接一位码，如图 10.7 所示，依次轮流循环往复，使各支路依次一位一位地复接为一个合路信号，复接后的数码率提高，但码元宽度降低。支路信号是源源不断而来的，当未轮到某码元复接时，必须先将其存储起来等待复接，这样，在复接设备中就需要有缓冲存储器。由于是逐位复接，循环周期不长，需要的存储器容量不大。逐位复接设备简单，只需要小容量的存储器，极易实现，是目前用得较多的复接方法。但是任一话路的每个 8bit 码字都被分割传输，在数字交换时非常不利，只有恢复成基群后才能进行数字交换，否则交换电路将太复杂。

（2）字复接。这种方式是每次复接某支路的一个码字，如基群的一个 8bit 码字。轮流复接每个支路，依次进行，如同位复接，只是每次复接的是一个包含几个比特的码字，因此循环周期较长，需要容量较大的缓冲存储器，但是信息集中，便于交换处理。

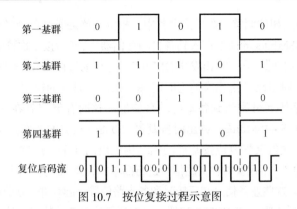

图 10.7　按位复接过程示意图

（3）帧复接。这种方式是以复接支路的一个帧为单位进行复接，其过程同前两种一样，只是每次参与复接的是包含有若干个码字的一个帧，因此循环周期更长，需要容量很大的缓冲存储器，目前较少应用。它的优点是不破坏原支路的帧结构，有利于交换和信息处理。现在的程控数字交换机基本上是以基群帧结构为基础进行的。

另外，按照参加复接的基群的数码率与本机相应的定时关系又可分为以下两类。

① 同步复接：复接基群的定时系统由统一的时钟源来控制。这时，它们具有相同的数码率，只是在进入复接设备时有可能相位不同（因每个基群的传输距离和线路参数的差异所致）。我们把具有相同数码率的基群复接称为同步复接。

② 异步复接：参加复接的各个基群的时钟源是相互独立的，它们到达复接端数码率不可能完全相同。按基群定时系统的标准，它们之间允许有近 200bit/s 的误差。我们把数码率不同的基群复接称为异步复接。

由上所述，基群复接时，不但要考虑复接是以位复接、字复接还是帧复接，而且还要顾及同步复接和异步复接两种类型。下面仅就目前已被采用的几种复接方法和结构进行讨论。

10.4.4　同步复接

在同步复接中，由于各基群具有完全相同的数码率，所以在复接时只要将不同基群的数字码元调整到不同的相位上，然后合并在一起发送。图 10.8 所示为 4 个基群复接成二次群的同步复接原理框图。

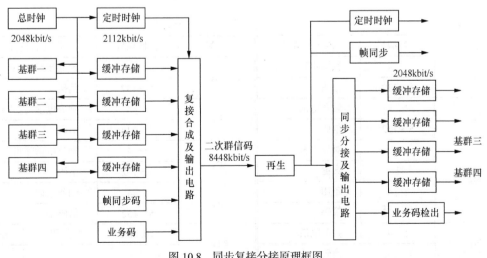

图 10.8　同步复接分接原理框图

在同步复接时主要是相位调整。在复接设备中，相位调整是通过存储器来完成调整的。也就是说每个基群都按着 2.048Mbit/s 的速率存入到各自的存储器中，然后按二次群的结构在规定的时刻将相应话路（即相应基群）的数字码元取出发往输出电路，这样通过存和取的时间差异完成了相位调整。

接收时，先由各定时电路产生相应的定时时标。在定时时标的控制下，分接设备按发送端的帧结构将各基群的数字码元分别送到各基群的存储器。这时存储器处在一种快写慢读的状态，写入时按二次群数码率 8.448Mbit/s，读出时按基群 2.048Mbit/s 的速率。这样，通过存储器的缓冲作用，接收端就把二次群又恢复成按基群的帧结构输出的 4 个一次群。

在实际的复接系统中，不仅要对各支路信号进行简单的合路和分路，而且还要传送帧同步信号、信令、勤务数字信号等。这些业务信号在复接时和各支路信号一起合并，在分接时，随同各支路信号分离。这些信号码如何插入呢？按 CCITT 建议，二次群复接设备的数码率是 8.448Mbit/s，而每个基群的数码率为 2.048Mbit/s，4 个基群的数码率为 4×2.048=8.192Mbit/s，则可插入 8.448-8.192=256kbit/s。相当于每个基群可插入 256÷4=64kbit/s，则每个基群插入后均变为 2048+64=2112kbit/s。

这些插入码既可以集中插入，也可以分散插入。分散插入时，每次插入的码较少，信息存储时间较短，所需存储量就可以少些；集中插入时，帧同步信号可以集中在一起，可使同步建立的时间短一些，但需较大容量的存储器。综合以上两种方法，目前多采用折中方法——分段插入法。这样缓冲存储器容量小，同步建立时间短。

对于 PCM30/32 路基群，其帧周期为 125μs，每帧为 256bit。CCITT 推荐的供数字交换用的二次群，其帧周期也为 125μs，一帧内的码元数为 $125×10^{-6}×8\,448×10^{-3}=1\,056$bit。可插入 1 056-（256×4）=32bit。按分段插入法，这 32bit 分别插入二次群帧的 8 段内，每段插 4bit。按照此方法的二次群帧结构如图 10.9 所示。一帧分 8 段（$N_1N_2\cdots N_8$），每段的前 4 位插入 4 个非信息码，余下的 4×32=128 个码元是信息码，即在复接中先复接 4 个非信息码，再按一定方式复接 128 个信息码，依段进行，各段插入码的用途如表 10.2 所示。

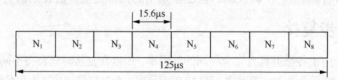

图 10.9 二次群同步按位复接帧结构示意图

表 10.2 二次群同步按位复接帧内各比特情况

段落	比特编号	各比特情况	段落	比特编号	各比特情况	
N_1	1～4	帧同步码 1101	N_5	1～4	帧同步码 0010	
	5～132	信码		5～132	信码	
N_2	1～4	勤务电话	N_6	1～4	勤务电话	
	5～132	信码		5～132	信码	
N_3	1	对局告警	N_7	1～4	勤务电话呼叫码	
	2	数据		5～132	信码	
	3～4	备用	N_8	1～4	勤务电话	
	5～132	信码		5～132	信码	
N_4	1～4	勤务电话	帧长	1056bit	附加码元	32bit
	5～132	信码				

对于 2.048Mbit/s 速率系列，CCITT 共推荐了 7 种同步复接设备，其中 5 种（G732、G73A、G73B、G73C、G734）是基群同步复接器，另两种（G744、G746）是二次群数字复接器。

5 种基群同步复接设备的帧结构是统一的，如图 10.10 所示。每个基群的帧频为 8kHz，每帧有 32 个时隙，每个时隙为 8bit，共计每帧 256bit。TS_0 时隙传送帧同步码，采用隔帧定位的方法，即偶帧传帧同步码（0011011），奇帧传监督码，TS_{16} 时隙传信令码，当采用随路信令时，由 16 个基本帧构成一个复帧。复帧中的每个基本帧的 TS_{16} 传送信令。其中 F_0 的 TS_{16} 传复帧定位（0000）和报警，其余 15 个的 TS_{16} 分别传送 30 路信令，其中每个 TS_{16} 时隙的 8bit 中前 4bit 传一路信令，后 4bit 传一路信令。

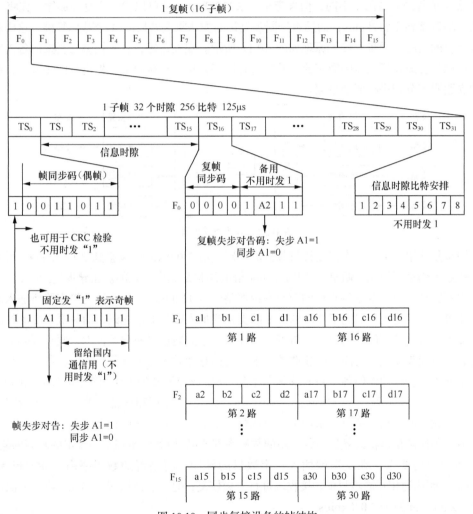

图 10.10 同步复接设备的帧结构

CCITT 现已推荐的同步复接都是以 PCM 字复接为基础的，即是以建议 G732 的帧结构为基础的，其他同步复接帧结构都与此高度统一并兼容。同步复接有着广阔的研究余地和发展前景。特别是同步数字系列（SDH）的出现和研究发展，给同步复接赋予了全新的观点和活力。

10.4.5 异步复接

同步复接的复用效率高，插入码都有用途，在复接中几乎不存在相位抖动等复接损伤。但是，同步复接需采用网同步技术，而在短时间内建立网同步并非易事。采用异步复接时参与复接的各支路码流时钟与本机时钟相位关系可以不受任何限制。但是，大多数情况下都是以同一标准速率出现的，并限制在一定的容差范围内，即是一种准同步状态。对准同步复接无须提供特殊的环境条件，在某些具体应用条件下，如远程传输网中的高次群复接，采用准同步复接技术既简单又经济。

现以二次群复接为例，构成二次群的 4 个基群若不使用同一个时钟，虽然它们有相同的标准速率（2 048kbit/s），但由于它们的时钟源是相互独立的，并允许这些时钟有±100bit/s 的偏差，因此，被复接的 4 个基群的数码率不相等是完全可能的。很显然，对于异步的 4 个基群复接就不能只作简单的相位调整后就直接进行复合，否则便会出现重叠和错位现象。

虽然 4 个基群的数码率不同，但肯定小于 2 112kbit/s，就可以像同步复接那样，先将 4 个基群的数码率调整到 2 112kbit/s，而后再按同步复接的方法将调整后的 4 个基群复接，这样就可达到异步复接的目的。异步复接的原理如图 10.11 所示。在发送端，首先把参与复接的各支路码流通过码速调整变成相互同步的数字流，然后进行同步复接；在接收端，先进行同步分离，再把各同步的支路码流分别进行码速恢复。

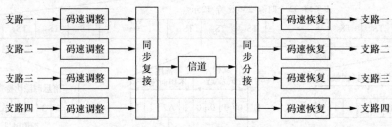

图 10.11　异步复接原理

在同步复接中，为了二次群复接将基群的数码率由 2 048kbit/s 调整到 2 112kbit/s，可人为地加入一些业务码进行填充（调整），但对 4 个基群的调整是完全一致的。在异步复接中，4 个基群的数码率不完全一致，要是将它们的数码率都调整到 2 112kbit/s，每个被复接支路所加入的填充码将不相等。也就是说，对高于 2 048kbit/s 的支路要加入较少的填充码，而对低于 2 048kbit/s 的支路要加入较多的填充码。由以上分析可知，异步复接需通过码速调整技术为同步复接提供同步环境而后进行同步复接。目前，码速调整技术（也称脉冲插入法）就是人为地在各个待复接的支路信号中插入一些脉冲而使各支路的数码率完全一致。码速调整的方法很多，可分为正码速调整，正/负码速调整和正/负码、零码速调整，其中正码速调整的原理和设备简单，技术比较完善，其应用广泛。我国的复接设备也多采用正码速调整，本节主要介绍正码速调整。

所谓正码速调整是将被复接的各支路的数码率都调高,使其同步到某一规定的较高的码速上。例如，按一定的要求，在发送端插入一定数目的脉冲，将基群的数码率由 2 048kbit/s 调到 2 112kbit/s，而达到相互同步目的。接收端进行码速恢复，通过去掉插入的码元，将各一次群的速率由 2 112kbit/s 还原为 2 048kbit/s。

采用正码速调整的复接过程如图 10.12 所示。

图 10.12 中每一个参与复接的支路码流都先经过一个单独的码速调整装置，把标称数码率相同瞬时数码率不同的码流（即准同步码流）变换成同步码流，然后进行复接。码速调整装置的主体是一个缓冲存储器，此外，还有一些必要的控制电路。支路信码在写入脉冲的控制下逐位写入缓存器，写入脉冲的频率与输入支路的数码率相同，为 f_1，支路信码在读出脉冲的控制下从缓存器逐位读出。读出脉冲的频率即为码速调整后支路的数码率 f_m，缓存器支路信码的输出速率 $f_m >$ 输入速率 f_1，正码速调整因此得名。

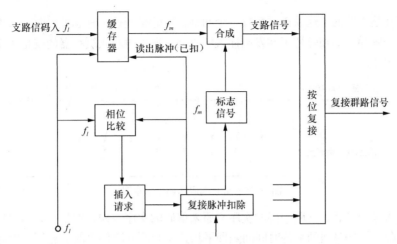

图 10.12　复接端正码速调整框图

由于 $f_m > f_l$，所以缓冲存储器处于快读慢写的状态，无论缓冲存储器有多大的容量，如果不采取措施，缓冲存储器的内容迟早将被读空。为解决这个问题，电路设计使缓存器尚未取空而快要取空时，就使它停读一次，插入一个脉冲。具体过程如图 10.13 所示。

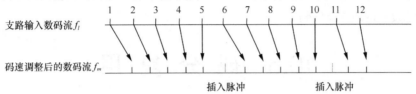

图 10.13　复接端正码速调整示意图

从图 10.13 中可以看出，输入信码是在写入脉冲的控制下以 f_l 的速率写入缓存器，而在读出脉冲的控制下以 f_m 的速率读出。第一个脉冲经过一段时间后读出，由于读出速度比写入速度快，写入与读出的相位差越来越小，到第 6 个脉冲到来时，f_m 定时脉冲与 f_l 定时脉冲几乎同时出现或 f_m 定时脉冲比 f_l 定时脉冲超前出现，这样就会出现没有写入却要求读出信息的情况，从而造成取空现象。为了防止"取空"，此时就插入一个脉冲指令，它一方面停止读出一次，同时在此瞬间插入一个脉冲（一个码元），如图 10.13 中虚线位置所示。插入脉冲的插入与否根据缓冲存储器的存储状态决定，并由插入脉冲控制电路来完成。

采用正码速调整的分接端码速调整框图如图 10.14 所示。

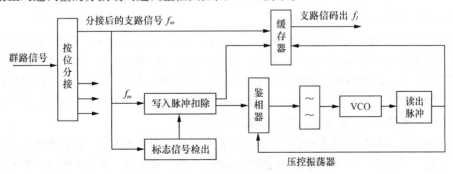

图 10.14　分接端正码速调整框图

在接收端，分接器先把高次群总信码进行分接，分接后的各支路信号分别输入到各自的缓存器。当需要去掉发送端插入的插入脉冲时，应通过写入脉冲扣除电路，如图 10.15 所示，即原虚线的位置，现在是空着的。这就需要解释一个问题，实际是当检出标志信号时，写入脉冲在规定位置扣除这一个脉冲，即扣除掉了在发端插入的码元，所以再写入缓存器的就是扣除插入码元之后的支路信息码流。

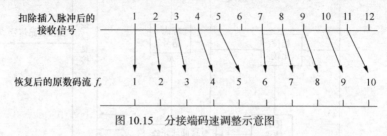

图 10.15　分接端码速调整示意图

扣除了插入脉冲以后，支路信码的次序与原来信码的次序一样，但是在时间间隔上是不均匀的，中间有空隙，但长时间的平均时间间隔即平均速率与原支路信码的 f_l 相同，因此，在接收端要恢复为原支路信码，必须从图 10.13 扣除插入脉冲后的接收信号的波形中提取 f_l 时钟。脉冲间隔均匀化的任务是由锁相环完成的。鉴相器的输入端接入写入脉冲 f_m 和读出脉冲 f_l，由鉴相器检出它们之间的相位差并转化成电压波形，经低通滤波平滑后，再经直流放大器去控制 VCO 的频率，得到一个频率等于 f_l 的平滑的读出脉冲。由它控制缓存器支路信码的读出，缓存器输出的支路信码即为恢复后的原支路信码。

10.5　码 分 复 用

10.5.1　概念

所谓码分复用（CDM）是指发送端信号占用相同的频带，在同一时间发送，不同的是各信号被分配不同的特征码（地址码），在接收端通过对其特征码的识别来区分不同的信号。CDM 是基于扩频通信的一种应用。扩展频谱（简称扩频）通信技术是一种信息传输方式。其系统占用频带宽度远远大于要传输的原始信号带宽，且与原始信号带宽无关。在发送端，信号频带的展宽是通过编码及调制（扩频）的方法实现的。在接收端，则采用与发送端完全相同的扩频码进行相关解调（解扩）来恢复原数据信息。

设 W 代表系统占用带宽，B 代表信息带宽，一般认为 W 是 B 的 1～2 倍为窄带通信，50 倍以上为宽带通信，100 倍以上为扩频通信。

扩频通信的理论基础来源于信息论和抗干扰理论。由香农公式可知：对于给定的信道容量 C 可以用不同的带宽 B 和信噪比 S/N 组合传输，也就是说，当信噪比太小，不能保证通信质量时，通常采用宽带系统，即增加系统带宽（展宽频谱），以改善通信质量。扩频通信就是将信息信号的频谱扩展 100 倍以上，然后进行传输，从而提高了通信系统的抗干扰能力，使之在强干扰情况下（甚至在信号被噪声淹没的情况下）仍然能保持可靠的通信。

图 10.16 所示为扩频通信系统模型。这里发送端简化为调制和扩频，接收端简化为解扩和解调。此外，收、发两侧还有两个完全相同的伪随机码（PN）发生器。正常工作时，要求接收端产生的 PN 码序列必须与接收信号中包含的 PN 码序列精确同步。为此，通常在传输信息之前，发送一个固定的伪随机比特图案来达到同步，该图案即使存在干扰，接收端也能以很高的概率识别出来，当两端伪码发生器的同步建立以后，信息即可开始传输。

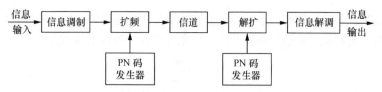

图 10.16　扩频通信系统模型

　　扩频通信系统抗干扰的基本原理可由图 10.17 所示的调制和解调的频谱转换图加以说明。信息速率（速率 R_i）经过信息调制后输出的是窄带信号（见图 10.17（a）），经过扩频调制（加扩）后频谱被展宽（见图 10.17（b），其中 $R_c > R_i$，R_c 为扩频码速率），经信道传输后，在接收机的输入端输入信号中含有干扰信号，其功率谱如图 10.17（c）所示，经过扩频解调（解扩）后有用信号变成窄带信号，而干扰信号变成宽带信号（见图 10.17（d）），再通过窄带滤波器滤除有用信号带外的干扰信号（见图 10.17（e）），从而降低了干扰信号的强度，改善了信噪比。

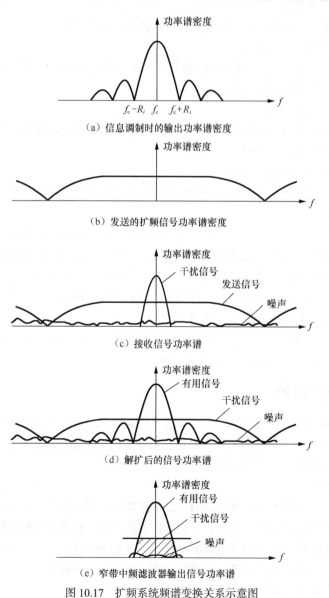

（a）信息调制时的输出功率谱密度

（b）发送的扩频信号功率谱密度

（c）接收信号功率谱

（d）解扩后的信号功率谱

（e）窄带中频滤波器输出信号功率谱

图 10.17　扩频系统频谱变换关系示意图

理论分析表明，各种扩频通信系统的抗干扰性能大体上都和扩频信号的带宽与所传信息带宽之比成正比关系。我们把扩频信号带宽与信息带宽之比称为处理增益 G_p，即

$$G_p = \frac{W}{B} \tag{10.5.1}$$

它表示扩频通信系统信噪比改善的程度，是扩频通信系统一个重要的性能指标。

扩频通信的另一个性能指标是干扰容限。干扰容限是指在保证系统正常工作的条件下（保证一定的输出信噪比），接收机输入端能承受的干扰信号比有用信号高出的分贝数（dB）。其数学表达式为

$$M_g = G_p - [L_s + (S/N)_o] \quad \text{(dB)} \tag{10.5.2}$$

式中，M_g 为干扰容限；G_p 为处理增益；L_s 为系统损耗；$(S/N)_o$ 为接收机输出信噪比。

干扰容限直接反映了扩频通信系统中接收机允许的极限干扰强度，它往往比处理增益更能确切地表征系统的抗干扰能力。

按照扩展频谱的方式不同，现有的扩频通信系统可分为如下几种。

（1）直接序列（DS）通信系统

用一高速伪随机序列与信息数据相乘（或模二加），由于伪随机序列的带宽远远大于信息数据的带宽，从而扩展了发送信号的频谱。

（2）跳频（FH）通信系统

在一伪随机序列的控制下，发送频率在一组预先指定的频率上按照预先所规定的顺序进行离散地跳变，扩展了发射信号的频谱。

（3）脉冲线性调频（chirp）系统

系统的载频在一给定的脉冲间隔内线性地扫过一个宽的频带，扩展发送信号的频谱。

（4）跳时（TH）系统

这种系统与跳频系统类似，区别在于一个是控制频率，一个是控制时间。跳时是使发射信号在时间轴上离散地跳变。先把时间轴分成许多时隙，这些时隙在跳时扩频通信中通常称为时片，若干时片组成一跳时时间帧。在一帧内哪个时隙发射信号由扩频码序列去进行控制。因此，可以把跳时理解为：用一伪随机码序列进行选择的多时隙的时移键控。由于采用了窄得很多的时隙去发送信号，相对说来，信号的频谱也就展宽了。

此外，还有由以上 4 种系统组合的混合系统。在通信中一般多采用直扩系统和跳频两种扩频通信系统，下面主要对这两种扩频方式进行讨论。

10.5.2 伪随机码

从前面的分析可知：在扩频通信系统中需要采用高码率的窄脉冲序列作为扩频码。扩频码所选用的码序列应该具有什么样的特性呢？目前用得最多的是伪随机码，或称为伪噪声码（PN），本小节主要讨论伪随机码一些重要特性。

1. 伪随机码的概念

随机码序列是一个随机信号，噪声具有完全的随机性，所以也是一个随机信号。但是，真正的随机码序列是不能重复再现和产生的，所以我们只能产生一种周期性的随机序列使其具有近似随机噪声的特性，这种脉冲序列称为伪随机码序列，又称 PN 码。

在工程上常用二元{0, 1}序列来产生伪随机码，它具有如下特点。

① 每一周期内 0 和 1 出现的次数近似相等。

② 每一周期内，长度为 n 比特的游程出现的次数比长度为（$n+1$）的游程次数多一倍（游程是指连 "0" 或者连 "1" 的码元串）。

③ 码序列的自相关函数值为

$$R(\tau)=\begin{cases} 1, & \text{当}\ \tau=0 \\ -\dfrac{K}{P}, & \text{当}\ 1\leqslant\tau\leqslant p-1 \end{cases} \quad (10.5.3)$$

式中，P 为二元码序列周期，又称码长；K 为小于 P 的整数；τ 为码元延时。

扩展频谱通信是选用具有上述伪随机特性的码序列与待传信息流波形相乘或序列模二加，形成复合信号，对射频载波进行调制，然后进行传输。因此，作为扩频函数的伪随机信号，应具有下列特点。

① 伪随机信号必须具有尖锐的自相关函数，而互相关函数应接近于零。

② 有足够长的码周期，以确保具有抗侦破、抗干扰的能力。

③ 有足够多的独立地址数，以实现码分多址的要求。

④ 工程上易于产生、加工、复制和控制。

2. m 序列码

m 序列是最常用的一种伪随机序列，它是最长线性反馈移位寄存器序列的简称，m 序列是由多级移位寄存器或其他延迟元件通过反馈产生的最长的码序列。产生 m 序列的移位寄存器的网络结构不是随意的，m 序列的周期 P 也不能取任意值，当移位寄存器的级数为 n 时，必须满足 $P=2^n-1$，其结构中的第一级与第 n 级之间必须有反馈连接，即反馈系数 $C_0=C_n=1$ 时，才能产生 m 序列。

图 10.18（a）所示为一种最简单的 3 级 m 序列发生器，图中 D1、D2、D3 为三级移位寄存器，$\oplus$ 为模二加法器。

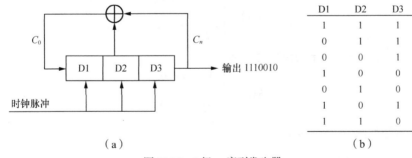

D1	D2	D3
1	1	1
0	1	1
0	0	1
1	0	0
0	1	0
1	0	1
1	1	0

（a）　　　　　　　　　　　　　（b）

图 10.18　3 级 m 序列发生器

移位寄存器工作时，首先要设定各级移位寄存器的初始状态；然后在移位时钟控制下，移位寄存器每次将暂存的 "1" 或 "0" 逐级向右移一位。模二加法器进行相应的运算后返回寄存器。在时钟的控制下，各级移存器依次输出，如图 10.18（b）所示，这时 $P=2^3-1=7$，D3 依次输出 1110010。在时钟脉冲的控制下，输出的序列作周期性的重复。因为 7 位是图 10.18（a）码发生器所能产生的最长码序列，故输出码 1110010 为 m 序列。通过这一简单例子说明，m 序列的最大长度决定于移位寄存器的级数，而码的结构决定于反馈抽头的位置和数量，不同的抽头组合可以产生不同长度和结构的码序列，但是有些抽头组合并不一定能产生最长周期的码序列。对于何种抽头能产生何种长度和结构的码序列，人们进行了大量的研究。现在已经得到了 3100 级 m 序列发生器的连接图和所产生的 m 序列的结构。m 序列发生器的反馈连接图可查表得到。

　m 序列是一种伪随机序列，它满足如下特性。

① 在每一周期 $P=2^n-1$ 内，"0" 出现 $2^{n-1}-1$ 次，"1" 出现 2^{n-1} 次，"1" 比 "0" 多出现一次。

② 在每一周期内，共有 2^{n-1} 个游程，其中 "0" 和 "1" 的游程数目各占一半。而在一个周期内长度为 "1" 的游程占 1/2，长度为 2 的游程占 1/4，长度为 3 的游程占 1/8。只有一个包含 n 个 "1" 的游程，也只有一个包含（$n-1$）个 "0" 的游程。例如，$n=4$ 时，$P=2^n-1=15$ 位，构成的 m 序列为 111101011001000。游程分布情况如表 10.3 所示。一般来说，m 序列中长为 K（$1 \leq K \leq n-2$）的游程数占游程总数的 $1/2^k$。

表 10.3　　　　　　　　　　　111101011001000 游程分布

游程长度 （比特）	游 程 数 目		所包含的比特数
	"1"	"0"	
1	2	2	4
2	1	1	4
3	0	1	3
4	1	0	4
	游程总数 8		合计 15

③ m 序列 $\{a_k\}$ 与其位移序列 $\{a_{k-\tau}\}$ 的模二和仍是 m 序列的另一位移序列 $\{a_{k-\tau'}\}$，即

$$\{a_k\} \oplus \{a_{k-\tau}\} = \{a_{k-\tau'}\} \qquad (10.5.4)$$

④ m 序列的自相关函数由下式计算

$$R(\tau) = \frac{A-D}{A+D} \qquad (10.5.5)$$

式中，A 为 "0" 的位数，D 为 "1" 的位数。令 $P=A+D=2^n-1$，则

$$R(\tau) = \begin{cases} 1, & \tau = 0 \\ -\dfrac{1}{P}, & \tau \neq 0 \end{cases} \qquad (10.5.6)$$

设 $n=3$，$P=2^3-1=7$，τ 为位移量，则

$$R(\tau) = \begin{cases} 1, & \tau = 0 \\ -\dfrac{1}{7}, & \tau \neq 0 \end{cases} \qquad (10.5.7)$$

其自相关函数如图 10.19 所示。

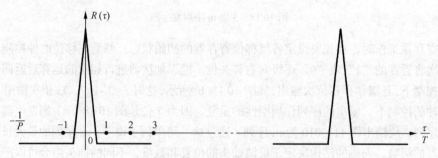

图 10.19　m 序列自相关函数

　由于 m 序列有很强的规律性和伪随机特性，在扩频通信及其他领域得到广泛的应用。在扩频通信中采用的伪随机码除 m 序列，还可采用 M 序列、GOLD 码、RS 码等，在这里不再一一介绍，

读者可参考有关资料。

10.5.3　直接序列通信系统

直接序列（DS）码分通信系统，就是直接用具有高码率的扩频码序列在发送端扩展信号的频谱。而在接收端，用相同的扩频码序列去进行解扩，把展宽的扩频信号还原成原始的信息。图 10.20（a）所示为 DS 系统的组成方框图。在发送端，原始信号（信码）与 PN 码进行模二加，然后对载波进行 PSK 调制。由于 PN 码速率远大于信码速率，故形成的 PSK 信号频谱被展宽。已调信号在发射机中经上变频后被发射出去。在接收端，先用与发送端码型相同、严格同步的 PN 码和本振信号与接收信号进行混频和解扩，就得到窄带的仅受信号调制的中频信号。经中放、滤波后就可进入普通的 PSK 信号解调器恢复原信码。上述过程用图解法示于图 10.20（b）。可以看出，只要收发两端 PN 序列码结构相同并同步，就可正确恢复原始信号。

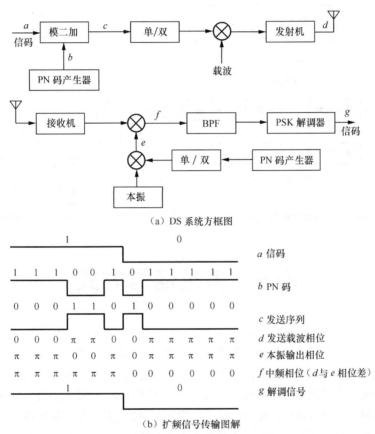

（a）DS 系统方框图

（b）扩频信号传输图解

图 10.20　DS 系统的组成方框图及扩频信号传输图解

10.5.4　跳频序列通信系统

跳频序列（FH）系统和 DS 系统的主要差别是发射频谱的产生方式不同，FH 系统组成方框图如图 10.21 所示。在发送端，利用 PN 码去控制频率合成器，使之在一个宽范围内的规定频率上进行伪随机的跳动，然后再与信码调制后的中频混频，从而达到扩展频谱的目的。跳频图案和跳频速率分别由 PN 码序列及其速率决定。在接收端，本地 PN 码产生器提供一个与发送端相同的 PN 码序列，驱动本地频率合成器产生同样规律的频率跳变及接收信号混频后获得固定中频的已调信号，通过解调还原出原始信号。跳频系统的处理增益 G_p 等于频率点数 N。

跳频系统具有良好的远近效应特性和辅助抗多径衰落的能力，广泛应用于军用战术移动通信。图 10.22 为描述远近效应的示意图。图中 T_1、T_2 代表两部发射机；R_1、R_2 代表两部接收机。当两条线路同时工作时，接收机 R_1 接收发射机 T_1 所发信号的同时，受到近处发射机 T_2 的强干扰。由于 T_2 距 R_1 近，R_1 收到的有用信号比干扰信号小的多，若只靠扩展频谱的处理增益尚不足以克服干扰的影响。因此，希望两部发射机的发射频率或发射时间错开。FH、TH 及 TH/FH 等系统可以实现频率和时间错开的要求，因而很好地解决了远近效应问题，允许多个电台同时工作。而直接序列系统远近效应不好，在移动通信中须采用特殊措施解决这个问题。

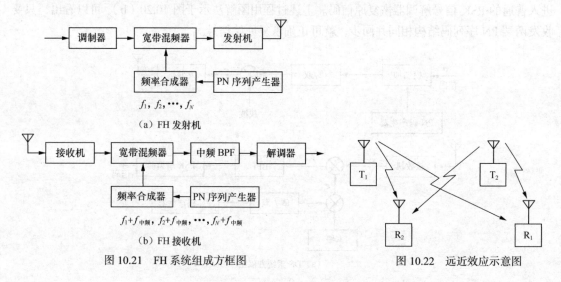

（a）FH 发射机

（b）FH 接收机

图 10.21　FH 系统组成方框图

图 10.22　远近效应示意图

10.6　多址通信方式

欲充分利用信道，就必须提高传输的有效性。希望能在一个信道中传送更多的用户信号，上面讨论了在两点之间的信道上如何同时传送更多的用户信号的信道的"复用"问题，现在要讨论的是在多点之间实现相互间互不干扰的多边通信即多元连接或"多址通信"的问题。

复用和多址通信有共同的数学基础，即信号正交分割原理，也就是信道分割理论，它的原理是：使各个信号具有不同的特征，相当于赋予各信号不同的地址，然后根据各个信号之间特征的差异即不同的地址来区分不同的信号，实现互不干扰的通信。

多址技术的关键是设计具有正交性的函数集合，使各信号相互无关。在实际工作中，要做到完全正交或完全不相关是比较困难的，一般可采用准正交，此时的互相关很小，即在允许的范围内将各信号间的干扰控制到最小。

多址方式是移动通信系统或多点通信系统的复用基础，常用的多址接入方式有频分多址（FDMA）、时分多址（TDMA）、码分多址（CDMA）等，还有利用不同地域区分用户的空分方式（SDM 及 SDMA）以及利用正交极化方式区分的极化方式等，后两者是与前三者结合起来运用的。在数据通信中其他的多址接入方式，概念与上述几类不同，本节不予介绍。

10.6.1　频分多址

频分多址（FDMA）是最早使用的一种多址接入方式，它目前仍在许多系统中应用，如卫星通信、移动通信、一点多址微波通信系统中。

FDMA 是以传输信号的载波频率不同来区分信道建立多址接入。它的基本原理是：将给定的频谱资源按频率划分，把传输频带划分为若干个较窄的且互不重叠的子频带，每个用户分配到一个固定的子频带，按频带区分用户。将信号调制到该子频带内，各用户信号同时传送。接收时分别按频带提取，从而实现多址通信。图 10.23 所示为 FDMA 示意图。

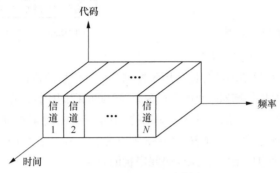

图 10.23　FDMA 示意图

实际的滤波器都达不到理想条件，各信号之间总是存在一定的相关性，干扰总是存在的，因此各信号之间必须留有一定的防护频带以减少各频带之间的干扰。在模拟移动通信系统中，防护频带通常等于传输一路模拟语音所需的带宽，如 25kHz 或 30kHz。在单纯的 FDMA 中常用频分双工（FDD）的方式来实现双工通信，即接收频率和发送频率不同。为了使同一终端的收发之间不产生干扰，收发频率之间还应有一定的间隔。例如，在 800MHz 频段，收发频率间隔为 45MHz。

模拟信号和数字信号都可采用 FDMA 方式传输，也可以由一组模拟信号用频分复用的方式（FDM/FDMA）或一组数字信号用时分复用方式占用一个较宽的频带（TDM/TDMA），调制到相应的子频带后传送到同一地址。总的来说，FDMA 技术比较成熟，应用也比较广泛。

10.6.2　时分多址

在移动通信系统中，时分多址（TDMA）应用越来越广泛，GSM、DAMPS 以及当前推出的数字集群通信系统都采用时分多址技术。

TDMA 方式是指以传输信号存在的时间不同来区分信号建立多址接入。它在给定传输频带的条件下，把传送时间划分为若干时间时隙。用户的收发各使用一个指定的时隙，经过数字化的用户信号被安插到指定的时隙中，多个用户依次分别占用各自的时隙，经过传输，各用户接收并解调后分别提取相应时隙的信息，按时间区分用户，从而实现多址通信。图 10.24 所示为 TDMA 示意图。

在传输过程中，由于信道传输特性不理想及多径等因素的影响，可能破坏正交条件，形成码间串扰。因此，通信中除传输用户信息外，还需要一定的比特开销，以保证和提高传输质量。TDMA 的时隙结构分配如图 10.25 所示。

在 TDMA 系统中，每帧中的时隙结构的设计通常要考虑 3 个主要问题：一是控制和信令信息的传输；二是信道多径的影响；三是系统的同步。

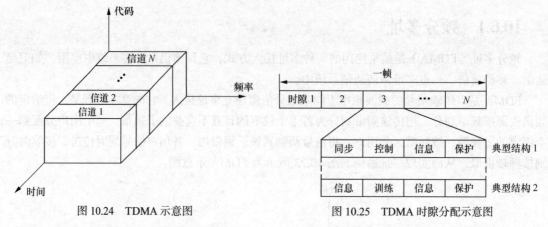

图 10.24　TDMA 示意图

图 10.25　TDMA 时隙分配示意图

为了解决上述问题，采取如下措施。

① 在每个时隙中，专门划出部分比特用于控制和信令信息的传输。

② 为了方便接收端利用均衡器来克服多径等原因引起的码间串扰，在时隙中要插入自适应均衡器所需的训练序列。训练序列对均衡器来说是确知的，接收端根据训练序列的解调结果就可以估计出信道的冲激响应，根据该响应就可以预置均衡器的抽头系数，从而可消除码间串扰对时隙的影响。

③ 各时隙间应留有保护时隙，以减少码间串扰的影响。

④ 整个系统要有精确的同步，由基准站统一系统内各站的时钟，才能保证各用户准确地按时隙提取各自所需的信号。为了便于接收端达到同步的要求，在每个时隙中还要传输同步序列。同步序列和训练序列可以分开传输，也可以合二为一。

TDMA 只能传输数字信号，如果用户是模拟的，必须先进行模/数转换，使之变为数字信号。每时隙可以是单个用户占用，也可以是一组时分复用的用户占用，即 TDM/数字调制/TDMA 方式。TDMA 的收发双工问题，既可以采用频分双工（FDD）方式，也可以采用时分双工（TDD）方式。在 FDD 方式中，上行链路和下行链路的帧结构既可以相同也可以不同。在 TDD 方式中，通常收发工作在相同频率上，一帧中一半的时隙用于移动台发送，另一半的时隙用于移动台接收。采用 TDD 方式时无需使用双工器，因为收发处于不同时隙，由高速开关在不同时间把接收机或发射机接到天线上即可。

10.6.3　码分多址

码分多址（CDMA）是一种以扩频信号为基础利用扩频技术形成的实现不同码序列的多址方式。近年来，有限的频谱资源与移动用户电话日益增长的矛盾变得越来越严重，用缩小信道带宽和把服务小区分裂成微小区、微微小区的办法不能有效地解决这个矛盾，而利用频率扩展技术进行码分多址以及利用扩频信号的低功率谱密度实现多系统共享频谱资源是解决频谱资源不足的一个好办法。

码分多址利用不同码序列实现不同用户的信息传输，即各用户使用相同的载波频率，占有相同的频带，发射时间可以任意，用户的划分是利用不同的地址码序列实现的，不同的用户使用不同的地址码序列。图 10.26 所示为

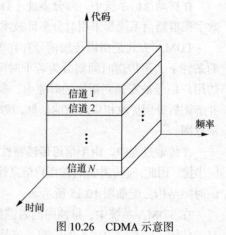

图 10.26　CDMA 示意图

CDMA 示意图。

随着全球范围对移动通信和个人通信日益增长的需求，CDMA 通信系统越来越显示出它独具的优越性。目前，普遍认为它将是今后无线通信中最主要的多址手段，应用范围已涉及卫星通信、数字蜂窝移动通信、微蜂窝系统、一点多址微波通信、无线接入网等领域。它是第三代移动通信的主要体制，其中窄带 CDMA 能满足语音和一般数据传输的要求，而宽带 CDMA 能满足多媒体通信的要求。同时，它还是未来全球个人通信的一种主要的多址方式。

习　题　10

10.1　设有一个频分多路复用系统，副载波用 DSB/SC 调制，主载波用 FM 调制。如果有 60 路等幅的音频输入通路，每路频带限制在 3.3kHz 以下，防护频带为 0.7kHz。

（1）如果最大频偏为 800kHz，试求传输信号的带宽。

（2）试分析与第一路相比时第 60 路输入信噪比降低的程度（假定鉴频器输入的噪声是白噪声，且解调器中无去加重电路）。

10.2　若习题 10.1 的频分多路复用系统，副载波用 SSB 调制，其他条件不变，仍分析：

（1）如果最大频偏为 800kHz，试求传输信号的带宽；

（2）试分析与第一路相比时第 60 路输入信噪比降低的程度（无去加重电路）。

10.3　对 24 路最高频率均为 4kHz 的信号进行时分复用，采用 PAM 方式传输。假定所用脉冲为周期性矩形脉冲，脉冲的宽度 τ 为每路应占用时间的一半。试求此 24 路 PAM 系统的最小带宽。

10.4　对 10 路带宽均为 $300\sim3\,400\mathrm{Hz}$ 的模拟信号进行 PCM 时分复用传输。抽样速率为 $8\,000\mathrm{Hz}$，抽样后进行 8 级量化，并编为自然二进制码，码元波形是宽度为 τ 的矩形脉冲，且占空比为 1。试求传输此时分复用 PCM 信号所需的理论最小带宽。

10.5　有 4 路信号分别为 1kHz、2kHz、3kHz、4kHz，其最高量化电平为 256 个量化级，求这 4 路信号时分复用时的带宽和传码率各为多少？

10.6　已知某信号的最高频率为 4kHz，经抽样量化后采用二进制编码，量化级为 128，当采用 30 路信号复用时，求该复用系统的码元传输速率和其所需传输带宽。

10.7　已知我国采用 PCM30/32 路基群传送语音信号，求该系统所占带宽及所传送的码元速率。

10.8　有一 PCM24 路时分复用系统，每路语音信号最高频率为 4kHz，经抽样后用 $M=128$ 来量化，编码时每一路除含信息位外，另加 1bit 的铃流，而在每帧的末尾再加 1bit 的帧同步码，且防护时间 τ_{g} 等于脉冲宽度 τ（半占空）。试求：

（1）脉冲宽度 τ 的值；

（2）该系统的传码率和其所占的传输带宽。

10.9　单路语音信号的最高频率为 4kHz，抽样速率为 8kHz，将所得的脉冲由 PAM 方式或 PCM 方式传输，设传输信号的波形为矩形脉冲，其宽度为 τ，其占空比为 1。

（1）计算 PAM 系统的最小带宽。

（2）在 PCM 系统中，抽样后信号按 8 级量化，求 PCM 系统的最小带宽，并与（1）的结果比较。

（3）若抽样后信号按 128 级量化，PCM 系统的最小带宽又为多少？

10.10　已知语音信号的最高频率 $f_{\mathrm{m}}=3\,400\mathrm{Hz}$，用 PCM 系统传输，要求量化信噪比不低于

30dB。试求此 PCM 系统所需的最小带宽。

10.11　单路语音信号的最高频率为 4kHz，抽样速率为 8kHz，以 PCM 方式传输。设传输信号的波形为矩形脉冲，其宽度为 τ，且占空比为 1。

（1）抽样后信号按 8 级量化，求 PCM 基带信号第一零点频宽。

（2）若抽样后信号按 128 级量化，PCM 二进制基带信号第一零点频宽又为多少？

10.12　某调制方框图如题图 10.1（b）所示。已知 $m(t)$ 的频谱如图 10.1（a）所示，载频 $\omega_1 \ll \omega_2, \omega_1 > \omega_H$，且理想低通滤波器的截止频率为 ω_1，试求输出信号 $s(t)$，并说明 $s(t)$ 为何种调制信号。

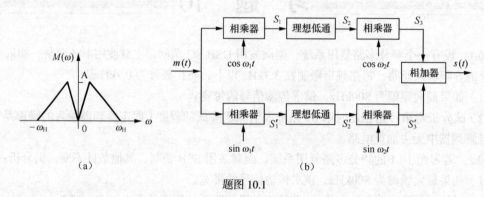

题图 10.1

10.13　某线性调制系统的输出信噪比为 20dB，输出噪声功率为 10^{-9}W，由发射机输出端到解调器输入端之间总的传输损耗为 100dB，试求：

（1）DSB/SC 时的发射机输出功率；

（2）SSB/SC 时的发射机输出功率。

第11章
同步原理

同步在通信系统中具有相当重要的地位，通信系统能否有效、可靠地工作，很大程度上依赖于有无良好的同步系统。特别是在数字通信中，信息的传输经常是以同步方式进行的，因此，同步是数字化信息正确传输的前提，若同步系统性能的下降将导致整个通信系统性能降低，甚至使系统无法工作。

同步可分为载波同步、位同步、帧同步、网同步几大类。本章将对上述的 4 类同步方式分别进行讨论，讲述各类同步系统的基本原理和性能。除此之外，目前扩频通信技术已得到广泛应用，同步是扩频通信系统能否正常工作的关键，因此，本章还将对扩频通信中跳频系统的同步进行讨论。

11.1 载波同步

在采用相干解调的系统中，接收端必须提供一个与发送载波同频同相的相干载波，这个相干载波获取的过程称为载波同步。相干载波信息通常是从接收到的信号中提取。若已调信号中存在载波分量，可以用一个窄带滤波器（或锁相环）从接收信号中直接提取载波同步信息。若已调信号中不存在载波分量，可采用在发端插入导频的方法，称为插入导频法，又称外同步法；或者在接收端对信号进行适当的波形变换，以获取载波同步信息，称为直接法，又称自同步法。

11.1.1 插入导频法

在抑制载波系统中无法从接收信号中直接提取载波。例如，DSB、VSB、SSB 和 2PSK 本身都不含有载波分量，或即使含有一定的载波分量，也很难从已调信号中分离出来。为了获取载波同步信息，可以采取插入导频的方法。插入导频是在已调信号频谱中加入一个低功率的线状谱（其对应的正弦波形即称为导频信号）。在接收端可以容易地利用窄带滤波器再把它提取出来，经过适当地处理形成接收端的相干载波。显然，导频的频率应当与载频有关或者就是载频。插入导频的传输方法有多种，基本原理相似。这里仅介绍在抑制载波的双边带信号中采用的插入导频法。

在 DSB 信号中插入导频时，导频的插入位置应该在信号频谱为零的位置，否则导频与已调信号频谱成分重叠，接收时不易提取。图 11.1 所示为 DSB 信号中的插入导频法。

插入的导频并不是加入调制器的载波，而是将该载波进行 $\pi/2$ 的"正交载波"的移相。其发送端方框图如图 11.2 所示。

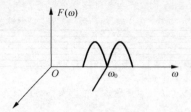

图 11.1　DSB 信号中的插入导频法

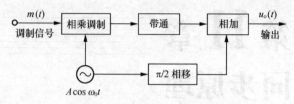

图 11.2　插入导频法的发送端方框图

设调制信号为 $m(t)$。$m(t)$ 无直流分量，载波为 $A\cos\omega_0 t$，则发端输出的信号为

$$u_o(t) = A\,m(t)\cos\omega_0 t + a\sin\omega_0 t \qquad (11.1.1)$$

插入导频法的接收端方框图如图 11.3 所示。

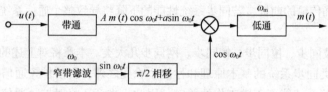

图 11.3　插入导频法的接收端方框图

如果不考虑信道失真及噪声干扰，并设接收端收到的信号与发送端的信号完全相同，则此信号通过中心频率为 ω_0 的窄带滤波器可取得导频 $a\sin\omega_0 t$，再将其移相 $\pi/2$，就可以得到与调制载波同频同相的相干载波 $\cos\omega_0 t$。

接收端的解调过程为

$$v(t) = u(t)\cos\omega_0 t = [Am(t)\cos\omega_0 t + a\sin\omega_0 t]\cos\omega_0 t$$

$$= \frac{A}{2}m(t) + \frac{A}{2}m(t)\cos 2\omega_0 t + \frac{a}{2}\sin 2\omega_0 t \qquad (11.1.2)$$

式（11.1.2）表示信号通过截止角频率为 ω_m 的低通滤波器就可得到基带信号。

如果在发送端导频不是正交插入，而是同相插入，则接收端解调信号为

$$[A\,m(t)\cos\omega_0 t + a\cos\omega_0 t]\cos\omega_0 t$$

$$= \frac{A}{2}m(t) + \frac{A}{2}m(t)\cos 2\omega_0 t + \frac{a}{2} + \frac{a}{2}\cos 2\omega_0 t \qquad (11.1.3)$$

从式（11.1.3）看出，虽然同样可以解调出 $\dfrac{A}{2}m(t)$ 项，但却增加了一个直流项 $\dfrac{a}{2}$。这个直流项通过低通滤波器后将对数字信号产生不良影响。这就是发送端导频应采用正交插入的原因。

对于 SSB 和 2PSK 的插入导频方法与 DSB 相同。VSB 的插入导频技术复杂，通常采用双导频法，基本原理与 DSB 类似。

11.1.2　直接法

有些信号（如 DSB 信号）虽然本身不包含载波分量，只要对接收波形进行适当的非线性变换，然后通过窄带滤波器，就可以从中提取载波的频率和相位信息，即可使接收端恢复相干载波。这是直接法（自同步法）的一种。

图 11.4（a）所示为 DSB 信号采用平方变换法提取载波的框图。

设输入信号 $s_{DSB}(t) = m(t)\cos(\omega_0 t + \theta_0)$，经平方律器件后有

$$e(t) = m^2(t)\cos^2(\omega_0 t + \theta_0) = \frac{1}{2}m^2(t) + \frac{1}{2}m^2(t)\cos(2\omega_0 t + 2\theta_0) \qquad (11.1.4)$$

经中心频率为 $2\omega_0$ 的带通滤波器后输出为

$$\frac{1}{2}m^2(t)\cos(2\omega_0 t + 2\theta_0) \qquad (11.1.5)$$

尽管假设 $m(t)$ 不含直流成分，但 $m^2(t)$ 却含有直流分量，因此式（11.1.5）实际是一个载波为 $2\omega_0$ 的调幅波。如果滤波器 BPF 的带宽窄，其输出只有 $2\omega_0$ 成分，然后再经二次分频电路可得到所需的载波 $\cos(\omega_0 t + \theta_0)$。应注意，二次分频电路将使载波有 $180°$ 的相位模糊，这是由分频器引起的。一般的分频器都由触发器构成，由于触发器的初始状态是未知的，分频器末级输出的波形（方波）相位可能随机地取 "0" 和 "π"。它对模拟信号影响不大，而对于 2PSK 信号，由于载波相位的模糊将会造成解调判决的失误。

若图 11.4（a）中的窄带滤波器改用锁相环（PLL），即得到图 11.4（b）所示的平方环法，这将使系统的性能得到改善，因为锁相环不仅具有窄带滤波器的作用，而且在一定范围内还能自动跟踪输入频率的变化，当输入信号中断时，能自动保持输入信号的频率和相位。

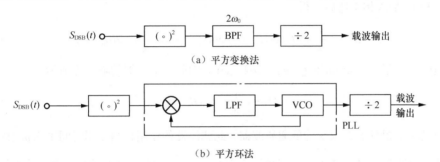

图 11.4　平方变换法提取载波的框图

11.1.3　同相正交法

利用锁相环提取载波的另一种常用的方法是采用同相正交环，也称科斯塔斯环 （Castas），其方框图如图 11.5 所示。它包括两个相干解调器，它们的输入信号相同，分别使用两个在相位上正交的本地载波信号，上支路叫做同相相干解调器，下支路叫做正交相干解调器。两个相干解调器的输出同时送入乘法器，并通过低通滤波器形成闭环系统，去控制压控振荡器（VCO），使本地载波自动跟踪发射载波的相位。在同步时，同相支路的输出即为所需的解调信号，这时正交支路的输出为 0，因此，这种方法叫做同相正交法。

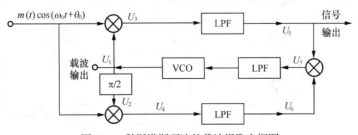

图 11.5　科斯塔斯环法的载波提取方框图

设 VCO 的输出为 $\cos(\omega_0 t + \varphi)$，则

$$U_1 = \cos(\omega_0 t + \varphi) \tag{11.1.6}$$

$$U_2 = \sin(\omega_0 t + \varphi) \tag{11.1.7}$$

故有

$$U_3 = m(t)\cos(\omega_0 t + \theta_0)\cos(\omega_0 t + \varphi)$$
$$= \frac{1}{2}m(t)\left[\cos(\theta_0 - \varphi) + \cos(2\omega_0 t + \theta_0 + \varphi)\right] \tag{11.1.8}$$

$$U_4 = m(t)\cos(\omega_0 t + \theta_0)\sin(\omega_0 t + \varphi)$$
$$= \frac{1}{2}m(t)\left[-\sin(\theta_0 - \varphi) + \sin(2\omega_0 t + \theta_0 + \varphi)\right] \tag{11.1.9}$$

经过带宽为 B 的 LPF 后得

$$U_5 = \frac{1}{2}m(t)\cos(\theta_0 - \varphi) \tag{11.1.10}$$

$$U_6 = -\frac{1}{2}m(t)\sin(\theta_0 - \varphi) \tag{11.1.11}$$

将 U_5 和 U_6 加入相乘器后，得

$$U_7 = -\frac{1}{4}m^2(t)\cos(\theta_0 - \varphi)\sin(\theta_0 - \varphi) = -\frac{1}{8}\sin 2(\theta_0 - \varphi) \tag{11.1.12}$$

如果 $(\theta_0 - \varphi)$ 很小，则 $\sin 2(\theta_0 - \varphi) \approx 2(\theta_0 - \varphi)$。因此，乘法器的输出近似为

$$U_7 \approx -\frac{1}{4}m^2(t)(\theta_0 - \varphi) \tag{11.1.13}$$

如果 U_7 经过一个相对于 B 很窄的低通滤波器，此滤波器的作用相当于用时间平均 $\overline{m^2(t)}$ 代替 $m(t)$（即滤波器输出直流分量）。最后，由环路误差信号 $-\frac{1}{4}\overline{m^2(t)}(\theta_0 - \varphi)$ 自动控制振荡器相位，使相位差 $(\theta_0 - \varphi)$ 趋于 0，在稳定条件下 $\theta_0 \approx \varphi$。

科斯塔斯环的相位控制作用在调制信号消失时会中止，当再出现调制信号时，必须重新锁定。由于一般入锁过程很短，对语言传输不会引起能感觉到的失真。这样 U_1 就是所需提取的载波，U_5 作为解调信号的输出。

对于 2PSK 或 DSB 信号可采用如上科斯塔斯环来恢复载波。对于多相 PSK 信号，可以采用相应的多相 Castas 环来提取载波。对于 4PSK 信号可采用图 11.6 所示的四相 Castas 环来提取载波信号。

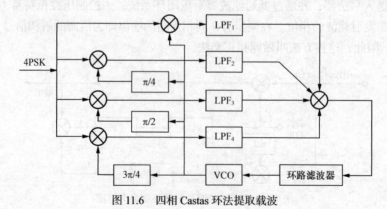

图 11.6 四相 Castas 环法提取载波

11.1.4　载波同步系统的性能

对载波同步系统的主要性能要求是高效率和高精度。高效率指在获得载波信号时，尽量少消耗发送功率；高精度是指提取的相干载波与需要的标准载波比较应该有尽量小的相位误差。载波同步系统还要求具有同步建立时间快，保持时间长等特点。效率的高低取决于载波同步的方式，插入导频法由于发送插入导频而消耗一定的功率，效率要低些，直接法不需要发送导频，故效率较高。相位误差是相干载波提取的重要性能指标，它通常又由稳态相差和随机相差组成，下面着重对其进行讨论。

1. 稳态相差 $\Delta\varphi$

稳态相差指接收信号中的载波与同步电路提取出的参考载波，在稳态情况下的相位差。对于不同的同步提取法，其稳态相差的计算方法也不同。

当用窄带滤波器提取载波时，滤波器的中心频率 ω_0 与载波频率 ω_c 不相等时，会使提取的同步载波信号产生一稳态相位误差 $\Delta\varphi$。设窄带滤波器为简单的单谐振回路，Q 一定时有

$$\Delta\omega = \omega_0 - \omega_c \tag{11.1.14}$$

$$\tan\Delta\varphi = 2Q\frac{\Delta\omega}{\omega_0} \tag{11.1.15}$$

当 $\dfrac{\Delta\omega}{\omega_0}$ 很小时，$\Delta\varphi \approx 2Q\dfrac{\Delta\omega}{\omega_0}$

显然，为了减小 $\Delta\varphi$，应减小 $\left|\dfrac{\Delta\omega}{\omega_0}\right|$ 或降低回路 Q 值。由式（11.1.15）可见，若要求参考载波的相位精确，则希望 $\Delta\varphi$ 小，即 Q 小。对于单调谐回路，当 Q 小时，系统的带宽 $B(B=f_0/Q)$ 增加，就不能保证窄带。因此，用单调谐回路来完成窄带滤波功能，以提取高精度的参考载波方法并不理想。

当用锁相环提取载波时，其稳态相差为

$$\Delta\varphi = \frac{\Delta\omega}{k_v} \tag{11.1.16}$$

其中，$\Delta\omega$ 为锁相环 VCO 的输出频率与输入载波之间的频差，K_V 为环路直流增益。

为了减少 $\Delta\omega$，应使 VCO 的频率准确稳定，减小 $\Delta\omega$，增大 K_V。只要 K_V 足够大就可以保证 $\Delta\varphi$ 足够小，因此，采用锁相环来提取参考载波，稳态相差较小。

2. 随机相差

随机相差是由于随机噪声的影响而引起的同步信号的相位误差。通常用随机相差的均方根值 σ_φ 来衡量其大小，称 σ_φ 为相位抖动。

随机相差的分析较复杂，这里仅给出一些简单结论。

当在一给定初相位为 φ 的正弦波上叠加窄带高斯白噪声之后，相位变化是随机的，它的变化与噪声的性质和信噪比 r 有关。随机相差 φ_n 的方差 $\overline{\varphi_n^2}$ 为

$$\overline{\varphi_n^2} = \frac{1}{2r} \tag{11.1.17}$$

式中，$r = \dfrac{A^2}{2\sigma^2}$ 为信噪功率比，σ^2 为噪声的方差，A 为正弦波的振幅。

$$\sigma_{\varphi} = \sqrt{\overline{\varphi_n^2}} = \sqrt{\frac{1}{2r}} \qquad (11.1.18)$$

式中，σ_{φ} 为相位抖动。

随机相差产生的相位抖动取决于 φ_n 的方差 $\overline{\varphi_n^2}$ 或信噪功率比 r，显然 r 越大越好。

当采用窄带滤波器提取同步载波时的相位抖动情况如下。

当功率谱密度为 $n_0/2$ 的噪声通过窄带滤波器，并且其等效带宽为 B_n 时，噪声功率为

$$N = \frac{n_0}{2} \cdot 2B_n = n_0 B_n \qquad (11.1.19)$$

若滤波器为单谐振回路，则有

$$B_n = \frac{\pi f_0}{2Q} \qquad (11.1.20)$$

其中，f_0 为中心频率，所以

$$r = \frac{S}{N} = \frac{A^2}{2n_0 B_n} = \frac{A^2 \cdot 2Q}{2n_0 \pi f_0} = \frac{A^2 Q}{\pi n_0 f_0} \qquad (11.1.21)$$

$$\sigma_{\varphi} = \sqrt{\frac{1}{2r}} = \sqrt{\frac{n_0 \pi f_0}{2A^2 Q}} \propto \sqrt{\frac{1}{Q}} \qquad (11.1.22)$$

由此可见，滤波器的 Q 值越高，相位抖动值越小。在分析稳态相差时，为了减小稳态相差要求 Q 要小，而为了减小相位抖动，则要求 Q 要高，它们之间是矛盾的。因此，Q 值要根据需要适当选择。

同时可以证明：当滤波器用锁相环时，锁相环的输出相位抖动与环路信噪比 r 之间也存在式（11.1.18）的关系。当锁相环的直流增益 K_V 增大时，环路带宽 B_n 也增大，因此会引起 σ_{φ} 的增加，与稳态相差 $\Delta\varphi$ 对 K_V 的要求有矛盾，但锁相可以合理地选择其他参数，使矛盾不像选择窄带滤波器那样突出。例如，采用有源比例积分滤波器的二阶环，当环路的阻尼系数 ξ 为 0.5 时，B_n 的值最小，因而有利于减少相位抖动。通常选 $0.25 < \xi < 1$，可以得到较小的 B_n 值。

3. 建立时间和保持时间

同步建立时间和保持时间也是载波同步系统应考虑的主要性能指标，下面分别进行讨论。

（1）用窄带滤波器提取载波

① 建立时间 t_s。当窄带滤波器采用谐振回路，在 $t = 0$ 时将信号接入回路，则表示输出电压建立过程的表达式为

$$u(t) = U(1 - e^{-\frac{\omega_0}{2Q}t}) \cos \omega_0 t \qquad (11.1.23)$$

当 $t = t_s$ 时，输出电压 $u(t_s)$ 达到 KU 时，认为同步信号已经建立，如图 11.7 所示。

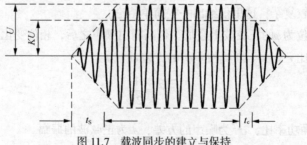

图 11.7 载波同步的建立与保持

将 $u(t_s)=KU$ 代入式（11.1.23）得

$$KU = U(1 - e^{-\frac{\omega_0}{2Q}t_s})$$ （11.1.24）

由式（11.1.24）求得同步建立时间 t_s 为

$$t_s = \frac{2Q}{\omega_0}\ln\frac{1}{1-K}$$ （11.1.25）

② 保持时间 t_c。当同步建立以后，如果信号突然消失，这时同步载波应能保持一定的时间，即在 $t=0$ 时，将接入回路的信号断开，则表示回路输出信号保持过程的电压表达式为

$$u(t) = Ue^{-\frac{\omega_0}{2Q}t} \cdot \cos\omega_0 t$$ （11.1.26）

设 $t=t_c$ 时输出电压达到 KU（见图 11.7）时，认为此时同步信号已消失，将 $u(t_c)=KU$ 代入式（11.1.26）可得同步保持，时间 t_c 为

$$t_c = \frac{2Q}{\omega_0}\ln\frac{1}{K}$$ （11.1.27）

从式（11.1.27）可看出，建立时间短和保持时间长也是矛盾的。Q 值高，保持时间虽然长，但建立时间也长；反之，若 Q 值低，建立时间虽然短，但保持时间也短了。

（2）用锁相环提取载波

此时，同步建立时间表示为锁相环的捕捉时间，而同步保持时间表现为锁相环的同步保持时间。分析表明，要求锁相环建立时间 t_s 要短和保持时间 t_c 要长也是矛盾的。但在锁相环中，可以通过改变锁定前后的电路参数使锁定后的时间常数加大，保持时间加长。这也是锁相环比窄带滤波器的优越之处。

11.2　位　同　步

在数字通信系统中，发端按照确定的时间顺序，逐个传输数码脉冲序列中的每个码元，在接收端必须有准确的抽样判决时刻才能正确判决所发送的码元。因此，接收端必须提供一个确定抽样判决时刻的定时脉冲序列。这个定时脉冲序列的重复频率和相位必须与发送的数码脉冲序列一致，把在接收端产生与接收码元的重复频率和相位一致的定时脉冲序列的过程称为码元同步，或称位同步。

位同步和载波同步是有区别的，在模拟通信或数字通信中，只有采用相干解调时才有载波提取问题，非相干解调不需要同步载波；在模拟通信中，没有位同步问题，只有载波同步问题；在数字通信中，一般都有位同步问题，无论是基带传输，还是频带传输。

实现位同步的方法和载波同步类似，有插入导频法（外同步法）和直接法（自同步法）两类。

11.2.1　插入导频法

为了得到码元同步的定时信号，首先要确定接收到的信息数据流中是否有位定时的频率分量。如果存在此分量（如单极性归零码），就可以利用滤波器从信息数据流中把位定时时钟直接提取出来。

若基带信号为随机的二进制不归零码序列，这种信号本身不包含位同步信号，为了获得位同步信号需在发送的基带信号中插入位同步的导频信号，或者在接收端对基带信号进行某种码型变换以得到位同步信息。

位同步的插入导频法与载波同步时的插入导频法类似，它也要插在基带信号频谱的零点处，

以便提取，如图 11.8（a）所示。如果信号经过相关编码，其频谱的第一个零点在 $f=1/2T$，插入导频应插在 $1/2T$ 处，如图 11.8（b）所示。

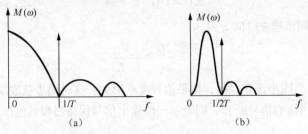

图 11.8　插入导频法频谱图

图 11.9 所示为插入位定时导频的接收方框图。对于图 11.8（a）所示信号，在接收端，经中心频率为 $f=1/T$ 的窄带滤波器就可从基带信号中提取位同步信号。而图 11.8（b）则需经过 $f=1/2T$ 的窄带滤波器将插入导频取出，再进行二倍频，得到位同步脉冲。

用插入导频法提取位同步信号要注意消除或减弱定时导频对原基带信号的影响。窄带滤波器从输入的基带信号中提取导频信号后，经过移相，分为两路，其中一路经定时形成电路，形成位同步信号；另一路经倒相后与输入信号相加，经调整使相加器的两个导频幅度相同，相位相反。那么相加器输出的基带信号就消除了导频信号的影响，这样再经抽样判决电路就可恢复出原始的数字信息。图中的移相（电路）是为了纠正窄带滤波器引起导频相移而设的。

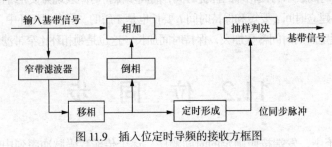

图 11.9　插入位定时导频的接收方框图

插入导频法的另一种形式是使某些恒包络的数字信号的包络随位同步信号的某一波形而变化。例如，PSK 信号和 FSK 信号都是包络不变的等幅波。因此，可将导频信号调制在它们的包络上，接收端只要用普通的包络检波器就可恢复导频信号作为位同步信号，且对数字信号本身的恢复不造成影响。

以 PSK 为例，有

$$s(t) = \cos[\omega_0 t + \theta(t)] \qquad (11.2.1)$$

若用 $\cos\Omega t$ 进行附加调幅后，得已调信号为

$$(1 + \cos\Omega t)\cos[\omega_0 t + \theta(t)] \qquad (11.2.2)$$

式中，$\Omega = \dfrac{2\pi}{T}$，T 为码元宽度。

接收端对它进行包络检波，得包络为 $(1+\cos\Omega t)$，滤除直流成分，即可得到位同步分量 $\cos\Omega t$。

插入导频法的优点是接收端提取位同步的电路简单。但是，发送导频信号必然要占用部分发射功率，降低了传输的信噪比，削弱了抗干扰能力。

11.2.2　自同步法

自同步法是发送端不用专门发送位同步导频信号，而接收端可直接从接收到的数字信号中提

取位同步信号。这是数字通信中经常采用的一种方法。

1. 非线性变换—滤波法

由于非归零的二进制随机脉冲序列的频谱中没有位同步的频率分量,不能用窄带滤波器直接提取位同步信息。但是,通过适当的非线性变换就会出现离散的位同步分量,然后用窄带滤波器或用锁相环进行提取,便可得到所需的位同步信号。

(1)微分整流法

图 11.10(a)所示为微分整流滤波法提取位同步信息的原理框图,图 11.10(b)所示为该电路各点的波形图。

当非归零的脉冲序列通过微分和全波整流后,就可得到尖顶脉冲的归零码序列,它含有离散的位同步分量。然后用窄带滤波器(或锁相环)滤除连续波和噪声干扰,取出纯净稳定的位同步频率分量,经脉冲形成电路产生位同步脉冲。

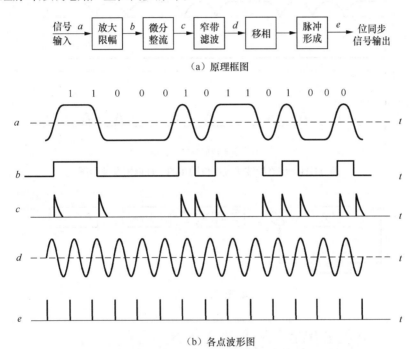

(b)各点波形图

图 11.10 微分整流提取位同步信号

(2)包络检波法

图 11.11 所示为包络检波法提取位同步的原理框图及波形图。由于信道的频带宽度总是有限的,对于 PSK 信号,其包络是不变的等幅波,它具有极宽的频带宽度。因此,经过频带有限的信道传输后,会使 PSK 信号在码元取值变化的时刻产生幅度"平滑陷落"。这对传输的 PSK 信号是一种失真,但它正发生在码元取值变化或 PSK 信号相位变化的时刻,所以,它必然包含有位同步的信息。在解调 PSK 信号的同时,用包络检波器检出具有幅度平滑陷落的 PSK 信号的包络,与一直流分量相减后,即可得到归零的脉冲序列(见图 11.11(b)中 c 的波形)。因其含有位同步信息,通过窄带滤波器(或锁相环),然后经脉冲整形,就可得到位同步信号。

(3)延迟相干法

图 11.12 所示为延迟相干法提取位同步的原理框图及波形图。其工作过程与 DPSK 信号差分相干解调完全相同,只是延迟电路的延迟时间 $\tau < T_b$。PSK 信号一路经过移相器与另一路经延迟时

间为τ的信号相乘,取出基带信号,得到脉冲宽度为τ的基带脉冲序列。因为$\tau<T_b$,是归零脉冲,它含有位同步频率分量,通过窄带滤波器即可获得同步信号。

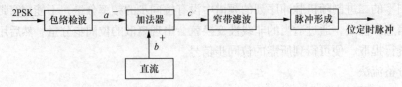

（a）原理框图

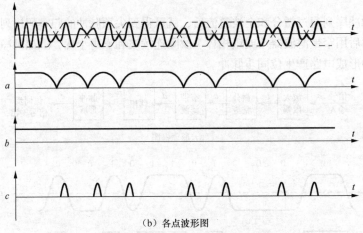

（b）各点波形图

图 11.11　包络检波法提取位同步的原理框图及波形图

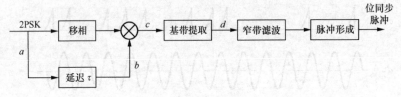

（a）原理框图

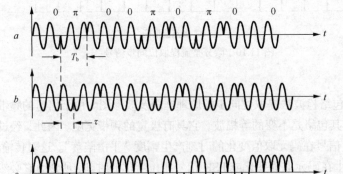

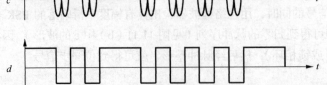

（b）各点波形图

图 11.12　延迟相干法提取位同步的原理框图及波形图

2. 数字锁相法

数字锁相法是采用高稳定频率的振荡器（信号钟）。从鉴相器获得的与同步误差成比例的误差电压，不用于直接调整振荡器，而是通过控制器在信号钟输出的脉冲序列中附加或扣除一个或几个脉冲，使调整加到鉴相器上的位同步脉冲序列的相位达到同步的目的。这种电路采用的是数字锁相环路，数字锁相环原理框图如图 11.13 所示。

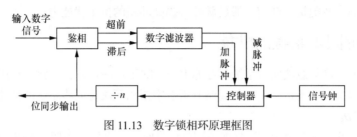

图 11.13　数字锁相环原理框图

（1）信号钟

信号钟包括一个高稳定的振荡器（晶振）和整形电路，若输入信号码元速率 $R_B=1/T$，那么振荡器频率设计在 $f_0=n/T=nB$，经整形电路之后，输出为周期性序列，其周期 $T_0=1/f_0=T/n$。

（2）控制器与分频器

控制器根据数字滤波器输出的控制脉冲（"加脉冲"或"减脉冲"）对信号钟输出的序列实施加（或减）脉冲。分频器是一个计数器，每当控制器输出 n 个脉冲时，它就输出一个脉冲。控制器与分频器共同作用，就调整了加至鉴相器的位同步信号的相位。其作用原理如图 11.14 所示。若准确同步，滤波器无加或无减脉冲输出，加至鉴相器的位同步信号的相位保持不变；若位同步信号滞后，滤波器输出加脉冲控制信号，控制器在信号钟输出序列中加一个脉冲，经分频后的位同步信号相位就前移；若位同步信号超前，滤波器输出减脉冲控制信号，位同步信号相位就后移。这种相位前后移动的调整量都取决于信号钟的周期。每次的时间阶跃量为 T_0，相应的相位最小调整单位则为 $\Delta\phi=2\pi T_0/T=2\pi/n$。

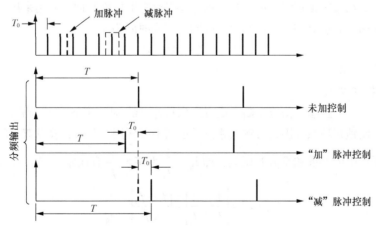

图 11.14　数字锁相环位同步脉冲的相位调整

（3）鉴相器

鉴相器将输入信号码与位同步信号进行相位比较，判别位同步信号究竟是超前还是滞后，若超前就输出超前脉冲，若滞后就输出滞后脉冲。判别位同步信号是超前还是滞后的鉴相器有两种类型：微分型和积分型。关于它们的详细分析这里不再讨论，读者可参考有关数字锁相环书籍。

（4）数字滤波器

数字滤波器的作用是滤除噪声对环路工作的影响，提高相位校正的准确性。因为输入信号码在信道传输过程中总要受到噪声污染，使码元转换时间产生随机抖动甚至产生虚假的转换，相应的在鉴相器输出端就有随机的超前或滞后脉冲，它们扰乱了反映同步误差的正常输出。数字滤波器的作用就是滤除这些随机的超前、滞后脉冲，提高环路的抗干扰能力。

11.2.3 位同步系统的性能

位同步系统的性能与载波同步系统的性能类似，除了效率之外，通常也是用相位误差、建立时间、保持时间等指标来衡量，本节将简略分析数字锁相环法位同步系统的性能。

1. 相位误差 θ_e

由图 11.14 可见，数字锁相环法提取位同步信号时，一个码元周期 T 内由晶振来的脉冲为 n 个，因此，引起最大时间差 T_e 为

$$T_e = \pm T / n \tag{11.2.3}$$

而一个码元周期 T 相当于 360° 相位，故由式（11.2.3）可求得最大的相位误差为

$$|\theta_e| = 360° / n \tag{11.2.4}$$

因而要减小相位误差，需增加信号钟的脉冲 n。

2. 同步建立时间 t_s

同步建立时间为失去同步后重建同步所需的最长时间。建立同步最不利的情况，是位同步脉冲与输入信号相位相差 $T/2$，锁相环每调整一步仅能移 T/n 秒，故需最大的调整次数为

$$N = \frac{T/2}{T/n} = \frac{n}{2} \tag{11.2.5}$$

接收随机数字信号时，可近似认为两相邻码元中出现 01，10，11，00 是等概率的，其中过零点的情况占一半。在数字锁相法中都是在数据过零点时提取标准脉冲，并用来比相的。因此，平均起来，相当于两个周期可调整一次相位，故同步建立时间为

$$t_s = 2TN = nT \text{ (s)} \tag{11.2.6}$$

为使 t_s 减少，故要求减少 n。

3. 同步保持时间 t_c

当同步建立后，一旦输入信号中断，或者遇到长连 "0" 码、长连 "1" 码时，由于接收码元没有过零脉冲，使锁相环系统因失去输入相位基准而不起作用。此时，收发双方的固有位定时重复频率 f_b 与晶振产生的基准频率 f_1 有误差，即 $T_b = \frac{1}{f_b}$ 和 $T_1 = \frac{1}{f_1}$ 有误差

$$|T_b - T_1| = \left| \frac{1}{f_b} - \frac{1}{f_1} \right| = \left| \frac{f_1 - f_b}{f_b f_1} \right| = \frac{\Delta f}{f_0^2} \tag{11.2.7}$$

其中，$f_0 = \sqrt{f_b f_1}$，令 $\Delta f = |f_1 - f_b|$，则

$$T_0 = \frac{1}{f_0}, \quad f_0 |T_b - T_1| = \frac{\Delta f}{f_0} \tag{11.2.8}$$

$$\frac{|T_b - T_1|}{T_0} = \frac{\Delta f}{f_0} \tag{11.2.9}$$

当 $f_1 \neq f_0$ 时，每经过一个周期 T_0，产生时间上的位移（误差）为 $|T_b - T_1|$，单位时间内产生的误差为 $\dfrac{|T_b - T_1|}{T_0}$。若容许总的时间误差为 T_0/K 秒（K 为一常数），则达到此误差的时间即为同步保持时间 t_c，超过此时间就算失步了。因此有

$$t_c = \frac{T_0/K}{|T_b - T_1|/T_0} = \frac{T_0^2}{K|T_b - T_1|} = \frac{T_0 f_0}{K\,\Delta f} = \frac{1}{K\,\Delta f} \quad \text{(s)} \tag{11.2.10}$$

若同步保持时间 t_c 的指标已定，可由式（11.2.10）求收发两端振荡器的频率误差，即

$$\Delta f = \frac{1}{t_c\, K} \tag{11.2.11}$$

此频率误差是由收发两端振荡器造成的。若两振荡器的频率稳定度相同，每个振荡器的频率误差均为 $\Delta f/2$，则每个振荡器的频率稳定度不低于

$$\frac{\Delta f/2}{f_0} = \frac{\Delta f}{2 f_0} = \pm \frac{1}{2\, t_c K f_0} \tag{11.2.12}$$

4. 同步带宽 Δf_s

由式（11.2.7）可知：当 $T_b \neq T_1$ 时，每经过 T_0 时间，该误差会引起 $\Delta T = \dfrac{\Delta f}{f_0^2}$ 的时间漂移，根据数字锁相环的工作原理，锁相环每次所能调整的时间为 $T/n(T/n \approx T_0/n)$。对随机数字来说，平均每两个码元周期才能调整一次，那么在平均一个码元周期内，锁相环能调整的时间只有 $T_0/2n$。很显然，如果输入信号码元的周期与接收端固有位定时脉冲的周期之差为

$$|\Delta T| = |T_b - T_1| > \frac{T_0}{2n} \tag{11.2.13}$$

则锁相环将无法使接收端位同步与输入信号的相位同步，这时，由频差所造成的相位差就会逐渐积累而使系统失去同步。因此，通常取

$$|\Delta T| = \frac{T_0}{2n} = \frac{1}{2n f_0} \tag{11.2.14}$$

即

$$|\Delta T| = \frac{|\Delta f_s|}{f_0^2} = \frac{1}{2n f_0} \tag{11.2.15}$$

所以同步带宽为

$$|\Delta f_s| = \frac{f_0}{2n} \tag{11.2.16}$$

5. 位同步相位误差对性能的影响

由前面分析知，位同步的最大相位误差 $\theta_e = \dfrac{360°}{n}$，若用最大时间误差表示，则为 $T_e = \dfrac{T_b}{n}$。

由于相位误差的存在将直接影响到抽样判决时刻，使抽样判决点的位置偏离其最佳位置。基带传输和频带传输的解调过程中都是在抽样点的最佳时刻进行判决，所得的误码率公式也都是在最佳抽样时刻得到的。当位同步信号存在相位误差时，必然引起误码率 P_e 增高。以 2PSK 信号为例，在最佳接收判决时，$\theta_e = 0$。

$$P_e = \frac{1}{2}\text{erfc}\sqrt{\frac{E}{n_0}} \qquad\qquad (11.2.17)$$

当 $\theta_e \neq 0 (T_e \neq 0)$ 时，经计算得

$$P_e = \frac{1}{4}\text{erfc}\sqrt{\frac{E}{n_0}} + \frac{1}{4}\text{erfc}\sqrt{E(1-\frac{2T_e}{T_b})/n_0} \qquad (11.2.18)$$

11.3 帧 同 步

位同步的目的是确定数字通信中的各个码元的抽样时刻，即把每个码元加以区分，使接收端得到一连串的码元序列，这一连串的码元序列代表一定的信息。通常由若干个码元代表一个字母（符号、数字），而由若干个字母组成一个字，若干个字组成一个句。在传输数据时则把若干个码元组成一个一个的码组，即一个一个的"字"或"句"，通常称为群或帧。群同步的任务是把字、句和码组区分出来，群同步又称帧同步。

本节所讨论的帧同步，是指在时分多路传输系统中，各路信号是以帧的方式进行传送的，接收端为了把各路信号区分开来，需要有一个准确的时间标志，用以区分各帧的起止时刻，正确地识别出各路的时间位置，才能正确地对各路信号进行分离，帧同步就是提取这个时间标准的过程。

帧同步信号的频率很容易由位同步信号经分频得到，但是每帧的开头和结尾时刻无法由分频器的输出决定。为了解决帧同步中开头和结尾的时刻，即为了确定帧定时脉冲的相位，通常有两类方法：一类是在数字信息流中插入一些特殊码组作为每帧的头尾标记，接收端根据这些特殊码组的位置就可以实现帧同步；另一类方法不需要外加特殊码组，用类似于载波同步和位同步中的自同步法，利用码组本身之间彼此不同的特性来实现自同步。本节仅讨论插入特殊码组实现帧同步的方法。插入特殊码组实现帧同步的方法有两种，即集中插入方式（又称连贯式插入法）和分散插入方式（又称间隔式插入法）。下面分别予以介绍。在此之前，首先简单介绍一种在电传机中广泛使用的起止式帧同步法。

11.3.1 起止式同步法

起止式同步法广泛应用于电传机中，如图11.15所示。电传报的一个字由7.5个码元组成，每个字的开始先发一个码元宽度的起脉冲（负值），中间5个码元是消息，字的末尾是1.5个码元宽度的止脉冲（正值）。接收端根据1.5个码元宽度的正电平转到一个码元宽度的负电平这一特殊规律，就可以确定一个字的起始位置，于是可实现帧同步。由于这种同步方式中的止脉冲宽度与码元宽度不一致，会给

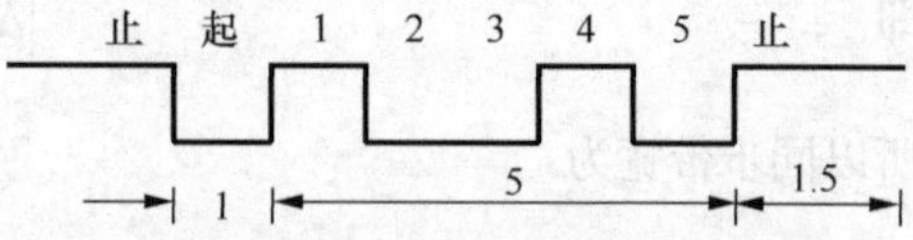

图11.15 起止式同步法传输的字符格式

同步数字传输带来不便。另外，在这种同步方式中，7.5个码元中只有5个码元用来传输消息，因此效率较低。

11.3.2 对帧同步系统的要求

帧同步系统通常应满足下列要求。

① 帧同步的引入时间要短，设备开机后应能很快地进入同步。一旦系统失步，也能很快地恢

复同步。

② 同步系统的工作要稳定可靠，具有较强的抗干扰能力，即同步系统应具有识别假失步和避免伪同步的能力。

③ 在一定的同步引入时间要求下，同步码组的长度应最短。

同步系统的工作稳定可靠对于通信设备是十分重要的。但是，数字信号在传输过程中总会出现误码而影响同步，一种是由信道噪声等引起的随机误码，此类误码造成帧同步码的丢失往往是一种假失步现象，在满足一定误码率条件下，此种假失步系统能自动地迅速恢复正常，同步系统此时并不动作；另一种是突发干扰造成的误码，当出现突发干扰或传输信道性能劣化时，往往会造成码元大量丢失，使同步系统因连续检不出帧同步码而处于真失步状态。此时，同步系统必须重新捕捉，从恢复的码流中捕捉真同步码，重新建立同步。为了使帧同步系统具有识别假失步的能力，特别引入了前方保护时间的概念，它指从第一个同步码丢失起到同步系统进入捕捉状态为止的一段时间。

当同步系统处于捕捉状态后，要从码流中重新检出同步码以完成帧同步。但是，无论选择何种同步码型，信息码流中都有可能出现与同步码图案相同的码组，而造成伪同步动作，这种码组称为伪同步码。若帧同步系统不能识别伪同步码，将导致系统进入误同步状态，使整个通信系统不稳定。为了避免进入伪同步而引入了后方保护时间的概念。它是指从同步系统捕捉到第一个真同步码到进入同步状态的一段时间。前方保护时间和后方保护时间的长短与同步码的插入方式有关。下面结合具体插入方式进行讨论。

11.3.3　集中插入同步法

集中插入方式是将帧同步码以集中的形式插入到信息码流中，通常帧同步码集中插入在一帧的开始。关键是插入的帧同步码应是一种特殊的码组，要求其在接收端进行同步识别时出现伪同步的可能性尽量小，并要求此码组具有尖锐的自相关函数，以便识别；另外，识别器也要尽量简单。

符合上述要求的特殊码组有：全 0 码、全 1 码、0 与 1 交替码、"巴克"（Barker）码和 PCM30/32 基群的帧同步码 0011011。目前，应用最广泛的是性能良好的巴克码，下面主要对其进行讨论。

1. 巴克码

巴克码是一种具有特殊规律的二进制码组。它是一个非周期序列，一个 n 位的巴克码$\{x_1, x_2, x_3, \cdots, x_n\}$，每个码元只可能取值+1 或–1，它的局部自相关函数为

$$R(j) = \sum_{i=1}^{n-j} x_i x_{i+j} = \begin{cases} n & \text{当 } j = 0 \\ 0, +1, -1 & \text{当 } 0 < j < n \\ 0 & \text{当 } j \geqslant n \end{cases} \tag{11.3.1}$$

目前已找到的所有巴克码组如表 11.1 所示。表中"+"表示 x_i 取值为+1，"–"表示 x_i 取为–1。以 7 位巴克码组$\{+++--+-\}$为例，求出它的自相关函数如下：

当 j=0 时　　　　　$R(j) = \sum_{i=1}^{7} x_i^2 = 1+1+1+1+1+1+1 = 7$　　　　（11.3.2）

当 j=1 时　　　　　$R(j) = \sum_{i=1}^{6} x_i x_{i+1} = 1+1-1+1-1-1 = 0$　　　　（11.3.3）

同样可以求出 j = 2，3，4，5，6，7 时 $R(j)$ 的值分别为 -1，0，-1，0，-1，0。另外，再求出 j 为负值的自相关函数值，两者合在一起所画出的 7 位巴克码的 $R(j)$ 与 j 的关系曲线如图 11.16 所示。由图 11.16 可见，自相关函数在 j=0 时具有尖锐的单峰特性。

表 11.1	巴克码组
n	巴克码组
2	+ +
3	+ + −
4	+ + + −，+ + − +
5	+ + + − +
7	+ + + − − + −
11	+ + + − − − + − − + −
13	+ + + + + − − + + − + − +

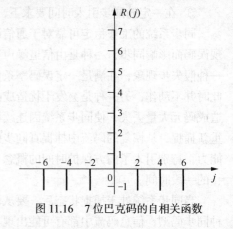

图 11.16　7 位巴克码的自相关函数

常用移位寄存器产生巴克码，7 位巴克码产生器如图 11.17 所示。

图 11.17（a）是串行式产生器，移位寄存器的长度等于巴克码组的长度。7 位巴克码由 7 级移位寄存器单元组成，各寄存器的单元的初始状态由预置线预置成巴克码组相应的数字，7 位巴克码的二进制数为 1110010。移位寄存器的输出端反馈至输入端的第一级，因此，7 位巴克码输出后，寄存器各单元均保持原预置状态。这种方式的移位寄存器的级数等于巴克码的位数，看起来有些浪费。图 11.17（b）是采用反馈式产生器，它只有 3 级移位寄存器单元和一个模 2 加法器，同样也可产生 7 位巴克码，这种方法也叫做逻辑综合法，此结构可节省部件。

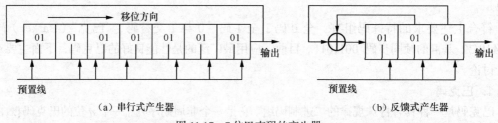

（a）串行式产生器　　　　　　　　（b）反馈式产生器

图 11.17　7 位巴克码的产生器

下面以 7 位巴克码为例来说明巴克码的识别。用 7 级移位寄存器、相加器和判决器就可以组成一个巴克码识别器，如图 11.18 所示。各移位寄存器输出端的接法和巴克码的规律一致，即与巴克码产生器的预置状态相同。当输入数据的"1"进入移位寄存器时，"1"端的输出电平为+1，而"0"端的输出电平为-1；反之，输入数据"0"时，"0"端的输出电平为+1，"1"端的输出电平为-1。识别器实际是对输入的巴克码进行相关运算。

当 7 位巴克码在图 11.19（a）中的 t_1 时已全部进入了 7 级移位寄存器时，7 个移位寄存器输出端都输出+1，相加后得最大输出+7。若判决器的判决门限电平定为+6，那么，就在 7 位巴克码的最后一位"0"进入识别器后，识别器输出一个帧同步脉冲，表示一帧数字信号的开头，如图 11.19（b）所示。

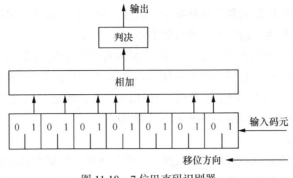

图 11.18　7 位巴克码识别器

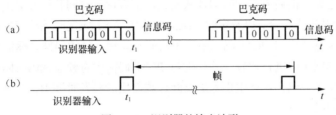

图 11.19　识别器的输出波形

2. PCM30/32 路的帧结构

PCM30/32 路数字传输时的帧同步通常采用集中插入方法。下面以 PCM30/32 路数字传输为例讨论集中插入帧同步方法。

图 11.20 所示为 PCM30/32 路基群的帧结构分配图。在两个相邻抽样值间隔中，分成 32 个时隙，其中 30 个时隙用来传送 30 路电话，一个时隙用来传送帧同步码，另一个时隙用来传送各话路的标志信号码。第 1~15 话路的码组依次安排在时隙 TS_1~TS_{15} 中传送，而第 16~30 话路的码组依次在时隙 TS_{17}~TS_{31} 中传送。TS_0 时隙传送帧同步码，TS_{16} 时隙传送标志信号码。

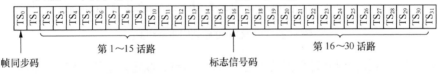

图 11.20　PCM30/32 基群的帧结构分配图

集中插入同步码通常是采用一个字长为 r 比特的码组，集中插入一帧中的一个时隙内。在 PCM30/32 路设备中，采用 $r=7$ 比特的同步码组，集中插入偶帧的 TS_0 时隙。这种插入方式要占用信息时隙，但却缩短了同步引入时间，有利于开发数据传输等多种业务。

CCITT 对 PCM30/32 路设备的帧时隙分配建议如表 11.2 所示。

表 11.2　　　　　　　　　　　　　　　　帧同步码的分配情况

	比 特 编 号							
	1	2	3	4	5	6	7	8
包含帧定位信号的时隙 "0"	保留给国际使用（目前固定为 1）	0	0	1	1	0	1	1
		帧定位信号						
不包含帧定位信号的时隙 "0"	保留给国际使用（目前固定为 1）	1	0/1	保留给国内使用（目前固定为 1）				

为了使帧同步能较好地识别假失步和避免伪同步，帧同步码选为 0011011。此系统选择这种码型的理论依据不在此叙述，请读者参考有关书籍。

从表 11.2 看出，帧同步码占有第 2～8 码位，插入在偶帧 TS_0 时隙。第 1 位码目前保留未用。

奇帧 TS_0 时隙插入码的分配是：第 1 位保留给国际用，暂定为 1；第 2 位为监视码，用以检验帧定位码；第 3 位为对告码，同步时为 0，一但出现失步，即变为 1，并告诉对方，出现对告指示；第 4～8 位目前固定为 1，留给国内今后开发使用。

3. 集中插入同步法

PCM30/32 路的帧同步码采用集中插入方式，因此通常采用集中插入同步码的滑动法来恢复帧同步信号，如图 11.21 所示。其工作原理是：此电路是由 5 部分组成，即移位寄存器和识别门组成的同步码检出电路；前后方保护时间计数器完成前方保护时间和后方保护时间计数，并通过 RS 触发器发出同步及失步指令，以及定时系统的起止信号 S；收定时系统产生接收端运用的各类定时脉冲；时标发生器产生与 PCM 码元中同步码的时间相一致的偶帧时标信号 A，作为比较脉冲在识别门和收到的同步码进行比较，并产生与 PCM 码流中奇帧监视码时间关系一致的奇帧时标信号 C，用来检出监视码，还产生供保护时间计数使用的触发时钟 B；奇帧监视码检出电路用来检出奇帧 TS_0 中的第 2 位。

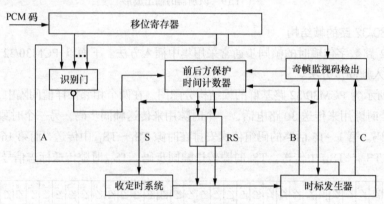

图 11.21　PCM30/32 路帧同步系统框图

同步时，前后方保护时间计数器处于起始状态。S=1，收定时系统工作，时标发生器产生 3 种时标信号：即 A 的周期为 125μs，脉冲为 1bit，出现在 TS_0 时隙；B 的周期为 250μs，出现在偶帧 TS_0 时隙；C 的周期为 250μs，出现在奇帧 TS_0 时隙；A、B、C 三路时标分别加到识别门、保护时间计数器和监视码检出电路。PCM 码进入移位寄存器，当出现同步码组时，由于处于同步状态，收定时系统产生的各种定时脉冲与接收到的码流中的时序规律相同。同步码检出电路由八级移位寄存器和识别门组成。只有当 0011011 码组进入移位寄存器，且帧结构的时序状态保持对准关系，A 时标出现 "1" 的时刻才有同步码检出。检出的同步码是周期为 250μs、脉宽为 1 bit 的负脉冲。

当出现同步码错误时，识别门无同步码检出，其输出为高电平。在时标 B 的作用下，开始前方保护时间计数。如果连续丢失 3（或 4）个帧同步码，计数器计满，输出指令 S=0，将收定时系统强迫置位到一个固定状态，系统进入同步捕捉状态。此时，由于收定时停止动作，使时标发生器输出的时标信号 A 为高电平状态，以便捕捉同步码。

当 PCM 码恢复正常后，同步系统从输入码流中捕捉到 0011011 码组，相当于第 N 帧有同步码，识别门输出一个检出脉冲用于帧同步。此时，后方保护时间计数开始，S=1，收定时系统启动并使时标发生器产生各类时标 A、B、C。时标 C 加到奇监视码检出电路，如果 $N+1$ 帧的检出电路检出的是高电平"1"，表示 $N+1$ 帧满足无同步码条件，应在 $N+2$ 帧由识别门再一次检出同步码，后方保护时间计数器动作，系统进入同步状态。

当 $N+1$ 帧出现的第 2 位码不是"1"而是"0"时，则表示 $N+1$ 帧无同步码的要求不成立，奇帧监视码检出电路输出一个负脉冲，将计数器强制置位到起始状态。同步系统重新进入捕捉状态。

如果 N 帧和 $N+1$ 帧均符合规定，$N+2$ 帧无同步检出，后方保护时间计数器所计的数无效，系统也必须重新进行捕捉。

11.3.4　分散插入同步法

另一种帧同步方法是将帧同步码分散地插入到信息码元中，即每隔一定数量的信息码元插入一个帧同步码元。这时为了便于提取，帧同步码不宜太复杂。PCM24 路数字电话系统的帧同步码就是采用的分散插入方式。下面以此为例进行讨论。

1. PCM24 路的帧结构

图 11.22 所示为 PCM24 基群的帧结构分配图。图中 b 为振铃码的位数，n 为 PCM 编码位数，F 为帧同步码的位数，K 为监视码的位数，N 为路数。其中 $n=7$，$b=1$，$F=1$，$N=24$，$K=0$。

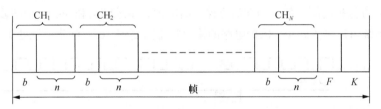

图 11.22　PCM24 基群的帧结构分配图

PCM24 路基群通信系统的帧同步码通常采用等间隔分散插入方式，如图 11.23 所示。

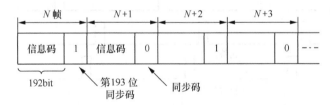

图 11.23　PCM24 路基群的同步码的分散插入方式

同步码采用 1、0 交替型，等距离地插入在每一帧的最后一个码位之后，即 PCM24 基群是 193 码位。这种插入方式的最大特点是同步码不占用信息时隙，同步系统结构较为简单，但是同步引入时间长。

2. 逐比特移位方式

对于采用分散插入方式的 PCM24 路的帧同步信号的提取通常采用逐比特移位方式，如图 11.24 所示。工作原理是：接收端通过本地码发生器产生和发送端相同的帧同步码。首先是将接收到的 PCM 码与本地帧同步码同时加到"不一致门"上。不一致门由"模 2 加"电路组成，其逻辑功能为 $A \oplus A = 0$，$A \oplus \overline{A} = 1$。

当本地帧和收到码流中的帧对准时，不一致门无信号输出。当本地帧和收到码流中的帧对不上时，则不一致门有错误脉冲输出。一方面输出的错误脉冲经展宽、延时后作为控制定时系统的移位脉冲；另一方面输出的错误脉冲经前后方保护时间计数时，计数电路输出高电平"1"。

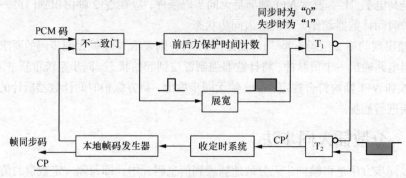

图 11.24　逐比特移位方式框图

此时移位脉冲经与非门 T_1 变为负脉冲，并通过与门 T_2 将时钟脉冲扣除 1 比特，如图 11.25 所示。CP 为时钟脉冲，它被扣除一个脉冲变为 CP′，使收定时电路停止动作一拍，相当于本地帧码时间后移 1 比特。如果后移一拍后的本地帧码和 PCM 码中帧同步还未对准，又输出一个错误脉冲，再将 CP 扣除一个脉冲，使产生的帧码又后移 1 比特。如此下去，直到对准为止。此时，同步系统进入后方保护时间计数。当在后方保护时间内，本地帧码和 PCM 中的帧一直保持对准状态，则表明系统可以进入同步。保护电路的输出状态回复到"0"，同步系统处于正常工作状态。

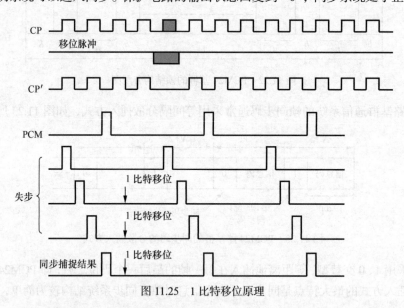

图 11.25　1 比特移位原理

11.3.5　帧同步系统的性能

衡量帧同步系统的主要指标有漏同步概率 P_1，假同步概率 P_2 和帧同步平均建立时间 t_s。不同方式的同步系统，性能自然不同。在此，主要分析集中插入方式的同步系统的性能。

1. 漏同步概率 P_1

如前所述，数字信号在传输过程中由于干扰的影响使同步码组产生误码，而使帧同步信息丢失，造成假失步现象，通常称为漏同步。出现这种情况的可能性称为漏同步概率，用 P_1 表示。

设帧同步码组长 n，码元的误码率 P，m 为容许码组出错的最大数，因此码组中所有不超过 m

个错误的码组都能正确识别，则未漏同步概率为

$$\sum_{r=0}^{m} C_n^r P^r (1-P)^{n-r} \qquad (11.3.4)$$

故得漏同步概率为

$$P_1 = 1 - \sum_{r=0}^{m} C_n^r P^r (1-P)^{n-r} \qquad (11.3.5)$$

2. 假同步概率 P_2

被传输的信息码元是随机的，完全可能出现与帧同步相同的码组，这时识别器会把它当做帧同步码组来识别而造成假同步（或称伪同步）。出现这种情况的可能性称为假同步概率，用 P_2 表示。

计算 P_2 就是计算信息码中出现帧同步码型的概率。设二进制码元中信息码的 "1"、"0" 码等概率出现，$P(1) = P(0) = 0.5$，则由该二进制码元组成 n 位码组的所有可能的码组数为 2^n 个。其中能被判为同步码组的组合数与判决器容许帧同步码组中最大错码数 m 有关。若 $m=0$，只有 C_n^0 个码组能识别；若 $m=1$，则有 $C_n^0 + C_n^1$ 个码组来识别。依次类推，即可求出消息码元中可被判为同步码组的组合数 $\sum_{r=0}^{m} C_n^r$，因而可得假同步概率为

$$P_2 = \frac{1}{2^n} \sum_{r=0}^{m} C_n^r \qquad (11.3.6)$$

比较式（11.3.5）和式（11.3.6）可见，m 增大，即判决门限电平降低时，P_1 减小，而 P_2 增加。这两项指标是有矛盾的，判决门限的选取要兼顾两者。

PCM30/32 的设备中帧同步系统引入后方保护时间，用奇监视码位来检查同步码的真伪，提高了系统的抗干扰性能，因此出现假同步的概率 P_2 很小。

3. 平均同步建立时间 t_s

设漏同步和假同步都不出现，在最不利的情况下，实现帧同步最多需要一帧时间。设每帧的码元数为 N，每码元的时间为 T_b，则一帧的时间为 NT_b。在建立同步过程中，如出现一次漏同步，则建立时间也要增加 NT_b；如果出现一次假同步，建立时间也要增加 NT_b。因此，集中插入同步法的帧同步平均建立时间为

$$t_s = (1 + P_1 + P_2) N T_b \qquad (11.3.7)$$

分散插入同步法的平均建立时间通过分析计算为

$$t_s \approx N^2 T_b \qquad (11.3.8)$$

显然，集中插入同步方法的 t_s 比分散插入方法要短得多，因而在数字传输系统中被广泛应用。

11.4 跳频信号的同步

跳频通信系统除了有一般数字通信系统的载波同步、位同步和帧同步的要求外，还有其特有的码系列同步，即要求收发双方不仅时钟频率要对准，而且要求码系列的起点要对齐。因此，跳频系统的同步问题也就比一般的数字通信系统更关键，更为复杂。

跳频同步是指收、发双方的跳频图案相同，跳频的频率序列相同，跳变的起止时刻相同。但

是，由于从发射点到接收点电波传播的时延及多径传播，收发双方启动码系列的时间差或收发双方时钟的不稳定等因素都可能产生收发之间的时间差异。而收发双方基准频率源的不稳定性或多普勒频移又会造成收发双方之间的频率偏差。而跳频同步的过程，就是搜索和消除时间及频率偏差的过程，以保证收发双方码相位和载波的一致性。

11.4.1 跳频同步的内容及方法

由以上分析可知，跳频通信的同步应包含以下内容。

① 频率同步：使发送信号载频和接收本地信号载频之差落在中频窄带晶体滤波的通带内。

② 跳频图案同步：跳频接收机本地载频随时间 T 跳变的图案必须与发送端跳频图案相同。

③ 跳频码元同步：跳频通信收发两地跳频速率和起始相位应在允许的范围内，即小于 1/2 个码元。

④ 失步检测判决：能及时准确地判定通信系统的失步。

跳频通信系统采用的同步方法有以下几种。

① 同步字头法：也称插入前置同步法。用一组特殊的码字携带同步信息，把它周期或非周期地插入跳频指令码序列中，接收端根据前置码的特点，可从接收到的跳频序列中识别出来。

② 自同步法：它是利用发送端发送的数字信号序列中隐含的同步信息，在接收端将其提取出来，从而获得同步信息实现跳频。因此，这种方法不需要同步字头，可以节省功率损耗，且具有较强的抗干扰能力。自同步法采用自适应方法，通信信号隐蔽，同步方式不需要转接中心，组网也较灵活。

③ 高精度晶体时钟定时控制同步法：跳频收发信机的跳频程序时钟，用一个准确而可靠的格林威治时间作参考，用以设计一个不易失步的通信系统，使每个通信机每天的时间和日期都准确到 1μs，于是在预定的时间里，将所有的码发生器根据标准时间和日期进行校准。

11.4.2 跳频系统的等待自同步法

上述 3 种基本的同步方法各有其优缺点。在实际的跳频系统中，常常是将这几种基本方法组合起来应用，使跳频系统达到在某种条件下的最佳同步。例如，自同步法具有同步信息隐蔽的优点，但是存在同步建立时间长的缺点；同步字头法具有快速建立同步的优点，但存在同步信息不够隐蔽的缺点。因此，可将这两种方法进行组合，得到一个综合最佳的同步系统。

本小节针对既要具有较强的抗干扰能力，又便于灵活组网，跳频速率较低，用户数少的可任意选址的小型移动通信网，着重介绍一种适用的等待搜索自同步法。

图 11.26 所示为等待自同步法的跳频同步过程。图中，接收端在频率 f_6 上等待接收跳频信号；发送端发送的跳频信号的载频频率依次在 f_1、f_2、f_3、f_4、f_5、f_6 …上跳变。当发送端信号的载频跳变至 f_6 时，接收端接收到跳频信号，这时称为同步捕获，即可从跳频信号中解出它所携带的同步字头内的同步信息。接着，就依照同步信息的指令开始同步跳频，即由等待阶段转入同步跳频的跟踪阶段，从而建立了跳频系统的同步。

跳频信号的时间同步有中频和基频两种方式，也就是说，使跳频信号变到中频或基频范围内，再进行检测和同步识别。通常多采用中频方法，即接收信号与本地载频进行混频，通过带通滤波器取其中频。同步过程又可分为捕获和跟踪两部分。

等待搜索自同步法的原理框图如图 11.27 所示，它是在完成频率同步的条件下，依次完成跳频图案的同步、跳频脉冲码元同步和失步检测判决。它将同步基本上分成 4 个状态来处理。

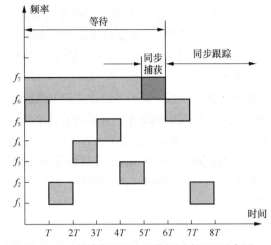

图 11.26 等待自同步法的跳频同步过程示意图

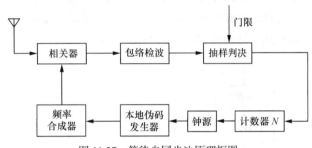

图 11.27 等待自同步法原理框图

1. 等待、搜索状态

收发双方开始联系时，由于接收机对发送端跳频信号的频率和相位一无所知，因而接收端频率合成器的振荡频率只能停留在某一频率 f 上，等待搜索发送端跳频信号中对应频率 f_1。当发射频率与接收端的本振频率经过混频，中频滤波器再包络检波，若包络检波器的输出 ξ_i 超过一定的门限电平值 ξ_{th}，这一电平触发伪码发生器，使频率合成器输出相邻的本振跳频频率，重复这种等待捕捉过程，一直到各次跳频都产生超过门限电平时，这就说明了收发两端跳频图案相同。如果检波输出电平低于门限值，则本振频率停止在原状态捕捉或把本振序列导前某一时间，再继续捕捉。

2. 跳频图案的同步状态

捕捉门限值与码序列的相关性关系如图 11.28 所示，若两个码序列的相位差 $\tau = 0$ 时，则相关值最大为 L；当 $|\tau| = T_c/2$ 时，相关值为 $L/2$。取 $L/2$ 作为捕获的门限值。包络检波器的输出与门限值相比，若超过门限值时，则表示信号地址码与本地码的起始相位差小于 $T_c/2$，于是，接收机一方面启动伪码发生器，另一方面连续累计超过门限的次数。若超过预定的 K 次，表示捕获成功，由计数器输出控制信号，使本地时钟停止跳动，保持现有的起始相位，并自动转到时间跟踪状态。相位差大于 $T_c/2$，就要再继续搜索，这样重复 n 次，直到收、发码序列相位差小于 $T_c/2$ 为止。

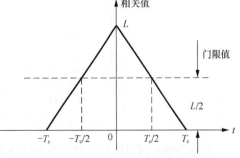

图 11.28 门限值与码序列的相关性关系

由以上分析可知，为了减少虚报概率和完成跳频指令图案的同步，不是一次满足包络检波输出电平 ξ_i 大于门限电平 ξ_{th} 系统即进入锁定跟踪，而是进入检测判决状态，还要继续观察 $\xi_i > \xi_{th}$。只有在一个周期内都能达到 $\xi_i > \xi_{th}$，且当累计数 $N > K$ 后才进入锁定跟踪状态。

3. 跟踪状态及跳频脉冲码元同步

在跳频系统中当同步脉冲码元被捕获后，同步系统就转到跟踪状态，将捕获时所能得到的相位精度 $T_c/2$ 进一步提高，即把同步区间降低到更小，并保持着这个精度。

当系统进入锁定跟踪后，不像在检测判决状态那样受 $\xi_i > \xi_{th}$ 判决控制，而是由跳频脉冲码元直接触发跳频器，来实现跳频脉冲码元同步。也就是说，在跳频脉冲周期 T_c 和 $T_c/2$ 的时刻抽样，其值经过差分放大器输出统计量电平 ξ_i' 与门限电平 $\pm\xi_{th}'$ 相比较，产生加、减脉冲来调节本地时钟相位，完成跳频脉冲码元同步。

4. 失步检测判决

为防止和减少漏报概率，在进入锁定跟踪状态后，还必须在 T_c 时刻取出同步检测统计量与判决门限比较，只有在一定码长内，累计 K 次（K 为失步检测判决次数）出现检测统计量低于门限时，系统处于失步，随即封锁跳频脉冲码元输出，且停止本地跳频器输出频率的跳变，重新回到等待捕捉状态。等待搜索自同步法的流程图如图 11.29 所示。

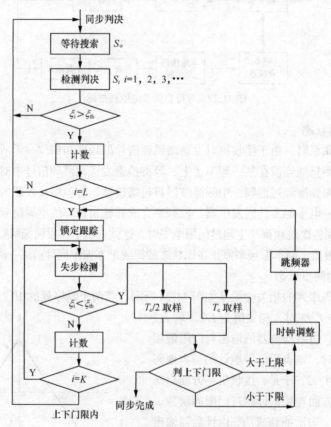

图 11.29 等待搜索自同步法的流程图

等待搜索自同步法具有较短的平均捕获时间和较长的平均锁定时间，在失步和假锁情况下，具有较短的平均失步检测时间。由于其有较强的抗干扰能力，组网灵活，因此，在跳频速率低，用户较少的任意选址的小型移动通信网中是行之有效的方法。

11.5 网 同 步

当通信是在点对点之间进行时，完成了载波同步、位同步和帧同步之后，就可以进行可靠的通信了。但现代通信往往需要在许多通信点之间实现相互连接构成通信网。显然，为了保证通信网各点之间可靠地进行数字通信，必须在网内建立一个统一的时间标准，称为网同步。

实现网同步的方法主要有两大类：一类是全网同步系统，即在通信网中使各站的时钟彼此同步，各站的时钟频率和相位都保持一致。建立这种网同步的主要方法有主从同步法和相互同步法。另一类是准同步系统，也称独立时钟法，即在各站均采用高稳定性的时钟，相互独立，允许其速率偏差在一定的范围之内，在转接时设法把各处输入的数码速率变换成本站的数码率，再传送出去。在变换过程中要采取一定措施使信息不致丢失。实现这种方式的方法有两种，即码速调整法和水库法。

11.5.1 全网同步系统

全网同步方式采用频率控制系统去控制各交换站的时钟，使它们都达到同步，即使它们的频率和相位均保持一致，没有滑动。采用这种方法可用稳定度稍低而价廉的时钟，在经济上是有利的。

1. 主从同步法

在通信网内设立一个主站，它备有一个高稳定的主时钟源，再将主时钟源产生的时钟逐站传输至网内的各个站去，如图 11.30 所示。这样各站的时钟频率（定时脉冲频率）都直接或间接来自主时钟源，所以网内各站的时钟频率相同。各从站的时钟频率通过各自的锁相环来保持和主站的时钟频率一致。由于主时钟到各站的传输线路长度不等，会使各站引入不同的时延。因此，各站都需设置时延调整电路，以补偿不同的时延，使各站的时钟不仅频率相同，而且相位也一致。

这种主从同步方式比较容易实现，它依赖单一的时钟，设备比较简单。此法的主要缺点是：若主时钟源发生故障，会使全网各站都因失去同步而不能工作；当某一中间站发生故障时不仅该站不能工作，其后的各站都因失步而不能工作。

图 11.31 所示为另一种主从同步控制方式，称为等级主从同步方式。它所不同的是全网所有的交换站都按等级分类，其时钟都按照其所处的地位水平，分配一个等级。在主时钟发生故障的情况下，就主动选择具有最高等级的时钟作为新的主时钟，即主时钟发生故障时，则由副时钟源替代，并通过图中虚线所示通路供给时钟。这种方式改善了可靠性，但较复杂。

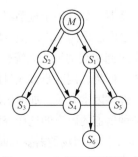

图 11.30 主从同步控制方式

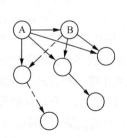

图 11.31 等级主从同步方式

2. 互控同步法

为了克服主从同步法过分依赖主时钟源的缺点，让网内各站都有自己的时钟，并将数字网高度互连实现同步，从而消除了仅有一个时钟可靠性差的缺点。各站的时钟频率都锁定在各站固有频率的平均值上，这个平均值称为网频频率，从而实现网同步。这是一个相互控制的过程。当网中某一站发生故障时，网频频率将平滑地过渡到一个新的值。这样，除发生故障的站外，其余各站仍能正常工作，因此提高了通信网工作的可靠性。这种方法的缺点是每一站的设备都比较复杂。

11.5.2 准同步系统

1. 码速调整法

准同步系统是各站各自采用高稳定时钟，不受其他站的控制，它们之间的钟频允许有一定的容差。这样各站送来的信码流首先进行码速调整，使之变成相互同步的数码流，即对本来是异步的各种数码进行码速调整。关于码速调整的方法请参考有关资料。

2. 水库法

水库法是依靠在各交换站设置极高稳定度的时钟源和容量大的缓冲存储器，使得在很长的时间间隔内存储器不发生"取空"或"溢出"的现象。容量足够大的存储器就像水库一样，即很难将水抽干，也很难将水库灌满。因而可用做水流量的自然调节，故称为水库法。

现在来计算存储器发生一次"取空"或"溢出"现象的时间间隔 T。设存储器的位数为 $2n$，起始为半满状态，存储器写入和读出的速率之差为 $\pm \Delta f$，则显然有

$$T = \frac{n}{\Delta f} \tag{11.5.1}$$

设数字码流的速率为 f，相对频率稳定度为 S，并令

$$S = |\pm \frac{\Delta f}{f}| \tag{11.5.2}$$

则由式（11.5.1）得

$$fT = \frac{n}{S} \tag{11.5.3}$$

式（11.5.3）是水库法进行计算的基本公式。

现举例如下。设 $f = 512\text{kbit/s}$，并设

$$S = |\pm \frac{\Delta f}{f}| = 10^{-9}$$

需要使 T 不小于 24 小时，则利用式（11.5.3），可求出 n，即

$$n = SfT = 1 \times 10^{-9} \times 51\,200 \times 24 \times 3\,600 \approx 45$$

显然，这样的设备不难实现，若采用更高稳定度的振荡器，如镓原子振荡器，其频率稳定度可达 5×10^{-11}。因此，可在更高速率的数字通信网中采用水库法作网同步。但水库法每隔一个相当时间总会发生"取空"或"溢出"现象，所以每隔一定时间 T 要对同步系统校准一次。

上面简要介绍了数字通信网的网同步的几种主要方式。但是，网同步方式目前世界各国仍在继续研究，究竟采用哪一种方式，有待探索。而且，它与许多因素有关，如通信网的构成形式，信道的种类，转接的要求，自动化的程度，同步码型和各种信道的码率的选择等都有关系。前面所介绍的方式，各有其优缺点。目前数字通信正在迅速发展，随着市场的需要和研究工作的进展，可以预期今后一定会有更加完善、性能良好的网同步方法出现。

习 题 11

11.1　已知单边带信号 $S_{SSB}(t) = f(t)\cos\omega_0 t + \hat{f}(t)\sin\omega_0 t$，试证明它不能用平方变换—滤波法提取载波。

11.2　已知单边带信号 $S_{SSB}(t) = f(t)\cos\omega_0 t + \hat{f}(t)\sin\omega_0 t$，若采用与 DSB 导频插入相同的方法，试证明接收端可正确解调；若发送端插入的导频是调制载波，试证明解调输出中也含有直流分量。

11.3　设某基带信号如题图 11.1 所示，它经过一带限滤波器后变为带限信号，试画出从带限基带信号中提取位同步信号的原理方框图和各点波形。

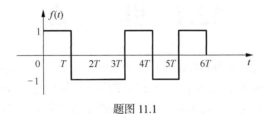

题图 11.1

11.4　有两个相互正交的双边带信号 $A_1\cos\Omega_1 t\cos\omega_0 t$ 和 $A_2\cos\Omega_2 t\sin\omega_0 t$ 送入如题图 11.2 所示的电路解调。试讨论载波相位误差 φ 对该系统有什么影响。

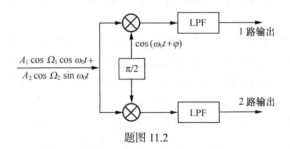

题图 11.2

11.5　若 7 位巴克码组的前后全为 "1" 序列，将它加入图 11.18 所示的 7 位巴克码识别器的输入端，且各移位寄存器的初始状态均为零，试画出识别器中加法器和判决器的输出波形。

11.6　若 7 位巴克码组的前后全为 "0" 序列，将它加入图 11.18 所示的 7 位巴克码识别器的输入端，且各移位寄存器的初始状态均为零，试画出识别器中加法器和判决器的输出波形。

11.7　帧同步采用集中插入一个 7 位巴克码组的数字传输系统，若传输速率为 1kbit/s，误码率 $P_e = 10^{-4}$，试分别计算允许错 $m=0$ 和 $m=1$ 位码时的漏同步概率 P_1 和假同步概率 P_2。若每帧中的信号位为 153，估算帧同步的平均建立时间。

11.8　设数字通信网采用水库法进行码速调整，已知数据速率为 16kbit/s，寄存器容量为 $2n=16$ 位，当时钟的相对频率稳定度为 $|\pm\Delta f/f| = 10^{-6}$ 时，试计算需要调整的时间间隔。

第12章
差错控制编码

12.1 引　言

在数字通信中，数字信息交换和传输过程中所遇到的主要问题就是可靠性问题，也就是数字信号在交换和传输过程中出现差错的问题。出现差错的主要原因是信号在传输过程中由于信道特性不理想以及加性噪声和人为干扰的影响，使接收端产生错误判决。不同的系统在信号传输的过程中会受到不同的干扰，产生不同的差错率，进而使传输的可靠性不同。随着传输速率的提高，可靠性问题更加突出。不同的通信系统对误码率的要求也不相同，如传输雷达数据时允许的误码率约为 1×10^{-5}，数字语音传输系统允许的误码率约为 $1 \times 10^{-3} \sim 1 \times 10^{-4}$，而在计算机网络之间传输数据时要求的误码率应小于 1×10^{-9}。

为了提高系统传输的可靠性，降低误码率，常用的方法有两种：一种是降低数字信道本身引起的误码，可采用的方法有选择高质量的传输线路、改善信道的传输特性、增加信号的发送能量、选择有较强抗干扰能力的调制解调方案等；另一种就是采用差错控制编码，即信道编码。它的基本思想是通过对信息序列作某种变换，使原来彼此独立、相关性极小的信息码元产生某种相关性，在接收端可以利用这种规律性来检查并纠正信息码元在信息传输中所造成的差错。在许多情况下，信道的改善是不可能的或者是不经济的，这时只能采用差错控制编码方法。

从差错控制角度看，按加性干扰引起的错码分布规律的不同，信道可以分为3类，即随机信道、突发信道和混合信道。在随机信道中，错码的出现是随机的，且错码之间是统计独立的。例如，由信道中的高斯白噪声引起的错码就具有这种性质，因此称这种信道为随机信道。在突发信道中，错码是成串集中出现的，也就是说，在一些短促的时间区间内会出现大量错码，而在这些短促的时间区间之间却又存在较长的无错码区间，这种成串出现的错码称为突发错码。产生突发错码的主要原因是脉冲干扰和信道中的衰落现象，因此称这种信道为突发信道。把既存在随机错码又存在突发错码的信道称为混合信道。对于不同的信道应采用不同的差错控制技术。

常用的差错控制方法有以下几种。

1. 检错重发

检错重发（ARQ）方式的发送端发出有一定检错能力的码。接收端译码器根据编码规则，判断这些码在传输中是否有错误产生，如果有错，就通过反馈信道告诉发送端，发送端将接收端认为错误的信息再次重新发送，直到接收端认为正确为止。

该方式的优点是只需要少量的冗余码就能获得较低的误码率。由于检错码和纠错码的能力与信道的干扰情况基本无关，因此整个差错控制系统的适应性较强，特别适合于短波、有线等干扰情况非常复杂而又要求误码率较低的场合。主要缺点是必须有反馈信道，不能进行同播。当信道干扰较大时，整个系统可能处于重发循环之中，因此信息传输的连贯性和实时性较差。

2. 前向纠错法

前向纠错（FEC）方式是发送端发送有纠错能力的码，接收端的纠错译码器收到这些码之后，按预先规定的规则，自动纠正传输中的错误。

该方式的优点是不需要反馈信道，能够进行一个用户对多个用户的广播式通信。此外，这种通信方式译码的实时性好，控制电路简单，特别适用于移动通信。缺点是译码设备比较复杂，所选用的纠错码必须与信道干扰情况相匹配，因而对信道变化的适应性差。为了获得较低的误码率，必须以最坏的信道条件来设计纠错码。

3. 混合差错控制

混合差错控制（HEC）方式是检错重发方式和前向纠错方式的结合。发送端发送的码不仅能够检测错误，而且还具有一定的纠错能力。接收端译码器收到信码后，如果检查出的错误是在码的纠错能力以内，则接收端自动进行纠错，如果错误很多，超过了码的纠错能力但尚能检测时，接收端则通过反馈信道告知发送端必须重发这组码的信息。

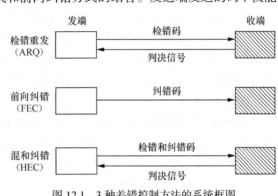

该方法不仅克服了前向纠错方式冗余度较大，需要复杂的译码电路的缺点，同时还增强了检错重发方式的连贯性，在卫星通信中得到了广泛的应用。

图 12.1 3 种差错控制方法的系统框图

图 12.1 所示为上述 3 种差错控制方法的系统框图，图中有斜线的方框图表示在该端检出错误。

12.2 纠错编码的原理

12.2.1 纠错编码的原理

一般说来，信源发出的消息均可用二进制信号表示。例如，要传送的消息为 A 和 B，可用 0 代表 A，1 代表 B。若在信道传输的过程中产生了错误，0 错成了 1，或者 1 错成了 0，接收端都无法检测，因此这种码没有抗干扰能力。如果在 0 或 1 的后面加一位监督位（也称校验位），即以 00 代表 A，11 代表 B，长度为 2 的二进制序列共有 $2^2 = 4$ 种组合，即 00，01，10，11。00 和 11 是从这 4 种组合中挑选出来的。01 和 10 为禁用码。当干扰只使其中一位发生错误时，如 00 变成了 01 或 10，译码器就认为是误码，但这时译码器不能判断是哪一位错了，因而不能自动纠错。如果在传输中两位码都发生了错误，如由 00 变成了 11，译码器会将它判为 B，这就造成了差错，所以按这种 1 位信息位、1 位监督位的编码方式，只能发现 1 位错误码。

按照这种想法，使码的长度再增加，用 000 代表 A，111 代表 B，这样势必会增加码的抗干扰能力。我们知道，长度为 3 的二进制序列，共有 $2^3 = 8$ 种组合，即 000，001，010，011，100，101，110，111。这 8 种组合中可以有 3 种编码方案：第 1 种是把 8 种组合都作为码字，可以代表

8 个不同的符号或信息。显然，这种编码在传输中若发生一位或多位错误时，都可使一个许用码组变成另一个许用码组，因而接收端将无法发现错误，所以这种编码方案没有抗干扰能力。第 2 种方案是只选其中的 4 种组合作为码字来传送信息，如 000，011，101，110，其他 4 种组合作为禁用码，这时虽然只能传送 4 种不同的信息，但接收端有可能发现码组中的一位错码。例如，若 000 中错了一位，则接收码组将变成 100 或 010 或 001，而这 3 种码组都是禁用码组。接收端在收到禁用码组时，就认为发现了错码，但这时不能确定错码的位置。例如，当收到禁用码组 100 时，在接收端无法判断哪一位码发生了错误，因为 000，101，110 三者错一位码都可以变成 100，若想能纠正错误就还要增加码的长度。第 3 种方案中规定许用码组只有 000 和 111 两个，这时能检测两位以下的错误，或能纠正一位错码。例如，在收到禁用码组为 100 时，若当做仅有一位错码，则可判断出该错码发生在 "1" 的位置，从而纠正为 000，即这种编码方案可以用来纠正一位差错，因为 111 发生任何一位错码时都不可能变成 100。但若假定错码数不超过两个，则存在两种可能性，000 错一位及 111 错两位都可能变成 100，因而只能检出错码而不能进行纠正。

从上面的例子中可以得到关于 "分组码" 的一般概念。如果不要求检错或纠错，为了传输两种不同的信息，只用 1 位码就够了，我们把代表所传信息的这位码称为信息位。第 2 种和第 3 种方案分别使用了 2 位码和 3 位码，多增加的码位数称为监督位。我们把为每组信码附加若干监督码的编码称为分组码。在分组码中，监督码元仅监督本码组中的信息码元。后面将讨论的卷积码的监督位就不具备这一特点。

分组码一般用符号 (n, k) 表示，其中 k 是每组二进制信息码元的数目，n 是码组的总位数，又称为码组长度（码长），$n - k = r$ 为每码组中的监督码元数目，或称监督位数目。通常将分组码规定为具有如图 12.2 所示的结构，图中前面 k 位 $(a_{n-1} \cdots a_r)$ 为信息位，后面附加 r 个监督位 $(a_{r-1} \cdots a_0)$，此码又称为系统码。

图 12.2　分组码的结构

12.2.2　差错控制编码的基本概念

1. 编码效率

设编码后的码组长度、码组中所含信息码元以及监督码元的个数分别为 n、k 和 r，三者间满足 $n = k + r$，编码效率 $R = k/n = 1 - r/n$。R 越大，说明信息位所占的比重越大，码组传输信息的有效性越高。所以，R 说明了分组码传输信息的有效性。

2. 编码分类

编码分类主要有以下几种。

① 根据已编码组中信息码元与监督码元之间的函数关系，可分为线性码和非线性码。若信息码元与监督码元之间的关系呈线性，即满足一组线性方程式，称为线性码。

② 根据信息码元与监督码元之间的约束方式不同，可分为分组码和卷积码。分组码的监督码

元仅与本码组的信息码元有关，卷积码的监督码元不仅与本码组的信息码元有关，而且与前面码组的信息码元有约束关系。

③ 根据编码后信息码元是否保持原来的形式，可分为系统码和非系统码。在系统码中，编码后的信息码元保持原样，而非系统码中的信息码元则改变了原来的信号形式。

④ 根据编码的不同功能，可分为检错码和纠错码。

⑤ 根据纠、检错误类型的不同，可分为纠、检随机性错误的码和纠、检突发性错误的码。

⑥ 根据码元取值的不同，可分为二进制码和多进制码。

本章只介绍二进制纠错编码和检错编码。

3. 编码增益

由于编码系统具有纠错能力，因此在达到同样误码率要求时，编码系统会使所要求的输入信噪比低于非编码系统，为此引入了编码增益的概念。其定义为：在给定误码率下，非编码系统与编码系统之间所需信噪比之差（用 dB 表示）为编码增益。采用不同的编码会得到不同的编码增益，但编码增益的提高要以增加系统带宽或复杂度来换取。

4. 码重和码距

对于二进制码组，码组中"1"码元的个数称为码组的重量，简称码重，用 W 表示。例如，码组 10001，它的码重 $W = 2$。

两个等长码组之间对应位不同的个数称为这两个码组的汉明距离，简称码距 d。例如，码组 10001 和 01101 有 3 个位置的码元不同，所以码距 $d = 3$。码组集合中各码组之间距离的最小值称为码组的最小距离，用 d_0 表示。最小码距 d_0 是信道编码的一个重要参数，它体现了该码组的纠错、检错能力。d_0 越大，说明码字间最小差别越大，抗干扰能力越强。但 d_0 与所加的监督位数有关，所加的监督位数越多，d_0 就越大，这又引起了编码效率 R 的降低，所以编码效率 R 与最小码距 d_0 是一对矛盾。

根据编码理论，一种编码的检错或纠错能力与码字间的最小距离有关。在一般情况下，对于分组码有以下结论。

① 为检测 e 个错误，最小码距应满足

$$d_0 \geqslant e + 1 \tag{12.2.1}$$

这可以用图 12.3（a）来说明：设一码组 A 位于 O 点，另一码组 B 与 A 最小码距为 d_0。当 A 码组发生 e 个误码时，可以认为 A 的位置将移动到以 O 为圆心、以 e 为半径的圆上，但其位置不会超出此圆。只要 e 比 d_0 小 1，就不会发生把 A 码组错译为 B 码组的事件，既有 $e \leqslant d_0 - 1$。

② 为纠正 t 个错误，最小码距应满足

$$d_0 \geqslant 2t + 1 \tag{12.2.2}$$

这可以用图 12.3（b）来说明：若码组 A 和码组 B 发生不多于 t 位的错误，则其位置均不会超出以 O_1 和 O_2 为圆心，以 t 为圆的半径。只要这两个圆不相交，则当误码小于 t 时，根据它们落入哪个圆内，就可以正确地判断为 A 或 B，即可纠正错误。以 O_1 和 O_2 为圆心，以 t 为半径的两圆不相交的最近圆心距离为 $2t + 1$，此即为纠正 t 个误码的最小码距。

③ 为纠正 t 个错误，同时又能够检测 e 个错误，最小码距应满足

$$d_0 \geqslant e + t + 1 \qquad (e > t) \tag{12.2.3}$$

在解释此式之前，先来说明什么是"纠正 t 个错码，同时检测 e 个错码"。在某些情况下，要求对于出现较频繁但错码数很少的码组按前向纠错方式工作，以节省反馈重发时间；同时又希望对一些错码数较多的码组，在超过该码的纠错能力时，能自动按检错重发方式工作，以降低系统

的总误码率。这种工作方式就是"纠检结合"。

　　在上述"纠检结合"系统中，差错控制设备按照接收码组与许用码组的距离自动改变工作方式。若接收码组与某一许用码组间的距离在纠错能力 t 范围内，则将按纠错方式工作，否则按检错方式工作。现用图 12.3（c）来加以说明：若设码的检错能力为 e，则当码组 A 中存在 e 个错码时，该码组与任一许用码组 B 的距离至少应有 $t+1$，否则将进入许用码组 B 的纠错能力范围内，而被错纠为 B。这就要求最小码距应满足式（12.2.3）。

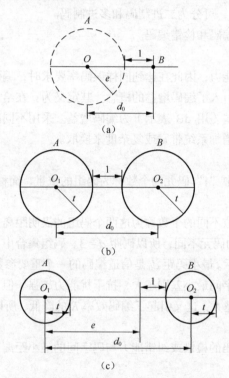

(a)

(b)

(c)

图 12.3　码距与检错和纠错能力之间的关系

12.3　常用的简单编码

　　在讨论较为复杂的纠错编码之前，先介绍几种简单的编码。这些编码属于分组编码，且编码电路简单，易于实现，有较强的纠错、检错能力，因此在实际中得到了比较广泛的应用。

12.3.1　奇偶监督码

　　奇偶监督码可分为奇数监督码和偶数监督码两种，两者的原理相同。在偶数监督码中，无论信息位有多少，监督位只有一位，它使码组中"1"的数目为偶数，即满足

$$a_{n-1} \oplus a_{n-2} \oplus \cdots \oplus a_1 \oplus a_0 = 0 \tag{12.3.1}$$

式中，a_0 为监督位，$a_{n-1}, a_{n-2}, \cdots, a_2, a_1$ 为信息位，"$\oplus$"表示模 2 加。这种码只能发现奇数个错误，不能发现偶数个错误。在接收端，译码器按照式（12.3.1）将码组中各码元进行模 2 加，若相加的结果为"1"，说明码组存在差错，若为"0"则认为无错。

奇监督码与偶监督码相类似，只不过其码组中"1"的个数为奇数，即满足

$$a_{n-1} \oplus a_{n-2} \oplus \cdots \oplus a_1 \oplus a_0 = 1 \qquad （12.3.2）$$

且检错能力与偶监督码一样。

尽管奇偶监督码的检错能力有限，但是在信道干扰不太严重、码长不长的情况下仍很有用，因此广泛应用于计算机内部的数据传送及输入、输出设备中。

12.3.2　二维奇偶监督码

二维奇偶监督码又称方阵码或行列监督码。它是把上述奇偶监督码的若干码组排列成矩阵，每一码组写成一行，然后再按列的方向增加第二维监督位，如图 12.4 所示。图中 $a_0^1 a_0^2 \cdots a_0^m$ 为 m 行奇偶监督码中的 m 个监督位；$c_{n-1} c_{n-2} \cdots c_0$ 为按列进行第二次编码所增加的监督位，它们构成了一监督位行。

$$
\begin{array}{cccc|c}
a_{n-1}^1 & a_{n-2}^1 & \cdots & a_1^1 & a_0^1 \\
a_{n-1}^2 & a_{n-2}^2 & \cdots & a_1^2 & a_0^2 \\
\vdots & \vdots & & \vdots & \vdots \\
a_{n-1}^m & a_{n-2}^m & \cdots & a_1^m & a_0^m \\
\hline
c_{n-1} & c_{n-2} & \cdots & c_1 & c_0
\end{array}
$$

图 12.4　二维奇偶监督码

这种二维奇偶监督码适用于检测突发错码。因为这种突发错码常常成串出现，随后有较长一段无错区间，所以在某一行中出现多个奇数或偶数错码的机会较多，而这种方阵码正适于检测这类错码。

二维奇偶监督码仅对方阵中同时构成矩形四角的错码无法检测，故其检错能力较强。一些实验测量表明，这种码可使误码率降至原误码率的百分之一到万分之一。

二维奇偶监督码不仅可用来检错，还可用来纠正一些错码。例如，当码组中突发错码仅在一行中有奇数个错误时，则能够确定错码的位置，从而纠正它。

12.3.3　恒比码

在恒比码中，每个码组均含有相同数目的"1"和"0"。由于"1"的数目与"0"的数目之比保持恒定，所以称为恒比码。这种码在接收端检测时，只需计算接收码组中"1"的数目是否正确，就可以知道有无错误。

目前，我国电传通信中普遍采用 5 中取 3 恒比码，即每个码组长度为 5，"1"的个数为 3，"0"的个数为 2。该码组共有 $C_5^3 = 10$ 个许用码字，用来传送 10 个阿拉伯数字，如表 12.1 所示。实际使用经验表明，它能使差错减至原来的 1/10 左右。

表 12.1　　　　　　　　　　　　　　　　5 中取 3 恒比码

数字	0	1	2	3	4	5	6	7	8	9
码字	01101	01011	11001	10110	11010	00111	10101	11100	01110	10011

在国际无线电报通信中，广泛采用的是"7 中取 3"恒比码，这种码组中规定 "1"的个数恒为 3。因此，共有 $C_7^3 = 35$ 个许用码组，它们可用来表示 26 个英文字母及其他符号。

这种码除了不能检测"1"错成"0"和"0"错成"1"成对出现的差错外，能发现几乎任何形式的错码，因此恒比码的检错能力较强。恒比码的主要优点是简单，它适于用来传输电传机或其他键盘设备产生的字母和符号。对于信源来的二进制随机数字序列，这种码就不适合使用了。

12.3.4　正反码

正反码是一种简单的能够纠正错码的编码。其中监督位数目与信息位数目相同，监督码元与信息码元相同（是信息码的重复）或相反（是信息码的反码）由信息码中"1"的个数而定。现以电报通信中常用的 5 单元电码为例来加以说明。

电报通信用的正反码的码长 $n=10$，其中信息位 $k=5$，监督位 $r=5$。其编码规则如下：

① 当信息位中有奇数个"1"时，监督位是信息位的简单重复；

② 当信息位中有偶数个"1"时，监督位是信息位的反码。

例如，若信息位为 11001，则码组为 1100111001；若信息位为 10001，则码组为 1000101110。

接收端解码的方法为：先将接收码组中信息位和监督位按位模 2 相加，得到一个 5 位的合成码组，然后，由此合成码组产生一个校验码组。若接收码组的信息位中有奇数个"1"，则合成码组就是校验码组；若接收码组的信息位中有偶数个"1"，则取合成码组的反码作为校验码组。最后，观察校验码组中"1"的个数，按表 12.2 进行判决及纠正可能发现的错码。

表 12.2　　　　　　　　　　　　　　　正反码的解码方法

	校验码组的组成	错码情况
1	全为"0"	无错码
2	有 4 个"1"，1 个"0"	信息码中有一位错码，其位置对应校验码组中"0"的位置
3	有 4 个"0"，1 个"1"	监督码中有一位错码，其位置对应校验码组中"1"的位置
4	其他组成	错码多于一个

上述长度为 10 的正反码具有纠正一位错码的能力，并能检测全部两位以下的错码和大部分两位以上的错码。例如，发送码组为 1100111001，若接收码组中无错码，则合成码组应为 $11001 \oplus 11001 = 00000$。由于接收码组信息位中有奇数个"1"，所以校验码组就是 00000。按表 12.2 判决，结论是无错码。若传输中产生了差错，使接收码组变成 1000111001，则合成码组为 $10001 \oplus 11001 = 01000$。由于接收码组中信息位有偶数个"1"，所以校验码组应取合成码组的反码，即 10111。由于有 4 个"1"、1 个"0"，按表 12.2 判决，信息位中左边第二位为错码。若接收码组错成 1100101001，则合成码组变成 $11001 \oplus 01001 = 10000$。由于接收码组中信息位有奇数个"1"，故校验码组就是 10000，按表 12.2 判决，监督位中第一位为错码。最后，若接收码组为 1001111001，则合成码组为 $10011 \oplus 11001 = 01010$，校验码组为 01010，按表 12.2 判决，这时错码多于一个。

12.4　线性分组码

线性分组码是整个纠错码中非常重要的一类编码，它是讨论其他各类编码的基础。本节重点讨论线性分组码的形成原理。

在 12.3 节介绍的简单编码中，介绍了奇偶监督的编码原理。奇偶监督码的编码原理利用了代数关系式，如式（12.3.1）所示，把这类建立在代数学基础上的编码称为代数码。在代数码中，常见的是线性分组码。线性分组码中的信息位和监督位是由一些线性代数方程联系着的。

为了纠正码组中的一位错码，分组码中最少要包含多少位监督位的问题是研究线性分组码的出发点。汉明码是一种能够纠正一位错码的效率较高的线性分组码。下面介绍其编译码的原理。

12.4.1　汉明码的编码原理

首先回顾一下由式（12.3.1）构成的偶监督码，由于使用了监督位 a_0，所以它能和信息位 $a_{n-1} \cdots a_1$ 一起构成一个代数式。在接收端译码时实际上是在计算下式的值，即

$$S = a_{n-1} \oplus a_{n-2} \oplus \cdots \oplus a_1 \oplus a_0 \qquad (12.4.1)$$

若 $S=0$，表示无错；若 $S=1$，表示有错。将式（12.4.1）称为监督关系式，S 称为校正子。由于校正子 S 只有一位，它的取值为"0"或"1"，所以只能代表有错与无错两种信息，而不能指出错码的位置，无法纠错。如果增加监督位，例如有两个监督位，这样就需建立两个监督关系式，出现两个校正子，共有 4 种组合：00，01，10，11，可以代表 4 种不同的信息。若用其中一种表示无错，则其余 3 种就有可能用来指示一位错码的 3 种不同位置。由此可以推之，若有 r 个监督位，就可以得到 r 个监督关系式，这时校正子有 2^r 种组合，其中一种表示无错，其余 2^r-1 种可以用来指示一位错码的 2^r-1 个可能位置。

一般来说，若码长为 n，信息位数为 k，则监督位数 $r=n-k$。如果希望用 r 个监督位构造出 r 个监督关系式来指示一位错码的 n 种可能位置，则要求

$$2^r-1 \geq n \text{ 或 } 2^r \geq k+r+1 \tag{12.4.2}$$

下面通过一个例子来说明如何具体构造这些监督关系式。

设一 (n,k) 分组码，其中 $k=4$，要想纠正一位错码，必须使 $2^r \geq 4+r+1$，即 $r \geq 3$。为了提高编码效率，取 $r=3$，则码长 $n=k+r=7$。这样形成的分组码为（7，4）分组码。我们用 $a_6a_5a_4a_3$ 表示信息位，用 $a_2a_1a_0$ 表示监督位，用 S_1,S_2,S_3 表示 3 个监督关系式中的校正子，则 S_1,S_2,S_3 的值与错码位置的对应关系如表 12.3 所示（不失一般性，可以规定为其他的对应关系）。

表 12.3　　　　　　　　　　　　（7，4）分组码校正子分配

S_1 S_2 S_3	错码位置	S_1 S_2 S_3	错码位置
0　0　1	a_0	1　0　1	a_4
0　1　0	a_1	1　1　0	a_5
1　0　0	a_2	1　1　1	a_6
0　1　1	a_3	0　0　0	无错

由表 12.3 规定可知，仅当一错码位置在 a_2,a_4,a_5 和 a_6 时，校正子 S_1 为 1；否则 S_1 为 0。这就意味着 a_2,a_4,a_5 和 a_6 4 个码元构成偶数监督关系

$$S_1=a_6 \oplus a_5 \oplus a_4 \oplus a_2 \tag{12.4.3}$$

同理，a_1,a_3,a_5 和 a_6 构成偶数监督关系

$$S_2=a_6 \oplus a_5 \oplus a_3 \oplus a_1 \tag{12.4.4}$$

以及 a_0,a_3,a_4 和 a_6 构成偶数监督关系

$$S_3=a_6 \oplus a_4 \oplus a_3 \oplus a_0 \tag{12.4.5}$$

在发送端编码时，信息位 a_3,a_4,a_5 和 a_6 的值取决于输入信号，因此它们是随机的。监督位 a_2,a_1 和 a_0 应根据信息位的取值按监督关系来确定，即应使 $S_1=S_2=S_3=0$。

$$\begin{cases} a_6 \oplus a_5 \oplus a_4 \oplus a_2=0 \\ a_6 \oplus a_5 \oplus a_3 \oplus a_1=0 \\ a_6 \oplus a_4 \oplus a_3 \oplus a_0=0 \end{cases} \tag{12.4.6}$$

将式（12.4.6）移位计算，解出监督位，也就列出了编码方程，即

$$\begin{cases} a_2=a_6 \oplus a_5 \oplus a_4 \\ a_1=a_6 \oplus a_5 \oplus a_3 \\ a_0=a_6 \oplus a_4 \oplus a_3 \end{cases} \tag{12.4.7}$$

给定信息位后，可直接计算出监督位，得到的 16 个码组如表 12.4 所示。

表 12.4 　　　　　　　　　　　　　　（7,4）分组码编码表

信息位	监督位	信息位	监督位
$a_6a_5a_4a_3$	$a_2a_1a_0$	$a_6a_5a_4a_3$	$a_2a_1a_0$
0000	000	1000	111
0001	011	1001	100
0010	101	1010	010
0011	110	1011	001
0100	110	1100	001
0101	101	1101	010
0110	011	1110	100
0111	000	1111	111

为了进一步讨论线性分组码的基本原理，将式（12.4.6）的汉明码信息位和监督位的线性关系改写为

$$\begin{cases} 1 \cdot a_6 + 1 \cdot a_5 + 1 \cdot a_4 + 0 \cdot a_3 + 1 \cdot a_2 + 0 \cdot a_1 + 0 \cdot a_0 = 0 \\ 1 \cdot a_6 + 1 \cdot a_5 + 0 \cdot a_4 + 1 \cdot a_3 + 0 \cdot a_2 + 1 \cdot a_1 + 0 \cdot a_0 = 0 \\ 1 \cdot a_6 + 0 \cdot a_5 + 1 \cdot a_4 + 1 \cdot a_3 + 0 \cdot a_2 + 0 \cdot a_1 + 1 \cdot a_0 = 0 \end{cases} \tag{12.4.8}$$

为简化起见，将 $\oplus$ 简写成 $+$。后面除非特殊声明，这类式中的"$+$"均指模 2 相加。式（12.4.8）可以表示成矩阵形式

$$\begin{bmatrix} 1110100 \\ 1101010 \\ 1011001 \end{bmatrix} \begin{bmatrix} a_6 \\ a_5 \\ a_4 \\ a_3 \\ a_2 \\ a_1 \\ a_0 \end{bmatrix} = \begin{bmatrix} 0 \\ 0 \\ 0 \end{bmatrix} (\text{模}2) \tag{12.4.9}$$

并简记为

$$\boldsymbol{H} \cdot \boldsymbol{A}^{\mathrm{T}} = \boldsymbol{0}^{\mathrm{T}} \quad \text{或} \quad \boldsymbol{A} \cdot \boldsymbol{H}^{\mathrm{T}} = \boldsymbol{0} \tag{12.4.10}$$

其中，$\boldsymbol{A}^{\mathrm{T}}$ 是 $\boldsymbol{A} = [a_6a_5a_4a_3a_2a_1a_0]$ 的转置，$\boldsymbol{0}^{\mathrm{T}}$、$\boldsymbol{H}^{\mathrm{T}}$ 分别是 $\boldsymbol{0}$ 和 $\boldsymbol{H}$ 的转置。

$$\boldsymbol{H} = \begin{bmatrix} 1 & 1 & 1 & 0 & 1 & 0 & 0 \\ 1 & 1 & 0 & 1 & 0 & 1 & 0 \\ 1 & 0 & 1 & 1 & 0 & 0 & 1 \end{bmatrix} \tag{12.4.11}$$

称 $\boldsymbol{H}$ 为监督矩阵，它由 r 个线性独立方程组的系数组成，其每一行都代表了监督位和信息位间的互相监督关系。式（12.4.11）中的 $\boldsymbol{H}$ 矩阵可分为两部分，即

$$\boldsymbol{H} = \begin{bmatrix} 1 & 1 & 1 & 0 & 1 & 0 & 0 \\ 1 & 1 & 0 & 1 & 0 & 1 & 0 \\ 1 & 0 & 1 & 1 & 0 & 0 & 1 \end{bmatrix} = [\boldsymbol{P}\boldsymbol{I}_r] \tag{12.4.12}$$

式中，$\boldsymbol{P}$ 为 $r \times k$ 阶矩阵，$\boldsymbol{I}_r$ 为 $r \times r$ 阶单位方阵。我们将具有 $[\boldsymbol{P}\boldsymbol{I}_r]$ 形式的监督矩阵 $\boldsymbol{H}$ 称为典型监

督矩阵。由代数理论可知，$[I_r]$ 的各行是线性无关的，故 $H = [PI_r]$ 的各行也是线性无关的，因此可以得到 r 个线性无关的监督关系式，从而得到 r 个独立的监督位。

同样，可以将式（12.4.7）的编码方程写成如下形式

$$\begin{cases} a_2 = 1 \cdot a_6 + 1 \cdot a_5 + 1 \cdot a_4 + 0 \cdot a_3 \\ a_1 = 1 \cdot a_6 + 1 \cdot a_5 + 0 \cdot a_4 + 1 \cdot a_3 \\ a_0 = 1 \cdot a_6 + 0 \cdot a_5 + 1 \cdot a_4 + 1 \cdot a_3 \end{cases} \qquad (12.4.13)$$

用矩阵表示为

$$\begin{bmatrix} a_2 \\ a_1 \\ a_0 \end{bmatrix} = \begin{bmatrix} 1 & 1 & 1 & 0 \\ 1 & 1 & 0 & 1 \\ 1 & 0 & 1 & 1 \end{bmatrix} \begin{bmatrix} a_6 \\ a_5 \\ a_4 \\ a_3 \end{bmatrix} \qquad (12.4.14)$$

经转置有

$$[a_2 a_1 a_0] = [a_6 a_5 a_4 a_3] \begin{bmatrix} 1 & 1 & 1 \\ 1 & 1 & 0 \\ 1 & 0 & 1 \\ 0 & 1 & 1 \end{bmatrix} = [a_6 a_5 a_4 a_3] \boldsymbol{Q} \qquad (12.4.15)$$

式中，$\boldsymbol{Q}$ 为 $k \times r$ 阶矩阵，它为 $\boldsymbol{P}$ 的转置，即

$$\boldsymbol{Q} = \boldsymbol{P}^{\mathrm{T}} \qquad (12.4.16)$$

式（12.4.15）表明，在给定信息位之后，用信息位的行矩阵乘以矩阵 $\boldsymbol{Q}$，就可产生监督位，完成编码。

为此，引入生成矩阵 $\boldsymbol{G}$，$\boldsymbol{G}$ 的功能是通过给定信息位产生整个的编码码组，即有

$$[a_6 a_5 a_4 a_3 a_2 a_1 a_0] = [a_6 a_5 a_4 a_3] \boldsymbol{G} \qquad (12.4.17)$$

或者

$$A = [a_6 a_5 a_4 a_3] \boldsymbol{G} \qquad (12.4.18)$$

如果找到了生成矩阵，就完全确定了编码方法。

根据式（12.4.15）由信息位确定监督位的方法和式（12.4.17）对生成矩阵的要求，很容易得到生成矩阵 G，即

$$\boldsymbol{G} = [\boldsymbol{I}_k \boldsymbol{Q}] = \begin{bmatrix} 1 & 0 & 0 & 0 & \vdots & 1 & 1 & 1 \\ 0 & 1 & 0 & 0 & \vdots & 1 & 1 & 0 \\ 0 & 0 & 1 & 0 & \vdots & 1 & 0 & 1 \\ 0 & 0 & 0 & 1 & \vdots & 0 & 1 & 1 \end{bmatrix} \qquad (12.4.19)$$

式中，$\boldsymbol{I}_k$ 为 $k \times k$ 阶单位方阵。具有 $[\boldsymbol{I}_k \boldsymbol{Q}]$ 形式的生成矩阵称为典型生成矩阵。

比较式（12.4.12）的典型监督矩阵和式（12.4.19）的典型生成矩阵，可以看到，典型监督矩阵和典型生成矩阵存在以下关系

$$\boldsymbol{H} = [\boldsymbol{P} \cdot \boldsymbol{I}_r] = [\boldsymbol{Q}^{\mathrm{T}} \cdot \boldsymbol{I}_r] \qquad (12.4.20)$$

$$\boldsymbol{G} = [\boldsymbol{I}_k \cdot \boldsymbol{Q}] = [\boldsymbol{I}_k \cdot \boldsymbol{P}^{\mathrm{T}}] \qquad (12.4.21)$$

12.4.2　汉明码的译码

接收端译码时，先按式（12.4.3）、式（12.4.4）和式（12.4.5）计算出 S_1，S_2和S_3，再按表 12.3 判断错码情况。例如，收到码组为 1001111，且传输过程中最多一位出错，由译码方程得

$$\begin{cases} S_1 = 0 \\ S_2 = 1 \\ S_3 = 1 \end{cases}$$

对照表 12.3 可知在 a_3 位有一位错码。

以上讨论了线性分组码的形式。在发送时得到的发送码组 $\boldsymbol{A}$ 一般为一 n 列的行矩阵，此码组在传输过程中由于干扰引起差错，使收到的码组可能与发送码组不同。设接收到的码组为 $\boldsymbol{B}$，即

$$\boldsymbol{B} = \begin{bmatrix} b_{n-1} b_{n-2} \cdots b_1 b_0 \end{bmatrix} \tag{12.4.22}$$

则发送码组和接收码组之差为

$$\boldsymbol{B} - \boldsymbol{A} = \boldsymbol{E} \quad (\text{模}2) \tag{12.4.23}$$

$\boldsymbol{E}$ 即为传输中产生的错误行距阵

$$\boldsymbol{E} = \begin{bmatrix} e_{n-1} e_{n-2} \cdots e_1 e_0 \end{bmatrix} \tag{12.4.24}$$

式中

$$e_i = \begin{cases} 0, & \text{当} b_i = a_i \text{时} \\ 1, & \text{当} b_i \neq a_i \text{时} \end{cases}$$

$\boldsymbol{E}$ 矩阵中哪位码元为"1"，就表示在接收码字中对应位的码元出现了错误，所以 $\boldsymbol{E}$ 通常也称为错误图样。

在接收端，用监督矩阵来检测接收码字 $\boldsymbol{B}$ 中的误码，令

$$\boldsymbol{S} = \boldsymbol{B} \cdot \boldsymbol{H}^{\mathrm{T}} \tag{12.4.25}$$

式中，$\boldsymbol{S}$ 称为伴随式或校正子。如果接收到的码字 $\boldsymbol{B}$ 与发送的码字 $\boldsymbol{A}$ 相同，由式（12.4.10）可知

$$\boldsymbol{S} = \boldsymbol{B} \cdot \boldsymbol{H}^{\mathrm{T}} = \boldsymbol{A} \cdot \boldsymbol{H}^{\mathrm{T}} = 0$$

否则

$$\boldsymbol{S} = \boldsymbol{B} \cdot \boldsymbol{H}^{\mathrm{T}} \neq 0$$

式（12.4.25）可进一步写成

$$\boldsymbol{S} = \boldsymbol{B} \cdot \boldsymbol{H}^{\mathrm{T}} = (\boldsymbol{A} + \boldsymbol{E}) \cdot \boldsymbol{H}^{\mathrm{T}} = \boldsymbol{A} \cdot \boldsymbol{H}^{\mathrm{T}} + \boldsymbol{E} \cdot \boldsymbol{H}^{\mathrm{T}} = \boldsymbol{E} \cdot \boldsymbol{H}^{\mathrm{T}} \tag{12.4.26}$$

上式表明，校正子 $\boldsymbol{S}$ 仅与信道的错误图样 $\boldsymbol{E}$ 有关，而与发送的码字 $\boldsymbol{A}$ 无关。仅当 $\boldsymbol{E}$ 不为 0 时，$\boldsymbol{S}$ 才不为 0，任何一个错误图样都有其相应的伴随式，而伴随式 $\boldsymbol{S}^{\mathrm{T}}$ 与 $\boldsymbol{H}$ 矩阵中数值相同的一列正是错误图样 $\boldsymbol{E}$ 中"1"的位置。所以译码器可以用伴随矩阵 $\boldsymbol{S}$ 来检错和纠错。表 12.4 中的（7，4）线性分组码的校正子 $\boldsymbol{S}$ 和错误图样 $\boldsymbol{E}$ 的对应关系可以由式（12.4.26）求得，如表 12.5 所示。

表 12.5　　　　　　　（7，4）线性分组码校正子与错误图样的对应关系

序　　号	错 误 码 位	错误图样 E							校正子 S		
		e_6	e_5	e_4	e_3	e_2	e_1	e_0	S_2	S_1	S_0
0	/	0	0	0	0	0	0	0	0	0	0
1	b_0	0	0	0	0	0	0	1	0	0	1
2	b_1	0	0	0	0	0	1	0	0	1	0
3	b_2	0	0	0	0	1	0	0	1	0	0
4	b_3	0	0	0	1	0	0	0	0	1	1
5	b_4	0	0	1	0	0	0	0	1	0	1
6	b_5	0	1	0	0	0	0	0	1	1	0
7	b_6	1	0	0	0	0	0	0	1	1	1

　　由上述方法构造的码称为汉明码。表 12.4 所示的（7，4）汉明码的最小码距 $d_0 = 3$，根据式（12.2.1）和式（12.2.2）可知，这种码能纠正一个错码或检测两个错码，且编码效率为 $k/n = (2^r - 1 - r)/(2^r - 1) = 1 - r/n$。所以，当 n 很大时，这种码的编码效率接近 1，是一种高效码。

　　线性码有一种重要的性质，就是它的封闭性。所谓封闭性，是指一种线性码中的任意两个码组之和仍为这种码中的一个码组。这就是说，若 A_1 和 A_2 是一种线性码中的两个许用码组，则 $(A_1 + A_2)$ 仍为其中的一个码组。这一性质的证明很简单，若 A_1, A_2 为码组，则按式（12.4.10）有

$$A_1 \cdot H^T = 0, \quad A_2 \cdot H^T = 0$$

将上两式相加，可得

$$A_1 \cdot H^T + A_2 \cdot H^T = (A_1 + A_2) \cdot H^T = 0 \tag{12.4.27}$$

所以 $(A_1 + A_2)$ 也是一码组。既然线性码具有封闭性，因而两个码组之间的距离必是另一码组的重量，故码的最小距离即是码的最小重量（除全 0 码组外）。

12.5　循　环　码

　　循环码是一类重要的线性分组码。它是在严密的代数理论基础上建立起来的，因而有助于按照所要求的纠错能力系统地构造这类码，从而可以简化译码方法，使得循环码的编译码电路比较简单，因而得到了广泛的应用。

12.5.1　循环码的概念

　　循环码除具有线性分组码的一般性质外，还具有循环性。所谓循环性是指循环码中任一许用码组经过循环移位之后，所得到的码组仍为一许用码组。表 12.6 所示为（7，3）循环码的全部码组。从表 12.6 中可以直观地看出这种码的循环性。例如，表中的第 3 码组向右移一位即得到第 6 码组，第 5 码组向右移一位即得到第 3 码组。即若 $(a_{n-1}, a_{n-2}, \cdots a_1, a_0)$ 是循环码的一个许用码组，则 $(a_{n-2}, a_{n-3}, \cdots, a_0, a_{n-1})$、$(a_{n-3}, a_{n-4}, \cdots a_0, a_{n-1}, a_{n-2})$ 也是许用码组。

表 12.6　　　　　　　　（7,3）循环码码组

码 组 编 号	1	2	3	4	5	6	7	8
码　　　　组	0000000	0011101	0100111	0111010	1001110	1010011	1101001	1110100

12.5.2 码多项式及按模运算

在代数编码理论中，为了便于计算，把码组中的各码元当做是一个多项式的系数，即把一个长为 n 的码组表示成

$$T(x) = a_{n-1}x^{n-1} + a_{n-2}x^{n-2} + \cdots + a_1 x + a_0 \qquad (12.5.1)$$

在此多项式中，x 只是码元位置的标记，因此它的取值并不重要。码元 $a_i (i = 0, 1, \cdots n-1)$ 只取 "1" 或 "0"。例如，表 12.6 中的任一码组可以表示为

$$T(x) = a_6 x^6 + a_5 x^5 + a_4 x^4 + a_3 x^3 + a_2 x^2 + a_1 x + a_0 \qquad (12.5.2)$$

其中，第三码组可以表示为

$$T(x) = 0 \cdot x^6 + 1 \cdot x^5 + 0 \cdot x^4 + 0 \cdot x^3 + 1 \cdot x^2 + 1 \cdot x + 1 \qquad (12.5.3)$$

这种多项式有时称为码多项式。码多项式可以进行代数运算。为了分析方便，下面先来介绍多项式按模运算的概念，然后再从码多项式入手，找出循环码的规律。

在整数运算中，有模 n 运算。例如，在模 2 运算中，有 $1 + 1 = 2 \equiv 0(模2)$，$1 + 2 = 3 \equiv 1(模2)$，$2 \times 3 = 6 \equiv 0(模2)$ 等。一般来说，若一个整数 m 可以表示为

$$\frac{m}{n} = Q + \frac{p}{n}, \quad p < n \qquad (12.5.4)$$

式中，Q 为整数。则在模 n 运算下有

$$m \equiv p \quad (模n) \qquad (12.5.5)$$

也就是说，在模 n 运算下，一整数 m 等于其被 n 除得的余数。

对于多项式，也有按模多项式的运算。若一任意多项式 $F(x)$ 被一 n 次多项式 $N(x)$ 除，得到商式 $Q(x)$ 和一个次数小于 n 的余式 $R(x)$，即

$$F(x) = N(x)Q(x) + R(x) \qquad (12.5.6)$$

则记为

$$F(x) \equiv R(x) \quad (模N(x)) \qquad (12.5.7)$$

对于码多项式，由于其系数是二进制数，因此其系数仍按模 2 运算，即取 "0" 和 "1" 两个值，同时按模运算的加法代替了减法。例如，$x^4 + x^2 + 1 \equiv x^2 + x + 1 \quad (模x^3 + 1)$，因为

$$
\begin{array}{r}
x \phantom{{}+x^4+x^2+1} \\
x^3 + 1 \overline{\smash{)}x^4 + x^2 + 1} \\
\underline{x^4 + x\phantom{{}^2+1}} \\
x^2 + x + 1
\end{array}
$$

在循环码中，若 $T(x)$ 是一个码长为 n 的许用码组，则可以证明 $x^i \cdot T(x)$ 在模 $x^n + 1$ 运算下也是一个许用码组，即若

$$x^i \cdot T(x) \equiv T'(x) \quad (模x^n + 1) \qquad (12.5.8)$$

则 $T'(x)$ 也是一个许用码组。因为若

$$T(x) = a_{n-1}x^{n-1} + a_{n-2}x^{n-2} + \cdots + a_1 x + a_0 \qquad (12.5.9)$$

则

$$
\begin{aligned}
x^i \cdot T(x) &= a_{n-1}x^{n-1+i} + a_{n-2}x^{n-2+i} + \cdots + a_{n-1-i}x^{n-1} + \\
&\quad \cdots + a_1 x^{1+i} + a_0 x^i \equiv a_{n-1-i}x^{n-1} + a_{n-2-i}x^{n-2} \\
&\quad + \cdots + a_0 x^i + a_{n-1}x^{i-1} + \cdots + a_{n-i} \quad (模x^n + 1)
\end{aligned} \qquad (12.5.10)
$$

所以

$$T'(x) = a_{n-1-i}x^{n-1} + a_{n-2-i}x^{n-2} + \cdots + a_0 x^i + a_{n-1}x^{i-1} + \cdots + a_{n-i} \qquad (12.5.11)$$

式中，$T'(x)$ 正是式（12.5.9）所代表的码组向左移位 i 次的结果。因为已假设 $T(x)$ 为一循环码，所以 $T'(x)$ 也必为该码组中的一个码组。下面举例说明。

[例 12.5.1]　由式（12.5.3），（7，3）循环码中第三码组的码多项式为

$$T(x) = x^5 + x^2 + x^1 + 1$$

其码长为 $n = 7$，若取 $i = 3$，则

$$\begin{aligned}
x^i \cdot T(x) &= x^3 \cdot (x^5 + x^2 + x^1 + 1) \\
&= x^8 + x^5 + x^4 + x^3 \\
&\equiv x^5 + x^4 + x^3 + x \quad (\text{模} \, x^7 + 1)
\end{aligned}$$

其对应的码组为 0111010，它是表 12.6 所列循环码中的第四码组。

12.5.3　码的生成多项式和生成矩阵

我们已经知道，对于（n，k）线性分组码，有了生成矩阵 $\boldsymbol{G}$，就可以由 k 个信息码元得到全部码组。而且经过前面的分析已经知道，生成矩阵的每一行都是一个码组，因此若能找到 k 个线性无关的码组，就能构成生成矩阵 $\boldsymbol{G}$。

在循环码中，一个（n，k）分组码有 2^k 个不同的码组，若用 $g(x)$ 表示其中前 $k-1$ 位皆为"0"的码组，则 $g(x)$，$xg(x)$，$x^2 g(x)$，$\cdots$，$x^{k-1}g(x)$ 都是码组，而且这 k 个码组都是线性无关的，因此可以用它们来构造生成矩阵 $\boldsymbol{G}$。

需要说明的是，在循环码中除全"0"码组外，再没有连续 k 位均为"0"的码组，即连"0"的长度最多只能有 $(k-1)$ 位。否则，在经过若干次循环移位后将得到一个信息位全为"0"，而监督位不全为"0"的码组，这在线性码中显然是不可能的。因此，$g(x)$ 必须是一个常数项不为"0"的 $(n-k)$ 次多项式，而且这个 $g(x)$ 还是这种（n，k）循环码中次数为 $(n-k)$ 的唯一的一个多项式。因为如果有两个，则由码的封闭性可知，把这两个码组相加构成的新码组其多项式的系数将小于 $(n-k)$，即连"0"的个数多于 $(k-1)$ 个。显然这与前面的结论相矛盾，所以是不可能的。我们称这唯一的 $(n-k)$ 次多项式 $g(x)$ 为码的生成多项式。一旦确定了 $g(x)$，则整个（n，k）循环码就被确定了。

因此，循环码的生成矩阵 $\boldsymbol{G}$ 可以写成

$$\boldsymbol{G}(x) = \begin{bmatrix} x^{k-1}g(x) \\ x^{k-2}g(x) \\ \vdots \\ xg(x) \\ g(x) \end{bmatrix} \qquad (12.5.12)$$

[例 12.5.2]　表 12.6 所给出的循环码中，$n = 7$，$k = 3$，$n-k = 4$。因此，唯一一个 $(n-k) = 4$ 次码多项式代表的码组是第二码组，相对应的码多项式（生成多项式）为

$$g(x) = x^4 + x^3 + x^2 + 1$$

将此式代入式（12.5.12）可以得到

$$G(x) = \begin{bmatrix} x^2 g(x) \\ xg(x) \\ g(x) \end{bmatrix}$$
(12.5.13)

或写成

$$G = \begin{bmatrix} 1 & 1 & 1 & 0 & 1 & 0 & 0 \\ 0 & 1 & 1 & 1 & 0 & 1 & 0 \\ 0 & 0 & 1 & 1 & 1 & 0 & 1 \end{bmatrix}$$
(12.5.14)

由于式（12.5.13）不符合 $G = [I_k Q]$ 的形式，所以此生成矩阵不是典型阵。不过，将此矩阵作线性变换可以得到典型阵。我们知道，对 k 个码元进行编码，就是把它们与生成矩阵 G 相乘。由此可写出此循环码组，即

$$T(x) = [a_6 a_5 a_4] G(x) = [a_6 a_5 a_4] \begin{bmatrix} x^2 g(x) \\ xg(x) \\ g(x) \end{bmatrix}$$

$$= a_6 x^2 g(x) + a_5 xg(x) + a_4 g(x)$$
(12.5.15)
$$= (a_6 x^2 + a_5 x + a_4) g(x)$$

式（12.5.15）表明，所有码多项式 $T(x)$ 都可被 $g(x)$ 整除，而且任意一个次数不大于 $(k-1)$ 的多项式乘 $g(x)$ 都是码多项式。

由于循环码的全部码字由生成多项式 $g(x)$ 决定，因此如何寻找一个 (n,k) 循环码的多项式，就成了循环码编码的关键。由式（12.5.15）可知，任意一个循环码多项式 $T(x)$ 都是 $g(x)$ 的倍式，故可以写成

$$T(x) = h(x) \bullet g(x)$$
(12.5.16)

而生成多项式 $g(x)$ 本身也是一个码组，即有

$$T'(x) = g(x)$$
(12.5.17)

由于码组 $T'(x)$ 为一个 $(n-k)$ 次多项式，故 $x^k T'(x)$ 为一个 n 次多项式。由式（12.5.8）可知，$x^k T'(x)$ 在模 x^n+1 运算下也为一码组，故可以写成

$$\frac{x^k T'(x)}{x^n + 1} = Q(x) + \frac{T(x)}{x^n + 1}$$
(12.5.18)

式（12.5.18）左端分子和分母都是 n 次多项式，故商式 $Q(x) = 1$，因此，上式可化简成

$$x^k T'(x) = (x^n + 1) + T(x)$$
(12.5.19)

将式（12.5.16）和式（12.5.17）代入上式，并化简后可得

$$x^n + 1 = g(x)[x^k + h(x)]$$
(12.5.20)

式（12.5.20）表明，生成多项式 $g(x)$ 应该是 (x^n+1) 的一个因式。这一结论为寻找生成多项式指出了一条道路，即循环码的生成多项式应该是 (x^n+1) 的一个 $(n-k)$ 次因式。例如，(x^7+1) 可以分解为

$$x^7 + 1 = (x+1)(x^3 + x^2 + 1)(x^3 + x + 1)$$
(12.5.21)

为了求 $(7,3)$ 循环码的生成多项式 $g(x)$，要从上式中找出一个 $(n-k) = 4$ 次的因子。不难看出，这样的因子有两个，即

$$(x+1)(x^3 + x^2 + 1) = x^4 + x^2 + x + 1$$
(12.5.22)

$$(x+1)(x^3+x+1) = x^4 + x^3 + x^2 + 1 \tag{12.5.23}$$

以上两式都可作为生成多项式。不过，选用的生成多项式不同，产生出的循环码码组也不同。用式（12.5.23）作为生成多项式产生的循环码即为表 12.6 所列。

12.5.4　循环码的编码

由式（12.5.15）可知，若已知输入的信息码元 $M = (m_{k-1}, m_{k-2}, \cdots m_1, m_0)$ 和生成多项式 $g(x)$，就可以构成循环码，对应的码多项式为

$$T(x) = (m_{k-1}x^{k-1} + m_{k-2}x^{k-2} + \cdots + m_1 x + m_0) \cdot g(x) = m(x) \cdot g(x) \tag{12.5.24}$$

式中，$m(x)$ 称为信息码多项式。

但是用这种相乘方法得到的循环码不是系统码，信息位和监督位不容易区分。在系统码中，码组最左端的 k 位为信息位，后面的 $n-k$ 位是监督位，这时码多项式可以写为

$$\begin{aligned} T(x) &= m(x)x^{n-k} + r(x) \\ &= m_{k-1}x^{n-1} + \cdots + m_0 x^{n-k} + r_{n-k-1}x^{n-k-1} + \cdots + r_0 \end{aligned} \tag{12.5.25}$$

式中

$$r(x) = r_{n-k-1}x^{n-k-1} + \cdots + r_0 \tag{12.5.26}$$

称为监督码多项式，它的次数小于 $(n-k)$，其监督码元为 $(r_{n-k-1}, \cdots, r_0)$。

由式（12.5.16）和式（12.5.25）可以得到

$$T(x) = m(x)x^{n-k} + r(x) = h(x) \cdot g(x) \tag{12.5.27}$$

用 $g(x)$ 除等式两边，得到

$$\frac{x^{n-k}m(x)}{g(x)} = h(x) + \frac{r(x)}{g(x)} \tag{12.5.28}$$

也就是

$$m(x)x^{n-k} \equiv r(x) \quad (\text{模} g(x)) \tag{12.5.29}$$

式（12.5.29）表明，构造系统循环码时，只需用信息码多项式乘以 x^{n-k}，也就是将 $m(x)$ 移位 $(n-k)$ 次，然后用 $g(x)$ 去除，所得的余式 $r(x)$ 即为监督码多项式。因此，系统循环码的编码过程就变成用除法求余的过程。

　　[例 12.5.3]　在（7,3）循环码中，若选定 $g(x) = x^4 + x^3 + x^2 + 1$，设信息码元为 101，对应的信息码多项式为 $m(x) = x^2 + 1$，可以求得

$$m(x)x^{n-k} = x^4(x^2+1) = x^6 + x^4 = (x^2+x+1)(x^4+x^3+x^2+1) + (x+1)$$

所以，$r(x) = x+1$，因而码多项式为

$$T(x) = m(x)x^{n-k} + r(x) = x^6 + x^4 + x + 1$$

对应的码组为 1010011，为一个系统码。

　　上述编码过程在用硬件实现时，可以使用除法电路。除法电路的主体由一些移位寄存器和模 2 加法器组成。选定 $g(x) = x^4 + x^3 + x^2 + 1$ 时，（7, 3）循环码编码器如图 12.5 所示。图中，$D_0 D_1 D_2 D_3$ 是四级移位寄存器，反馈线的连接与 $g(x)$ 的非 0 系数相对应。

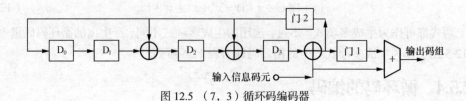

图 12.5 （7，3）循环码编码器

首先，四级移位寄存器清零，三位信息码元到来时，门 1 断开，门 2 接通，直接输出信息码元。第 3 次移位脉冲来时将除法电路运算所得的余数存入四级移位寄存器，第 4～7 次移位时，门 2 断开，门 1 接通，输出监督码元（即余数）。当一个码字输出完毕后就将移位寄存器清零，等待下一组信息码元输入后重新编码。设输入的信息码元为 110，图 12.5 中各器件及端点状态变化情况如表 12.7 所示。

表 12.7 （7，3）循环码的编码过程

移 位 次 序	输　入	移位寄存器				输　出
		D_0	D_1	D_2	D_3	
0	/	0	0	0	0	/
1	1	1	0	1	1	1
2	1	0	1	0	1	1
3	0	1	0	0	1	0
4	0	0	1	0	0	1
5	0	0	0	1	0	0
6	0	0	0	0	1	0
7	0	0	0	0	0	1

12.5.5　循环码的解码

接收端解码的目的有两个：检错和纠错。达到检错目的的解码原理非常简单。由于任意一个码组多项式 $T(x)$ 都能被 $g(x)$ 整除，所以在接收端可以利用接收到的码组 $R(x)$ 去除以原生成多项式 $g(x)$ 进行检错。当传输中没有发生错误时，接收码组和发送码组相同，能被 $g(x)$ 整除。若码组在传输中发生错误，则 $R(x) = T(x) + E(x) \neq T(x)$ ，$R(x)$ 被 $g(x)$ 除时可能除不尽而有余项，即有

$$\frac{R(x)}{g(x)} = Q'(x) + \frac{r'(x)}{g(x)} \qquad (12.5.30)$$

因此，就以余项是否为零来判别码组中有无错码，这样就达到了检错的目的。如果用于纠错，要求每个可纠正的错误图样必须与一个特定余式 $r'(x)$ 有一一对应关系。这里错误图样是指式（12.4.24）中错误矩阵 E 的各种具体取值的图样。因为只有存在上述一一对应的关系时，才可能从上述余式唯一地决定错误图样，从而纠正错码。因此，原则上纠错可按下述步骤进行：

①用生成多项式 $g(x)$ 除接收码组 $R(x)$ ，得出余式 $r'(x)$ ；

②按余式 $r'(x)$ 用查表的方法或通过某种运算得到错误图样 $E(x)$ ；

③ $R(x)$ 与 $E(x)$ 模 2 加，便得到已纠正错误的原发送码组 $T(x)$ 。

从表 12.6 可以看出，（7，3）循环码的码距为 4，所以它有纠正一个错误的能力。利用上述计算方法可以求得（7，3）循环码单个错误的错误图样 $E(x)$ 与余式 $r'(x)$ 的关系如表 12.8 所示。

表 12.8 　　　　　　　　　　（7，3）循环码 $E(x)$ 、 $r'(x)$ 对照表

$E(x)$	$r'(x)$(模 $x^4+x^3+x^2+1$)
1	1
x	x
x^2	x^2
x^3	x^3
x^4	x^3+x^2+1
x^5	x^2+x+1
x^6	x^3+x^2+x

需要说明的是，有些错误码组也可能被 $g(x)$ 整除，这时的错误就无法检出，这种错误称为不可检错误。不可检错误中的错码数一定超过了这种编码的检错能力。

图 12.6 给出了一种由硬件实现的（7，3）循环码纠错译码器的原理框图。图中，接收码组 R（高次项在前，低次项在后）一方面送入七级缓冲移位寄存器暂存，另一方面送入 $g(x)$ 除法电路。假设接收码组 $R = (1^*,0,1,1,1,0,1)$ ，其中右上角打 "*" 者为错码。当此码进入除法电路之后，移位寄存器各级的状态变化过程如表 12.9 所示。第七次移位时，7 个码元全部进入缓冲移位寄存器。R 中最高位输出，四级移位寄存器 $D_0D_1D_2D_3$ 的状态分别为 0111，经与门输出 "1"（纠错信号），即可纠正最高位的错误，该纠错信号同时也送到除法电路去完成清零工作。此纠错译码过程见表 12.9。其他位上的错误读者可自行计算画出表格。

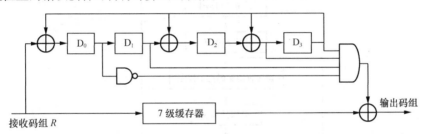

图 12.6 （7，3）循环码纠错译码器的原理框图

在实际使用中，码字不是孤立传输的，而是一组组连续的传输。从上面译码的过程可以看到，除法电路在一个码组时间内运算出余式后，尚需在下一个码组时间内进行纠错。因此，实际的译码器需要两套除法电路配合一个缓冲存储器进行工作，这两套除法电路由开关控制交替的接收码组。

表 12.9 　　　　　　　　　　（7，3）循环码的译码过程

移位次序	输入	移位寄存器 D_0 D_1 D_2 D_3				与门输出	缓存输出	译码输出
0	/	0	0	0	0	0		
1	1	1	0	0	0	0		
2	0	0	1	0	0	0		
3	1	1	0	1	0	0		
4	1	1	1	0	1	0		
5	1	0	1	0	1	0		
6	0	1	0	0	1	0		
7	1	0	1	1	1	1	1	0
8		0	0	0	0	0	0	0
9		0	0	0	0	0	1	1
10		0	0	0	0	0	1	1
11		0	0	0	0	0	1	1
12		0	0	0	0	0	0	0
13		0	0	0	0	0	1	1

利用计算机编程，完成循环码译码纠、检错工作的总流程图如图 12.7 所示。

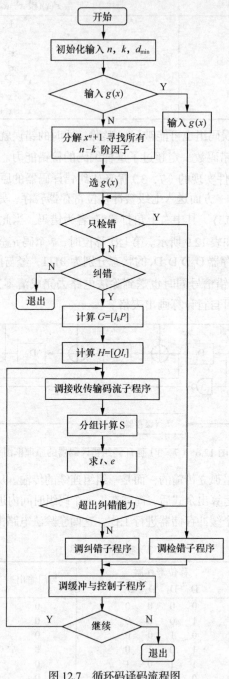

图 12.7　循环码译码流程图

12.5.6　实用循环码

1. BCH 码

BCH 码是一类能够纠正多个随机错误的循环码，它是以 3 个发明人 Bose、Chaudhuri、

Hocquenghem 的名字命名的。BCH 码有严密的代数结构，是目前研究最为透彻的一类码。它的纠错能力强，构造简单，且在译码、同步等方面有许多优点，已被众多的通信系统采用。

BCH 码可分为两类，即本原 BCH 码和非本原 BCH 码。它们的主要区别在于本原 BCH 码的码长为 $n = 2^m - 1$（ m 是大于等于 3 的任意正整数），它的生成多项式 $g(x)$ 中含有最高次数为 m 的本原多项式；而非本原 BCH 码的生成多项式不含有最高次数为 m 的本原多项式，且码长 n 是 $2^m - 1$ 的一个因子。

对正整数 $m(m \geqslant 3)$ 和 $t(t < m/2)$ 必存在有下列参数的二进制 BCH 码：码长 $n = 2^m - 1$，监督位数 $r \leqslant mt$，能纠正所有小于或等于 t 个随机错误的 BCH 码。

实际中对 BCH 码的选择，是根据 BCH 码生成多项式进行的。表 12.10 给出了 $n \leqslant 63$ 本原 BCH 的参数和生成多项式。$g(x)$ 栏下的数字是八进制数，用来表示生成多项式中的各项系数。例如，八进制 13 对应的二进制数为 01011，因而生成多项式为 $g(x) = x^3 + x + 1$。

表 12.10　　　　　　　　　　　$n \leqslant 63$ 的本原 BCH 码

n	k	t	$g(x)$	n	k	t	$g(x)$
7	4	1	13	63	39	4	166623567
15	11	1	23	63	36	5	1033500423
15	7	2	721	63	30	6	157464165547
15	5	3	2467	63	24	7	1732326040
31	26	1	45	63	24	7	4441
31	21	2	3551	63	18	10	1363026512
31	16	3	107657	63	18	10	351725
31	11	5	5423325	63	16	11	6331141367
31	6	7	313365047	63	16	11	235453
63	57	1	103	63	10	13	4726223055
63	51	2	12471	63	10	13	27250155
63	45	3	1701317	63	7	15	5231045543
				63	7	15	503271737

2. 里德—索洛蒙码（Reed—Solomon）

里德—索洛蒙码是一类具有很强纠错能力的多进制 BCH 码，它首先由里德和索洛蒙提出，所以又简称 RS 码。它是一类非二进制 BCH 码，在 (n,k) RS 码中，输入信号分成 $k \cdot m$ 比特一组，每组包括 k 个符号，每个符号由 m 比特组成。

一个纠正 t 个符号错误的 RS 码有如下参数：

码长　　　　$n = 2^m - 1$ 符号　　　　　　或 $m(2^m - 1)$ 比特

信息段　　　k 符号　　　　　　　　　或 km 比特

监督段　　　$n - k = 2t$ 符号　　　　　或 $m(n-k)$ 比特

最小码距　　$d = 2t + 1$ 符号　　　　　或 $m(2t+1)$ 比特

RS 码特别适合纠正突发错误。它可以纠正的错误图样有：

$$总长度为 b_1 = (t-1)m + 1 比特的单个突发$$

$$总长度为 b_2 = (t-3)m + 3 比特的两个突发$$

$$\cdots$$

$$总长度为 b_i = (t - 2i + 1)m + 2i - 1 比特的 i 个突发$$

对于一个长度为 $2^m - 1$ 符号的 RS 码，每个符号都可以看成是有限域 $GF(2^m)$ 中的一个元素。最小码距为 d 符号的 RS 码的生成多项式具有如下形式，即

$$g(x) = (x+\alpha)(x+\alpha^2)\cdots(x+\alpha^{d-1})$$

式中，a^i 是 $GF(a^m)$ 中的一个元素。表 12.11 列出了 $GF(2^4)$ 的全部元素。

表 12.11 $GF(2^4)$ 的全部元素

0	$\alpha^8 = \alpha(\alpha^3+\alpha+1) = \alpha^4+\alpha^2+\alpha = \alpha^2+1$
1	$\alpha^9 = \alpha(\alpha^2+1) = \alpha^3+\alpha$
α	$\alpha^{10} = \alpha(\alpha^3+\alpha) = \alpha^4+\alpha^2 = \alpha^2+\alpha+1$
α^2	$\alpha^{11} = \alpha(\alpha^2+\alpha+1) = \alpha^3+\alpha^2+\alpha$
α^3	$\alpha^{12} = \alpha(\alpha^3+\alpha^2+\alpha) = \alpha^4+\alpha^3+\alpha^2 = \alpha^3+\alpha^2+\alpha+1$
$\alpha^4 = \alpha+1$	$\alpha^{13} = \alpha(\alpha^3+\alpha^2+1) = \alpha^4+\alpha^3+\alpha^2+\alpha = \alpha^3+\alpha^2+1$
$\alpha^5 = \alpha(\alpha+1) = \alpha^2+\alpha$	$\alpha^{14} = \alpha(\alpha^3+\alpha^2+1) = \alpha^4+\alpha^3+\alpha = \alpha^3+1$
$\alpha^6 = \alpha(\alpha^2+\alpha) = \alpha^3+\alpha^2$	$\alpha^{15} = \alpha^4+a = a+a+a = 1$
$\alpha^7 = \alpha(\alpha^3+\alpha^2) = \alpha^4+\alpha^3 = \alpha^3+\alpha+1$	

[例 12.5.4] 构造一个能纠正 3 个错误符号，码长为 15，$m=4$ 的 RS 码。求生成多项式。

解：由 RS 参数可知，该码的码距为 7 个符号，监督段有 6 个符号。因此，该码为 $(15,9)$ RS 码，生成多项式为

$$g(x) = (x+\alpha)(x+\alpha^2)(x+\alpha^3)(x+\alpha^4)(x+\alpha^5)(x+\alpha^6)$$
$$= x^6+\alpha^{10}x^5+\alpha^{14}x^4+\alpha^4x^3+\alpha^6x^2+\alpha^9x+\alpha^6$$

从二进制的角度来看，这是一个（60，36）码。

RS 有重要的应用。首先，由于它采用了 q 进制，所以它是多进制调制时的编码手段。因为 RS 码能纠正 t 个 q 位二进制码，即可以纠正小于等于 q 个连续的二进制错误（当然，对于 q 位二进制码中分散的单个错误也能被纠正），所以适合于在衰减信道中使用，以克服突发性差错。其次，RS 码也被应用在计算机存储系统中，以克服该系统中存在的差错串。

12.6 卷 积 码

卷积码是 1955 年由麻省理工学院的伊莱亚斯（Elias）提出的一种非分组。分组码编码是将输入的信息序列分成长度为 k 的分组，然后按照一定的编码规则，将长度为 k 的信息码元附加上长度为 r 的监督码元，生成长为 $n=k+r$ 的码组。在一个码组中，r 个监督码元仅与本组的 k 个信息码元有关，而与其他各码组均无关。分组译码时，也仅从本码组的码元内提取有关译码信息，而与其他码组无关。卷积码则不同，它先将信息序列分成长度为 k 的子组，然后编成长为 n 的子码，其中长为 $n-k$ 的监督码元不仅与本子码的 k 个信息码元有关，而且还与前面 m 个子码的的信息码元密切相关。换句话说，各子码内的监督码元不仅对本子码有监督作用，而且对前面 m 个子码内的信息码元也有监督作用。因此，常用 (n,k,m) 表示卷积码，其中 m 称为编码记忆，它

反映了输入信息码元在编码器中需要存储的时间长短; $N=m+1$ 称为卷积码的约束度,单位是组,它是相互约束的子码的个数; $N \cdot n$ 被称为约束长度,单位是位,它是互相约束的二进制码元的个数。

在线性分组码中,单位时间内进入编码器的信息序列一般都比较长, k 可达 8~100。因此,编出的码字 n 也较长。对于卷积码,考虑到编、译码器设备的可实现性,单位时间内进入编码器的信息码元的个数 k 通常比较小,一般不超过 4,往往就取 $k=1$ 。

12.6.1 卷积码的编码原理

下面通过一个例子来说明卷积码的编码原理和编码方法。图 12.8 所示为(3,1,2)卷积码编码器的原理框图。它由两级移位寄存器(m_{j-1}, m_{j-2})、两个模 2 加法器和开关电路组成。编码前,各级移位寄存器清零,信息码元按 m_1 , m_2 ,$\cdots m_j$,$\cdots$ 的顺序送入编码器。每输入一个信息码元 m_j ,开关电路依次接到 $x_{1,j}$ 、 $x_{2,j}$ 和 $x_{3,j}$ 各端点一次。其中输出码元序列 $x_{1,j}$ 、 $x_{2,j}$ 和 $x_{3,j}$ 由下式决定

$$\begin{cases} x_{1,j}=m_j \\ x_{2,j}=m_j+m_{j-2} \\ x_{3,j}=m_j+m_{j-1}+m_{j-2} \end{cases} \quad (12.6.1)$$

由式(12.6.1)可以看出,编码器编出的每一个子码 $x_{1,j}$ 、 $x_{2,j}$ 和 $x_{3,j}$ 都与前面两个子码的信息码元有关,因此 $m=2$,约束度 $N=m+1=3$ (组),约束长度 $N \cdot n=9$ (位)。

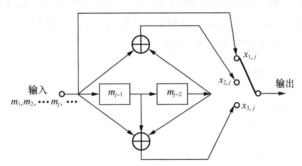

图 12.8 (3,1,2)卷积码编码器

表 12.12 举例示出了图 12.8 所示编码器的状态。其中 a, b, c, d 表示 $m_{j-2}m_{j-1}$ 的 4 种可能状态:00,01,10,11。当第一位信息比特为 1 时,即 $m_1=1$,因移位寄存器的状态 $m_{j-2}m_{j-1}=00$,故输出比特 $x_{1,1}x_{2,1}x_{3,1}=111$;第二位信息比特为 1,这时 $m_2=1$,因 $m_{j-2}m_{j-1}=01$,故 $x_{1,2}x_{2,2}x_{3,2}=110$,依此类推。为保证输入的全部信息位 11010 都能通过移位寄存器,还必须在信息位后加 3 个零。

表 12.12   (3, 1, 2)编码器状态表

m_j	1	1	0	1	0	0	0	0
$m_{j-2}m_{j-1}$	00	01	11	10	01	10	00	00
$x_{1,j}x_{2,j}x_{3,j}$	111	110	010	100	001	011	000	000
状态	a	b	d	c	b	c	a	a

卷积码编码时，信息码流是连续地通过编码器，不像分组码编码器那样先把信息码流分成许多码组，然后再进行编码。因此，卷积码编码器只需要很少的缓冲和存储硬件。

12.6.2 卷积码的图解表示

1. 树状图

12.6.1 节所述移位过程可能产生的各种序列可以用图 12.9 所示的树状图来表示。树状图从节点 a 开始，此时移位寄存器状态为 00。当第一个输入信息位 $m_1 = 0$ 时，输出码元 $x_{1,1}, x_{2,1}, x_{3,1} = 000$；若 $m_1 = 1$，则 $x_{1,1}, x_{2,1}, x_{3,1} = 111$。因此，从 a 出发有两条支路可供选择，$m_1 = 0$ 时取上面一条支路，$m_1 = 1$ 则取下面一条支路。输入第二个信息位时，移位寄存器右移一位后，上支路情况下移位寄存器的状态仍为 00，下支路的状态则为 01，即状态 b。新的一位输入信息位到来时，随着移位寄存器状态和输入信息位的不同，树状图继续分叉成 4 条支路，2 条向上，2 条向下。上支路对应于输入信息位为 0，下支路对应于输入信息位为 1。如此继续，即可得到图 12.9 所示的二叉树图形。树状图中，每条树权上所标注的码元为输出信息位，每个节点上标注的 a，b，c，d 为移位寄存器的状态。显然，对于第 j 个输入信息位，有 2^j 条支路，但在 $j = N \geqslant 3$ 时，树状图的节点自上而下开始重复出现 4 种状态。

2. 网格图

观察到树状图中的重复性，可以得到一种更为紧凑的图形表示——网格图，如图 12.10 所示。在网格图中，把树状图中具有相同状态的节点合并在一起。上支路表示对应于输入信息位 0，用实线表示；下支路对应于输入信息位 1，用虚线表示。网格图中支路上标注的码元为输出信息位，自上而下 4 行节点分别表示 a，b，c，d 4 种状态。一般情况下，网格图中应有 2^{N-1} 种状态，从第 N 个节点开始，网格图图形开始重复而完全相同。

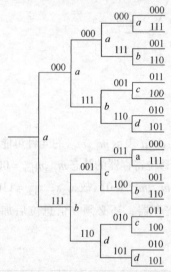

图 12.9 （3,1,2）卷积码的树状图

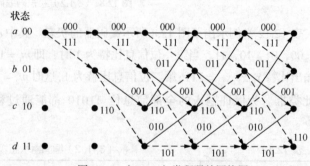

图 12.10 （3,1,2）卷积码的网格图

3. 状态图

取出已达到稳定状态的一节网格，便可得到图 12.11（a）所示的状态图。再把当前状态与下一行状态重叠起来，即可得到图 12.11（b）所示的反映状态转移的状态图。图中两个自闭合圆环分别表示 a–a 和 d–d 状态转移。

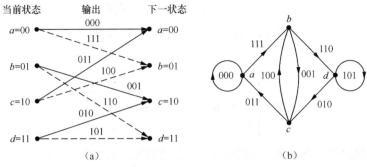

图 12.11　（3，1，2）卷积码的状态图

当给定输入信息序列和起始状态时，可以用上述 3 种图解表示法的任何一种，找出输出序列和状态变化路径。

12.6.3　卷积码的生成矩阵和监督矩阵

1. 生成矩阵

卷积码是一种线性码。由前述可知，一个线性码完全由一个监督矩阵 H 或生成矩阵 G 所确定。下面以图 12.8 为例寻求卷积码的生成矩阵。

当第一个信息比特输入时，若移位寄存器起始状态为全 0，则 3 个输出比特为

$$x_{1,1} = m_1, \quad x_{2,1} = m_1, \quad x_{3,1} = m_1$$

第二个信息比特输入时，m_1 右移一位，输出为

$$x_{1,2} = m_2, \quad x_{2,2} = m_2, \quad x_{3,2} = m_2 + m_1$$

第三个信息比特输入时，输出为

$$x_{1,3} = m_3$$
$$x_{2,3} = m_3 + m_1$$
$$x_{3,3} = m_3 + m_2 + m_1$$

第 j 个信息比特输入时，输出为

$$x_{1,j} = m_j$$
$$x_{2,j} = m_j + m_{j-2} \qquad (12.6.2)$$
$$x_{3,j} = m_j + m_{j-1} + m_{j-2}$$

式（12.6.2）写成矩阵形式如下

$$\begin{bmatrix} m_{j-2} & m_{j-1} & m_j \end{bmatrix} A = \begin{bmatrix} x_{1,j} & x_{2,j} & x_{3,j} \end{bmatrix} \qquad (12.6.3)$$

式中

$$A = \begin{bmatrix} 0 & 1 & 1 \\ 0 & 0 & 1 \\ 1 & 1 & 1 \end{bmatrix}$$

当第一、二个信息比特输入时存在过渡过程

$$\begin{bmatrix} x_{1,1} & x_{2,1} & x_{3,1} \end{bmatrix} = \begin{bmatrix} m_1 & 0 & 0 \end{bmatrix} T_1$$
$$\begin{bmatrix} x_{1,2} & x_{2,2} & x_{3,2} \end{bmatrix} = \begin{bmatrix} m_1 & m_2 & 0 \end{bmatrix} T_2$$

其中

$$T_1 = \begin{bmatrix} 1 & 1 & 1 \\ 0 & 0 & 0 \\ 0 & 0 & 0 \end{bmatrix} \qquad T_2 = \begin{bmatrix} 0 & 0 & 1 \\ 1 & 1 & 1 \\ 0 & 0 & 0 \end{bmatrix}$$

把上述的编码过程综合起来，我们可以得到它的矩阵表示如下

$$X = MG \tag{12.6.4}$$

式中

$$M = \begin{bmatrix} m_1 & m_2 & m_3 & \cdots \end{bmatrix}$$
$$X = \begin{bmatrix} x_{1,1} & x_{2,1} & x_{3,1} & x_{1,2} & x_{2,2} & x_{3,2} & \cdots \end{bmatrix} \tag{12.6.5}$$

G 为生成矩阵，这是一个半无限矩阵

$$G = \begin{bmatrix} T_1 & T_2 & A & & 0 \\ & & A & & \\ & & & A & \\ 0 & & & & A \\ & & & & & \cdots \end{bmatrix}$$

$$= \begin{bmatrix} 111001011 & & & & \\ & 111001011 & & 0 & \\ & & 111001011 & & \\ & & & 111001011 & 1 \\ & & & & 111001 \\ 0 & & & & 111 \\ & & & & & \cdots \end{bmatrix} \tag{12.6.6}$$

以上矩阵的空白区元素均为 0。上式常记作 G_∞。这种表示方法与分组码时相同，然而分组码的生成矩阵是有限矩阵。

生成矩阵与生成多项式之间存在确定关系。已知（3, 1, 2）卷积码的生成序列为

$$\begin{aligned} g_1 &= (100) = (g_1^1 \quad g_1^2 \quad g_1^3) \\ g_2 &= (101) = (g_2^1 \quad g_2^2 \quad g_2^3) \\ g_3 &= (111) = (g_3^1 \quad g_3^2 \quad g_3^3) \end{aligned} \tag{12.6.7}$$

把生成序列 g_1，g_2 按如下方法交错排列，即可得生成矩阵

$$G = \begin{bmatrix} g_1^1 & g_2^1 & g_3^1 & g_1^2 & g_2^2 & g_3^2 & g_1^3 & g_2^3 & g_3^3 \\ & & & g_1^1 & g_2^1 & g_3^1 & g_1^2 & g_2^2 & g_3^2 & g_1^3 & g_2^3 & g_3^3 \\ & & & & & & g_1^1 & g_2^1 & g_3^1 & g_1^2 & g_2^2 & g_3^2 & g_1^3 & g_2^3 & g_3^3 \\ & & & & & & & & & \cdots & \cdots \end{bmatrix} \tag{12.6.8}$$

其结果与式（12.6.6）相同。式（12.6.8）可以表达为

$$G = \begin{bmatrix} G_1 & G_2 & G_3 & & \\ & G_1 & G_2 & G_3 & \\ & & G_1 & G_2 & G_3 \\ & & & & \cdots \end{bmatrix} \qquad (12.6.9)$$

其中，每个子矩阵 $G_i(i=1,2,3)$ 由一行三列组成

$$\boldsymbol{G}_1 = \begin{bmatrix} g_1^1 & g_2^1 & g_3^1 \end{bmatrix}, \quad \boldsymbol{G}_2 = \begin{bmatrix} g_1^2 & g_2^2 & g_3^2 \end{bmatrix}, \quad \boldsymbol{G}_3 = \begin{bmatrix} g_1^3 & g_2^3 & g_3^3 \end{bmatrix}$$

推广到一般情况，对于 (n,k,m) 码，有

$$\boldsymbol{M} = \begin{bmatrix} m_{1,1} & m_{2,1} & m_{3,1} & \cdots & m_{k,1} & m_{1,2} & m_{2,2} & m_{3,2} & \cdots & m_{k,2} & \cdots \end{bmatrix}$$
$$\boldsymbol{X} = \begin{bmatrix} x_{1,1} & x_{2,1} & x_{3,1} & \cdots & x_{n,1} & x_{1,2} & x_{2,2} & x_{3,2} & \cdots & x_{n,2} & \cdots \end{bmatrix} \qquad (12.6.10)$$

已知该码的生成序列一般表达式为

$$g_{i,j} = (g_{i,j}^1 \quad g_{i,j}^2 \quad \cdots g_{i,j}^l \cdots g_{i,j}^N) \qquad (12.6.11)$$

式中，$i=1,2,\cdots,k$；$j=1,2,\cdots,n$；$l=1,2,\cdots,N$；$g_{i,j}^l$ 表示了每组 k 个输入比特中第 i 个比特经 $l-1$ 组延迟后的输出与每组 n 个输出比特中第 j 个模 2 加的输入端的连接关系，$g_{i,j}^l = 1$ 表示有连线，$g_{i,j}^l = 0$ 表示无连线。由此，可以写出 (n,k,m) 码的生成矩阵一般形式为

$$G = \begin{bmatrix} G_1 & G_2 & G_3 & \cdots & G_N & & & \\ & G_1 & G_2 & G_3 & \cdots & G_N & & \\ & & G_1 & G_2 & G_3 & \cdots & G_N & \\ & & & & \vdots & & \vdots & \end{bmatrix} \qquad (12.6.12)$$

式中，$N = m+1$ 为约束长度；$G_l(l=1,2,\cdots,N)$ 是 k 行 n 列子矩阵，有

$$\boldsymbol{G}_l = \begin{bmatrix} g_{1,1}^l & g_{1,2}^l & g_{1,3}^l & \cdots & g_{1,n}^l \\ g_{2,1}^l & g_{2,2}^l & g_{2,3}^l & \cdots & g_{2,n}^l \\ \vdots & \vdots & \vdots & \vdots & \vdots \\ g_{k,1}^l & g_{k,2}^l & g_{k,3}^l & \cdots & g_{k,n}^l \end{bmatrix} \qquad (12.6.13)$$

2. 监督矩阵

前面已经讨论过卷积码的生成矩阵 G，下面讨论它的监督矩阵 H，仍以图 12.8 为例来讨论监督矩阵。

设输入码序列为 $\boldsymbol{M} = (m_1 \quad m_2 \quad m_3 \cdots m_j \cdots)$，则该编码器的输出码序列为

$$\boldsymbol{X} = (m_1 \quad x_{2,1} \quad x_{3,1} \quad m_2 \quad x_{2,2} \quad x_{3,2} \quad m_3 \quad x_{2,3} \quad x_{3,3} \cdots m_j \quad x_{2,j} \quad x_{3,j} \cdots)$$

并假定移位寄存器初始状态为全零，于是得到信息码元与监督码元的关系为

$$\begin{cases} x_{2,1} = m_1, & x_{3,1} = m_1 \\ x_{2,2} = m_2, & x_{3,2} = m_1 + m_2 \\ x_{2,3} = m_3 + m_1 \\ x_{3,3} = m_3 + m_2 + m_1 \\ \vdots \end{cases} \qquad (12.6.14)$$

把上面方程组写成矩阵形式为

$$\begin{bmatrix} 110 \\ 101 \\ 000110 \\ 100101 \\ 100000110 \\ 100100101 \\ 000100000110 \\ 000100100101 \\ \cdots \end{bmatrix} \begin{bmatrix} m_1 \\ x_{2,1} \\ x_{3,1} \\ m_2 \\ x_{2,2} \\ x_{3,2} \\ m_3 \\ x_{2,3} \\ x_{3,3} \\ \vdots \end{bmatrix} = 0^{\mathrm{T}} \qquad (12.6.15)$$

把上式同分组码公式 $\boldsymbol{H} \cdot \boldsymbol{A}^{\mathrm{T}} = 0^{\mathrm{T}}$ 相比较，可见上式左边的矩阵是卷积码的监督矩阵，即

$$\boldsymbol{H}_{\infty} = \begin{bmatrix} 110 \\ 101 \\ 000110 \\ 100101 \\ 100000110 \\ 100100101 \\ 000100000110 \\ 000100100101 \\ \cdots \end{bmatrix} \qquad (12.6.16)$$

由此看到卷积码的监督矩阵是一个半无限矩阵，因此它的矩阵长记作 $\boldsymbol{H}_{\infty}$。观察此矩阵发现，该矩阵的前三列的结构与后三列的结构相同，而后三列只是比前三列向下移两行。因此从结构上看，只要知道前 6 行结构状况，即可得到 $\boldsymbol{H}_{\infty}$ 的全部信息。为了研究问题的简便，于是引入截短监督矩阵

$$\boldsymbol{H} = \begin{bmatrix} 110 \\ 101 \\ 000110 \\ 100101 \\ 100000110 \\ 100100101 \\ \cdots \end{bmatrix} = \begin{bmatrix} \boldsymbol{P}_1 & \boldsymbol{I}_2 & & & \\ \boldsymbol{P}_2 & \boldsymbol{0} & \boldsymbol{P}_1 & \boldsymbol{I}_2 & \\ \boldsymbol{P}_3 & \boldsymbol{0} & \boldsymbol{P}_2 & \boldsymbol{0} & \boldsymbol{P}_1 & \boldsymbol{I}_2 \end{bmatrix} \qquad (12.6.17)$$

式中，$\boldsymbol{P}_i$ 为 2×1 阶矩阵，$\boldsymbol{I}_2$ 为二阶单位方阵，$\boldsymbol{0}$ 为二阶全零矩阵。

推广到一般情况，(n, k, m) 卷积码的截短监督矩阵为

$$\boldsymbol{H} = \begin{bmatrix} P_1 I_{n-k} & & & \\ P_2 O & P_1 I_{n-k} & & \\ \vdots & \vdots & \ddots & \\ P_N O & P_{N-1} O & \cdots & P_1 I_{n-k} \end{bmatrix} \qquad (12.6.18)$$

式中，I_{n-k} 为 $(n-k)$ 阶单位方阵，P_i 为 $(n-k) \times k$ 阶 P 矩阵，O 为 $(n-k)$ 阶全零矩阵。

人们还称式（12.6.18）最后一行矩阵

$$h = \begin{bmatrix} P_N O & P_{N-1} O & \cdots & P_1 I_{n-k} \end{bmatrix} \qquad (12.6.19)$$

为 (n, k, m) 卷积码的基本监督矩阵。显然由上式看到，一旦 h 给定，则可完全确定截短监督矩阵。

下面讨论卷积码的生成矩阵 G 和监督矩阵 H 之间的关系。比较由上例得到的卷积码的生成矩阵 G_∞ [式（12.6.6）]和监督矩阵[式 H（12.6.17）]，可以得到

$$G_\infty = \begin{bmatrix} I_1 P_1^T & OP_2^T & OP_3^T & \\ & I_1 P_1^T & OP_2^T & OP_3^T \\ & & I_1 P_1^T & OP_2^T & OP_3^T \\ & & & \cdots \end{bmatrix} \tag{12.6.20}$$

式中，I_1 为 1 阶单位方阵，P_i^T 为 P_i 矩阵的转置。

类似于截短监督矩阵的想法，可引入截短生成矩阵 G 为

$$G = \begin{bmatrix} I_1 P_1^T & OP_2^T & OP_3^T \\ & I_1 P_1^T & OP_2^T \\ & & I_1 P_1^T \end{bmatrix} \tag{12.6.21}$$

推广到一般情况，截短生成矩阵为

$$G = \begin{bmatrix} I_k P_1^T & OP_2^T & \cdots & OP_N^T \\ & I_k P_1^T & \cdots & OP_N^T \\ & & \ddots & \vdots \\ & & & I_k P_1^T \end{bmatrix} \tag{12.6.22}$$

式中，I_k 为 k 阶单位方阵，0 为 k 阶全零方阵，P_i^T 为该截短监督矩阵 H 中的 P_i 矩阵的转置。

由式（12.6.22）可知，它的第一行矩阵

$$g = \begin{bmatrix} I_k P_1^T & OP_2^T & \cdots & OP_N^T \end{bmatrix} \tag{12.6.23}$$

完全决定着 G 矩阵，称此 g 矩阵为基本生成矩阵。一旦得到基本生成矩阵，则可以写出该卷积码的截短生成矩阵 G。

12.6.4　卷积码译码

卷积码的译码方法有两类：一类是大数逻辑译码，又称门限译码；另一类是概率译码，又分维特比译码和序列译码两种。门限译码方法是以分组码理论为基础的，其译码设备简单，速度快，但其误码性能要比概率译码差。下面先讨论大数逻辑译码。

1. 大数逻辑译码

此译码方法是从线性码的伴随式出发，找到一组特殊的能够检查信息位置是否发生错误的方程组，从而实现纠错译码。下面通过一个例子来说明该译码的工作原理。

设有（2，1，5）卷积码的编码器如图 12.12 所示。

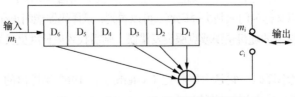

图 12.12　（2，1，5）卷积码的编码器

它的监督矩阵为

$$H = \begin{bmatrix} 11 \\ 0011 \\ 000011 \\ 10000011 \\ 1010000011 \\ 101010000011 \end{bmatrix}$$ （12.6.24）

根据前面分组码的结论，伴随式 $S = E \cdot H^{\mathrm{T}}$，这里 $E = (e_{11}e_{21}e_{12}e_{22}\cdots e_{16}e_{26})$ 是信道传输后所产生的错误图样；伴随式 $S = (s_1\ s_2\ s_3\ s_4\ s_5\ s_6)$，式中

$$s_1 = e_{11} + e_{21}$$
$$s_2 = e_{12} + e_{22}$$
$$s_3 = e_{13} + e_{23}$$
$$s_4 = e_{11} + e_{14} + e_{24}$$
$$s_5 = e_{11} + e_{12} + e_{15} + e_{25}$$
$$s_6 = e_{11} + e_{12} + e_{13} + e_{16} + e_{26}$$

由上面一组方程可以得到一组方程为

$$\begin{cases} s_1 = e_{11} + e_{21} \\ s_4 = e_{11} + e_{14} + e_{24} \\ s_5 = e_{11} + e_{12} + e_{15} + e_{25} \\ s_2 + s_6 = e_{11} + e_{22} + e_{13} + e_{16} + e_{26} \end{cases}$$ （12.6.25）

该方程组的特点是错误元 e_{11} 在各方程中都出现，其他的错误元在方程中出现总数不超过一次。称具有这种特点的方程组为正交于 e_{11} 错误元的一致校验和式。这样，在相邻的 12 个码元中，若错误图样 E 中的错误个数不多于 2 个，且其中一个发生在 e_{11} 位上，另一个发生在其他位上，那么上述方程组中至少有 3 个方程为 1，即 $\sum s_i \geq 3(i = 1, 2, 4, 5, 6)$；如果 E 中错误不多于 2 个，且 e_{11} 位上未发生错误，则 $\sum s_i \leq 2$。由此可根据 $\sum s_i$ 的多少来进行大数判决，以决定对收到的 e_{11} 的值进行纠正或不纠正。

根据上述思路，画出（2，1，5）卷积码的译码器如图 12.13 所示。该译码器由输入分路开关、2 组移位寄存器、4 个模 2 加法器和大数判决门等组成。开关 S 把收到的序列进行信息位和监督位的分路。信息移位寄存器存入 6 位信息位，于"1"模二加法器输出端产生 1 位监督位，该监督位同收到的监督位在"2"模 2 加法器处相加，从而得到校正子送给"校正子移位寄存器"组。校正子移位寄存器在得到连续的 6 个校正子后，按照式（12.6.25）输出校正子值，在"大数判决门"处实现门限判决；若 $\sum s_i \geq 3$，则输出 1；反之，则输出 0。判决门输出 1，就可通过"4"模 2 加法器改变 e_{11} 位置上的信息位，纠正了错误；反之，判决器输出 0，则不会改变经检验是正确的第一位信息位。判决门输出 1，则还用来改变有关的已发生差错的校正子，为后续码元的纠错做好准备。这里看到该译码器采用了门限判决的方法，所以又称为门限判决译码器。可以看到，该译码器能纠正在约束长度内的两位随机错误。如果要纠正多于两位的随机错误或克服突发错误，则需找约束长度更长和性能更好的译码器。

2. 维特比译码

维特比译码属于概率译码，它是由维特比（Viterbi）在 1967 年提出的，简称 VB 译码。目前在数字通信的前向纠错系统中用的较多。

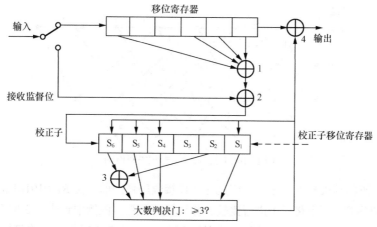

图 12.13　（2，1，5）卷积码门限译码器

概率译码的基本思想是：把已接收序列与所有可能的发送序列做比较，选择其中码距较小的一个序列作为发送序列。如果发送 L 组信息比特，对于 (n, k, m) 卷积码来说，可能发送的序列为 2^{kL} 个，计算机或译码器需存储这些序列并进行比较，以找出码距最小的那个序列。当传信率和信息组数 L 较大时，使得译码器难以实现。VB 算法则对上述概率译码（又称最大似然译码）做了简化，以至成为了一种实用化的概率算法。它并不是在网格图上一次比较所有可能的 2^{kL} 条路径（序列），而是接收一段，计算和比较一段，选择一段有最大似然可能的码段，从而达到整个码序列是一个有最大似然值的序列。

下面以图 12.14 所示的（2，1，2）卷积码编码器的编码为例，来说明维特比解码的方法和运作过程。为了说明解码过程，给出图 12.14 的状态图如图 12.15 所示。网格图如图 12.16 所示。图中 a,b,c,d 表示 $m_{j-2}m_{j-1}$ 的 4 种可能状态：00，01，10，11。该图设输入信息数目 $L=5$，所以画有 $L+N=8$ 个时间单位（节点），图中分别标以 0～7。设编码器从 a 状态开始，该网

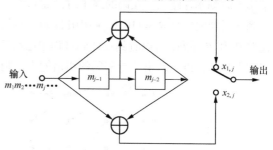

图 12.14　（2，1，2）卷积码编码器

格图的每一条路径都对应着不同的输入信息序列。由于所有的可能输入信息序列共有 2^{kL} 个，因而网格图中所有可能路径也有 2^{kL} 条。

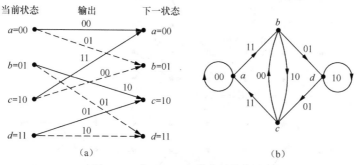

（a）　　　　　　　　　　　　（b）

图 12.15　（2，1，2）卷积码状态图

设输入编码器的信息序列为 11011000，则由编码器输出的序列 $X = 1101010001011100$，编码器的状态转移路线为 $abdcbdca$。若收到的序列 $R = 0101011001011100$，下面对照网格图来说明维特比译码的方法。

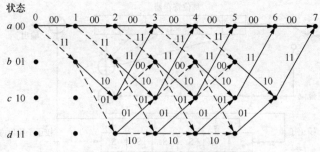

图 12.16 （2，1，2）卷积码网格图

由于该卷积码的约束长度为 6 位，因此先选择接收序列的前 6 位 R_1=010101 同到达第 3 时刻的可能的 8 个码序列（8 个路径）进行比较，并计算出码距。该例中到达第 3 时刻 a 点的路径序列为 000000 和 111011，它们与 R_1 的距离分别是 3 和 4；到达第 3 时刻 b 点的路径序列 000011 和 111000，它们与 R_1 的距离分别是 3 和 4；到达第 3 时刻 c 点的路径序列是 001110 和 110101，与 R_1 的距离分别是 4 和 1；到达第 3 时刻 d 点的路径序列 001101 和 110110，与 R_1 的距离分别是 2 和 3。上述每个节点都保留码距较小的路径作为幸存路径，所以幸存路径码序列是 000000、000011、110101 和 001101，如图 12.17（a）所示。用与上面类似的方法可以得到第 4、5、6、7 时刻的幸存路径。需要指出的是，对于某一个节点而言比较两条路经与接收序列的累计码距时，若发生两个码距值相等，则可以任选一路径作为幸存路径，此时不会影响译码的最终结果。图 12.17 给出了第 5 时刻幸存路径。在码的终了时刻 a 状态，得到一条幸存路径，如图 12.17（c）所示。由此看到译码器输出是 R'=1101010001011100，即可变换成序列 11011000，恢复了发送端原始信息。比较 R' 和 R 序列，可以看到在译码过程中已纠正了在码序列第 1 位和第 7 位上的错误。当然差错出现太频繁，以至超出了卷积码的纠错能力，则会发生误纠。有关此问题不在此讨论。

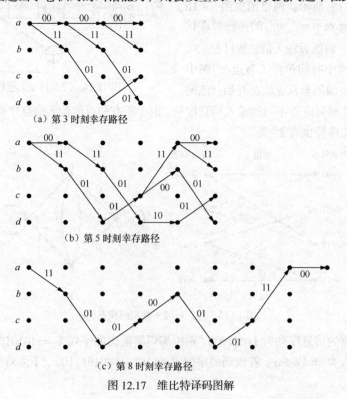

（a）第 3 时刻幸存路径

（b）第 5 时刻幸存路径

（c）第 8 时刻幸存路径

图 12.17 维比特译码图解

12.7　交　织　码

前面所介绍的几类信道编码主要用于无记忆的随机信道，这里要讨论的是适合于突发信道的交织码。交织编码的目的是把一个较长的突发差错离散成随机差错，再用纠正随机差错的编码技术消除随机差错。

交织原理方框图如图 12.18 所示。

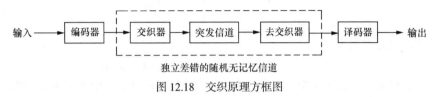

独立差错的随机无记忆信道

图 12.18　交织原理方框图

在发送端交织器用于将原有的码元序列的顺序打乱，接收端的去交织器则用于恢复码元序列的顺序。本质上，去交织器把从信道接收的码元序列顺序打乱了，这样信道产生的突发差错的顺序也被打乱，变成了近似的独立随机差错。从而由交织器、突发信道、去交织器组成的编码信道就完成了信道改造的功能，使信道变成了近似的独立随机差错信道。

常用的交织器是分组交织器。下面通过一个简单的分组交织器例子来介绍如何通过交织和反交织变换，把一个突发错误的有记忆信道改造成为独立差错的无记忆信道。

假设在发送端发送一组信息 $X=(x_1, x_2 \cdots x_{15}, x_{16})$，首先将 X 输入到交织器，同时将交织器设计成按列写入按行读出的 4×4 阵列存储器。然后从存储器中按行输出，送入突发差错的有记忆信道。信道输出送入反交织器。反交织器仍然是一个 4×4 阵列存储器，它实现交织器的相反变换，即按行写入，按列读出。这样反交织器输出信息的差错规律就变成了独立差错。分组交织实现方框图如图 12.19 所示。

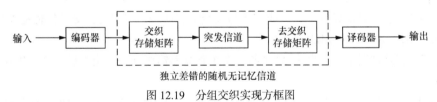

独立差错的随机无记忆信道

图 12.19　分组交织实现方框图

在这里交织器的输入信息序列为

$$X=(X_1\ X_2\ X_3\ X_4\ X_5\ X_6\ X_7\ X_8\ X_9\ X_{10}\ X_{11}\ X_{12}\ X_{13}\ X_{14}\ X_{15}\ X_{16})$$

交织矩阵为

$$\rightarrow 按行读出$$

$$X_1 = \begin{bmatrix} x_1 & x_5 & x_9 & x_{13} \\ x_2 & x_6 & x_{10} & x_{14} \\ x_3 & x_7 & x_{11} & x_{15} \\ x_4 & x_8 & x_{12} & x_{16} \end{bmatrix} \begin{matrix} \downarrow \\ 按 \\ 列 \\ 写 \\ 入 \end{matrix}$$

交织器的输出并且送入突发信道的信息序列为

$$X'=(X_1\ X_5\ X_9\ X_{13}\ X_2\ X_6\ X_{10}\ X_{14}\ X_3\ X_7\ X_{11}\ X_{15}\ X_4\ X_8\ X_{12}\ X_{16})$$

若突发信道产生两个突发，第一个突发产生于 X_1 到 X_{13} 连错 4 个，第二个突发产生于 X_7 到 X_{15} 连错 3 个，这样输入到去交织器的信息序列为

$$X'' = (X_1\ X_5\ X_9\ X_{13}\ x_2\ x_6\ x_{10}\ x_{14}\ x_3\ X_7\ X_{11}\ X_{15}\ x_4\ x_8\ x_{12}\ x_{16})$$

去交织矩阵为

$$X_{\mathrm{II}} = \begin{bmatrix} X_1 & X_5 & X_9 & X_{13} \\ x_2 & x_6 & x_{10} & x_{14} \\ x_3 & X_7 & X_{11} & X_{15} \\ x_4 & x_8 & x_{12} & x_{16} \end{bmatrix} \begin{array}{l} \downarrow \\ 按 \\ 列 \\ 读 \\ 出 \end{array}$$

$$\rightarrow 按行写入$$

去交织器的输出信息序列为

$$X''' = (X_1\ x_2\ x_3\ x_4\ X_5\ x_6\ X_7\ x_8\ X_9\ x_{10}\ X_{11}\ x_{12}\ X_{13}\ x_{14}\ X_{15}\ x_{16})$$

由上述分析可见，经过交织矩阵与反交织矩阵变换后，原来信道中产生的突发错误变成了无记忆随机性的独立差错。

推广至一般，称这类交织器为周期性的分组（块）交织器，分组长度为

$$L = M \times N$$

故又称之为 (M,N) 分组交织器。它将分组长度 L 分成 M 列 N 行的交织矩阵。在发送端交织矩阵存储器是按列写入按行读出，信息读出后送至信道发送。在接收端，经过信道的信息送入同一类型 (M,N) 交织矩阵存储器，而它则是按行写入按列读出。

分组周期交织方法的特性可归纳如下：

① 任何长度 $1 \leqslant M$ 的突发差错，经交织变换后，成为至少被 $N-1$ 位隔开后的一些单个独立差错；

② 任何长度 $1 > M$ 的突发性差错，经过去交织变换后可将长突发变换成短突发，且突发长度为 $l' = \left[\dfrac{l}{M} \right]$；

③ 在不计信道时延的条件下，完成交织与去交织变换后，交织与去交织各时延 MN 个符号，导致通信系统两端的时延为 $2MN$ 个符号；

④ 在某些特殊情况下，周期为 M 个符号单个独立差错序列经去交织后，会产生相应序列长度的突发错误。

由性质①、②可见，交织是克服衰落信道中突发性干扰的有效方法，目前已在移动通信中得到广泛的实际应用。但是交织的主要缺点如性质③所指出，它会带来较大的 $2MN$ 个符号时延。为了更有效地将突发差错改造为独立差错，MN 应取足够大。但是，大的附加时延会给实时语音通信带来不利影响，同时也增大了设备的复杂性。为了在不降低性能的条件下减少时延和复杂性，人们又提出了不少改造方法，其中最为典型的方法是采用卷积交织器的方法，它可将时延减少一半。

在卷积交织编码中，输入信号分别进入交织器的 N 条支路延时器，每一路延时不同的符号周期。第一路无延时，第二路延时 M 个符号周期，第三路延时 $2M$ 个符号周期，…，第 N 路延时 $(N-1)M$ 个符号周期。交织器的输出端按输入端的工作节点分别同步输出对应支路经延时的数据。卷积交织每条支路的延时节拍延时 $(N-1)M$ 个符号，…，第 N 路无延时。

$M=1$，$N=4$ 时的卷积交织的工作原理如图 12.20 所示。它由 3 个移存器构成。第 1 个移存器

有 1bit 容量，第 2 个移存器可以存 2bit，第 3 个移存器可以存 3bit。交织器的输入码元依次进入各个移存器。在图 12.20（a）所示的交织器中示出，第 1 个输入码元没有经过存储而直接输出，第 2 个输入码元存入第 1 个移存器中，第 3 个输入码元存入第 2 个移存器中，第 4 个码元存入第 3 个移存器中。在这 4 个码元期间，交织器的输出为 "1 x x x"。这里的 "x" 表示移存器初始的随机状态。在图 12.20（b）所示的交织器中则示出第 5~8 个码元输入时的工作状态。在图 12.20（c）和 12.20（d）中示出的是第 9~12 个码元以及第 13~16 个码元输入时的工作状态。这样，交织器输出码元的次序将是：1 x x x 5 2 x x 9 6 3 x 13 10 7 4。接收端解交织器的工作过程与此相反，如图 12.20 所示，解交织器的输出码元的次序将是：x x x x x x x x x x x x 1 2 3 4，其中前面接收的 12 个码元无意义，从第 13 个码元开始才是有效码元。

交织器　　　　　　　　　　　　　　　解交织器

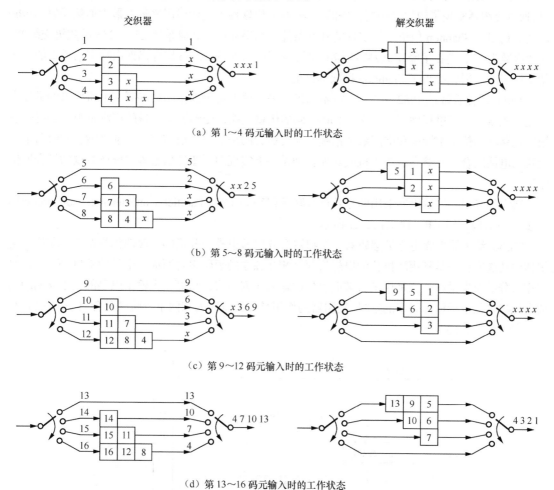

（a）第 1~4 码元输入时的工作状态

（b）第 5~8 码元输入时的工作状态

（c）第 9~12 码元输入时的工作状态

（d）第 13~16 码元输入时的工作状态

图 12.20　$M=1$，$N=4$ 时的卷积交织的工作原理图

12.8　Turbo 码

1948 年，美国 Bell 实验室的 C.E.Shannon 在贝尔技术杂志上发表了题为《通信的数学理论》的论文。Shannon 指出：任何一个通信信道都有确定的信道容量 C，如果通信系统所要求

的传输速率 R 小于 C，则存在一种编码方式，当码长 n 充分大并应用最大似然译码（Maximum Likelihood Detection，MLD）时，信息的错误概率可以达到任意小。这就是著名的 Shannon 有噪信道编码定理。

实现信道编码定理的条件有三点：一是采用随机编、译码方式；二是让编译码长度 $n \to \infty$，即码长无限；三是译码采用最大似然译码方法。长期以来，信道编码的设计一直是沿着后两个方向发展的。构造长码的一种有效方法是 1966 年由 Forney 提出的利用两个短码构造一个长码的方法，用这种方法构造出来的码简称为级联码。简单地说，把多次编码看成一个整体编码，就是级联码。1993 年 Berrou 等在 ICC 国际会议上提出了一种采用重复迭代（Turbo）译码方式的并行级联码，该码的最大特点是它巧妙地将卷积码和随机交织器结合在一起，在实现随机编码思想的同时，通过交织器实现了用短码构造长码的方法，并采用软输出迭代译码来逼近最大似然译码。Turbo 码充分利用了 Shannon 信道编码定理的基本条件。结果显示，如果采用 256×256 的随机交织器，迭代次数为 18，则在信噪比 $E_b/N_0 \geq 0.7 \text{dB}$ 时，码率为 1/2 的 Turbo 码在高斯白噪声信道上的误比特率低于 10^{-5} 时，接近了 Shannon 极限的性能。

Turbo 码被看做是 1982 年 TCM 技术问世以来，信道编码理论与技术研究上所取得的最伟大的技术成就，具有里程碑式的意义。Turbo 码的优良性能，受到通信领域的广泛重视，它已经被第三代移动通信系统标准和空间数据系统协商委员会的深空通信信道编码标准采纳，同时与下一代移动电话结合，能够满足在手机或其他移动设备上实现图形图像信号等多媒体数据的综合通信需要。

典型的 Turbo 码编码器采用的是并行级联卷积码 PCCC（Parallel Concatenated Convolutional Code）的结构，编码框图如图 12.21 所示。

Turbo 编码器主要由分量编码器、交织器和复用器组成。分量码一般选择为系统卷积码。交织器的功能有：一是利用随机化的思想将两个相互独立的短码组合而成一个长的随机码；二是可以用来分散突发错误；三是用来打破低重量的输入序列模式，从而增大输出码字的最小汉明距离或者说减少低重量输出码字的数量。复用器的作用是将信息序列和两个校验序列合成一个比特流，并根据需要调整码率。

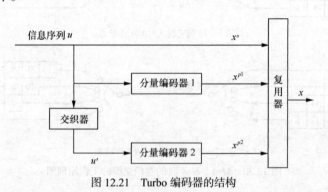

图 12.21　Turbo 编码器的结构

在 Turbo 码的编码过程中，信息序列 $u = \{u_1, u_2, \cdots, u_n\}$ 经过一个 N 位交织器，构成一个新序列 $u' = \{u_1', u_2', \cdots, u_n'\}$。$u$ 和 u' 分别传送到两个分量编码器，形成校验序列 x^{p1} 和 x^{p2}。x^{p1} 和 x^{p2} 与未编码序列 x^s 经过复用之后，生成了 Turbo 码码字序列 x。

编码器的输出序列经过信道后，在接收方形成译码器的输入序列 $R = \{y^s, y^{p1}, y^{p2}\}$。译码器的结构如图 12.22 所示。

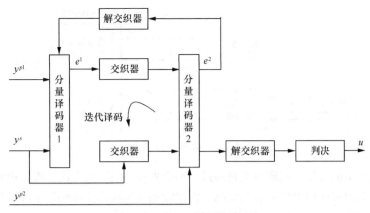

图 12.22　Turbo 译码器的结构

译码器结构主要包括两个交织器、解交织器及分量译码器。译码过程是一个迭代循环过程。接收的信息序列经过解复用以后将其中的信息位 y^s 、校验位 y^{p1} 及先验信息（前一次迭代中分量译码器 2 给出的外信息的解交织形式）送入分量译码器 1。经过分量译码器 1 后产生的外信息经过交织器后作为分量译码器 2 的先验信息送到分量译码器 2。同时，分量译码器 2 的输入还含有信息位 y^s 经过交织后的信息以及校验信息 y^{p2}，分量译码器 2 产生的外信息又送入解交织器以便循环再使用。

常用的软输出译码算法有：标准 MAP（Maximum A Posteriori）算法，对数 MAP 算法（log-MAP），最大值（max-log-MAP）算法，软输出维特比译码（Soft Output Viterbi Algorithm，SOVA）。

12.9　网格编码调制

前面讨论的数字通信系统中，差错控制编码和调制是分开设计和考虑的。这就使得采用差错控制编码措施改善系统误码性能是以牺牲通信效率为代价，编码增益是依靠降低信息传输速率或增加系统带宽来获得，多进制数字调制系统的整体性能无法达到最佳。1974 年梅西（Messey）根据香农信息论，证明了当把编码与调制作为一个整体考虑时，可以明显的改善通信系统的性能。1982 年，昂格尔博克（Ungerbook）提出了编码（卷积码）与调制相结合的网格编码调制（TCM）。TCM 方案能在不增加系统带宽或相同传输速率的前提下，获得 3～6dB 的编码增益。目前，TCM 技术已经得到了广泛的应用，它不仅用于高速的话带调制解调器中，而且还用于卫星通信、移动通信、扩频通信等多个领域中。

12.9.1　TCM 编码器结构

TCM 编码器结构如图 12.23 所示。它由编码效率为 $\bar{k}/(\bar{k}+1)$ 卷积编码器和信号集合划分映射两个部分组成。TCM 编码器输出信号产生方式如下：在每一个编码调制间隔中，有 k 个比特的信息输入到 TCM 编码器，其中 $\bar{k}$ 比特 $(\bar{k}<k)$ 被送入编码效率为 $\bar{k}/(\bar{k}+1)$ 的卷积码编码器，从而得到 $n=\bar{k}+1$ 比特的编码输出。这个 $(\bar{k}+1)$ 比特编码输出用于选择信号子集，其余的 $(k-\bar{k})$ 个未编码比特用来从被选中的子集中选择一个信号点。这里信号子集和信号点的选择是按照映射规则进行的。

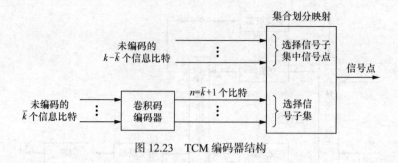

图 12.23　TCM 编码器结构

昂格尔博克提出的 TCM 编码方案是通过"集合划分映射"的方法，将卷积码编码器对信息码元的编码转化为对星座图中信号点的编码，在接收端采用维特比译码算法进行判决。由于调制信号序列可以模型化为网格结构，因而称为网格编码调制。实现 TCM 编码有两种方法：一种方法是先确定从卷积编码器输出的 2^{k+1} 个码组与调制信号的信号点的对应关系，再按照一定的规则通过网格图设计相应的卷积编码器；另一种方法是先确定卷积编码器的结构，再根据网格图确定卷积码编码器输出的 2^{k+1} 个码组与调制信号的信号点的映射关系。

12.9.2　归一化欧几里德距离

通常，将任意两个信号点（信号序列）之间的几何距离，称作归一化欧几里德距离，简称为欧氏距离，其中所有两个信号点（信号序列）之间最小的欧氏距离称为欧氏自由距离，记为 d_{free}。图 12.24 是 8PSK 信号的星座图，图中 8 个信号点对应于 8PSK 信号的 8 个不同相位，信号点与星座中心的距离 r 都为 1（归一化），不同信号点之间的欧氏距离有 4 种：Δ_0，Δ_1，Δ_2，Δ_3，其中 Δ_0 为 8PSK 信号的欧氏自由距离。欧氏距离能够衡量信号点（信号序列）的相近程度，欧氏距离越大信号点（信号序列）越不相近。

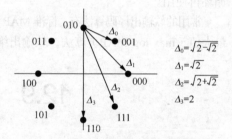

图 12.24　8PSK 信号星座图及欧氏距离

在常用的多进制调制系统（如 QAM、QPSK 及 8PSK）中，已调信号在信道的传输过程中由于受到干扰使得接收到的信号点偏离它们在星座图中的位置。解调时，在星座图中选择最靠近接收信号序列的信号点作为接收信号序列的信号，即若接收到的信号序列为 $[a'_n]$，从所有可能的编码信号序列中选出一个与 $[a'_n]$ 之间具有最小欧氏距离的 b_n 作为接收信号序列。这样，当接收到的信号序列偏离它们在星座图中的正确位置时，会造成错误判决，并且最可能的错误发生在具有最小欧氏距离（欧氏自由距离）的两个信号序列之间。欧氏自由距离越大，错误判决的概率越小，因此，在 TCM 编码时要寻找具有最大的欧氏自由距离编码信号序列。

通过以上的讨论可知，多进制调制系统的误码性能与已调信号各信号点之间的欧氏距离有关。例如，没有纠错编码的 QPSK 调制和采用了编码效率为 2/3 的卷积码的 8PSK 调制，两个系统的信息传输速率相同，如果 QPSK 系统的误码率为 1×10^{-5}，在相同输入信噪比的情况下，8PSK 系统解调器的输出误码率近似为 1×10^{-2}。这是由于 8PSK 信号具有更小的欧氏距离的缘故。

从前面的讨论可知，分组码和卷积码的误码性能是用汉明距离来衡量的。在 TCM 中，系统的误码性能取决于信号点或信号序列之间的欧氏距离。在多进制系统中汉明距离与欧氏距离并不等价，也就是说，对于具有最大汉明距离的码序列，已调信号不一定具有最大的欧氏距离。因此，最佳的编码调制系统应该用编码信号序列的欧氏距离作为设计的度量，以使编码器和调制器级联之后产生的编码信号序列具有最大的欧氏自由距离。从信号空间的角度来看，这种最佳编码调制的设计实际上是一种对信号序列空间的最佳划分。

12.9.3　信号点集的划分

在 TCM 编码中，通过对信号点集的划分，建立卷积码编码器输出的编码与星座图上的信号点之间的映射关系。

信号点集的划分是指把星座图上的所有信号点组成的集合不断地分解为 2，4，8，…个子集，使子集中信号点之间的最小欧氏距离不断增加。8PSK 信号点集划分成子集的情况如图 12.25 所示。划分规则为：首次将 8PSK 的 8 个信号点划分成 2 个子集 B_0 和 B_1，每个子集中有 4 个信号点，同一子集中信号点的最小欧氏距离为：$\Delta_1 = \sqrt{2} = 1.414 > \Delta_0 = \sqrt{2-\sqrt{2}} = 0.765$。其中，$\Delta_0$ 是 8PSK 信号点集的最小欧氏距离。然后，再把第一次划分得到的 2 个子集分别划分成 2 个子集，故得到 4 个子集：C_0、C_1、C_2、C_3。在新得到的 4 个子集中，每一个子集都含有 2 个信号点，其间的欧氏距离为：$\Delta_3 = 2 > \Delta_1 > \Delta_0$。

在信号点集的划分中，每个划分子集的分支分别对应二进制编码 0 或 1，这样由各分支的编码获得每个信号点的编码，如图 12.25 所示。从而，确定了在采用第一种方法实现 TCM 编码时卷积编码器输出的 8 个码组与 8PSK 信号点的对应关系。

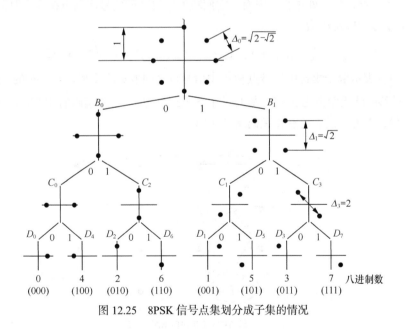

图 12.25　8PSK 信号点集划分成子集的情况

12.9.4　TCM 码网格图及卷积码编码器

卷积编码器输出的每一个序列都对应着网格图中的一条路径。因此，使网络图中各条路径之间的欧式距离最大，就等于使编码输出序列的欧式距离最大。由于通过"集合划分映射"的方法，已将星座图中的信号点映射成了卷积码，所以 TCM 的最优化过程，实质上是根据不同的调制方式，寻找具有最大欧式自由距离的网格图，从而设计卷积码编码器。TCM 最优码网格图应遵循以下规则。

① 并联转移分支，指定分配有间隔为最大欧氏距离的信号点的编码，即取自同一子集 C_i。

② 开始于同一状态的转移分支，指定分配有同一子集 B_i 中的信号点的编码，即该转移分支具有欧氏距离大于等于 Δ_1。

③ 到达同一状态的转移分支，指定分配有同一子集 B_i 中的信号点的编码，即这些转移分支具有欧氏距离大于等于 Δ_1。

④ 全部信号点的编码应该以相同的频率出现。

目前，多采用计算机搜索的方法获得 TCM 最优码的网格图。卷积码编码器和 8PSK 调制结合的 TCM 最优码网格图如图 12.26（a）所示，它所对应的（3, 2, 2）卷积码编码器如图 12.26（b）所示，其状态转换表如表 12.13 所示。

在图 12.26（a）所示的网格图中有 4 种状态，分别为 a、b、c 和 d，且每种状态的一步转移都包含两个并联分支，每个分支都对应着 4 个子集 c_0、c_1、c_2 和 c_3 之中的一个信号点的编码。如图 12.25 所示，子集 c_0、c_1、c_2 和 c_3 各包含两个信号点，分别对应于比特序列（000, 100）或 $(0, 4)_8$、（010, 110）或 $(2, 6)_8$、（001, 101）或 $(1, 5)_8$ 和（011, 111）或 $(4, 7)_8$。如果输入的信息序列为（00, 00, 00），则编码器输出的码序列为（000, 000, 000）或 $(0, 0, 0)_8$，对应 3 个分支的路径如图 12.26（a）所示；若输入的另一信息序列为（01, 00, 00），则编码器输出的码序列为（010, 001, 010）$=(2, 1, 2)$，对应 3 个分支的另一个路径如图 12.26（a）所示。这两个码序列对应的 2 条路径在第 3 个节点 a 状态处重合，因而，它们映射后得到的信号序列也在这个时刻重合。这两个信号序列的平方欧氏距离为

$$d_{\min}^2 = d_{\min}^2(c_0, c_2) + d_{\min}(c_0, c_1) + d_{\min}^2(c_0, c_2) = 6 - \sqrt{2} = 4.585$$

式中，$d_{\min}(c_i, c_j)$ 表示取子集 c_i 中信号点和 c_j 中信号点之间的最小距离。4 状态的 8PSK 调制的 TCM 码一步转移的欧氏距离为 $d = 2$，故其最小欧氏距离为 2，与未编码的 4PSK 调制的欧氏距离 $d_0 = \sqrt{2}$ 相比较，前者比后者可获得编码增益 3dB。

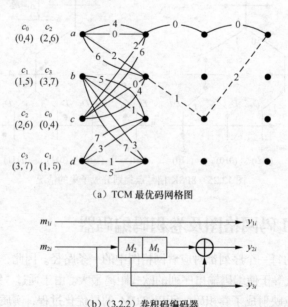

（a）TCM 最优码网格图

（b）（3,2,2）卷积码编码器

图 12.26 8PSK 调制 TCM 码网格图及（3, 2, 2）卷积码编码器

表 12.13　　　　　　　　　　　　　　（3, 2, 2）卷积码编码器状态转换表

状态	a				b				c				d			
m_1m_2	00				01				10				11			
$m_{1i}m_{2i}$	00	01	10	11	00	01	10	11	00	01	10	11	00	01	10	11
y_{1i}	0	0	1	1	0	0	1	1	0	0	1	1	0	0	1	1
y_{2i}	0	1	0	1	0	1	0	1	1	0	1	0	1	0	1	0
y_{3i}	0	0	0	0	1	1	1	1	0	0	0	0	1	1	1	1

对于更多状态卷积码情况下, 8PSK 调制的 TCM 码相对于未编码 4PSK 的编码增益如表 12.14 所示。TCM 所带来的编码增益还与信号星座的形状有关, 最佳形状信号星座相对于矩形星座可得到多达 1.53dB 的形状增益。

表 12.14　　　　　　　　8PSK 调制的 TCM 码相对于未编码 4PSK 的编码增益

卷积码	(3,2,2)	(3,2,3)	(3,2,4)	(3,2,5)	(3,2,6)	(3,2,7)	(3,2,8)
状态数	4	8	16	32	64	128	256
编码增益/dB	3.0	3.6	4.1	4.6	5.0	5.4	5.7

习　题　12

12.1　已知 8 个码组为（000000）,（001110）,（010101）,（011011）,（100011）,（101101）,（110110）,（111000）。

（1）求以上码组的最小距离 d_0。

（2）若此 8 个码组用于检错, 可检出几位错。

（3）若用于纠错码, 能纠正几位。

（4）若同时用于纠错和检错, 纠错、检错性能如何?

12.2　已知两码组（0000）和（1111）, 若该码组用于检错, 能检出几位错码? 若用于纠错, 能纠正几位错码? 若同时用于纠错和检错, 问各能纠、检几位错码?

12.3　一码长 $n = 15$ 的汉明码, 监督位 r 最少应该为多少? 此时的编码效率为多少?

12.4　已知某（7, 4）线性分组码的监督方程为

$$\boldsymbol{H} = \begin{bmatrix} 1 & 1 & 1 & 0 & 1 & 0 & 0 \\ 1 & 1 & 0 & 1 & 0 & 1 & 0 \\ 1 & 0 & 1 & 1 & 0 & 0 & 1 \end{bmatrix}$$

试求其生成矩阵, 并写出所有许用码组。

12.5　已知（6, 3）线性分组码的一致监督方程为

$$\begin{cases} a_4 + a_3 + a_2 + a_0 = 0 \\ a_4 + a_3 + a_1 = 0 \\ a_5 + a_3 + a_0 = 0 \end{cases}$$

其中 a_5，a_4，a_3 为信息码。

（1）试求其生成矩阵和监督矩阵。

（2）求其最小码距并分析其检错、纠错能力。

（3）判断下列接收到的码字是否正确。B_1=（011101），B_2=（101011），B_3=（101111）。若接收到的是非码字，如何纠错和检错？

12.6　已知（7,3）循环码的监督关系式为

$$\begin{cases} a_6 + a_3 + a_2 + a_1 = 0 \\ a_5 + a_2 + a_1 + a_0 = 0 \\ a_6 + a_5 + a_1 = 0 \\ a_5 + a_4 + a_0 = 0 \end{cases}$$

（1）求该循环码的典型监督矩阵和典型生成矩阵。

（2）输入信息码元为 101001，求编码后的系统码。

（3）试写出 8 个许用码组。

（4）若给出其中一个码字为（0111110），并分别给出一位错误图样为 E_1=(00110000)和 E_2=0000100，看能否纠错？

12.7　令已知（7,4）循环码的生成多项式为 x^3+x^2+1。

（1）求出该循环码典型生成矩阵和典型监督矩阵。

（2）若两个信息码为 11001011，求出编码后的系统码。

（3）求此循环码的全部码组。

（4）分析此循环码的纠错、检错能力。

（5）画出其编码器的原理框图。

12.8　已知（7,3）循环码的生成多项式 $g(x)=x^4+x^3+x^2+1$，如接收到的码组为 $B(x)=x^6+x^3+x+1$，经过只有检错能力的译码器，接收端是否需要重发？

12.9　题表 12.1 列出了（7,3）线性分组码的码组。

题表 12.1

码　　字	码 多 项 式
0010111	
0101110	
1011100	
0111001	
1100101	
1001011	
0000000	

（1）写出相应的码多项式，并填在表中，说明该码是否为循环码。

（2）写出码生成多项式，它有何特点？

（3）写出生成矩阵。

12.10　一个（15,5）循环码的生成多项式为 $x^{10} + x^8 + x^5 + x^4 + x^2 + x + 1$。

（1）写出该循环码的生成矩阵。

（2）若信息多项式为 $m(x) = x^4 + x + 1$，试求其码多项式为 $T(x)$。

12.11　已知 $g_1(x) = x^3 + x^2 + 1$，$g_2(x) = x^3 + x + 1$，$g_3(x) = x + 1$。讨论：

（1）$g(x) = g_1(x)g_2(x)$

（2）$g(x) = g_3(x)g_2(x)$

12.12　已知 $k = 1$，$n = 2$，$N = 4$ 的卷积码的基本生成矩阵为 $g = (11010001)$，试求其卷积码的生成矩阵 $\boldsymbol{G}$ 和监督矩阵 $\boldsymbol{H}$。

12.13　已知（2, 1, 2）卷积码编码器的输出与 m_1, m_2, m_3 的关系为

$$\begin{cases} c_1 = m_1 \oplus m_2 \\ c_2 = m_2 \oplus m_3 \end{cases}$$

（1）画出其编码电路；

（2）画出卷积码的码树图、状态图及网格图。

12.14　已知（3, 1, 4）卷积码编码器的输出与 b_1, b_2, b_3 的关系为

$$\begin{cases} c_1 = b_1 \\ c_2 = b_1 \oplus b_2 \oplus b_3 \oplus b_4 \\ c_4 = b_1 \oplus b_3 \oplus b_4 \end{cases}$$

（1）画出其编码电路和码树图；

（2）当输入编码器的信息序列为 10110 时，求它的输出码序列。

第13章
通信网

13.1 通信网概述

13.1.1 通信网的概念及构成要素

1. 通信网的概念

通信网是由一定数量的节点（包括终端设备和交换设备）和连接节点的传输链路相互有机地组合在一起，以实现两个或多个规定点间信息传输的通信体系。

2. 通信网的构成要素

由通信网的定义可知，通信网的硬件构成要素主要包括终端设备、传输链路和交换设备，而其软件构成要素主要包括各种规定，如各种协议、信令方案、网络结构、路由方案、编号方案、资费制度与质量标准等。以下重点介绍构成通信网的硬件设备。

通信终端设备是信息使用者或者信息处理装置与通信网络之间的接口，它能够完成：①将待传送信息转换成适合传输的信号或者反之将传输的信号转换成用户能够识别的信息；②与信道匹配的接口功能；③产生和识别网络信令的信号，以便与网络相互联系、应答。一般的电话机、计算机、无线终端如手机、寻呼机等均属于通信终端设备。

传输链路是信息的传输通道，包括连接网络节点的介质和相应的通信装置。传输介质分为有线和无线两大类，其中有线介质包括双绞线、同轴电缆、光纤等。通信装置主要包括进行波形变换、调制/解调、多路复用等功能的设备。

交换设备是通信网的核心部分，在网中作为通信节点。它主要实现以下功能：①完成通信终端设备或中继线之间的接续转换，建立起连接发信终端和收信终端的通信链路；②根据目的地址和网络状况，选择最优的中继路由，并进行网络控制和网络管理；③完成各种交换业务、通信业务的业务执行功能。

13.1.2 通信网的业务

基于通信网传递的信息形式即语言、文字、数据、图像等，以及用户需求和技术支持条件，目前的通信网主要开展以下业务：电话、电报、数据、传真、可视电话、电话电视会议、高清晰度电视等。

此外，Internet 为用户提供了电子邮件、信息检索、网上购物、远程医疗、教育等业务。随其传输速度和质量的提高，Internet 正在不断承载新的业务，极大地改变着人们的生活方式，而且大有取代传统电信业务之势。

13.1.3　通信网的分类

从不同的角度可以将通信网络分为不同的种类，按业务种类可分为电话网、电报网、传真网、数据网、移动通信网、广播电视网等；按服务范围可分为本地网、长途网和国际网；按传输的信号形式可分为数字网和模拟网；按运营方式可分为公用网和专用网；按接续方式可分为人工网、自动网等。

13.1.4　现代通信网的构成和发展

1. 现代通信网的构成

一个完整的现代通信网，除具有传递各种用户信息的业务网之外，还需要有若干支撑网，以使网络更好地运行。现代通信网的构成如图 13.1 所示。

其中，业务网即用户信息网，是现代通信网的主体，主要向用户提供各种电信业务。业务网按功能又分为用户接入网、交换网和传输网，它们的位置关系如图 13.2 所示。其中用户接入网是 ITU-T 近几年才正式采用的概念。用户接入网是电信业务网的重要组成部分，负责将电信业务透明地传送到用户。用户通过它能够灵活地接入到不同的电信业务节点上。

图 13.1　现代通信网的构成示意图　　　　图 13.2　接入网、传输网和交换网的位置关系

2. 通信网的发展

随着电子技术和计算机科学的飞速发展，以及信息社会对通信需求的急剧增长，通信网不仅容量和规模不断扩大，而且业务种类越来越多，功能越来越强大。总之，通信网正在数字化、综合化的基础上进一步向智能化、宽带化、全球化和个人化的方向发展。

数字化是指通信网全面采用数字技术，包括数字传输、数字交换和数字终端，从而形成全数字网络，充分利用数字通信的大容量、高速率、低误码、性价比高等优点。

综合化就是把来自各种信息终端的业务综合在一个网络即综合业务数字网（Integrated Services Digital Network，ISDN）中传输和处理，为用户提供综合性服务。

智能化是指在通信网中引入更多的智能部件，以提高网络的应变能力，动态分配网络资源，并能自适应各类用户的需要。随着人们对各种业务需求的不断增加，必须不断修改程控交换机的软件，这需耗费一定的人力、物力和时间，因而不能及时满足用户的需要。智能网将改变传统的网络结构，对网络资源进行动态分配，将大部分功能以基本功能单元形式分散在网络节点上，而不是集中在交换局内。每种用户业务可由若干基本功能单元组合而成，不同业务的区别在于所包含的基本功能单元不同和基本功能单元的组合方式不同。智能网以智能数据库为基础，不仅能传送信息，而且能存储和处理信息，使网络中可方便地引进新业务，并使用户具备控制网络的能力，还可根据需要及时经济地获得各种业务服务。

宽带化意味着高速化，即能以每秒几百兆甚至千兆比特以上的速率传输和交换语音、数据、图像、视频流等各种信息。

全球化是指人们能够在全球一网中自由地通信。

个人化即个人通信，它将传统的"服务到终端"变成"服务到个人"，使任何人能随时随地与任何地方的其他人进行通信（不论通信双方是处于静止状态还是运动状态），而且通信业务种类仅受接入网与用户终端能力的限制，而最终将提供任何信息形式的业务。作为一种理想的通信方式，它将改变以往将终端/线路识别作为用户识别的传统方法（即目前使用的按电话线分配的电话号码），而采用与网络无关的用以识别个人的个人通信号码。个人通信号码不受地理位置和使用终端的限制，适用于有线和无线系统，给用户带来极大的移动自由。目前的移动通信网可以看做是个人化的初期阶段，实现理想的个人通信将是长期而艰巨的任务。

13.2 通信网的基本理论

13.2.1 通信网的拓扑结构

网络是节点和链路的有机结合，网络中各节点之间相互连接的物理方式或者逻辑方式称为拓扑结构。目前，通信网有 6 种基本拓扑形式，它们各有特点，适用于不同的网络中。

1. 网形网

网形网如图 13.3（a）所示。在网形网中，每两个节点之间都有一条直接连接。因此，一个有 n 个节点的网形网共需要 $n(n-1)/2$ 条连接线路，而且每一个节点必须有 $n-1$ 个 I/O 口。因此当 n 较大时，需要线路和 I/O 口数太多，而且冗余度大，性价比很低。但是，它的可靠性很高，没有线路阻塞危险，而且安全性和隐私性也很好。通常只有专用网络和主干网使用这种拓扑结构。

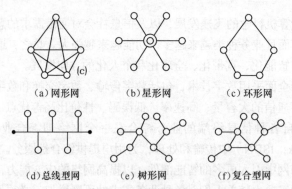

(a) 网形网　　　(b) 星形网　　　(c) 环形网

(d) 总线型网　　　(e) 树形网　　　(f) 复合型网

图 13.3　通信网的基本拓扑结构

2. 星形网

星形网如图 13.3（b）所示。在星形网中有一个中心控制节点，其他节点只与中心节点之间有一条直接连接线路，这样具有 n 个节点的网形网只需 $n-1$ 条连接线路。各节点之间的通信都通过中心节点控制。这种拓扑结构简单，性价比高，而且除了中心节点之外其他节点或链路的故障不会影响网络其他部分，可靠性高。缺点是中心节点可能成为全网的瓶颈，其故障将会引起整个网络瘫痪。

3. 环形网

环形网如图 13.3（c）所示。环形网中每一个节点只和它两边的节点连接，因此整个链路构成闭合环路，数据一般沿环的某一方向逐点传输。环形网安装简单，但是环路中任何一个节点的故障都会引起整个网络的瘫痪，且不易定位故障。

4. 总线型网

总线型网如图 13.3（d）所示。总线型网中，总线作为主干，每一个通信节点与其相连共享总线。这种网络安装简单，费用小。但是总线的故障会引起整个网络的瘫痪，而且不易定位故障。

5. 树形网

树形网可以是星形网的扩展或者总线形网的扩展，其特点是节点按层次进行连接，适用于分级控制系统或信息汇集系统。图 13.3（e）所示为星形网扩展的树形网。树形网的缺点是：中间的某一节点出现故障会引起局部网络瘫痪。

6. 复合型网络

上述 5 种基本拓扑结构各有优缺点，所以实际网络一般不采用单一拓扑结构，而是混合使用如上的拓扑结构构成复合型网络。例如，各子网可以根据自身要求选择星形、环形或总线形，而主干采用网形，从而得到高性价比和高可靠性的方案，如图 13.3（f）所示。

此外，还有应用于陆地移动通信的蜂窝形网。

13.2.2　通信网中的交换

目前常用的交换方法除了传统的电路交换、报文交换和分组交换之外，还有新的交换方法，如帧中继（Frame Relay）和信元中继（ATM 交换）。

1. 电路交换

电路交换（Circuit Switching）是最早出现的交换方式，电话网普遍采用电路交换。电路交换就是在两个用户之间建立一条专用的路径作为通信线路。其基本过程包括 3 个阶段：建立连接、信息传送（通话）和连接释放。电路交换主要具有以下特点：

① 在通信用户之间建立专用的物理连接通路，这意味：a. 通信前首先要建立连接；b. 连接建立后即使没有通信，物理资源仍然被占用；c. 物理连接的任何部分发生故障都会使通信中断；d. 仅当呼叫建立与释放时间相对于通信的持续时间很小时才呈现高效率；

② 连接建立后，交换节点的时延为零、传输时延可以不计，适于实时通信；

③ 对传送的信息不作任何处理（信令除外），无码型、速率变换；

④ 对传送的信息无差错控制；

⑤ 有限的信道容量和交换容量将引起阻塞，增加呼损率。

因此，电路交换适合连续信号的传输如电话语音、传真、文件传送，但不适合突发（Burst）业务和对差错敏感的业务如数据通信。

2. 报文交换

报文交换（Message Switching）与分组交换（Packet Switching）同属存储转发（Store-and-Forward）方式。它的数据单元称为报文，报文中除了有预传送的信息之外，还有目的地址和源地址。报文交换不需要在两个用户之间建立一条专用线路。报文在网络中逐段线路上依次从源节点传送到目的节点。各交换节点先将报文暂时存储并排队，分析目的地址并选择路由，等待有空闲才将报文继续向前传，一直到目的节点。

报文交换时延较大，不适合实时通信，目前已趋于被淘汰，只应用在公共电报网和一些专用网中。

3. 分组交换

如前所述,电路交换的最大优点是电路一旦建立,通信几乎是透明的,时延很小,但是因占用线路而使线路利用率太低;而报文交换的优点为线路利用率高,但报文较大,因此时延太长。分组交换(Packet Switching)结合了前二者的优点,并将缺点减至最小。它主要还是采用了类似报文交换中的存储转发技术,只是在传输中将报文分成较小的单位:分组。这样缩短了分组在各交换节点排队的时间,减小了时延,同时又保持了报文交换对线路的高利用率。

分组具有一定的格式。首先将数据报按一定的规律分割成若干个数据段,并给每个数据段上再附加一些信息基本格式,就构成分组,如图 13.4 所示。

分组始 发地址	收地址	控制 信息	信息 编码	分组 编码	最后一个 分组标志	正文	错误 检测

图 13.4 分组格式

由分组格式可以看出,分组中的额外信息增加了开销。分组越短整体开销越大,而分组越长时延越长,因此分组长度的选择要兼顾到时延和开销。

分组交换采用逐段链路的差错控制和流量控制,出错时可以重发,提高了传输可靠性。

分组交换可以提供两种服务:虚电路(Virtual Circuit)方式和数据报(Datagram)方式,它们各有特点,可适应不同业务的要求。

(1)虚电路方式

在虚电路方式中,在信息传送之前先发送呼叫请求分组建立源端到目的端的虚电路,然后属于同一呼叫的所有数据分组均沿这一虚电路传送,最后通过呼叫清除分组拆除虚电路。但虚电路不同于电路交换中的物理连接,是逻辑连接,一条物理连接线路上可以同时建立多个虚电路,以达到资源共享。但不论是物理连接还是逻辑连接,均需要建立连接,因此电路交换和虚电路方式的分组交换均属于面向连接的方式。

(2)数据报方式

数据报方式无须预先建立逻辑连接,属于无连接的方式。在数据报方式中,属于同一报文的各分组在各个交换节点被分别独立处理,因此它们可能沿不同的路径传送。由于各条路径时延不同,各分组可能无序地到达终点,因此目的端需要根据分组编号恢复数据报。

13.2.3 通信网的约定

如前所述,对于一个通信网,只具备硬件条件并不能保证网络的正常运行,特别是随着自动化程度的提高,为保证网络高效、有条不紊地工作,通信双方还必须遵守一些事先规定好的规则和约定,如电话网中的信令(Signaling)和计算机网络中的协议(Protocol),以及质量标准约定和传输标准约定。在此仅介绍电话信令和计算机通信协议。

1. 电话信令

(1)基本概念

目前的电话网主要采用电路交换,因此只有在两个电话用户之间建立起一条通信电路,他们才可以通话。直接与用户相连的交换局称为端局,用户与端局之间的连接称为用户线路。端局和其他高层次的交换局（如长途局）通过中继线连接。一个通话要经过一个或多个交换局。一次通话包括以下 3 个阶段，每个阶段使用如图 13.5 所示的各种信令。

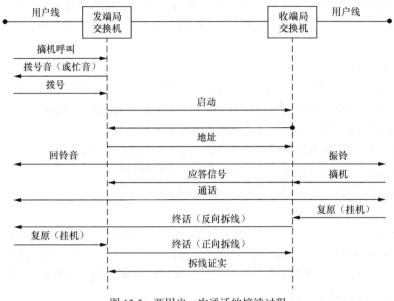

图 13.5　两用户一次通话的接续过程

① 建立连接。当主叫用户摘机时，形成直流通路，表明有呼叫意图，相当于送给交换局一个摘机信号，若交换局无空闲线路则发回忙音（一般为快速连续音），此时用户拨号无效，需稍候重拨；若交换局以拨号音应答（一般是 400Hz 连续音），表明准备好接收拨号。主叫听到拨号音后，拨出被叫用户号码（双音频或脉冲）。交换局根据被叫号码判断被叫方是本局用户还是非本局用户。如果是非本局用户，则根据号码选择合适的中继线，启动被叫方交换局，待其发回"准备好了"的信号后，将被叫方号码发送过去。被叫方交换局收到被叫方号码后，向被叫用户、主叫方交换局和主叫用户发送振铃信号（一般为慢断续音）。此时，若被叫方正在与其他用户通话，则发回忙音。如被叫方听到振铃后摘机，则呼叫电路建立成功，进入通话过程。

② 通话。主、被叫用户通过由本地环路、各级交换机和中继线构成的链路进行通话。

③ 连接释放。通话完毕后，当任何一方挂机，使此链路所涉及的各交换机释放其内部链路和占用的中继线，恢复原状态，等待其他呼叫，至此完成一次通话接续。

在电话通话过程中完成接续和转接需要有一套完整的控制信号和操作程序，用以产生、发送和接收这些控制信号的硬件及相应执行的控制、操作等程序的集合体就是电话网的信令系统。一般电话信令包括 3 个部分：①地址：用以选择路径，如被叫号码；②控制或申请信号，如主叫用户摘机信号是申请通话；③状态信号，如主叫局发出的拨号音表示准备好了，而被叫方发回的忙音则表示对方正忙。

（2）信令的分类

按信令的工作区域不同，可分为用户线信令和局间信令。用户线信令是用户和端局之间的信令，只在用户线路上传送。局间信令是交换机之间的信令，在中继线上传输。

按信令传输技术不同，信令可分为随路信令（Inchannel Signaling）和公共信道信令（Common Channel Signaling）。随路信令中各种信令和话音都在同一线路上传送。用户线路信令一般属随路信令，在采用步进制或纵横制等布线逻辑交换机的电话网中，局间信令也都采用随路信令。公共信道信令中，信令通路与话音通路分开，一般将若干条话音通路的信令集中在一条专门用于传送信令的通道上传送。公共信道信令具有许多优点：传送速度快，具有提供大容量信令的潜力，有改变和增加信令的灵活性，在通话时间内可以随意处理信令，可靠性强、适应性强。

（3）No.7 信令系统

由于 No.6 公共信道信令系统不适合在数字环境中使用，于是在 20 世纪 80 年代，ITU-T 提出了适合数字交换、数字传输和 ISDN 发展需要的 No.7 信令系统（Signaling System 7），它具有如下特点：

① 最适合用于由存储程序控制交换局组成的数字通信网；

② 可以满足目前和未来通信网交换各种信令信息和其他信息的要求；

③ 能够保证正确的信息传递顺序，无丢失和顺序颠倒现象；

④ 适合在模拟信道和速度低于 64kbit/s 信道工作；

⑤ 可用于国际网和国内网。

No.7 信令的覆盖范围非常广泛，包括复杂数字网络的各种控制信令。在 No.7 信令中，控制信令实际是一种短分组，若干条话音通路的信令以时分的方式公用一条信令链路在网络中传送，从而实现呼叫管理（建立、维护和终止）和网络管理。尽管被控制的网络属于电路交换网络，控制信令却使用分组交换技术实现。

2. 计算机通信协议

（1）OSI 参考模型

在基于电路交换的电话网络飞速发展的同时，计算机通信网络也迅速成长，需要制定既能规范其发展（使全球各生产厂商的产品能够协同工作，实现全球通信）又不限制其发展的标准、协议。因此国际标准化组织（International Standard Organization，ISO）提出了开放系统互连模型（Open System Interconnection，OSI），它是一个开放的协议框架，而不是一个协议。尽管 ISO 期望 OSI 能够代替在其之前出现的各种协议和模型，统一所有计算机通信网络，但这并未成为现实，一些其他的模型如 TCP/IP 显示出更强的生命力。不过 OSI 作为一个用来帮助理解计算机网络的通用模型，仍出现在各种计算机网络书中。

OSI 中的"开放"指只要遵循 OSI 标准，一个系统就可以与位于世界上任何地方遵循同一标准的其他任何系统进行通信。

此外，OSI 标准制定过程中采用了分层的体系结构方法：将整个庞大而复杂的问题划分为若干个容易处理的小问题。层次划分的原则是：

● 网中各结点都有相同的层次；

● 不同节点的同等层具有相同的功能；

● 同一节点内相邻层之间通过接口通信；

● 每一层使用下层提供的服务，并向其上层提供服务；

● 不同节点的同等层按照协议实现对等层之间的通信。

如图 13.6 所示，OSI 模型自下而上分为物理层（Physical Layer）、数据链路层（Data Link Layer）、网络层（Network Layer）、传输层（Transmission Layer）、会话层（Session Layer）、表示层（Presentation Layer）和应用层（Application Layer），每一层都有各自的功能，通过接口向其相邻的层提供或者接受服务，因此每一层的具体实现可以采用灵活的方法而不影响其他层的实现。OSI 各层的功能如表 13.1 所示。

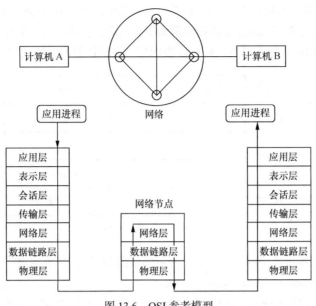

图 13.6　OSI 参考模型

表 13.1　　　　　　　　　　　　　　　OSI 各层的功能

OSI 层次	核 心 功 能
应用层	为用户应用进程提供访问 OSI 环境的手段
表示层	解决用户信息的语法表示问题，包括数据格式变换、数据加密与解密、数据压缩与恢复等
会话层	用户入网的接口，在两个通信实体之间建立一个逻辑连接，即会话。负责会话的建立、终止以及控制
传输层	在两个通信实体之间建立端到端的可靠、透明的通信信道，用以传输报文。提供端到端的错误恢复和流量控制
网络层	负责端到端的分组传送，完成路由选择、拥塞控制、网络互连等功能
数据链路层	在物理层提供的比特流传输服务基础上，在相邻节点间建立数据链路，传送以帧为单位的数据。通过差错控制、流量控制等方法，将不可靠的物理传输信道变成无差错的可靠信道
物理层	利用物理传输介质为数据链路层提供物理连接，以便透明地传送比特流

（2）TCP/IP

TCP/IP（Transmission Control Protocol/Internet Protocol）是传输控制协议、网际协议的缩写，最初是为美国国防部高级研究计划局（Defence Advanced Research Projects Agency，DARAP）设计的，一般称 ARPAnet，目的在于使各种各样的计算机都能在共同的环境中运行。自诞生以来，TCP/IP 经历了 20 多年的实践检验，它成功地促进了 Internet 的发展，同时 Internet 的发展又给TCP/IP 带来无限的发展空间。它具有以下几个特点：

① 开放的协议标准，可以免费使用，并且独立于特定的计算机硬件与操作系统；

② 独立于特定的网络硬件，可以运行在局域网、广域网，更适用于互联网中；

③ 统一的网络地址分配方案，使得整个 TCP/IP 设备在网中都具有唯一的地址；

④ 标准化的高层协议，可以提供多种可靠的用户服务。

TCP/IP 参考模型可分为 4 层，应用层（Application Layer）、传输层（Transport Layer）、互联层（Internet Layer）、主机—网络层（Host-to-Network Layer）。按照层次化结构思想，对应于 TCP/IP

参考模型的每一层包括一些协议簇，如图 13.7 所示。其中，应用层与 OSI 的应用层相对应，传输层与 OSI 的传输层相对应，互联层与 OSI 的网络层相对应，主机—网络层与 OSI 数据链路层及物理层相对应。在 TCP/IP 参考模型中，对 OSI 表示层、会话层没有对应的协议。

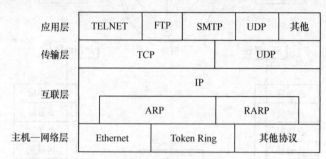

图 13.7　TCP/IP 协议簇

TCP/IP 的最低层即主机—网络层负责通过网络发送和接收 IP 数据报，它包括各种物理网协议，如局域网中的 Ethernet、Token Ring 等协议。

地址解析协议（ARP/RARP）提供物理地址与 IP 地址之间的映射，不单独属于某一协议层。

传输层的主要功能是负责应用进程之间的端到端通信，功能与 OSI 的传输层功能类似，传输层定义了两种协议，即传输控制协议（Transport Control Protocol，TCP）与用户数据报协议（User Datagram Protocol，UDP），它们分别是可靠的面向连接的协议和不可靠的无连接协议。

互联层的主要功能是负责将源主机的报文分组发送到目的主机，相当于 OSI 参考模型网络层的无连接网络服务。IP 横跨整个层次，TCP、UDP 都通过 IP 来发送、接收数据。

传输层之上的应用层包括了所有的高层协议，且总有新的协议加入，这些协议其实定义了 Internet 的服务，主要有：

- 网络终端协议（TELNET），用于实现互联网中远程登录功能；
- 文件传输协议（FTP），用于实现互联网中交互式文件传输功能；
- 电子邮件协议（SMTP），用于实现互联网中电子邮件传送功能；
- 域名服务（DNS），用于网络设备名字到 IP 地址印射的网络服务；
- 路由信息协议（RIP），用于网络设备之间交换路由信息；
- 网络文件系统（NFS），用于网络中不同主机间的文件共享；
- HTTP 协议，用于 WWW 服务。

13.3　基本通信网

13.3.1　电话通信网

电话网是最早发展起来的通信网，是其他通信网的基础。按通信覆盖面的大小，电话网可分为市话通信网、国内长途电话通信网和国际电话通信网 3 类。

1．市话通信网

（1）单局制市话网——单星网

这是一种适用于小城镇或县局的市话网，为单星网结构，如图 13.8 所示。单星网具有以下特点：

① 只有一个位于市中心的市话局（中心交换机），向四面辐射；

② 用户小交换机或市郊小交换机通过中继线接到中心交换机上，用户话机通过用户线路与中心交换机、用户小交换机或市郊小交换机相连；

③ 长途业务通过长途中继线送到长途电话局；

④ 火警、匪警等特殊业务通过专线与中心交换机相连。

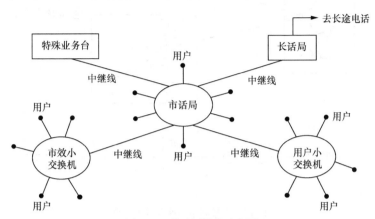

图 13.8　单星网结构示意图

（2）多局制市话网——多星网

这是一种适用于中等城市的市话网，采用多星网结构，如图 13.9 所示。由于覆盖面较大，业务量较多，单局制市话网已经不适应该情况。多星结构具有以下特点：

① 许多分布在业务量集中、距离用户较近的独立分局，用局间中继线互连起来，构成一个多星网，局间互连按约束最小树原则实施；

② 单局（分局）容量可降低，用户线平均长度缩短，提高资源利用率，节省投资；

③ 传输质量指标提高，对业务通过量和传输时延都有所改善。其他方面同单局制。

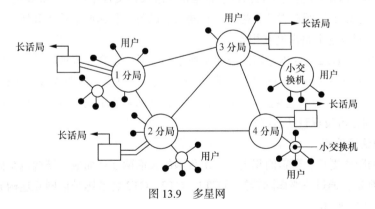

图 13.9　多星网

（3）汇接制市话网——分区集中汇接多星网

这是一种适用于大城市的市话网。大城市的电话分局数较多，若各分局间均用局间中继线连接，势必使中继线群数量剧增，中继效率不高。汇接制是将整个城市电话网分成为若干个汇接区，每个汇接区设置一个汇接局，每个汇接局下属数个市话分局。不同汇接区的用户通话时，两者均需经过各自所在的汇接区内的汇接局。图 13.10 所示为具有 A、B、C 3 个汇接区的汇接制市话网，以及由 B 区用户发话到 C 区用户受话的路由图。在实际中，汇接局是由某个位置适中的区内分局担任，而且是去话来话合并汇接。

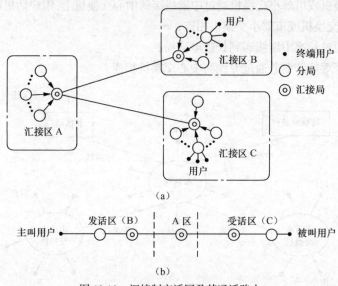

图 13.10　汇接制市话网及其通话路由

2. 国内长途电话通信网

与市话网相比，长话网的距离长、覆盖范围大，因而其用户数和交换局数也会很多，因此必须采用分层或分级汇接制组网。分层多少要视地域位置情况、国家版图大小、行政区划分情况等而定。

我国的长话网过去是按照大区、省、地区、县四级行政体制组成的四级分层汇接辐射网，近年为了简化网络从而简化长途路由选择而采用了两级网结构。长话网二级结构组织示意图如图13.11 所示。

一级交换中心（DC1）为省（自治区、直辖市）级长话交换中心，一般设置在省会（自治区、直辖市）城市，主要汇接所在省（自治区、直辖市）的省际长途电话业务和所在本地网的长途终端话务。DC1 之间以基干路由网状相连。

二级交换中心（DC2）为本地网的长途交换中心，通常设置在本地网的中心城市，它主要汇接所在本地网的长途终端业务。DC2 与本省的 DC1 直接通过直达电路连接，如有特殊业务要求，也可与非从属 DC1 建立直达电路。同一省的 DC2 之间采用不完全网状连接。话务量大时，相邻省的 DC2 之间也可设置直达电路。

3. 国际电话通信网

国际电话网距离更长、覆盖面积更大，由各国的长话网互连而成，结构也是树形分层结构。按照 ITU-T 的规定，通过三级国际转接局 CT1、CT2、CT3 将各国长话网互连构成国际电话网，主体结构如图 13.12 所示。

全世界按地理区域，设有 7 个一级国际中心局 CT1（纽约、伦敦、莫斯科、悉尼、东京、新加坡、印巴），分管各自范围内国家的话务，它们之间互连。二级国际中心局 CT2 是为每个 CT1 分管域内的一些较大国家而设置的中间转接局，即把较大国家的国际业务经 CT2 汇接后就近送到 CT1。CT1 与 CT2 之间仅连国际电路。三级国际中心局 CT3 是在每个国家内设置的连接国内长话网的转接局，每个国家可有一个或多个 CT3。任何两个 CT3 之间最多通过五段国际电路。若在开始通信的初始阶段，通话者所在的两个 CT1 之间，由于业务忙或其他原因而未接通，此时需要经过第 3 个 CT1 转接，因此要经过六段国际电路。为了保证通信质量和系统可靠工作，ITU-T 规定，通话期间最多只能通过六段国际电路，即绝不允许经过两个 CT1 中间局转接。

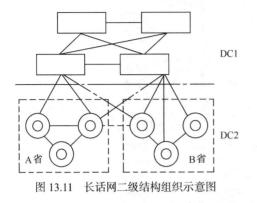

图 13.11　长话网二级结构组织示意图

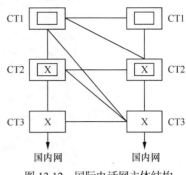

图 13.12　国际电话网主体结构

13.3.2　数字数据网

数字数据网（DDN）是利用数字信道提供的半永久性连接的、传输数字信号的数字传输网络。DDN 的基本特征是采用数字传输技术，具有以下主要特点：

① 与采用模拟传输技术的数据通信相比，具有传输质量高、信道利用率高和节省大量传输中间所需要的 D/A、A/D 变换设备的优点；

② 与分组交换网相比，具有信息速率高、网络传输时延小（平均时延≤450μs）的优点；

③ 由于 DDN 将数据通信的规程和协议放在智能化程度较高的用户终端来完成，因此它可支持任何通信规程且不受任何约束的全透明数据传输；

④ DDN 一般都采用光纤传输介质，可保证较高的传输质量（比特差错率小于 1×10^{-6}），同时把检错、纠错等功能移到智能化程度较高的数据终端设备来完成，因此网络运行管理简便；

⑤ DDN 可以支持数据、语音、图像等多种传输业务，并能提供灵活的连接方式。

我国电信部门经营管理的公用数字数据网（CHINADDN）于 1994 年 10 月开通。目前该网已覆盖全国所有省会城市、绝大部分地市和许多县城。CHINADDN 由国家骨干网和省内网两层结构组成，省内网可进一步划分为省内干线网和用户网。国家骨干网（一级干线网）是省间网，由中、大容量的节点和连接它们的数字电路组成。节点设在各省会城市，每个省可设置多个骨干网节点，其网络结构如图 13.13 所示。数字电路主要为 2.048Mbit/s 的一次群电路，也可采用 8.448Mbit/s 的二次群电路及 34.368Mbit/s 的三次群电路。北京节点上设置一个网络管理中心（NMC），负责国家骨干网范围电路（包括骨干网和各省内网之间的数字电路）的组织调度。在其他骨干节点（如上海、广州、沈阳、南京等）上设置网络管理终端（NMT），负责 NMC 授权范围内的网络管理功能，且 NMT 与 NMC 之间相互交换网络管理控制信息。另外，北京、上海、广州节点作为国际出入口节点，负责与其他国家和地区的网络互连。

二级干线网由设置在省内的小中大容量节点和连接它们的数字电路组成。它提供省内和出入省的 DDN 业务，数字电路可采用 64kbit/s、2.048Mbit/s、8.448Mbit/s、34.368Mbit/s 几种。根据业务需要和电路情况，网内节点之间可酌情设置直达数字电路。另外，网内设置一个省内网的 NMC，负责本省内的电路组织调度。在其他省内节点上，可酌情设置几个 NMT。

在省内发达城市可组建本地网（用户网），负责为用户提供本地和长途 DDN 业务。根据网络规模和业务量需求，本地网可以由多层次网络组成，其中的小容量节点可直接设置在用户的室内。

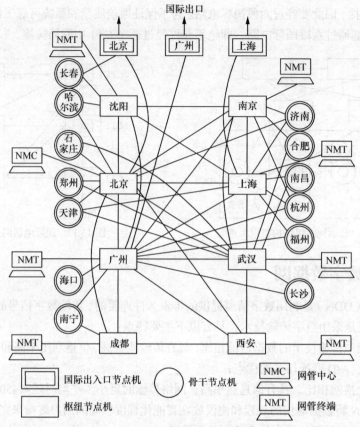

图 13.13 CHINADDN 骨干网的网络结构

13.3.3 计算机网络

将分布在不同地理位置的具有独立功能的计算机、终端及附属设备用通信设备和通信信道相互连接起来，再配以相应的网络软件，以实现计算机资源共享的系统称为计算机网络。

计算机网络的类型很多，从不同的角度可以有不同的分类方法。

根据网络结构及数据传输技术，可分为广播型网络和交换型网络。在广播型网络中，所有节点共享传输介质，网中任何一个节点发送到网上的信息可被传送到网中的所有其他节点，不需要中间节点进行交换。鉴于以上特点，广播型网络需要解决介质访问控制问题，大多数局域网采用广播技术。在交换型网络中，不直接相连的两个网络节点通过一些中间节点的交换传送数据。常用的交换技术就是本章前面提到的电路交换、报文交换、分组交换以及它们的混合应用。目前的大多数广域网属于交换型网络。

计算机网络按地理范围可分为 3 类：局域网（LAN）、城域网（MAN）和广域网（WAN）。其中，局域网（Local Area Network）的覆盖面积小，传输距离常在百米至几千米，限于一幢楼房或单位内。主机或工作站用 1～100Mbit/s 的高速通信线路相连。城域网（Metropolitan Area Network）界于广域网和局域网之间，其大小通常覆盖一个地区或一个城市，距离常在 10～150km 之间。城域网的传输速率比局域网更高，在 1Mbit/s 以上，乃至数百兆 bit/s。广域网（Wide Area Network）又称作远程网，它覆盖的地理范围从几十千米到几千千米。广域网可以把众多甚至全球的 MAN、LAN 连接起来，达到资源共享的目的。

因特网是全球最大的计算机网络，它是由分布在世界各地的、数以万计的、各种规模的计算机网络，借助于网络互连设备——路由器，相互连接而成的全球性的互连网络。

13.3.4　综合业务数字网

ITU-T 对综合业务数字网（ISDN）的定义为：ISDN 是以电话 IDN 为基础发展而成的通信网，它支持包括电话及非话在内的多种业务，并提供端到端数字连接，用户能够通过一组标准、多用途的用户/网络接口接入网络。也就是说，ISDN 是一个以数字技术为基础将传输系统及交换系统综合在一起，提供或支持各种通信业务的网络。这样，用户仅用一条用户线就可以进行多种业务，就可按统一规程进行通信。

ISDN 具有以下特点：通信业务的综合化；通信的高可靠性和高质量；便于网络管理和使用；与建立多个专用网络比较，ISDN 组网合理，节省费用。

初期的 ISDN 是在现有的一部分电话网数字化后，增加 No.7 信令方式中 ISDN 用户部分的功能，并引入用于实现各种业务功能的数据库设备后产生的。另外，为了使 ISDN 网内用户利用其他通信网开展业务，与分组交换网和电话网之间采取了网间连接方式。随着 ISDN 的不断发展，最终 ISDN 将取代现有各种网络，成为一个具有 No.7 信令方式、智能功能和提供各种新业务的网络，如图 13.14 所示。

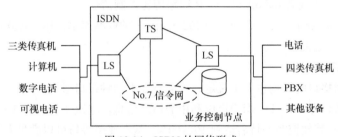

图 13.14　ISDN 的网络形式

1. ISDN 用户/网络接口的参考配置

用户/网络接口是用户设备与通信网的接口。CCITT I.411 建议中采用功能群和参考点的概念规定了 ISDN 用户/网络接口的参考配置如图 13.15 所示，它给出了需要标准化的参考点和与之相关的各种功能群体。功能群体包括如下 4 个部分。

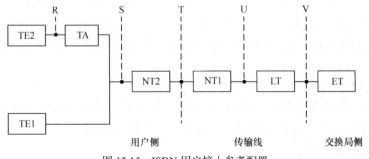

图 13.15　ISDN 用户接入参考配置

（1）终端设备 TE1 和 TE2

ISDN 可允许两类终端接入网络，TE1 是符合 ISDN 用户/网络接口要求的终端设备，如数字话机、四类传真机、数据终端等；TE2 是不符合 ISDN 用户/网络接口要求的终端设备，如模拟电话机、三类传真机等。

（2）网络端接设备 NT1 和 NT2

NT1 一般放在用户处，是用户线路的终端设备，实现线路传输、线路维护和性能监控、定时、馈电、多路复用及接口等功能，以达到用户线传输要求。NT2 执行用户小交换机（PBX）、局域网（LAN）和终端控制设备的功能，相当于用户内部的网络设施。

（3）终端适配器 TA

TA 的功能是将任何非 ISDN 终端即 TE2 接到 ISDN 中去，当 TE2 接入网络时，TA 主要进行速率变换和协议转换，使其适应 ISDN 的接口条件。

（4）线路终端设备 LT

LT 是用户环路和交换局的端接接口设备，主要实现交换设备和线路传输端的接口功能。

接入参考点是指用户访问网络的连接点，它的作用是区分功能组。图 13.15 中 R、S、T、U、V 都是参考点，ET 为交换终端机。

2. ISDN 信道类型

CCITT I.412 建议根据用户线路的信息传输能力（速率、信息性质和容量）规定了几种类型的信道。

B 信道：64kbit/s，传送数字化语音、数据等用户信息。

D 通路：16kbit/s（或者 64kbit/s），为 B 通路传送控制信令。

H 通路：分为 384kbit/s、1536kbit/s 和 1920kbit/s 3 种标准速率，用来传送高速率用户信息如图像、高质量音响、电视会议等。

3. 用户/网络接口

CCITT I.412 对接口的结构也做了规定，目前有如下两种接口形式。

① 基本速率接口即 2B + D，用户可以利用的最高信息传输速率为 $64 \times 2 + 16 = 144$kbit/s，加上帧定位、同步以及其他控制比特后达到 192kbit/s。基本速率接口可以满足大部分单个用户的需要，包括居民用户和小型办公室，使他们能够通过一个单一的物理接口同时进行语音和多种形式的数据通信，如分组数据通信、传真、智能用户电报等。目前，电话网中的大部分用户线可以用做基本速率接口。

② 基群速率接口的速率与 PCM 的基群相同，目前国际上主要有 23B + D 和 30B + D，（B 和 D 都是 64kbit/s）两种形式，前者的速率为 $23 \times 64 + 64 = 1\,536$kbit/s，加上同步和监控信号后其传输速率恰好为 PCM24 路基群制式的码元速率 1 544kbit/s。后者的速率为 $30 \times 64 + 64 = 1\,984$kbit/s，加上同步和监控信号后其传输码率为 2 048kbit/s，恰好为 PCM30/32 路基群制式的码元速率。这种信道结构满足了以 NT2 为接口 ISDN 交换机的需要。此外，需要高速率信道的用户可以选择 nH + D 接口。

4. 宽带综合业务数字网

通常把只能提供基群速率（2.048Mbit/s 和 1.544Mbit/s）范围内电信业务的 ISDN 称窄带 ISDN 或者 N-ISDN。随着人们对通信业务的需求日益增加，现有的基于 64kbit/s 的 N-ISDN 已无法适应。N-ISDN 局限性如下：

① 传输速率低，不满足图像通信、局域网间通信或高速数据传输的要求；

② 中继网种类多，要求系统具有电路交换和分组交换双重交换模式的网络功能；

③ 对引入新业务的适应性差。

为此，人们便寻求一种更新的网络，它能提供传送全部现有的和将来可能出现的信息。从传输速率小于等于 10bit/s 的遥控遥测信号到 100～150Mbit/s 的高清晰度电视信号，都可用同样方式在网络中传送和交换，共享网络资源。这个灵活、高效、经济的网络，被定义为宽带综合业务数字网（B-ISDN）。B-ISDN 与 N-ISDN 相比，具有以下 3 个特点：

① 无论交换节点之间的中继线还是用户与交换机之间的用户线路，均采用光纤传输，其传输速率从 150Mbit/s 至几十 Gbit/s；

② B-ISDN 的实现以 ATM 为核心，实现网络的综合化；

③ 采用 SDH 体制提高了网络的灵活性、可靠性和互通性。

习　题　13

13.1　简述通信网的组成。

13.2　简述通信网的拓扑结构。

13.3　比较电路交换和分组交换的优缺点。

13.4　比较分组交换的两种不同方式。

13.5　简述 OSI 模型的七层结构和功能。

13.6　简述电话网中的信号交换过程。

13.7　我国的长途电话网采用几级交换方式？各级的作用是什么？

13.8　ISDN 中 2B + D 和 30B + D 各代表什么意义？

13.9　与 N-ISDN 相比，B-ISDN 有哪些特点？

13.10　简述 CHINADDN 的网络结构。

13.11　简述 Internet 的网络结构。

误差函数、互补误差函数表

误差函数 $\qquad \mathrm{erf}(x) = \dfrac{2}{\sqrt{\pi}} \displaystyle\int_0^x \mathrm{e}^{-t^2}\,\mathrm{d}t$

互补误差函数 $\qquad \mathrm{erfc}(x) = 1 - \mathrm{erf}(x) = \dfrac{2}{\sqrt{\pi}} \displaystyle\int_x^\infty \mathrm{e}^{-t^2}\,\mathrm{d}t$

当 $x \gg 1$ ， $\mathrm{erfc}(x) \approx \dfrac{\mathrm{e}^{-x^2}}{\sqrt{\pi}x}$

$x \leqslant 5$ 时，$\mathrm{exf}(x)$，$\mathrm{exfc}(x)$ 与 x 的关系表

x	$\mathrm{erf}(x)$	$\mathrm{erfc}(x)$	x	$\mathrm{erf}(x)$	$\mathrm{erfc}(x)$
0.05	0.05637	0.94363	1.65	0.98037	0.01963
0.10	0.11246	0.88745	1.70	0.98379	0.01621
0.15	0.16799	0.83201	1.75	0.98667	0.01333
0.20	0.22270	0.77730	1.80	0.98909	0.01091
0.25	0.27632	0.72368	1.85	0.99111	0.00889
0.30	0.32862	0.67138	1.90	0.99279	0.00721
0.35	0.37938	0.62062	1.95	0.99418	0.00582
0.40	0.42839	0.57163	2.00	0.99532	0.00468
0.45	0.47548	0.52452	2.05	0.99626	0.00374
0.50	0.52050	0.47950	2.10	0.99702	0.00298
0.55	0.56332	0.43668	2.15	0.99763	0.00237
0.60	0.60385	0.39615	2.20	0.99814	0.00186
0.65	0.64203	0.35797	2.25	0.99854	0.00146
0.70	0.67780	0.32220	2.30	0.99886	0.00114
0.75	0.71115	0.28285	2.35	0.99911	8.9×10^{-4}
0.80	0.74210	0.25790	2.40	0.99931	6.9×10^{-4}
0.85	0.77066	0.22934	2.45	0.99947	5.3×10^{-4}
0.90	0.79691	0.20309	2.50	0.99959	4.1×10^{-4}
0.95	0.82089	0.17911	2.55	0.99969	3.1×10^{-4}
1.00	0.84270	0.15730	2.60	0.99976	2.4×10^{-4}
1.05	0.86244	0.13756	2.65	0.99982	1.8×10^{-4}
1.10	0.88020	0.11980	2.70	0.99987	1.3×10^{-4}

x	erf(x)	erfc(x)	x	erf(x)	erfc(x)
1.15	0.89912	0.10388	2.75	0.99990	1.0×10^{-4}
1.20	0.91031	0.08969	2.80	0.999925	7.5×10^{-5}
1.25	0.92290	0.07710	2.85	0.999944	5.6×10^{-5}
1.30	0.93401	0.06599	2.90	0.999959	4.1×10^{-5}
1.35	0.94376	0.05624	2.95	0.999970	3.0×10^{-5}
1.40	0.95228	0.04772	3.00	0.999978	2.2×10^{-5}
1.45	0.95969	0.04031	3.50	0.999993	7.0×10^{-7}
1.50	0.96610	0.03390	4.00	0.999999984	1.6×10^{-8}
1.55	0.97162	0.02838	4.50	0.9999999998	2.0×10^{-10}
1.60	0.97635	0.02365	5.00	0.9999999999985	1.5×10^{-12}

英文缩写名词对照表

缩 写 字 母	英 文 全 称	中 文 译 名
AM	Amplitude Modulation	振幅调制
AMI	Alternate Mark Invertion	传号交替反转码
APK	Amplitude Phase Keying	幅相键控
ARQ	Automatic Repeat reQuest	自动要求重发
ASK	Amplitude-Shift Keying	振幅键控
ASIC	Application Specific Integrated Circuit	专用集成电路
ATM	Asyncronous Transfer Mode	异步转移模式
BCD	Binary Coded Decimal	二十进制
BPF	Bandpass Filter	带通滤波器
CCITT	Consultive Committee for International Telegraph and Telephone	国际电报电话咨询委员会
COR-PSK	Correlative Phase-Shift Keying	相关移相键控
CELP	Code Excited Linear Prediction	码激励线性预测
DCT	Discrete Cosine Transform	离散余弦变换
DFT	Discrete Fourier Transform	离散傅里叶变换
DM(ΔM)	Delta Modulation	增量调制
DPCM	Differential Pulse Code Modulation	差分脉冲编码调制
（ADPCM	Adaptive DPCM	自适应差分脉冲编码调制）
DPSK	Differential Phase-Shift Keying	差分移相键控
DS	Direct Sequence (spread spectrum)	直接序列（扩谱）
DSB	Double Sideband	双边带
DSBSC	Double Sideband Suppressed Carrier	双边带抑制载波
DTE	Data Terminal Equipment	数据终端设备
DTMF	Dual Tone Multi-Frequency	双音多频
FCS	Fast Circuit Switching	快速电路交换
FDM	Frequency Division Multiplexing	频分复用
FH	Frequency Hopping	跳频
FSK	Frequency–Shift Keying	移频键控
GSM	Group System for Mobile Communication	全球移动通信系统

HDB$_3$	High Density Bipolar 3	三阶高密度双极性（码）
HDLC	High-level Data Link Control	高级数据链路控制
HPS	High Packet Swiching	高速分组交换
HT	Hadamard Transform	哈达玛变换
ISDN	Integrated Services Digital Network	综合业务数字网
（B-ISDN	Broadband ISDN	宽带综合业务数字网）
（N-ISDN	Narrowband ISDN	窄带综合业务数字网）
ISI	Intersymbol Interference	码间干扰
ISO	International Standards Organization	国际标准化组织
ITU	International Telecommunication Union	国际电信联盟
LAN	Local Area Network	局域网
LD-CELP	Low Delay Code Excited Linear Prediction	低延迟码激励线性预测
LPC	Linear Prediction coding	线性预测编码
LPF	Lowpass Filter	低通滤波器
MASK	M-ary Amplitude-Shift Keying	M 进制振幅键控
MFSK	M-ary Frequency-Shift Keying	M 进制移频键控
MPSK	M-ary Phase-Shift Keying	M 进制移相键控
MSK	Minimum Shift Keying	最小移频键控
（GMSK	Gaussian MSK	高斯最小移频键控）
OSI/RM	the Reference Model of Open Systems Interconnection	开放系统互连参考模型
OOK	On-Off Keying	通断键控
OQPSK	Offset Quadrature Phase Shift Keying	偏值正交移相键控
PAD	Packet Assembly and Disassembly	信包组装和拆卸
PAM	Pulse-Amplitude Modulation	脉幅调制
PCM	Pulse-Code Modulation	脉冲编码调制
PDM	Pulse Duration Modulation	脉宽调制
PDH	Plesiochronous Digital Hierachy	准同步数字系列
PM	Pulse Modulation	脉冲调制
PN	Pseudo Noise	伪噪声
PPM	Pulse-Position Modulation	脉位调制
PSK	Phase-Shift Keying	移相键控
PST(code)	Paired Selected Ternary (code)	成对选择三进制（码）
QAM	Quadrature Amplitude Modulation	正交振幅调制
QPR	Quadrature Partial Response	正交部分响应
QPSK	Quadrature Phase-Shift Keying	正交移相键控
R-S(code)	Reed-Solomon(code)	里德—索洛蒙（码）
SDH	Synchronous Digital Hierachy	同步数字系列
SSB	Single Sideband	单边带
STM	Synchronous Transfer Mode	同步转移模式
TCM	Trellis Coded Modulation	网格编码调制

TDM	Time Division Multiplexing	时分复用
TFM	Tamed Frequency Modulation	软调制
VC	Virtual Channel	虚通道
VB(decoding)	Viterbi (decoding)	维特比（译码）
VCI	Virtual Channel Identifier	虚通道标识
VSB	Vestigial Sideband	残留边带
WDM	Wavelength Division Multiplexing	波分复用
WT	Walsh Transform	沃尔什变换
4B/3T(code)	4 Binary 3 ternary (code)	4 二进制/3 三电平（码）

参考文献

［1］樊昌信，詹道庸，徐炳祥，吴成柯等．通信原理．北京：国防工业出版社，2001．

［2］沈保锁等．现代通信原理．北京：国防工业出版社，2002．

［3］张辉等．现代通信原理与技术．西安：西安电子科技大学出版社，2002．

［4］顾宝良．通信电子线路．北京：电子工业出版社，2002．

［5］宋祖顺等．现代通信原理．北京：电子工业出版社，2001．

［6］北京邮电学院数字通信教研室编．数据传输原理（上、下）．北京：人民邮电出版社，1978．

［7］P.Bytahski.Digital Transmission System. 1976.

［8］黄瑞旭．信息传输原理．江苏：南京工学院出版社，1987．

［9］Ferrel G.Stremler. Introduction to Communication systems. Second edition，Addison-Wesley Publishing Company，1982.

［10］John G Proakis. Digital Communications. Third Edition. 1995.

［11］Leon W Couch Ⅱ. Digital and Analog Communication Systems. Fifth Edition. Prentice Hall, Inc., a Simon & Schuster Company. 1998.

［12］周炯槃．信息理论基础．北京：人民邮电出版社，1983．

［13］曹志刚，钱亚生．现代通信原理．北京：清华大学出版社，1992．

［14］Rodger E.Ziemer，Roger L.Peterson. Digital Communications and preadSpectrum Systems. Macmillan Publishing Company，1982.

［15］Zeimer R E. and Peterson R L. Digital Communication and Spread Spectrum Systems. John Wiley & sons，1985.

［16］浙江大学数学系高等数学教研室编．概率论与数理统计．北京：人民教育出版社，1981．

［17］王秉钧等．通信原理及其应用．天津：天津大学出版社，2000．

［18］王秉钧等．现代通信系统原理．天津：天津大学出版社，2000．

［19］倪维桢，高鸿翔等．数据通信原理．北京：北京邮电大学出版社，1997．

［20］周炯槃．通信网理论基础．北京：人民邮电出版社，1991．

［21］郭梯云．数据传输．北京：人民邮电出版社，1986．

［22］桂海源．现代交换原理．北京：人民邮电出版，2002．

［23］冯玉珉．通信系统原理．北京：清华大学出版社，2003．

［24］曹达仲．数字移动通信及其 ISDN．天津：天津大学出版社．

［25］黄章勇．光纤通信用光电子器件和组件．北京：北京邮电大学出版社．

［26］徐荣，龚倩．高速宽带光互连网技术．北京：人民邮电出版社，2002．

［27］甘良才，杨桂文，茹国宝．卫星通信系统．武汉：武汉大学出版社．

［28］郑林华．卫星移动通信原理与应用．北京：国防工业出版社．

［29］石文孝等．通信网理论基础．吉林：吉林大学出版社，2001．

［30］毛京丽等．现代通信网．北京：北京邮电大学出版社，1999．

［31］王承恕等．通信网基础．北京：人民邮电出版社，1999．

［32］及燕丽等．现代通信系统．北京：电子工业出版社，2001．

［33］Behrouz A．F Forouzan．Data Communications and Networking．北京：清华大学出版社，2001．

［34］William Stallings．Data and Computer Communications．北京：高等教育出版，2001．

［35］王慕坤，刘文贵．通信原理．哈尔滨：哈尔滨工业大学出版社，1995．

［36］胡宴如等．高频电子线路．北京：高等教育出版社，2001．

［37］张肃文等．高频电子线路．北京：高等教育出版社，1993．

［38］冯子裘，杨绍孟．通信原理．西安：西北工业大学出版社，1990．

［39］徐秉铮等．数字通信原理．北京：国防工业出版社，1979．

［40］通信工程技术实用手册交换技术分册．北京：北京邮电大学出版社，2002．

［41］吴翼平等．现代光纤通信技术．北京：国防工业出版社，2004．

［42］Bernard Sklar．数字通信——基础与应用．徐升平等译．北京：电子工业出版社，2002．

［43］傅祖芸．信息论——基础理论与应用．北京：电子工业出版社，2002．

［44］John G．Proakis．数字通信（第三版）．张力军等译．北京：电子工业出版社，2001．

［45］Theodore S. Rappaport．无线通信原理与应用．蔡涛等译．北京：电子工业出版社，2001．

［46］达新宇等．现代通信新技术．西安：西安电子科技大学出版社，2001．

［47］郭梯云等．移动通信．西安：西安电子科技大学出版社，2001．

［48］郭世满等．数字通信——原理、技术及其应用．北京：人民邮电出版社，1994．

［49］沈振元等．通信系统原理．西安：西安电子科技大学出版社，1995．

［50］万心平等．通信工程中的锁相环路．西安：西北电讯工程学院出版社，1980．

［51］张辉等．现代通信原理与技术（第二版）．西安：西安电子科技大学出版社，2008．

［52］乐新光等．数据通信原理．北京：人民邮电出版社，1988．

［53］杨小牛，楼才义，徐建良．软件无线电原理与应用．北京：电子工业出版社，2001．

［54］欧阳长月．数字通信．北京：北京航空航天大学出版社，1988．

［55］南利平．通信原理简明教程．北京：清华大学出版社，2000．

［56］易波．现代通信导论．长沙：国防科技大学出版社，1998．